U0214102

强膨胀土渠坡破坏机理
及处理技术

陈善雄　赵　昱
冷星火　刘祖强　罗红明 等　著

本书工作获得"十二五"国家科技支撑计划课题
(2011 BAB101302)和国家自然科学基金面上项目
(51579236)资助

科　学　出　版　社
北　京

内 容 简 介

本书紧密结合南水北调中线工程强膨胀土渠道处理设计面临的技术难题,研究了南水北调中线工程强膨胀土工程特性与地质结构、强膨胀土渠坡滑动破坏和膨胀变形规律及强膨胀土渠坡处理技术,揭示了强膨胀土的工程地质特征及工程特性,阐明了强膨胀土渠坡变形机理与破坏模式及其渠坡变形规律,提出了强膨胀土渠道边坡稳定性分析方法,建立了强膨胀土渠坡变形和渠基回弹与影响因子的关系,提出了换填与抗滑措施相结合的强膨胀土渠道处理技术。

本书可供水利水电、交通土建、地质灾害防治等领域以及高等院校、科研院所从事工程地质、岩土工程勘测设计的科研人员、教学人员、技术人员、研究生等参考。

图书在版编目(CIP)数据

强膨胀土渠坡破坏机理及处理技术/陈善雄等著. —北京:科学出版社,2015

ISBN 978-7-03-046610-5

Ⅰ.①强… Ⅱ.①陈… Ⅲ.①膨胀土—渠道—边坡—维护 Ⅳ.①TV698.2

中国版本图书馆 CIP 数据核字(2015)第 302758 号

责任编辑:刘信力 / 责任校对:张凤琴
责任印制:徐晓晨 / 封面设计:陈 敬

科学出版社 出版

北京东黄城根北街 16 号
邮政编码:100717
http://www.sciencep.com

北京京华虎彩印刷有限公司 印刷

科学出版社发行 各地新华书店经销

*

2016 年 9 月第 一 版 开本:720 × 1000 B5
2017 年 1 月第二次印刷 印张:35 1/4 插页:12
字数:693 000

定价:238.00 元
(如有印装质量问题,我社负责调换)

前　　言

南水北调工程是迄今为止世界上最大的调水工程，是优化我国水资源配置的重大战略性基础设施。全长约 1 432 km 的南水北调中线工程总干渠有约 387 km 的渠道穿越膨胀土地区。膨胀土因其具有特殊的工程特性，易造成渠坡失稳，对工程的安全运行影响很大，而且其处理难度、处理的工程量和投资也较大，特别是，南水北调中线工程沿线分布的强膨胀土渠段由于具有更强的膨胀潜势，对渠道的危害更为严重，因而，膨胀土，尤其是强膨胀土渠道合理处置成为南水北调中线工程设计面临的关键技术难题。

作者及其研究团队围绕南水北调中线工程强膨胀土渠道边坡变形破坏机理及处理技术，采用现场地质调查、室内试验、现场试验、理论分析与数值模拟相结合的方法开展研究，系统揭示了中线工程沿线强膨胀土工程特性及地质结构特征；查明了强膨胀土滑坡特征及其变形破坏特征，提出了考虑湿胀软化效应的强膨胀土边坡浅表层变形数值模拟方法和考虑裂隙空间分布和裂隙面强度的强膨胀土边坡深层滑动稳定性分析方法，通过综合监测分析获得了强膨胀土渠坡变形和膨胀变形基本规律，揭示了强膨胀土渠坡变形和渠基回弹与影响因子的关系，阐明了不同类型的强膨胀土渠坡变形破坏模式与机理；结合渠道工程的结构特点，创新性提出了抗滑桩 + 坡面梁框架式支护体系结构，发展了抗滑桩 + 坡面梁框架式支护体系结构设计方法，优化了强膨胀土渠道综合处理技术，为不同膨胀性渠段设计、施工、运行管理提供了技术支撑。值此南水北调中线工程通水一周年之际，将南水北调中线工程强膨胀土渠坡破坏机理及处理技术研究的点滴成果汇编成书，希望对中国膨胀土区域工程建设及运营维护有所裨益。

本书由陈善雄、赵旻、冷星火、刘祖强、罗红明编著，参加编著的人员有赵鑫、杨汉良、戴张俊、王磊等。各篇的主要编写者是：第一篇，赵旻、赵鑫、杨汉良；第二篇，陈善雄、罗红明、戴张俊；第三篇，冷星火、王磊；第四篇，刘祖强。全书由陈善雄、赵旻、冷星火、刘祖强、罗红明统稿。

本书是在"十二五"国家科技支撑项目课题"强膨胀土渠道处理技术"研究成果的基础上撰写的，该项目得到了国务院南水北调工程建设委员会办公室、南水北调中线干线工程建设管理局、中国科学院武汉岩土力学研究所、长江勘测规划设计研究有限责任公司、长江岩土工程总公司 (武汉)、河海大学、河北省水利水电第二勘测规划设计研究院，以及南水北调中线工程各建管单位、参建施工单位与监理单位的大力支持，也包含了他们大量的劳动和心血，作者谨表深切的谢意。

由于水平所限，书中难免会有不妥甚至错误之处，敬请广大读者批评指正。

作 者

2015 年 7 月 6 日

目　　录

第一篇　强膨胀土工程特性及地质结构

第二篇　强膨胀土渠坡滑动破坏和膨胀变形规律

第三篇　强膨胀土渠坡处理技术

第四篇　强膨胀土渠坡变形监测

第一篇　强膨胀土工程特性及地质结构

第1章 绪 论

1.1 问题提出

南水北调中线工程从丹江口水库陶岔闸引水,经长江流域与淮河流域的分水岭方城垭口,在河南省郑州市附近通过隧洞穿过黄河,沿京广铁路西侧北上,自流到北京、天津。输水总干渠全长约 1432km,其中引水渠首至北京团城湖长约 1276km,天津干线长约 156km,是解决华北水资源短缺的重大基础设施。总干渠以明渠为主,北京段、天津干线采用管涵,明渠段与交叉河流全部立交,全线设有各类建筑物 1796 座。总干渠沿线地质条件极其复杂,贯穿膨胀土段总计长约 386.8km,占整个线路长度的 27%,穿越地区大部分为半湿润、半干旱气候,四季分明、土体含水率变化剧烈,膨胀土的胀缩变形非常显著,膨胀土问题处理技术难度高、制约因素多,是目前正在研究的世界级课题。

"十一五" 期间,国务院南水北调办公室组织开展了国家科技支撑计划 "南水北调工程若干关键技术研究与应用" 重大项目研究工作,其中安排了 "膨胀土地段渠道破坏机理及处理技术研究" 课题,该课题主要对弱、中等膨胀土 (岩) 渠道破坏机理及处理技术进行了研究。目前,中线工程已全面开工建设,但是强膨胀土 (岩) 渠道设计基本是参考中等膨胀土的处理方法,可能存在工程安全风险。因此,开展强膨胀土 (岩) 渠道处理技术具有重大的工程实用价值。

南水北调中线工程干渠沿线分布有膨胀土 (岩) 的渠道长度长、边坡高度大、工程地质条件复杂,加上中线工程为涉水工程,渠道边坡的稳定条件较其他非涉水工程更为复杂。特别是强膨胀土 (岩),因其具有更强烈的膨胀潜势,比弱、中等膨胀土 (岩) 更容易造成渠坡失稳,对工程的安全运行构成了严重威胁。中线工程中膨胀土 (岩) 渠段处理方案主要采用了换填非膨胀土、设置马道和放缓坡比的处理方案,但强膨胀土渠道处理方案参照中膨胀土的方案,只是适当增加了改性土处理层的厚度,这样的处理是否符合强膨胀土 (岩) 实际,能否达到预期的稳定渠坡的目的,尚没有实际研究支撑。随着施工开挖对膨胀土地质条件的揭露,还需对强膨胀土 (岩) 渠坡破坏和膨胀变形规律进行研究,为强膨胀土 (岩) 渠道处理设计提供技术支撑,对目前的处理方案作进一步优化。

1.2　强膨胀土机理及处理技术研究现状

1.2.1　膨胀土边坡滑动破坏机理

关于膨胀土地质灾害防治的研究已有 70 多年的历史，但该问题一直未能得到根本解决，成为世界性技术难题。

膨胀土边坡失稳主要受控于内在因素与外在因素。内在因素是指膨胀土固有的裂隙性、超固结性和胀缩性，关于膨胀土边坡失稳的原因和机理，以往众多学者从其"三性"方面作了较多的论述。一般认为，边坡失稳是由土体内的裂隙发展造成的，因此造成裂隙张开、延伸、扩展、贯通的各种因素就是导致滑坡的因素。Bao 总结并强调了膨胀土的胀缩性、裂隙性和超固结性是相互联系和促进的，指出胀缩性是根本因素，裂隙性是控制因素，超固结性是促进因素。外在因素是指开挖卸荷和气候条件的变化，由此导致的边坡含水量变化是诱发滑坡的主导因素。非饱和土理论的观点表明，伴随含水量的增加，非饱和膨胀土的吸力迅速降低，土体强度软化，超固结作用受到削弱，同时裂隙分割而成的土块分解为破碎散体，并发生较大的变形，在自重应力、膨胀应力与渗透力的共同作用下，边坡发生失稳破坏。

对于不同类型的膨胀土边坡，失稳的主导条件无非为上述内在和外在两大因素，但由于边坡土质条件和结构特征的差异，其失稳破坏的模式与机理也不完全相同。膨胀土边坡失稳主要分为深层滑动和浅层滑动两种类型。

1. 深层滑动破坏

膨胀土深层滑动破坏，主要是由土体内长大裂隙的张开、延伸、发展、贯通，加上水分入渗作用而共同导致的。这种滑坡受结构面控制，往往具有明显的滑动面。

谭波等认为次生裂隙结构面发育是导致膨胀土边坡失稳的主要原因之一，边坡内发育的结构面，在坡体吸水膨胀的作用下将普遍导致边坡沿结构面的坍滑破坏。蔡耀军等从地层结构、滑带形态、滑体特征、形成过程等方面，揭示陶岔渠首膨胀土滑坡具有典型的推移式深层滑动形式。层间软弱结构面、渠坡拉张裂缝和持续降雨是控制滑坡发生的主要因素。陆定杰等认为膨胀土边坡的稳定性受中上部土体中的垂直节理以及坡脚充填强膨胀土的缓倾长大裂隙共同控制，滑动面由后缘陡倾裂隙及前缘缓倾长大裂隙组成。刘清芳以受结构面的控制膨胀土堑坡滑坡失稳为例，考虑降雨条件下滑面介质的应变软化和水致弱化，提出了一个简单的考虑吸水膨胀的力学模型，并利用突变理论分析其失稳破坏的力学机制。

2. 浅层滑动破坏

在膨胀土边坡中发生极为广泛的浅层破坏，主要与裂隙开展深度和大气环境影响范围有关，一般深度在 2~3m 以内。针对膨胀土浅层滑动机理，目前最流行的是渐进破坏理论。Bjerrun 认为膨胀土边坡破坏并非一次形成，而是逐渐发生，抗剪强度大小不等且并非在滑动面上同时发挥。当边坡开挖时造成的应力释放，加之土体固有的裂隙性，边坡土体内部形成应力差与强度的不均匀性，当某一部位的剪应力增加到其抗剪强度时，该部位发生剪切破坏，在这种破坏波动传播作用下，边坡最终发生整体滑动。刘特洪较为详细地阐述了这种破坏理论：渐进破坏是指土体内裂隙弱面破坏而发展相连成破裂滑动面。其指出了渐进破坏模式的两个重要特征：滑动面是由裂隙面发展形成的；滑动过程中的牵引破坏模式。因此，其将浅层破坏总结为两种形式：一是自坡脚开始形成的多级牵引式滑动；二是层状边坡中上层土体对下伏土体牵引形成的多级滑坡。

汪明元等从诸多方面分析了膨胀土边坡的浅层破坏，如浅层密集的裂隙、局部应力集中、风化作用等；并以边坡的应力变形状态为基础，分析了膨胀土的超固结性、胀缩性、裂隙性对边坡稳定性的影响；认为裂隙吸湿将使边坡浅层的应力水平升高，促使其浅层滑动，导致边坡渐进性破坏的根源是膨胀土的吸湿软化特性和应变软化特性。殷宗泽等论述了膨胀土裂隙的产生机理与发展过程，并指出浅层性。裂隙开展深度一般为 3~4m，该范围也是滑面的发展范围。其结合膨胀土边坡失稳实例，探讨了浅层边坡裂隙所起作用，解释了裂隙开展与膨胀土边坡失稳特征的联系。裂缝的存在，可清楚地解释膨胀土滑坡表现出的浅层性、牵引性、平缓性、长期性、季节性、方向性。周崎等指出膨胀土边坡失稳受水作用影响显著，膨胀土边坡浸水后的破坏主要发生在坡面浅层，且边坡的稳定性受浸水湿化效应的控制，浸水程度越深，边坡稳定系数越低。

针对南水北调中线工程，国家进行了 "十一五" 科技支撑计划立项，专门对沿线膨胀土边坡问题进行了较为广泛的研究，对于工程中屡见不鲜的膨胀土浅层滑坡，其滑动特征、滑动机理、失稳模式等关键问题得到了众多学者的关注。李青云等将浅层滑坡分为两类：一是开挖过程中的即时滑坡，失稳原因是由膨胀土固有的裂隙面组成有利于滑动的产状而产生滑坡，主要由裂隙控制，在重力作用下的失稳；二是滞后性滑坡，即开挖后稳定的渠坡经过降雨后发生的滑动，一般为从坡脚向坡顶发展的逐级牵引式滑动破坏。蔡耀军认为，在中、强膨胀土地区，膨胀土渠坡主要发生浅表性蠕动变形破坏，其动力主要来自土体含水量升高引起的膨胀力，在干湿循环反复作用过程中，土体完整性不断遭受破坏、土体强度不断丧失，蠕变破坏将一直持续。赵长伟等在分析降雨入渗使得膨胀土边坡浅层土体吸力降低而发生滑坡时，指出土性差是内因，水文条件、施工工艺、渠坡荷载等是外因。

目前，对于膨胀土在开挖中以及暴露后的破坏机理及其防治措施等，还未得到较为全面的认识，因而，在膨胀土边坡失稳引起的地质灾害防治的理论研究与技术开展方面, 仍有一定的提高空间。

1.2.2 膨胀土边坡稳定性分析方法

边坡稳定性分析一直是岩土工程中理论与实践相结合的重要课题。随着非饱和土力学的发展, 人们越来越关注气候变化对非饱和土坡稳定性的影响, 对降雨条件下边坡失稳有了新的认识, 许多学者 (如 Fredlund、Raharjo、Alonso、陈守义、林鲁生、李焯芬等) 开始研究物理过程, 并采用非饱和土力学的研究方法建立分析模型, 开始将水分入渗蒸发与土坡稳定联系起来在分析模型中加以考虑。

目前, 关于边坡稳定性评价的方法已有很多, 主要包括极限平衡法、塑性极限分析法、有限元法、可靠度法、人工智能法以及衍生出的各种方法。而极限平衡法是其中最早出现, 并因计算简单、使用方便, 而成为工程中应用最广泛的一种方法。20 世纪 20 年代, Fellenius 首先提出了边坡稳定性分析的极限平衡理论, 后经过研究者的发展, 形成了较完整的理论体系, 主要方法有: Fellenius 法、Bishop 法、Janbu 法、Spencer 法、Morgenstern&price 法、Sarma 法和剩余推力法 (表 1.1)。

表 1.1 各种条分法的比较

计算方法	所满足的平衡条件				滑裂面形式
	整体力矩	条块力矩	垂直力	水平力	
Fellenius	满足	不满足	不满足	不满足	圆弧
Bishop	满足	不满足	满足	不满足	圆弧
Janbu	满足	满足	满足	满足	任意
Spencer	满足	满足	满足	满足	任意
Morgenstern&price	满足	满足	满足	满足	任意
Sarma	满足	满足	满足	满足	任意
剩余推力法	不满足	不满足	满足	满足	任意

Lumb 率先研究了香港地区降雨和滑坡的关系, 采用简化的一维垂直入渗模型计算了湿润锋推进的速度及入渗停止后含水量的再分布过程; 然后, 根据抗剪强度与饱和度的经验关系, 研究了地质条件和降雨特征对斜坡稳定性的影响。Sammori 和 Tsnboyanma 采用 Galerkin 有限元法模拟了恒定降雨强度条件下边坡暂态渗流过程, 并对边坡稳定性进行了参数研究, 其中考虑了斜坡长度、土层深度、横截面形状和土的性质等因素的影响。Alonso 等采用考虑空气压力变化耦合的渗流分析方法计算了渗流场, 并与极限平衡法相结合, 分析了降雨入渗对边坡稳定性的影响。Shimada 等用 Galerkin 有限元法模拟了不同降雨强度和土的类型条件下二维非饱和渗流, 并采用刚体弹簧模型进行了斜坡稳定性数值分析。Ng 等针对香港情况研究了各种降雨情形和初始条件对暂态渗流和斜坡稳定性的影响。结果表明, 安全因数不仅受到降雨强度、初始地下水位和各向异性渗透比的控制, 而且还取决于

先期降雨的持时。

以上研究虽然基于非饱和土力学理论,在边坡稳定性分析中考虑了水分入渗,但往往将渗流边界条件作了一定简化,并且未能将降雨特点与土体的入渗能力结合起来进行研究。另外,这些研究大部分针对残积土坡、一般黏性土坡等,而非膨胀土边坡。对于考虑水分入渗影响的膨胀土边坡稳定性分析,以往的研究大多数是通过渗流理论求解瞬态渗流场,再采用极限平衡法进行边坡的暂态稳定性分析。

包承纲以南水北调中线膨胀土渠道工程为背景,以吸力问题为中心,对非饱和膨胀土边坡滑动的各种内在的和外在的因素进行了分析,尤其对新近研究的降雨入渗和裂隙影响进行了定量分析,改变了以往对这方面只进行定性研究的情况。在此基础上对边坡失稳的机理和考虑裂隙及雨水入渗的稳定分析方法进行了研究。冯光愈和王湘凡也对南水北调中线工程总干渠膨胀土边坡稳定问题进行了研究,分析了膨胀土的超固结、裂隙及膨胀特性,论述了膨胀土地区滑坡发生的机理,提出了几种边坡分析方法、边坡防护和滑坡处理的措施。姚海林等对某公路膨胀土进行了考虑降雨入渗影响的边坡稳定性分析,比较了考虑裂隙、不考虑裂隙和工程地质经验法的计算结果。张华提出了一种新的等效裂隙入渗分析方法,较好地模拟了膨胀土裂隙入渗问题,进而进行边坡稳定性分析,研究了降雨引起膨胀土浅层滑动问题。

而极限平衡法是将滑动土体分割并视为刚体,根据静力平衡和极限平衡条件求解滑面上的应力分布,计算稳定安全系数。其存在两个主要缺陷:① 其不考虑变形与本构,采用分析刚体的办法,不满足变形协调条件,计算出的应力状态不真实;② 其表述的是一种状态,而非实际情况下一个应力场和渗流场不断变化、相互作用的过程。因此,在考虑水分入渗的边坡稳定性分析中,通过有限元方法,并引入土体的本构关系进行分析,具有更重要的意义。

李兆平、张弥等以体积含水率作为因变量,建立了求解降雨入渗过程中土体内瞬态含水量分布的方程;求解出特定降雨条件下土体瞬态含水率的数值解;实测了土体的水分特征曲线,应用非饱和土的抗剪理论,建立了非饱和土边坡稳定性分析的方法,并编制了相应的计算机程序。但是,他们研究的只是一维入渗模型,不能全面反映二维土坡入渗的实际过程。朱文彬等采用有限元对降雨条件下土体滑坡进行了数值分析,将 Duncan-Chang 模型引入饱和-非饱和土的本构关系模型,建立了饱和-非饱和土统一的非线性弹性模型,编制了饱和-非饱和土的二维有限元程序,分析了土坡在降雨发生后不同时期的应力分布、塑性区分布和边坡的安全系数。实例分析表明:土坡在降雨前塑性区不存在或只在坡脚处非常小的范围内存在,随着降雨时间的延续,塑性区的范围不断向土坡内部延伸扩展,稳定系数等值线也不断向土坡内部移动,$F_s < 1$ 的区域不断扩大,一直达到土坡上部地面,最后形成滑裂面而导致边坡失稳破坏。徐晗、朱以文、蔡元奇建立了一个考虑水力渗透

系数特征曲线、土–水特征曲线以及修正的 Mohr-Coulomb 破坏准则的非饱和土流固耦合有限元计算模型，进行雨水入渗下非饱和土边坡渗流场和应力场耦合的数值模拟，得到非饱和土边坡变形与应力的若干重要规律。

在膨胀土边坡强度及稳定性的有限元分析中，饶锡保等采用离心模型试验和有限元分析方法对南阳膨胀土渠道边坡稳定性进行分析研究。韦立德等总结了膨胀土坡饱和–非饱和渗流场中影响边坡稳定性的一些因素，建立了饱和–非饱和渗流下考虑强度降低、密度变化等稳定性影响因素的膨胀土坡稳定性评估的三维有限强度折减法。袁俊平利用有限元方法对非饱和膨胀土边坡的降雨入渗过程进行了数值模拟研究，定量描述了裂隙在降雨入渗时的愈合过程，以及边坡土体强度、边坡稳定性随降雨入渗变化的过程。通过对现场情况数值模拟结果的分析，揭示了非饱和裂隙膨胀土边坡降雨入渗的特点，并对膨胀土边坡工程的设计和施工提出了建议。谢云、李刚、陈正汉用 SEEP/W 和 SLOPE/W 软件对膨胀土渠坡工作期间水位快速升降、降雨入渗以及自然蒸发等可能工况进行了系统分析，并考虑了裂隙的影响。分析结果表明，由于非饱和土的渗透系数很小，渠坡内部各种物理场要经过较长的时间才能达到稳定；水位快速升降对临水面含水量和压力水头的影响较快，需要经过一定时间才能影响渠坡内部的含水量和压力水头变化；膨胀土张裂缝对降雨入渗有显著的影响，含水量和总水头影响范围达到张裂缝底部；水位快速下降会导致边坡安全系数降低。

膨胀土边坡在降雨入渗后存在膨胀力，该力是由于坡体吸水后的不均匀变形受阻而产生的，从而导致边坡湿胀变形，传统方法对此类问题的分析有较大的局限性，在分析中引入较为合理，而采用温度场等效膨胀应力力场的形式是解决该问题的有效途径。

李康全等利用 ANSYS 软件的热分析功能，计算了膨胀土增湿变形，验证了应用温度应力场理论模拟湿度应力场的有效性。谭波采用 ANSYS 软件的热传导分析功能，模拟分析边坡的降雨入渗以及膨胀变形，并采用有限元强度折减法对不同条件下边坡安全系数进行计算，分析了膨胀土边坡稳定规律。刘静德通过温度场等效的湿度场来模拟膨胀土边坡的吸湿变形，在 ABAQUS 平台上，采用非线性有限元分析方法，对膨胀岩边坡降雨失稳现场试验进行了数值模拟研究，建立了一套能考虑水分入渗的膨胀土岩边坡的稳定分析方法。

有限元计算所涉及的膨胀土本构关系，一直是土力学中未得到很好解决的难点之一。过往的研究均在土的应力–应变关系方面进行了诸多简化和假定，或者均以一般性的非饱和土理论来对膨胀土进行定量研究，并忽略了膨胀土吸湿膨胀与强度衰减等重要性质，而在等效计算中，往往将水分直接等效为温度，忽略了渗流场与温度场的差异性，因此得到的结果也将是不准确的。

由此可见，膨胀土边坡失稳问题已成为众多学者关注的问题，对于边坡破坏模式、滑动失稳特征等方面也已开展了初步工作,然而,由于对引起边坡失稳的关键因素认识不足,没有将湿胀性、吸湿软化特性等膨胀土边坡基本特性直接纳入分析,因而边坡失稳灾变机理尚未得到深刻认识。

1.2.3 膨胀土边坡处理技术

我国的膨胀土主要分布在广西、云南、河南、湖北、四川、陕西、河北、安徽、江苏、新疆、山西、黑龙江等地。国外已有 40 多个国家和地区报道了有关膨胀土(岩) 问题造成的危害,如美国、澳大利亚、印度、南非、突尼斯、苏丹、以色列、法国等。

国内膨胀土的研究始于 20 世纪 50 年代,由于当时兴修的成渝铁路沿线经常发生膨胀土路基滑坡而引起重视。20 世纪 70 年代初,我国有组织、有计划地在全国范围内开展了大规模膨胀土普查工作,在膨胀土判别方法、膨胀土建筑场地综合评价、膨胀土地基及建筑物变形计算和膨胀土地基大气影响深度等方面进行了研究。20 世纪 70 年代引丹干渠施工期间,发生了 13 处滑坡,引起水利工作者高度重视,南水北调中线膨胀土研究也主要从那时开始。20 世纪 80 年代底,我国铁路、水利、交通等部门对膨胀土又进行了比较系统的研究,取得了很多有意义的成果。20世纪 80~90 年代,长江勘测规划设计研究院 (简称长江设计院)、长江勘测技术研究所等单位在河南构林刁南干渠对膨胀土滑坡进行了现场试验研究,在南水北调中线工程南阳、邯郸等地对膨胀土工程特性及原位强度进行了研究。2002 年,交通运输部立项开展了 "膨胀土地区公路修筑成套技术研究",该研究以 "保湿防渗"为技术思路,开发了公路膨胀土勘察技术、"以柔治胀" 的膨胀土路堑边坡柔性支护技术、"封闭包盖" 的膨胀土路堤物理处治技术和膨胀土地区公路构造物地基与基础处治技术,取得了集理论、方法以及勘察、设计、施工技术于一体的公路膨胀土治理综合技术,但交通部门膨胀土边坡工作条件与渠道工程存在很大差别。据长江勘测技术研究所的调查统计资料显示,我国目前有近 30 条膨胀土渠道,约 32%的渠道在施工期发生滑坡,约 96% 的渠道建成后发生滑坡,仅 4%左右的渠道运行后没有发生滑坡。尽管我国膨胀土渠道 "病害" 严重,但直至 "十一五",仍没有开展过全国性的膨胀土渠道处理技术专门研究。

引额济乌引水工程部分渠段通过膨胀岩地区,渠道挖深一般为 8~12m。设计方案采用 "白砂岩" 换填 (换填厚度约为 1m) + 复合土工膜防渗 + 混凝土板衬砌的处理方案。白砂岩的设计渗透系数为 10^{-6}cm/s。2006 年渠道通水运行后,每年出现渠坡变形破坏,有的甚至已经处理过两次。研究发现,渠坡变形破坏的主要原因是:渠水透过土工膜、白砂岩换填层渗入黏土岩,岩体产生膨胀,沿层面发生蠕变和软化。渠道每年秋季退水时,黏土岩中的地下水难以排出,最后在动水压力作用下产生滑动。

国外对膨胀土渠道的研究开始于 20 世纪 50~70 年代。美国加利福尼亚州的北水南调工程 Friant-Kern，渠道长 245km，其中 87km 通过膨胀土地区，渠道挖深 5.2~5.4m。1945~1951 年施工建设，1949 年部分渠道过水，1950 年发现衬砌板隆起变形，之后变形不断发展，1954 年已有 15.5mi[①]渠道遭破坏。20 世纪 70 年代，美国垦务局采用 3%的石灰对膨胀土坡面及渠底进行改性处理，处理厚度为 0.6~0.77m，对坡顶也用同样厚度处理 7.6m 宽 (Byers, 1980)。1976 年处理施工完成，迄今已 35 年，渠道运行正常，未再出现变形破坏现象。

印度 Purna，渠道长 42km，挖深一般在 5m 左右。部分渠段经过具有强膨胀性的 "黑棉土" 地区。工程施工开始于 1955 年，1968 年竣工。建成后 15 年内，每年在膨胀土渠段都会产生一些滑坡。1983 年，采用含砾石红土对坡面处理 1m，在坡脚用块石砌筑护脚，之后未再出现滑坡现象 (Kulkarni et al., 1988)。

突尼斯、印度等国的专家在研究膨胀土渠道处理措施时还发现，在膨胀土上直接覆盖土工膜或直接浇筑混凝土，都会引起下伏膨胀土的软化和膨胀，其原因在于土工膜或混凝土像一个 "盖子"，阻碍了毛管水的蒸发 (Hualilon, 1976; Datye, 1988)。以色列的 Kashiv 还专门在渠底埋设仪器，揭示了渠道开裂与膨胀土含水量升高有关。通过这些研究，国外膨胀土渠道处理时已不再采用土工膜直接铺设在膨胀土上进行防渗处理。

南非 Zukerbosch，渠道长 20km，渠道挖深 4m 左右，1983 年竣工后一直运行良好，它在膨胀土地区采用了不同的处理方法 (Watermeyer,1984)：①在膨胀土地区，采用 1.5m 非膨胀土换填，压实度 0.98 控制，坡顶 10~15m 范围也换填 1m 厚的土；同时，两侧坡顶设置排水沟，一侧坡顶设置拦洪堤，其底宽约为 13m (兼起覆盖保护作用)。②在裂隙中大量充填具有强膨胀性黏土的页岩分布区，坡面和坡顶采用 0.6m 非膨胀土覆盖保护。③对于一些挖深较大的地段，根据 Williams 的计算，塑性指数在 24~30 时，渠道封闭后可产生 95mm 的隆起变形，为此在渠道预开挖后 (保留层厚 0.7m)，浸水 40 天坡顶地面下 0.25m 处铺设土工防渗材料，地面植草皮，限制林木生长，以防根系对土工膜和衬砌的破坏。

从国外膨胀土渠道处理技术研究情况看，由于渠道挖深较小，采用改性土或非膨胀土换填处理 + 防渗处理后，一般都取得了满意效果。但南水北调中线工程膨胀土渠道挖深大，除了膨胀作用，卸荷作用也会影响膨胀土物理力学性能和结构特性，随着坡高增大，滑坡机制也会改变。因此，南水北调中线工程膨胀土渠坡稳定问题的复杂程度是没有先例的。

1.2.4　膨胀土边坡监测技术

膨胀土工程的监测研究工作起步较晚，据文献报道，最早于 1989 年，我国学

---

① 1mi=1609.344m

者许健在膨胀土质隧道工程新奥地利隧道施工方法 (简称新奥法) 施工中, 进行了两年多的监测工作。刘特洪等于 1994 年为了解决刁南灌区膨胀土地区的渠道稳定性问题, 专门进行了渠坡滑动试验及监测工作。其后, 在我国高速公路网、铁路网等建设中, 为研究穿过膨胀土地区的路基和边坡稳定性问题, 广泛开展了膨胀土的监测工作。

2003 年 12 月 30 日随着南水北调中线工程开工后, 中华人民共和国国家科学技术部和国务院南水北调工程建设委员会办公室都非常重视南水北调中线工程在穿过南阳膨胀土地区的设计、施工和今后运行管理中可能出现的地质灾害问题。为此, "十一五" 国家科技支撑计划重大项目 "南水北调工程若干关键技术研究与应用" 专门设置了 "膨胀土地段渠道破坏机理及处理技术研究" 课题。在 "十二五" 国家科技支撑计划中又专门设置了 "南水北调中线工程膨胀土和高填方渠道建设关键技术研究与示范", 分列 7 大课题, 对膨胀土问题进行专门研究。其中, 课题七为 "膨胀土渠道及高填方渠道安全监测预警技术" 研究, 还有课题二、课题三和课题四都涉及膨胀土 (岩) 监测问题。通过这些课题的开展, 再次把膨胀土及其监测研究工作推向高潮。

1989 年, 许健根据新奥法的基本原理以及膨胀土应力变化和变形发展的特性, 从理论上阐述了新奥法原理在膨胀土质隧道工程中应用的可能性, 并通过试验洞的工程实践, 经两年多的监测, 获得了令人满意的结果。

1994 年, 刘特洪等为了解决刁南灌区膨胀土地区的渠道经常发生滑坡, 给工程的安全运行带来很大影响的问题, 在一段选定的渠道上进行了专门的渠坡滑动试验, 在土体中埋设了各种仪器, 监测它的应力和变形发展过程, 得出了有意义的成果。

1999 年, 龚壁卫等研究和分析了膨胀土边坡现场吸力量测的方法和成果, 认为膨胀土边坡的吸力沿深度呈指数函数分布, 且边坡中存在一个吸力 "临界深度", 在此深度以上, 基质吸力受土质、气候、温度等环境因子影响较大; 在此深度以下至地下水位以上, 吸力一般较小但并不为零。比较挖方和填方边坡的观测成果可知, 填方边坡的基质吸力比相同深度控方边坡的基质吸力大 1~2 倍, 这主要是因为填方边坡密度、含水率均较低。根据实测吸力与含水率的关系, 本书还绘制了现场土–水特征曲线。该研究成果为非饱和土理论应用于实际工程积累了经验。

2003 年, 詹良通等对降雨诱发的非饱和膨胀土边坡失稳的机理有较深入的了解, 在湖北枣阳选取了一个 11 m 高的典型的非饱和膨胀土挖方边坡进行人工降雨模拟试验和原位综合监测。监测结果表明: 降雨入渗造成 2m 深度以内土层中孔隙水压力和含水率大幅度增加, 致使膨胀土体的抗剪强度由于有效应力的减少及土体吸水膨胀软化而降低; 同时, 降雨入渗造成土体中水平应力与竖向应力比显著增加, 并接近理论的极限状态应力比, 以致软化的土体有可能沿着裂隙面发生局部被动破坏, 此破裂面在一定条件下 (如持续降雨) 可能会逐渐扩展, 最后发展成为膨胀土中常见的渐进式滑坡。

2004 年, 刘观仕等对襄荆高速公路膨胀土试验段堑坡开挖和防护全过程进行了变形监测, 通过对比研究边坡在不同干湿循环条件、不同阶段的变形特征, 探讨了减少边坡变形的关键影响因子, 分析了挡土墙与坡面防护的作用, 提出了合理的开挖与防护建议。

2007 年, 缪伟等为了研究膨胀土开挖边坡的破坏过程和特征, 利用测斜仪进行了近 1 年的现场边坡变形跟踪观测, 清晰而完整地观察到了膨胀土边坡变形随季节的演化历程, 根据侧向位移状态过程曲线的特征位置, 推测出了两个潜在滑动面, 与地质调查的结果比较吻合, 并由此构建了宁明膨胀土边坡半定量滑坡破坏模式。

2007 年, 陈兴岗等认为降雨是诱发膨胀土滑坡的主要因子, 通过对膨胀土路堑边坡滑动的现场监测, 得出结论是: 滑坡的发生主要受土体中含水率的影响, 且边坡的变形与含水率的变化相关性一致; 降雨对边坡的变形有明显的滞后性, 季节性的干湿循环会造成膨胀土边坡土体向坡下蠕变, 最终导致渐进累积破坏。

2008 年, 孟庆云等对膨胀土路基在施工过程中的变形特性进行现场监测以及有限元模拟分析, 研究膨胀土路基竖向沉降和侧向位移随路基填土高度的变化情况, 找出变形规律, 用于指导今后膨胀土地段的路基施工。

2009 年, 刘鸣等认为膨胀岩 (土) 是一种在自然地质过程中形成的多裂隙性、胀缩性的质体, 其黏粒成分具有强亲水性, 导致膨胀土 (岩) 体反复变形、裂隙发育, 对渠道工程有严重破坏作用。因此, 合理的监测系统、监测仪器选型及埋设技术, 将直接影响膨胀岩 (土) 渠坡监测成果的真实性和有效性。根据南水北调中线一期工程南阳和新乡膨胀土、岩试验段现场工作成果, 从监测项目、系统组成、仪器布置、仪器选型、埋设技术等方面系统地总结了膨胀土 (岩) 渠坡监测技术和实践经验。

2010 年, 李金亭认为膨胀土地区地铁深基坑施工发生的工程事故和工程安全隐患与监测的疏忽有很强的相关性。在工程实施中, 建立膨胀土地区地铁深基坑监测与预测报警系统, 对地下工程及周边环境进行监测、分析、判断, 预测施工中可能出现的情况, 并采取相应的技术措施, 可以保障整个深基坑施工的安全, 也降低了经济损失。

2011 年, 张新生利用测斜仪和 PVC 测斜管对试验工点膨胀土滑坡的深部位移进行监测与分析。监测结果表明: 该工点膨胀土滑坡滑动面较浅, 位于坡面下 3.5~5.5 m; 滑动带含砂率较高, 地下水和雨水下渗导致该层土的黏聚力和摩擦角减小, 这是出现滑坡的重要原因; 浅层坡残积膨胀土与下层全风化泥岩的分界面处形成了隔水层, 降雨量大时滑动土体出现较大的塑流性移动, 极易超过测斜管的变形极限。

2012 年，黎鸿等运用灰色理论 GM(1,1)，以实际工程监测结果为基础，建立了成都膨胀土地区基坑支护结构变形预测模型，通过支护结构的变形预测计算，并与实际工程的变形观测值相比较，表明此方法具有较高的精度，对于今后成都膨胀土地区基坑变形监测和安全控制具有一定的指导意义。

2012 年，董忠萍等介绍了正在开展的南水北调中线引江济汉工程膨胀土渠坡快速分级判定及现场监测试验工作，分析了基于未确知均值聚类理论根据多项分级指标综合判定单一土样膨胀潜势的方法，选取土样野外判别因子，根据单样品分级方法评价结果，反分析各因子分级敏感度及分级权重程度，建立膨胀土野外快速判定多因子权重专家打分系统，提出了对渠道断面整体膨胀潜势进行分级的厚度分层统计分析法，探讨了模拟不同工况下渠坡膨胀的含水率、基质吸力、土压力及侧向变形的现场监测及设计方案。

2013 年，何芳婵等为了研究膨胀土自然状态下的膨胀及力学特性，对南阳弱膨胀土进行了不同增湿程度时的膨胀及力学特性试验。通过对相同初始条件下不同增湿程度膨胀土的膨胀特性试验得到，随着含水率的增大，自然膨胀力和有荷自然膨胀率均是先逐渐增大后有小幅减小再逐渐稳定，无荷膨胀率的变化趋势是前期接近线性的增大后逐渐稳定。通过不同增湿程度膨胀土的抗剪强度试验，建立了黏聚力、内摩擦角与增湿含水率的线性关系曲线及关系式。对于已建工程，通过监测含水率得到膨胀土的实时膨胀特性以及抗剪强度，进而评价工程的安全运行情况。

1.3 研究内容与技术路线

1.3.1 课题研究内容

1. 强膨胀土 (岩) 工程特性及地质结构研究

通过现场和室内试验研究工作，研究南阳盆地强膨胀土 (岩) 的地质结构及垂直分带性、裂隙特征及其分布规律、地下水的分布及其对土体强度和边坡稳定性的影响、膨胀土 (岩) 的理化及胀缩特性、膨胀土 (岩) 的强度与变形特性、强膨胀土 (岩) 的渗透特征等，比较不同类型强膨胀土 (岩) 间、强膨胀土 (岩) 与弱、中膨胀土 (岩) 的工程特性及其差异。初拟对淅川段 (渠坡膨胀土)、南阳 1 段 (渠底膨胀土)、南阳 2 段 (渠底膨胀岩)、鲁山段 (渠坡膨胀岩) 等处强膨胀土 (岩) 进行典型研究，各段选择 200~500m 开展重点研究，并对其他强膨胀土段进行面上分析研究。

　　2. 强膨胀土渠坡滑动破坏和膨胀变形规律研究

　　研究强膨胀土渠坡变形、滑动、破坏的发生、发展机制,研究不同条件下变形、滑动、破坏的变化规律与影响因素。结合渠道开挖施工、变形观测和室内分析计算,重点对 4 个典型渠段渠坡、渠底的变形破坏模式、规模、位置、时机、频度、机理及控制因素 (如土体膨胀等级、坡比、坡高、地下水、气候、施工条件等)、渠坡破坏动态特征等开展研究,同时对其他强膨胀土 (岩) 分布渠段的变形及滑动破坏资料进行分析。通过上述工作,揭示强膨胀土渠道存在的主要问题及其对工程的影响程度,为强膨胀土 (岩) 渠坡、渠底处理措施研究提供依据。综合“十一五”中、弱膨胀土渠道破坏机理研究成果,研究土体膨胀性对渠道变形的控制作用。

　　3. 强膨胀土处理技术研究

　　在上述研究基础上,首先通过室内分析、计算,研究适合强膨胀土渠道的渠坡抗滑和渠基抗变形技术,结合已审定的强膨胀土 (岩) 边坡加固处理方案,对渠坡处理技术进行优化。其次,在南阳盆地开展强膨胀土 (岩) 处理技术的现场试验研究,对强膨胀土 (岩) 分布段的渠坡、渠底进行处理,重点考虑处理技术的处理厚度、布置原则、施工难易程度、费用等问题。比较各种膨胀土 (岩) 处理方案的加固效果和作用,最终提出强膨胀土 (岩) 处理技术。结合“十一五”的研究成果,提出了膨胀土 (岩) 处理技术。

1.3.2　技术路线

　　首先,课题组将调研类似工程的处理与施工资料,全面调查分析强膨胀土 (岩) 渠道开挖施工过程中的主要问题,结合中线工程强膨胀土 (岩) 的分布情况和施工进展情况,确定典型研究段,细化和完善课题的研究方案。

　　课题将采用重点研究与普遍调查相结合的方式,通过室内试验研究强膨胀土 (岩) 基本工程特性;通过现场试验和观测手段,研究大气环境、地下水环境和应力状态变化对强膨胀土 (岩) 渠坡应力、变形和强度的影响,总结膨胀土 (岩) 渠坡的破坏和变形规律,提出强膨胀土 (岩) 的处理技术;开展试点工程现场试验,综合评价各种强膨胀土 (岩) 渠道处理技术的可靠性、施工方便性和经济合理性等,为中线工程相关渠段设计提供技术支撑。

　　技术路线见图 1.1。

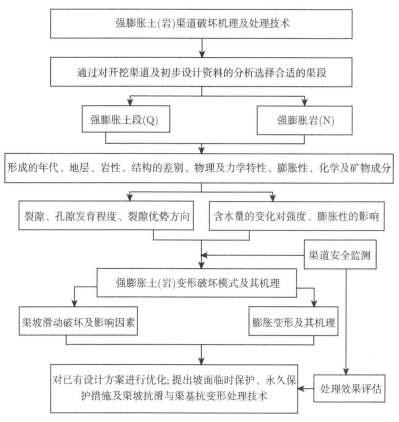

图 1.1 强膨胀土 (岩) 变形破坏机理及处理技术路线

第 2 章　强膨胀土 (岩) 矿化成分

土体的化学成分是指组成土体的化学元素、化合物的种类及其含量; 矿物成分是指组成土体的矿物种类及其含量。化学成分、矿物成分的差异对膨胀土 (岩) 体的物理力学特性、膨胀特性、水理特性乃至结构特性等方面均有不同程度的影响。

2.1　化　学　成　分

在化学成分研究方面, 主要开展了强膨胀土 (岩)SiO_2、Al_2O_3、Fe_2O_3、MgO、CaO、Na_2O、K_2O、TiO_2、P_2O_5、MnO 等离子和化合物的检测, 同时检测了阳离子交换量、pH、烧失量、易溶盐及有机质含量。SiO_2、Fe_2O_3、TiO_2、P_2O_5 含量测定采用重量分析法和分光光度计比色法; MgO、CaO、Na_2O、K_2O、MnO 含量以及阳离子交换量测定采用原子吸收光谱仪测定法; pH 测定采用电极测定法, 烧失量测定采用重量分析法; Al_2O_3、有机质、易溶盐含量测定采用滴定法和离子色谱法。

(1) 各取样段试样的化学成分见表 2.1。

淅川段第四系下更新统洪积层 $(p1Q_1)$ 黏土: pH 为 6.91~7.02, 一般为中性, 易溶盐总量为 0.772~0.807g/kg, 有机质含量为 0.79%~1.63%, 烧失量为 9.46%~13.08%, 氧化物主要为 SiO_2, Al_2O_3, Fe_2O_3, 其他氧化物含量较少, 阳离子交换量为 40.69~45.90m mol/100g;

南阳 1 段第四系中更新统冲洪积层 $(al-plQ_2)$ 黏土: pH 为 7.02~7.03, 一般为中性, 易溶盐总量为 0.691~0.719g/kg, 有机质含量为 1.20%~1.40%, 烧失量为 8.86%~9.78%, 氧化物主要为 SiO_2, Al_2O_3, Fe_2O_3, 其他氧化物含量较少, 阳离子交换量为 31.33~31.48m mol/100g;

南阳 2 段第四系中更新统冲洪积层 $(al-plQ_2)$ 黏土: pH 为 7.09~7.19, 一般为中性, 易溶盐总量为 0.622~0.633g/kg, 有机质含量为 1.55%~1.73%, 烧失量为 11.30%~11.66%, 氧化物主要为 SiO_2, Al_2O_3, Fe_2O_3, 其他氧化物含量较少, 阳离子交换量为 32.05~32.74 m mol/100g;

南阳 3 段上第三系 (N) 黏土岩: pH 为 6.85~7.09, 一般为中性, 易溶盐总量为 0.652~0.664g/kg, 有机质含量为 1.02%~1.14%, 烧失量为 5.36%~5.50%, 氧化物主要为 SiO_2, Al_2O_3, Fe_2O_3, 其他氧化物含量较少, 阳离子交换量为 31.00~31.06m mol/100g;

表 2.1 强膨胀土（岩）化学成分试验统计表

试验地区	岩性	时代	高程/m	埋深/m	pH	HCO_3^-/(g/kg)	Cl^-/(g/kg)	SO_4^{2-}/(g/kg)	Ca^{2+}/(g/kg)	Mg^{2+}/(g/kg)	K^++Na^+/(g/kg)	易溶盐总量/(g/kg)	有机质含量/%	烧失量/%
淅川	棕红色夹灰绿色黏土	plQ₁	151	7	6.91	0.440	0.059	0.055	0.063	0.060	0.062	0.739	0.90	9.92
			152	5	6.89	0.452	0.049	0.068	0.059	0.055	0.066	0.749	0.79	13.08
			153	4	7.02	0.458	0.066	0.058	0.068	0.063	0.067	0.807	1.63	10.81
			154	2	6.99	0.489	0.057	0.054	0.058	0.061	0.053	0.772	1.24	9.46
			平均值		6.95	0.460	0.058	0.059	0.062	0.060	0.062	0.767	1.14	10.82
南阳 1 段	浅黄色~浅棕黄色黏土	al-plQ₂	133	9	7.03	0.484	0.047	0.041	0.050	0.049	0.049	0.719	1.20	8.86
			134	8	7.02	0.458	0.043	0.044	0.046	0.052	0.049	0.691	1.40	9.78
			平均值		7.03	0.471	0.045	0.043	0.048	0.051	0.049	0.705	1.30	9.32
南阳 2 段	浅黄色~浅棕黄色黏土	al-plQ₂	133	6	7.09	0.378	0.058	0.035	0.050	0.047	0.056	0.622	1.55	11.66
			134	5	7.19	0.410	0.052	0.035	0.046	0.041	0.050	0.633	1.73	11.30
			平均值		7.14	0.394	0.055	0.035	0.048	0.044	0.053	0.628	1.64	11.48
南阳 3 段	浅棕黄夹灰绿色黏土岩	N	133	14	6.85	0.399	0.057	0.047	0.057	0.057	0.046	0.664	1.02	5.50
			134	13	7.09	0.398	0.051	0.046	0.056	0.054	0.047	0.652	1.14	5.36
			平均值		6.97	0.399	0.054	0.047	0.057	0.056	0.047	0.658	1.08	5.43
鲁山	棕黄色夹灰绿色黏土岩	N	126	12	7.03	0.458	0.045	0.040	0.048	0.050	0.048	0.688	1.52	7.97
			128	10	7.06	0.431	0.043	0.040	0.049	0.046	0.052	0.660	1.76	8.68
			130	11	6.87	0.401	0.056	0.050	0.056	0.060	0.058	0.680	0.60	6.67
			132	9	6.94	0.412	0.059	0.055	0.058	0.063	0.064	0.709	0.69	9.27
			平均值		6.98	0.426	0.051	0.046	0.053	0.055	0.056	0.684	1.14	8.15
邯郸	灰绿色夹棕黄色黏土岩	N	83.8	6	7.03	0.519	0.051	0.047	0.053	0.054	0.060	0.783	2.44	7.03
			84.8	5	7.25	0.489	0.050	0.052	0.060	0.049	0.052	0.752	1.89	7.25
			85.8	4	7.32	0.491	0.051	0.048	0.057	0.052	0.059	0.757	1.00	7.32
			平均值		7.20	0.500	0.051	0.049	0.057	0.052	0.057	0.764	1.78	7.20

续表

试验地区	岩性	时代	高程/m	埋深/m	SiO$_2$/%	Al$_2$O$_3$/%	Fe$_2$O$_3$/%	MgO/%	CaO/%	Na$_2$O/%	K$_2$O/%	TiO$_2$/%	P$_2$O$_5$/%	MnO/%	阳离子交换量/(m mol/100g)
淅川	棕红色夹灰绿色黏土	plQ$_1$	151	7	60.76	16.22	6.52	1.82	1.08	0.28	2.46	0.84	0.06	0.11	42.14
			152	5	58.88	15.61	6.25	1.69	1.11	0.22	2.29	0.82	0.06	0.06	45.90
			153	4	59.46	16.34	6.59	1.98	1.22	0.21	2.44	0.81	0.07	0.17	41.26
			154	2	60.85	16.02	6.72	1.89	1.02	0.29	2.43	0.84	0.06	0.22	40.69
			平均值		59.99	16.05	6.52	1.85	1.11	0.25	2.41	0.83	0.06	0.14	42.50
南阳 1 段	浅黄色~浅棕黄色黏土	al-plQ$_2$	133	9	64.53	15.71	6.33	1.31	1.12	0.11	0.92	0.86	0.08	0.02	31.33
			134	8	64.17	15.58	5.92	1.35	1.19	0.09	0.89	0.84	0.08	0.02	31.48
			平均值		64.35	15.65	6.13	1.33	1.16	0.10	0.91	0.85	0.08	0.02	31.41
2 段	浅黄色~浅棕黄色黏土	al-plQ$_2$	133	6	64.92	14.48	5.46	1.10	1.02	0.08	0.64	0.82	0.05	0.02	32.74
			134	5	65.69	14.01	5.35	1.11	1.06	0.09	0.63	0.82	0.05	0.03	32.05
			平均值		65.31	14.25	5.41	1.11	1.04	0.08	0.64	0.82	0.05	0.02	32.40
3 段	浅棕黄色夹绿色黏土岩	N	133	14	68.87	15.57	6.33	0.95	1.02	0.14	0.92	0.91	0.09	0.03	31.00
			134	13	68.27	15.60	6.33	1.06	1.02	0.16	1.07	0.91	0.09	0.29	31.06
			平均值		68.57	15.59	6.33	1.01	1.02	0.15	1.00	0.91	0.09	0.16	31.03
鲁山	棕黄色夹灰绿色黏土岩	N	126	12	67.82	13.67	5.53	1.16	0.72	0.07	1.90	0.78	0.08	0.04	31.09
			128	10	68.25	12.34	5.35	1.16	0.74	0.07	1.72	0.74	0.43	0.27	29.91
			130	11	74.45	9.74	4.39	1.27	0.86	0.08	1.56	0.61	0.04	0.14	32.90
			132	9	67.37	13.03	5.50	1.27	0.98	0.06	1.58	0.76	0.06	0.03	35.65
			平均值		69.47	12.20	5.19	1.22	0.83	0.07	1.69	0.72	0.15	0.12	32.39
邯郸	灰绿色夹棕黄色黏土岩	N	83.8	6	64.12	15.92	5.53	1.82	1.60	0.68	2.00	0.73	0.12	0.07	32.20
			84.8	5	61.39	16.57	6.20	1.54	0.99	0.10	1.59	0.79	0.06	0.08	40.28
			85.8	4	58.01	16.88	6.44	1.47	1.13	0.11	1.49	0.77	0.07	0.02	42.77
			平均值		61.17	16.45	6.05	1.61	1.24	0.29	1.69	0.76	0.08	0.06	38.42

鲁山段上第三系 (N) 黏土岩：pH 为 6.87~7.06，一般为中性，易溶盐总量为 0.660~0.709g/kg，有机质含量为 0.60%~1.76%，烧失量为 6.67%~9.27%，氧化物主要为 SiO_2，Al_2O_3，Fe_2O_3，其他氧化物含量较少，阳离子交换量为 29.91~35.65m mol/100g；

邯郸段上第三系 (N) 黏土岩：pH 为 7.03~7.32，一般为中性，易溶盐总量为 0.752~0.783g/kg，有机质含量为 1.00%~2.44%，烧失量为 7.03%~7.32%，氧化物主要为 SiO_2，Al_2O_3，Fe_2O_3，其他氧化物含量较少，阳离子交换量为 32.20~42.77m mol/100g。

(2) 同一取样段、不同高程强膨胀土 (岩) 试样的化学成分基本相近，局部受地下水等因素的影响，其易溶盐总量、有机质含量略微存在差异。例如，淅川段 153m 高程为含水层，该层的易溶盐总量、有机质含量比其他高程偏大。

(3) 不同取样段、同一时代强膨胀土 (岩)，由于物质来源、沉积环境、地下水、微地貌等因素的差异，化学指标存在一定的差异。强膨胀土中，南阳 1 段的 HCO_3^-、易溶盐总量、Al_2O_3、Fe_2O_3、MgO、Na_2O、K_2O 等比南阳 2 段的稍高，但 pH、Cl^-、有机质含量、烧失量偏低。强膨胀岩中，南阳 3 段的烧失量偏小，鲁山段的 Al_2O_3、CaO、Na_2O 含量偏低；邯郸段 pH、易溶盐总量、有机质含量、阳离子交换量偏大，MnO 含量偏低。

(4) 不同时代、不同成因的强膨胀土相比，受物质来源、沉积环境、地下水、微地貌等因素的影响，化学成分存在一定的差异。例如，淅川段强膨胀土 (plQ_1) 与南阳段强膨胀土 (al-plQ_2) 相比，前者的 SO_4^{2-}、Ca^{2+}、Mg^{2+}、K^++Na^+、易溶盐总量、MgO、Na_2O、K_2O、阳离子交换量偏大，而 pH、有机质含量偏低。

(5) 强膨胀土与强膨胀岩相比，两者的大多数化学成分指标差异不明显，仅少数化学成分指标受物质来源、沉积环境、地下水、微地貌等因素的影响，略有差异。例如，强膨胀土烧失量、阳离子交换量总体上大于强膨胀岩；但强膨胀土 SiO_2 含量总体上则低于强膨胀岩。

2.2 矿物成分

矿物成分方面，主要研究了强膨胀土 (岩) 黏土矿物与碎屑矿物的含量，检测了蒙脱石、伊利石、高岭石、绿泥石、石英、长石、白云石等矿物的含量。检测样品取自淅川、南阳、鲁山以及邯郸等地区。矿物成分检测采用 X 射线衍射分析法，依据 JCPDS 卡片 (国际粉末衍射标准联合委员会)，将所测得的衍射图谱与其中已知标准数据相比较进行分析确定。

(1) 各取样段试样的矿物成分见表 2.2。典型 X 射线衍射图谱见图 2.1~图 2.6。

表 2.2　强膨胀土 (岩) 矿物成分试验统计表

试验段	岩性	时代	高程/m	埋深/m	黏土矿物				碎屑矿物		
					蒙脱石/%	伊利石/%	绿泥石/%	高岭石/%	石英/%	长石/%	白云石/%
淅川段	棕红色夹夹绿色黏土	plQ₁	151	7	50.0	10.0	0.0	0.0	35.5	4.5	0.0
			152	5	50.0	10.0	0.0	0.0	37.0	3.0	0.0
			153	4	48.8	10.0	2.5	1.3	34.3	3.3	0.0
			154	2	47.5	7.5	5.0	0.0	36.5	3.5	0.0
			平均值		49.1	9.4	1.9	0.3	35.8	3.6	0.0
南阳 1 段	浅黄色～浅棕黄色黏土	al-plQ₂	133	9	50.8	5.0	5.0	0.0	38.0	1.3	0.0
			134	8	47.0	5.0	4.3	0.0	41.5	1.5	0.0
			平均值		48.9	5.0	4.7	0.0	39.8	1.4	0.0
南阳 2 段	浅黄色～浅棕黄色黏土	al-plQ₂	133	6	55.0	0.0	2.0	0.0	43.0	0.0	0.0
			134	5	60.0	0.0	2.5	0.0	35.5	2.0	0.0
			平均值		57.5	0.0	2.3	0.0	39.3	1.0	0.0
南阳 3 段	浅棕黄夹灰绿色黏土岩	N	133	14	45.4	0.0	5.0	0.6	47.2	1.4	0.0
			134	13	45.0	0.0	5.0	0.0	48.8	1.2	0.0
			平均值		45.2	0.0	5.0	0.3	48.0	1.3	0.0
鲁山	棕黄色夹灰绿色黏土岩	N	126	12	42.5	5.0	5.0	1.3	45.3	1.0	0.0
			128	10	41.5	5.0	5.0	0.0	45.0	2.5	1.0
			130	11	37.5	5.0	2.5	0.0	51.0	3.0	1.0
			132	9	50.0	5.0	0.0	0.0	43.0	2.0	0.0
			134	7	35.0	5.0	0.0	0.0	58.0	2.0	0.0
			平均值		41.3	5.0	2.5	0.3	48.5	2.1	0.4
邯郸	灰绿色夹棕黄色黏土岩	N	83.8	6	50.0	4.0	2.5	1.5	32.5	7.5	0.0
			84.8	5	60.0	0.0	0.0	3.0	37.0	0.0	0.0
			85.8	4	57.5	3.0	1.5	3.0	34.0	0.0	0.0
			平均值		55.8	2.3	1.3	2.5	34.5	2.5	0.0

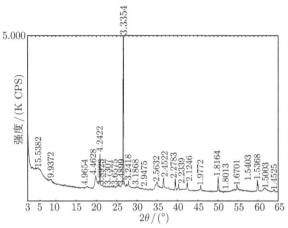

图 2.1 淅川段第四系下更新统洪积层 (p1Q₁) 黏土 X 射线衍射图

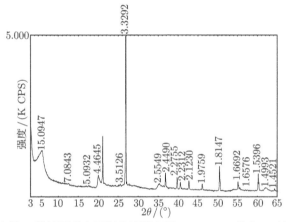

图 2.2 南阳 1 段第四系中更新统冲洪积层 (al-p1Q₂) 黏土 X 射线衍射图

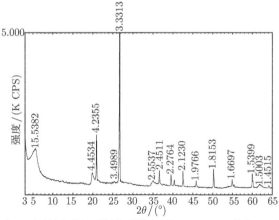

图 2.3 南阳 2 段第四系中更新统冲洪积层 (al-p1Q₂) 黏土 X 射线衍射图

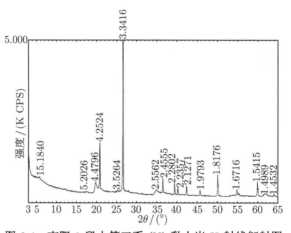

图 2.4　南阳 3 段上第三系 (N) 黏土岩 X 射线衍射图

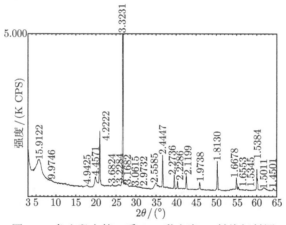

图 2.5　鲁山段上第三系 (N) 黏土岩 X 射线衍射图

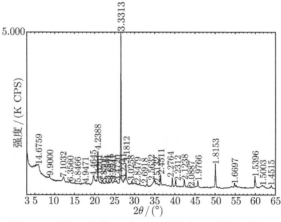

图 2.6　邯郸段上第三系 (N) 黏土岩 X 射线衍射图

淅川段第四系下更新统洪积层 ($p1Q_1$) 黏土：黏土矿物主要为蒙脱石，含量约为 50%；其次为伊利石，含量约为 10%；绿泥石、高岭石含量极少或没有。碎屑矿物主要为石英，含量约为 35%；长石含量较少；不含白云石。

南阳 1 段第四系中更新统冲洪积层 (al-plQ_2) 黏土：黏土矿物主要为蒙脱石，含量约为 50%；其次为伊利石和绿泥石，含量约为 5%；不含高岭石。碎屑矿物中主要为石英，含量约为 40%；长石含量较少；不含白云石。

南阳 2 段第四系中更新统冲洪积层 (al-plQ_2) 黏土：黏土矿物主要为蒙脱石，含量约为 60%；其次为绿泥石，含量约为 2%；不含伊利石与高岭石。碎屑矿物中主要为石英，含量约为 40%；长石含量较少；不含白云石。

南阳 3 段上第三系 (N) 黏土岩：黏土矿物主要为蒙脱石，含量约为 45%；其次为绿泥石，含量约为 5%；不含伊利石；高岭石含量极少。碎屑矿物中主要为石英，含量约为 48%；长石含量较少；不含白云石。

鲁山段上第三系 (N) 黏土岩：黏土矿物主要为蒙脱石，含量约为 41%；其次为伊利石和绿泥石，含量约为 5%；高岭石含量极少。碎屑矿物中主要为石英，含量约为 48%；长石含量较少；白云石含量极少。

邯郸段上第三系 (N) 黏土岩：黏土矿物主要为蒙脱石，含量约为 55%；其次为伊利石、绿泥石和高岭石，含量约为 2%。碎屑矿物中主要为石英，含量约为 34%；长石含量较少；不含白云石。

(2) 同一取样段、不同高程的强膨胀土 (岩) 的矿物成分差异不大。黏土矿物以蒙脱石为主，约占总量的 1/2；碎屑矿物以石英为主，约占总量的 1/3~1/2；其他矿物含量少或没有。

(3) 不同取样段，同一时代强膨胀土 (岩) 相比，由于其物质来源、沉积环境等因素的不同，矿物成分略有差异。强膨胀土中，南阳 1 段的蒙脱石含量比南阳 2 段略低，但伊利石、绿泥石含量略高。强膨胀岩中，南阳 3 段、鲁山段绿泥石的含量比邯郸段略高；而邯郸段蒙脱石含量略高，石英含量偏低。

(4) 不同时代、不同成因的强膨胀土相比，受物质来源、沉积环境等因素影响，矿物成分略有差异。例如，南阳段 (包括南阳 1 段和南阳 2 段) 强膨胀土 (al-plQ_2) 蒙脱石、绿泥石、石英含量比淅川段强膨胀土 ($p1Q_1$) 略高，但伊利石、长石含量略少。

(5) 强膨胀土与强膨胀岩的矿物组成相比，强膨胀土蒙脱石含量略高于强膨胀岩，而强膨胀土石英含量略低于强膨胀岩。其他矿物成分含量较少，差异不明显。

第3章　强膨胀土 (岩) 基本物理力学特性

膨胀土 (岩) 作为一种特殊性岩土体, 其物理力学性质有别于一般黏性土或同时代黏土岩。随着大量膨胀土地区建筑物灾变的发生, 越来越多的学者开始正视膨胀土 (岩) 物理力学强度特性以及与之相关的破坏机理的研究, 并取得一系列有价值的成果。大量的研究成果表明, 由于膨胀土 (岩) 富含亲水性黏土矿物, 所以其黏粒含量、液塑限以及孔隙比等物理性质方面均同一般黏性土 (黏土岩) 有所区别。另外, 膨胀土 (岩) 是多裂隙结构面的土岩体, 且裂隙分布大多具有随机性, 使得其抗剪强度的研究比一般黏性土 (黏土岩) 更加复杂。强膨胀土 (岩) 分布较弱、中等膨胀土 (岩) 分布少, 对其物理力学特性也缺乏较为系统性的研究, 因此开展强膨胀土 (岩) 基本物理力学特性的研究, 可以从根本上认识其物理性质、强度特性及其之间的规律性, 从而更好地认识强膨胀土 (岩) 地区渠道边坡及地基等的破坏模式, 为该类地区的设计施工提供基础性的技术支撑。

南水北调中线工程沿线分布的强膨胀岩由于沉积时代晚 (新第三纪)、成岩程度差, 其性状与超固结土体比较接近, 所以进行物理力学特性研究时一般按土体对待。通过在淅川、南阳、鲁山以及邯郸等地区采取不同深度、不同时代、不同成因的强膨胀土 (岩) 试样, 进行室内和现场试验, 研究强膨胀土 (岩) 的物理力学特性及其差异, 最终提出了强膨胀土 (岩) 的抗剪强度的取值原则和基本物理力学指标推荐值。

3.1　基本物理特性指标

强膨胀土 (岩) 的物理特性指标主要包括: 颗粒组成、天然含水量、比重、密度、孔隙比、饱和度、液塑限等。各取样段试样的颗粒组成、基本物理特性指标见表 3.1 和表 3.2。

(1) 淅川段下更新统洪积 (plQ_1) 黏土, 棕红色夹灰绿色。土体天然含水率为 24.0%~37.0%, 孔隙比为 0.707~1.192, 液限为 61.0%~84.1%, 塑限为 28.2%~36.2%, 塑性指数为 32.8~48.4, 液性指数为 −0.13~0.07, 黏粒含量为 37.8%~48.4%。与一般 Q_1 非膨胀土体相比, 该层强膨胀土体的孔隙比、液限、塑限、塑性指数偏高, 而液性指数偏低。

表 3.1 强膨胀土（岩）颗粒组成统计表

取样地区	岩性	时代	成因	高程/m	埋深/m	砂粒 粗 2~0.5	砂粒 中 0.5~0.25	砂粒 细 0.25~0.075	粉粒 粗 0.075~0.05	粉粒 细 0.05~0.005	黏粒 <0.005	胶粒 其中 <0.002
						（粒径 mm)/%						
淅川	棕红色夹灰绿色黏土	plQ₁	洪积	151	7				0.0~0.7	55.5~57.5	42.5~44.0	22.0~25.9
									0.2	56.3	43.4	24.0
				152	5				0.8~1.0	51.1~53.7	45.3~48.1	25.5~25.6
									0.9	52.4	46.7	25.6
				153	4			0.9~1.0	0.4~3.4	51.6~60.7	37.8~48.4	20.1~29.0
								1.0	1.6	55.3	43.1	24.1
				154	2			0.9~1.1	0.3~1.5	50.7~57.0	40.8~48.1	22.6~26.1
								1.0	1.0	54.8	43.5	24.1
南阳	1 段 浅黄色~浅棕黄色黏土	al-plQ₂ 冲洪积		133	9	1.0~1.4	0.3~1.8	0.8~1.0	0.8~2.6	51.0~52.3	42.6~44.7	20.9~24.6
						1.2	0.7	0.9	1.7	51.9	44.0	23.1
				134	8	1.2~2.0	0.3~1.5	0.7~1.0	0.3~1.9	51.0~54.9	40.8~44.7	23.3~25.6
						1.5	0.7	0.8	1.4	52.9	43.1	24.2
	2 段 浅黄色~浅棕黄色黏土	al-plQ₂ 冲洪积		133	6	2.0~2.4	0.5~0.8	1.1~1.2	1.1~3.6	38.9~46.2	45.8~56.2	24.0~32.5
						2.2	0.6	1.1	2.4	42.9	50.5	28.9
				134	5	1.6~2.9	0.5~0.9	0.8~1.2	2.1~3.3	45.1~51.1	42.9~48.1	24.1~27.9
						2.2	0.7	1.1	2.5	47.2	46.0	26.7
	3 段 浅棕黄夹灰绿色黏土岩	N 冲湖积		133	14	2.2	1.0~2.4	0.5~1.1	2.5~4.4	41.6~50.5	44.6~50.6	22.7~28.8
							0.7	0.9	3.5	46.0	48.0	25.5
				134	15	2.0~2.8	2.0~2.8	0.9~1.2	3.1~4.7	40.7~53.6	39.6~51.3	18.4~28.8
						2.4	2.4	1.0	3.8	47.6	45.2	23.0

续表

取样地区	岩性	时代	成因	高程/m	埋深/m	砂粒 (粒径 mm)/% 粗 2~0.5	中 0.5~0.25	细 0.25~0.075	粉粒 粗 0.075~0.05	细 0.05~0.005	黏粒 <0.005	胶粒 其中 <0.002
鲁山	棕黄色夹灰绿色黏土岩	N	冲湖积	126	12	0.9~1.8 / 1.5	1.2~1.7 / 1.4	6.2~7.8 / 7.2	4.0~5.5 / 4.8	37.0~39.3 / 38.1	46.3~48.3 / 47.1	27.6~30.7 / 29.4
				130	11	1.9~3.2 / 2.4	4.1~4.8 / 4.4	16.5~19.5 / 18.0	2.3~6.3 / 4.7	32.4~35.9 / 34.2	35.0~37.1 / 35.8	18.4~19.0 / 18.8
				132	9		3.8~4.3 / 4.0	7.7~11.4 / 9.0	1.0~1.8 / 1.4	36.3~38.2 / 37.0	46.2~50.5 / 48.6	24.1~24.5 / 24.3
邯郸	灰绿色夹黄色黏土岩	N	冲湖积	83.8	6			0.0~4.9 / 3.0	5.2~10.5 / 7.2	35.1~38.9 / 37.2	51.0~54.4 / 52.6	30.0~32.1 / 31.2
				84.8	5			1.9~2.9 / 2.4	5.3~6.5 / 6.1	33.5~41.1 / 37.7	49.6~58.1 / 53.8	29.8~35.1 / 32.6
				85.8	4			0.0~4.5 / 1.5	3.3~5.7 / 4.8	31.2~46.1 / 39.4	50.6~58.6 / 54.3	25.7~35.6 / 29.8

注: $\dfrac{最小值 \sim 最大值}{平均值}$

表 3.2　强膨胀土（岩）基本物理性试验结果表

取样地区	岩性	时代	成因	高程/m	埋深/m	土粒比重 G_s	天然物理性指标								
							含水率 $w/\%$	湿密度 $P/(g/cm^3)$	干密度 $\rho_d/(g/cm^3)$	孔隙比 e	饱和度 $S_r/\%$	液限 $W_{L17}/\%$	塑限 $W_P/\%$	塑性指数 I_{p17}	液性指数 I_{L17}
淅川	棕红色夹灰绿色黏土	plQ₁	洪积	151	7	2.75~2.75 / 2.74	24.0~27.4 / 25.5	1.98~1.99 / 1.99	1.55~1.61 / 1.59	0.707~0.774 / 0.731	93~98 / 96	61.0~64.5 / 63.0	28.2~29.8 / 28.9	32.8~35.0 / 34.2	-0.13~-0.07 / -0.10
				152	5	2.75~2.75 / 2.75	24.5~25.8 / 25.2	1.99~2.00 / 2.00	1.58~1.61 / 1.60	0.712~0.738 / 0.725	95~96 / 96	62.1~63.6 / 62.9	28.8~29.2 / 29.0	33.3~34.4 / 33.9	-0.13~-0.10 / -0.12
				153	4	2.75~2.75 / 2.75	30.8~37.0 / 34.0	1.72~1.84 / 1.79	1.26~1.40 / 1.34	0.971~1.192 / 1.067	85~91 / 88	67.6~84.1 / 75.8	30.3~36.2 / 33.2	37.3~48.4 / 42.6	0.00~0.07 / 0.02
				154	2	2.75~2.76 / 2.75	25.0~25.7 / 25.2	1.99~2.01 / 2.00	1.58~1.61 / 1.60	0.719~0.738 / 0.724	96~96 / 96	61.4~62.7 / 62.2	28.2~28.5 / 28.4	33.2~34.3 / 33.9	-0.10~-0.08 / -0.09
南阳 1段	浅黄色～浅棕黄色黏土	al-plQ₂	冲洪积	133	9	2.67~2.67 / 2.67	27.6~29.2 / 28.6	18.5~18.8 / 18.6	1.44~1.46 / 1.45	0.829~0.854 / 0.841	88~94 / 91	72.6~84.5 / 79.4	30.3~33.8 / 32.1	38.8~53.5 / 47.3	-0.14~-0.03 / -0.08
				134	8	2.66~2.66 / 2.66	27.8~28.7 / 28.4	1.81~1.93 / 1.87	1.42~1.50 / 1.46	0.773~0.873 / 0.823	85~99 / 92	73.8~76.8 / 75.9	31.6~33.2 / 32.5	41.8~44.2 / 43.5	-0.10~-0.70 / -0.09
南阳 2段	浅黄色～浅棕黄色黏土	al-plQ₂	冲洪积	133	6	2.68~2.71 / 2.70	26.0~27.0 / 26.3	1.91~1.95 / 1.93	1.51~1.55 / 1.53	0.748~0.776 / 0.767	91~95 / 93	67.9~78.6 / 72.6	26.2~30.7 / 29.3	40.4~49.0 / 43.3	-0.10~-0.00 / -0.07
				134	5	2.69~2.70 / 2.70	23.2~25.9 / 24.8	1.96~2.00 / 1.98	1.56~1.62 / 1.59	0.667~0.724 / 0.701	94~97 / 96	72.1~76.7 / 73.7	28.7~30.1 / 29.4	42.0~48.0 / 44.3	-0.14~-0.06 / -0.11
南阳 3段	浅棕黄夹灰绿色黏土岩	N	冲湖积	133	14	2.74~2.76 / 2.74	25.1~26.9 / 25.9	1.89~2.03 / 1.96	1.51~1.61 / 1.55	0.714~0.815 / 0.769	84~100 / 93	63.1~74.9 / 70.2	25.9~28.0 / 26.8	36.3~46.9 / 43.4	-0.05~0.00 / -0.02
				134	15	2.74~2.75 / 2.74	24.2~25.5 / 24.8	1.89~2.04 / 1.99	1.51~1.64 / 1.59	0.667~0.815 / 0.723	84~98 / 95	69.7~80.8 / 76.6	26.8~30.0 / 28.6	42.0~51.9 / 48.0	-0.10~-0.04 / -0.08

续表

取样地区	岩性	时代	成因	高程/m	埋深/m	土粒比重 G_s	天然物理性指标 含水率 w/%	湿密度 ρ/(g/cm³)	干密度 ρ_d/(g/cm³)	孔隙比 e	饱和度 S_r/%	液限 W_{L17}/%	塑限 W_p/%	塑性指数 I_{p17}	液性指数 I_{L17}
鲁山	棕黄色夹绿色黏土岩	N	冲洪积	126	12	2.66~2.67 / 2.66	19.2~20.5 / 19.7	2.07~2.08 / 2.07	1.72~1.74 / 1.73	0.534~0.552 / 0.541	96~99 / 98	52.5~59.0 / 55.8	24.2~25.8 / 24.7	28.2~34.6 / 31.1	−0.18~−0.14 / −0.16
				130	11	2.70~2.71 / 2.71	18.6~20.5 / 19.5	2.05~2.06 / 2.05	1.70~1.73 / 1.72	0.570~0.590 / 0.577	89~94 / 92	47.9~52.4 / 50.7	23.2~24.7 / 23.8	24.7~28.3 / 26.9	−0.19~−0.14 / −0.16
				132	9	2.71~2.72 / 2.72	22.9~23.6 / 23.2	1.95~2.02 / 2.00	1.58~1.65 / 1.62	0.650~0.720 / 0.667	87~96 / 93	54.7~64.8 / 61.2	25.1~26.8 / 26.2	29.6~38.0 / 35.0	−0.10~−0.07 / −0.08
				83.8	6	2.66~2.72 / 2.67	24.5~26.4 / 25.8	1.94~2.00 / 1.97	1.54~1.61 / 1.56	0.652~0.740 / 0.706	94~100 / 98	61.8~63.8 / 62.5	29.0~29.6 / 29.3	32.5~34.7 / 33.2	−0.14~−0.08 / −0.11
邯郸	灰绿色夹棕黄色黏土岩	N	冲洪积	84.8	5	2.62~2.71 / 2.67	27.6~28.5 / 28.0	1.90~1.96 / 1.93	1.48~1.54 / 1.51	0.735~0.811 / 0.769	94~99 / 97	66.8~69.5 / 67.9	30.5~32.2 / 31.6	35.5~37.3 / 36.4	−0.12~−0.08 / −0.10
				85.8	4	2.64~2.67 / 2.65	26.3~31.4 / 29.3	1.89~1.98 / 1.93	1.44~1.57 / 1.49	0.701~0.833 / 0.779	100~100 / 100	63.4~82.4 / 74.0	29.4~33.9 / 32.2	34.0~48.5 / 41.8	−0.09~−0.04 / −0.07

注: $\dfrac{最小值 \sim 最大值}{平均值}$

南阳 1 段中更新统冲洪积 (al-plQ$_2$) 黏土，浅黄色～浅棕黄色。土体天然含水率为 27.6%～29.2%，孔隙比为 0.773～0.873，液限为 72.6%～84.5%，塑限为 30.3%～33.8%，塑性指数为 38.8～53.5，液性指数为 −0.14～−0.03，黏粒含量为 40.8%～44.7%。与一般 Q$_2$ 非膨胀土体相比，该层强膨胀土体的液限、塑限、塑性指数均偏高，而液性指数均偏低。

南阳 2 段中更新统冲洪积 (al-plQ$_2$) 黏土，浅黄色～浅棕黄色。土体天然含水率为 23.2%～27.0%，孔隙比为 0.667～0.776，液限为 67.9%～78.6%，塑限为 26.2%～30.7%，塑性指数为 40.4～49.0，液性指数为 −0.14～0.00，黏粒含量为 42.9%～56.2%。与一般 Q$_2$ 非膨胀土体相比，该层强膨胀土体的液限、塑限、塑性指数均偏高，而液性指数均偏低。

南阳 3 段上第三系 (N) 黏土岩，浅棕黄夹灰绿色。土体天然含水率为 24.2%～26.9%，孔隙比为 0.677～0.815，液限为 63.1%～80.8%，塑限为 25.9%～30.0%，塑性指数为 36.3～51.9，液性指数为 −0.10～0.00，黏粒含量为 39.6%～51.3%。与同时代非膨胀性黏土岩相比，该层岩体的液限、塑限、塑性指数均偏高，而液性指数均偏低。

鲁山段上第三系 (N) 黏土岩，棕黄色夹灰绿色。土体天然含水率为 18.6%～23.6%，孔隙比为 0.534～0.720，液限为 47.9%～64.8%，塑限为 23.2%～26.8%，塑性指数为 24.7～38.0，液性指数为 −0.19～−0.07，黏粒含量为 35.0%～50.5%。与同时代非膨胀性黏土岩相比，该层岩体的液限、塑限、塑性指数均偏高，而液性指数均偏低。

邯郸段上第三系 (N) 黏土岩，多为灰绿色，下部夹棕黄色。土体天然含水率为 24.5%～31.4%，孔隙比为 0.652～0.833，液限为 61.8%～82.4%，塑限为 29.0%～33.9%，塑性指数为 32.5～48.5，液性指数为 −0.14～−0.04，黏粒含量为 49.6%～58.6%。与同时代非膨胀性黏土岩相比，该强膨胀岩的液限、塑限、塑性指数、黏粒含量均偏高，而干密度、液性指数均偏低。

(2) 一般来说，同一取样段、不同高程的土 (岩) 体物理性指标相差不大，但个别试样由于含水层的差异而存在差异。例如，淅川段 153m 高程为含水层，土体的含水率、孔隙比、液限、塑限、塑性指数、液性指数等明显比其他高程土体的大，干湿密度、饱和度则比其他高程的小；邯郸段随着试样埋深的增加，含水率、孔隙比、界限含水率呈减小的趋势，密度呈增大的趋势，这些主要是受颗粒组成、沉积条件及大气环境等因素的影响。

(3) 不同取样段、同一时代强膨胀土 (岩) 相比，由于其物质来源、沉积时间和环境、地下水环境等条件的不同，其物理性指标之间还是略有一些差异，主要体现在颗粒组成、含水率等方面，从而进一步引起其他指标的差异。例如，南阳 1 段强膨胀黏土与南阳 2 段相比，其含水率、孔隙比偏大，干密度、湿密度、黏粒含量偏小；鲁山段强膨胀岩与南阳 3 段和邯郸段强膨胀岩相比，具有低含水率、低孔隙比、低液限等特征；而南阳 3 段的孔隙比、液限、塑性指数比鲁山段和邯郸段均偏高，其膨胀性也是最强的。

(4) 不同时代、不同成因的强膨胀土相比，受沉积时代与环境、物质来源、地下水、裂隙发育程度等因素的影响，其物理性指标之间存在差异。例如，淅川段强膨胀黏土与南阳 1 段和南阳 2 段强膨胀黏土相比，其土粒比重、含水率、孔隙比均偏大，干密度、湿密度、黏粒含量均偏小。

(5) 强膨胀土与强膨胀岩的物理性指标总体上差异并不明显，由于物质来源、沉积环境、地下水等的差异，强膨胀土的细粒含量 (特别是粉粒含量)、土粒比重、孔隙比、液限、塑限、液性指数均略大于强膨胀岩，黏粒及砂粒含量小于强膨胀岩。

3.2　压　缩　特　性

各取样段试样压缩性指标结果见表 3.3。

表 3.3　强膨胀土 (岩) 压缩特性统计表

取样地区		岩性	时代	高程/m	埋深/m	压缩系数 $a_{v0.1\sim0.2}/\mathrm{MPa}^{-1}$	压缩模量 $E_{s0.1\sim0.2}/\mathrm{MPa}$
淅川		棕红色夹灰绿色黏土	plQ$_1$	151	7	0.034~0.046	36.8~50.1
						0.040	44.1
				152	5	0.035~0.088	19.7~49.7
						0.062	34.7
				153	4	0.105~0.305	7.1~18.6
						0.214	10.9
				154	2	0.027~0.042	40.1~63.7
						0.032	54.9
南阳	1 段	浅黄色 ~ 浅棕黄色黏土	al-plQ$_2$	133	9	0.286~0.370	4.9~6.4
						0.335	5.6
				134	8	0.112~0.381	4.9~15.8
						0.238	9.2
	2 段	浅黄色 ~ 浅棕黄色黏土	al-plQ$_2$	133	6	0.096~0.127	13.5~17.5
						0.110	15.7
				134	5	0.084~0.137	13.0~20.8
						0.104	17.5
	3 段	浅棕黄夹灰绿色黏土岩	N	133	14	0.091~0.310	5.9~19.4
						0.181	11.4
				134	13	0.044~0.307	5.9~38.1
						0.104	27.4

取样地区	岩性	时代	高程/m	埋深/m	压缩系数 $a_{v0.1\sim0.2}/MPa^{-1}$	压缩模量 $E_{s0.1\sim0.2}/MPa$
鲁山	棕黄色夹灰绿色黏土岩	N	126	12	0.084~0.117	13.1~18.1
					0.102	15.2
			128	10	0.056~0.063	24.6~27.0
					0.060	25.8
			130	11	0.077~0.083	18.9~21.6
					0.080	20.2
			132	9	0.094~0.102	16.3~17.9
					0.098	17.1
邯郸	灰绿色夹棕黄色黏土岩	N	83.8	6	0.048~0.088	19.8~34.4
					0.068	26.5
			84.8	5	0.084~0.105	17.2~21.0
					0.091	19.5
			85.8	4	0.070~0.094	18.9~24.3
					0.084	21.2

注：$\dfrac{最小值 \sim 最大值}{平均值}$

(1) 强膨胀土具有中等偏低压缩性，其中淅川段黏土压缩系数为 0.027 ~ 0.305MPa^{-1}，南阳 1 段黏土压缩系数为 0.112~0.381MPa^{-1}，南阳 2 段黏土压缩系数为 0.084~0.137MPa^{-1}。与同时代非膨胀土体相比，强膨胀土的压缩性均偏低。

强膨胀岩总体上具有低压缩性，其中南阳 3 段黏土岩压缩系数为 0.044 ~ 0.310MPa^{-1}，鲁山段黏土岩压缩系数 0.056~0.117MPa^{-1}，邯郸段黏土岩压缩系数为 0.048~0.105MPa^{-1}。与同时代非膨胀黏土岩相比，强膨胀岩岩体的压缩性均偏低。

(2) 同一取样段、不同高程土 (岩) 体压缩性指标存在一定的差异，主要是由土体中裂隙发育的随机性及含水率不同所造成的。例如，淅川段土体压缩性指标范围值较大，主要是土体中裂隙发育的随机性及含水率不同所造成的，特别是 153m 高程为相对含水层，其试样的压缩系数普遍比其他高程大。

(3) 不同取样段、同一时代强膨胀土 (岩) 相比，其压缩性指标存在一定差异，主要是裂隙发育情况等因素的差异造成的。例如，南阳 1 段强膨胀黏土与南阳 2 段强膨胀黏土相比，前者的压缩系数明显大于后者。强膨胀岩的压缩性指标相差不大。

(4) 不同时代、不同成因的强膨胀土相比，其压缩性指标有明显的差别。例如，淅川段强膨胀黏土压缩模量比南阳段强膨胀黏土大，反映出沉积时代越久远，土体的固结程度更高，相应的压缩模量也更大。

(5) 强膨胀土与强膨胀岩压缩性指标相比, 强膨胀土的压缩系数总体上大于强膨胀岩, 而压缩模量则小于强膨胀岩。强膨胀土总体上具有中等压缩性, 而强膨胀岩总体上具有低压缩性。以上指标的差异反映出强膨胀岩比强膨胀土的沉积时间更长, 在上覆沉积物的自重压力及地下水的作用下, 经受成岩作用, 固结程度更高。

3.3　抗 剪 强 度

强膨胀土 (岩) 的抗剪强度指标主要包括: 饱和固结抗剪强度、饱和抗剪强度、天然抗剪强度、反复胀缩条件下的抗剪强度以及不同含水率条件下的抗剪强度。其中, 室内试验包括: 天然快剪、饱和固结快剪、反复胀缩条件下的剪切试验以及不同含水率条件下的剪切试验; 现场大剪试验包括: 天然快剪和饱和快剪。

3.3.1　室内剪切试验

强膨胀土 (岩) 试样抗剪强度试验结果见表 3.4。

表 3.4　强膨胀土 (岩) 抗剪强度统计表

取样地区	岩性	时代	高程/m	埋深/m	天然快剪		饱和固结快剪	
					凝聚力 C_q/kPa	内摩擦角 φ_q/(°)	凝聚力 C_{cq}/kPa	内摩擦角 φ_{cq}/(°)
淅川	棕红色夹灰绿色黏土	plQ$_1$	151	7	101.5~153.4 / 127.1	20.8~27.5 / 25.3	63.9~89.4 / 76.7	27.4~29.2 / 28.1
			152	5	102.3~138.8 / 125.9	18.4~27.4 / 23.1	58.6~75.5 / 68.9	25.0~28.9 / 27.3
			153	4	35.8~74.9 / 55.4	14.7~21.4 / 18.4	25.3~48.9 / 36.0	18.1~23.4 / 21.4
			154	2	106.2~121.1 / 116.6	23.6~26.9 / 25.7	64.4~77.7 / 71.3	27.2~29.6 / 28.5
南阳	1 段 浅黄色 ~ 浅棕黄色黏土	al-plQ$_2$	133	9	30.9~48.1 / 40.0	14.0~16.3 / 14.9	21.7~33.6 / 28.3	17.3~19.2 / 18.2
			134	8	43.6~60.1 / 50.6	14.0~16.6 / 15.0	21.1~36.8 / 26.7	18.2~20.9 / 19.2
	2 段 浅黄色 ~ 浅棕黄色黏土	al-plQ$_2$	133	6	32.9~67.3 / 48.9	13.7~14.8 / 14.1	31.4~43.1 / 37.2	16.1~20.2 / 17.8
			134	5	52.1~81.3 / 69.4	16.1~17.4 / 16.9	27.5~42.5 / 36.2	18.1~21.0 / 19.1
	3 段 浅棕黄夹灰绿色黏土岩	N	133	14	38.6~84.2 / 55.8	13.5~17.9 / 15.6	22.9~43.3 / 35.2	17.3~19.5 / 18.4
			134	13	71.8~113.0 / 88.0	18.3~20.4 / 19.9	36.5~49.9 / 45.0	18.2~19.5 / 18.8

取样地区	岩性	时代	高程/m	埋深/m	天然快剪		饱和固结快剪	
					凝聚力 C_q/kPa	内摩擦角 φ_q/(°)	凝聚力 C_{cq}/kPa	内摩擦角 φ_{cq}/(°)
鲁山	棕黄色夹灰绿色黏土岩	N	126	12	92.9~117.0	17.7~23.6	40.1~74.1	18.6~27.4
					105.9	21.6	62.3	25.5
			128	10	115.3~145.6	20.0~22.9	61.4~78.0	25.4~27.2
					124.5	21.5	71.3	26.6
			130	11	98.7~152.4	16.6~18.9	45.9~66.7	20.2~23.2
					123.4	17.5	55.3	21.7
			132	9	98.3~122.5	17.6~19.0	54.5~68.0	20.1~23.7
					110.3	18.4	61.9	21.7
邯郸	灰绿色夹棕黄色黏土岩	N	83.8	6			53.3~77.0	18.2~23.4
							67.7	20.3
			84.8	5	90.0~101.6	14.7~15.6		
					95.6	15.1		

注：$\dfrac{最小值 \sim 最大值}{平均值}$

(1) 淅川段下更新统洪积 (plQ₁) 黏土，天然快剪强度 C_q 值 35.8~153.4kPa、φ_q 值 14.7°~27.5°，饱和固结快剪强度 C_{cq} 值 25.3~89.4kPa、φ_{cq} 值 18.1°~29.6°。与 Q₁ 非膨胀土体相比，该层土体的天然快剪强度 C_q 值一般偏大、φ_q 值一般偏小。

南阳 1 段中更新统冲洪积 (al-plQ₂) 黏土，天然快剪强度 C_q 值 30.9~60.1kPa、φ_q 值 14.0°~16.6°，饱和固结快剪强度 C_{cq} 值 21.1~36.8kPa、φ_{cq} 值 17.3°~20.9°。与 Q₂ 非膨胀土体相比，该层土体的天然快剪强度 C_q 值一般偏大、φ_q 值一般偏小。

南阳 2 段中更新统冲洪积 (al-plQ₂) 黏土，天然快剪强度 C_q 值 32.9~81.3kPa、φ_q 值 13.7°~17.4°，饱和固结快剪强度 C_{cq} 值 27.5~43.1kPa、φ_{cq} 值 16.1°~21.0°。与 Q₂ 非膨胀土体相比，该层土体的天然快剪强度 C_q 值一般偏大、φ_q 值一般偏小。

南阳 3 段上第三系 (N) 黏土岩，天然快剪强度 C_q 值 38.6~113.0kPa、φ_q 值 13.5°~20.4°，饱和固结快剪强度 C_{cq} 值 22.9~49.9kPa、φ_{cq} 值 17.3°~19.5°。与同时代非膨胀黏土岩相比，该层岩体的天然快剪强度 C_q 值一般偏大、φ_q 值一般偏小。

鲁山段上第三系 (N) 黏土岩，天然快剪强度 C_q 值 92.9~152.4kPa、φ_q 值 16.6°~23.6°，饱和固结快剪强度 C_{cq} 值 40.1~78.0kPa、φ_{cq} 值 18.6°~27.4°。与同时代非膨胀黏土岩相比，该层岩体的天然快剪强度 C_q 值一般偏大、φ_q 值一般偏小。

邯郸段上第三系 (N) 黏土岩，天然快剪强度 C_q 值 90.0~101.6kPa、φ_q 值 14.7°~15.6°，饱和固结快剪强度 C_{cq} 值 53.3~77.0kPa、φ_{cq} 值 18.2°~23.4°。与同时代非膨胀黏土岩相比，该层岩体的天然快剪强度 C_q 值一般偏大、φ_q 值一般偏小。

(2) 同一取样段、不同高程强膨胀土 (岩) 其抗剪强度指标范围值较大, 主要是岩体中裂隙发育的随机性及含水率不同所造成的。例如, 淅川段强膨胀黏土 153m 高程为相对含水层, 其抗剪强度 C 值、φ 值则比其他高程小。总的来说, 天然快剪与饱和固结快剪强度相比, C 值降低 40%~50%, φ 值增加 15%~35%。

(3) 不同取样段、同一时代的强膨胀土 (岩) 相比, 对于强膨胀土段而言, 由于沉积环境与物质来源相近, 其抗剪强度指标略有差异; 而对于不同地区的强膨胀岩, 由于其物质来源及成分、沉积环境的不同, 裂隙发育的情况也就不同, 加之后期地下水等环境因素影响存在差异, 最终导致岩体的力学性质存在差异。

(4) 不同时代、不同成因的强膨胀土相比, 其力学特性有着明显的差别。例如, 淅川段 $p1Q_1$ 强膨胀黏土 C 值及 φ 值 (天然、饱和固结快剪) 总体上比南阳段 al-plQ_2 强膨胀黏土大, 反映出沉积时代越久远, 则土体的固结程度越高, 相应的其抗剪强度也越高。

(5) 强膨胀土与强膨胀岩抗剪强度指标相比, 强膨胀土的天然抗剪强度与饱和固结抗剪强度总体上小于强膨胀岩, 以上指标的差异反映出强膨胀岩比强膨胀土的沉积时间更长, 在上覆沉积物的自重压力及地下水的作用下, 经受成岩作用, 固结程度更高, 相应的其强度也更高。此外, 强膨胀岩内部裂隙更发育, 与强膨胀土体相比, 其抗剪强度面更容易受到裂隙面的影响。

3.3.2　现场大剪试验

采用室内试验来确定土 (岩) 体的强度存在局限性, 一是体现在取样、运输、搬运以及试样制备时对试样的扰动, 从而影响试验结果的准确性; 二是室内试样体积小, 其强度主要是土 (岩) 块的强度, 不能代表土 (岩) 体的整体强度。随着土 (岩) 体膨胀性的增强, 土 (岩) 体内裂隙数量和规模增大, 裂隙介质的特征逐步增强, 土 (岩) 体强度也逐渐由土 (岩) 块强度控制转变为裂隙强度控制, 即膨胀土 (岩) 强度存在尺寸效应。因此, 对强膨胀土 (岩) 实施现场大剪试验, 可以更加真实地取得其抗剪强度指标, 并最大限度地减少尺寸效应的影响。

1. 现场大剪试验工作简介

现场大剪试验开展了天然快剪、饱和快剪试验、天然无荷快剪试验。现场大剪试验仪器见图 3.1。该仪器为科研团队自行研制, 已经获得国家实用新型专利, 具有结构简单、易于安装、能够真实有效地获取黏性土体抗剪强度数据、适应各种场地的特点, 可以广泛应用于黏性土检测技术领域。

各取样段现场大剪试验类型见表 3.5 ~ 表 3.7。

图 3.1 现场大剪试验仪器 (详见书后彩图)

表 3.5 南阳 1 段大剪试验一览表

序号	高程/m	试验编号	剪切类型	正应力/kPa	序号	高程/m	试验编号	剪切类型	正应力/kPa
1		93133W-1	天然无荷剪切	0	8		93134W-1	天然无荷剪切	0
2		93133T-1	天然剪切	50	9		93134T-1	天然剪切	56
3		93133T-2	天然剪切	100	10		93134T-2	天然剪切	89
4	133	93133T-3	天然剪切	125	11	134	93134T-3	天然剪切	115
5		93133B-1	饱和剪切	25	12		93134B-1	饱和剪切	25
6		93133B-2	饱和剪切	50	13		93134B-2	饱和剪切	50
7		93133B-3	饱和剪切	63	14		93134B-3	饱和剪切	63

表 3.6 南阳 2 段大剪试验一览表

序号	高程/m	试验编号	剪切类型	正应力/kPa	序号	高程/m	试验编号	剪切类型	正应力/kPa
1		95133W-1	天然无荷剪切	0	10	133	95133B-2	饱和剪切	31
2		95133T-1	天然剪切	25	11		95133B-3	饱和剪切	50
3		95133T-2	天然剪切	50	12		95134W-1	天然无荷剪切	0
4		95133T-3	天然剪切	100	13		95134T-1	天然剪切	25
5	133	95133T-4	天然剪切	50	14		95134T-2	天然剪切	50
6		95133T-5	天然剪切	75	15	134	95134T-3	天然剪切	100
7		95133T-6	天然剪切	100	16		95134B-1	饱和剪切	22
8		95133T-7	天然剪切	75	17		95134B-2	饱和剪切	54
9		95133B-1	饱和剪切	38	18		95134B-3	饱和剪切	88

表 3.7   南阳 3 段大剪试验一览表

序号	高程/m	试验编号	剪切类型	正应力/kPa	序号	高程/m	试验编号	剪切类型	正应力/kPa
1		106133W-1	天然无荷剪切	0	7		106134T-2	天然剪切	62.5
2		106133T-1	天然剪切	25	8		106134T-3	天然剪切	100
3	133	106133T-2	天然剪切	50	9	134	106134B-1	饱和剪切	30
4		106133T-3	天然剪切	100	10		106134B-2	饱和剪切	50
5	134	106134W-1	天然无荷剪切	0	11		106134B-3	饱和剪切	88
6		106134T-1	天然剪切	35					

南阳 1 段试验段为第四系中更新统冲洪积层 (al-plQ$_2$) 强膨胀黏土,浅黄色 ～ 浅棕黄色,湿,硬塑状。小裂隙极发育,裂面光滑,多起伏,平直者少见,具有明显的蜡状光泽,且裂隙面充填灰绿色黏土,厚度 2～5mm。试验高程为 133m、134m。

南阳 2 段试验段为第四系中更新统冲洪积层 (al-plQ$_2$) 强膨胀黏土,浅黄色 ～ 浅棕黄色,湿,硬塑状。小裂隙极发育,长大裂隙不发育,大裂隙发育,裂面光滑,多起伏,平直者少见,具有明显的蜡状光泽,且裂隙面充填灰绿色黏土,厚度 2～5mm。试验高程为 133m、134m。

南阳 3 段试验段为上第三系 (N) 黏土岩,浅棕黄夹灰绿色,硬塑 ～ 坚硬状,结构较致密。小裂隙极发育,且裂隙面多附有灰绿色黏土,平均厚度 2～3mm,最厚可达 20～30mm。试验高程为 133m、134m。

2. 剪切面特征

(1) 强膨胀土大剪试验典型剪切面照片见图 3.2。强膨胀土剪切面具以下特征。

图 3.2   强膨胀土大剪试验典型剪切面照片 (详见书后彩图)

①剪切面以裂隙面为主，裂隙面所占比例：南阳 1 段为 50%~95%，南阳 2 段为 40%~90%，其余则沿土体剪断。

②构成剪切面的裂隙一般有 3~4 组，其中南阳 1 段主要倾向为 20°~33°、240°~268°、323°~340° 三组，且以中倾角为主、少量缓倾角，大部分裂隙充填灰绿色黏土，厚度 2~10mm；南阳 2 段主要倾向为 32°~55°、202°~224°、328°~355° 三组，且以中倾角为主、少量缓倾角，大部分充填灰绿色黏土，厚度 1~10mm。

③裂隙面形态多起伏，起伏差 1~3cm，局部达 5cm，裂隙面光滑；土块剪断面则粗糙，略有起伏，起伏差一般小于 1cm。

(2) 强膨胀岩大剪试验典型剪切面照片见图 3.3。强膨胀岩剪切面具以下特征。

①剪切面主要以裂隙面为主，所占比例一般在 80%~95%。

②构成剪切面的裂隙一般为 2~3 组，主要倾向为 165°~180°、225°~243°，以中倾角为主，少量缓倾角；大部分充填灰绿色黏土，厚度 2~5mm。

③裂隙面多呈起伏状，起伏差 1~5cm，局部达 8cm，面光滑；土块剪断面粗糙，略有起伏，起伏差一般小于 1cm。

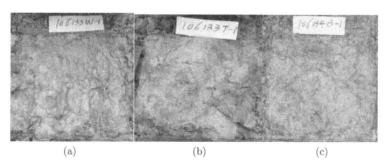

(a)　　　　　　　　　(b)　　　　　　　　　(c)

图 3.3　强膨胀岩大剪试验典型剪切面照片 (详见书后彩图)

3. 大剪试验成果分析

1) 应力–应变关系曲线

(1) 强膨胀土不同垂直压力下剪应力与水平位移的关系曲线见图 3.4 和图 3.5。

剪应力 ~ 水平位移基本上呈现双曲线关系，但曲线上出现多个折点 (或拐点)，这主要是裂隙影响的结果。一般情况下，垂直压力越大，抗剪力越大。由于土体饱和后含水率高于天然土体，相同垂直压力下，饱和剪切试验的最大剪应力明显低于天然剪切试验的最大剪应力。当水平位移在 1~5mm 时，多数试样剪应力出现峰值；所有试样在水平位移达到 10mm 前，剪应力均出现峰值。一般垂直压力越大，剪应力峰值所对应的水平位移也越大。

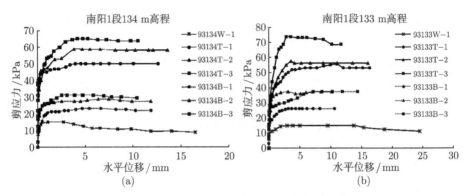

图 3.4　南阳 1 段剪应力-水平位移关系曲线

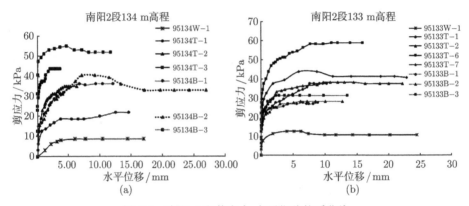

图 3.5　南阳 2 段剪应力-水平位移关系曲线

但受裂隙类型及发育程度、裂隙产状与剪切方向关系等因素的影响,少数试样剪应力与水平位移的关系曲线与上述规律有所差异。

(2) 强膨胀岩不同垂直荷载下剪应力与水平位移的关系曲线见图 3.6。

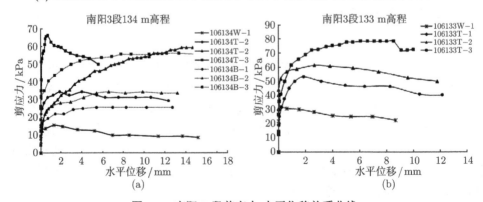

图 3.6　南阳 3 段剪应力-水平位移关系曲线

剪应力-水平位移基本上呈现双曲线关系，一般情况下，垂直压力越大，抗剪力也越大。相同垂直压力下，饱和剪切试验的最大剪应力明显低于天然土体的最大剪应力。当水平位移达到 1~5mm 时，绝大多数试样剪应力出现峰值，仅个别试样的剪应力一直处于增加状态。一般垂直压力越大，剪应力峰值所对应的水平位移也越大。

受控制性裂隙产状的影响，个别试样在剪切时出现剪应力"脆性"突变现象，呈突然降低。

2) 相同垂直压力下抗剪强度与裂隙关系对比分析

土体在相同荷载的条件下，由于剪切面上裂隙情况 (如分布比率、产状、裂隙组合等) 有所不同，最终反映在土体上的最大剪应力也有所差异，在南阳 2 段高程 133m 处，进行了垂直荷载分别为 50kPa、75kPa、100kPa 的一组现场大剪试验 (95133T-4、95133T-5、95133T-3)，分别与 95133T-2、95133T-7、95133T-6 试样进行对比分析。两组剪切面的照片见图 3.7。两组剪切面裂隙概化结果见图 3.8。两组大剪试验的剪应力-水平位移关系对比曲线见图 3.9。两组试验剪切面特征及最大剪应力见表 3.8。

(a) 95133T-2   (b) 95133T-4

(c) 95133T-5   (d) 95133T-7

(e) 95133T-3   (f) 95133T-6

图 3.7 不同垂直荷载 (上 50kPa、中 75kPa、下 100kPa) 下剪切面照片 (详见书后彩图)

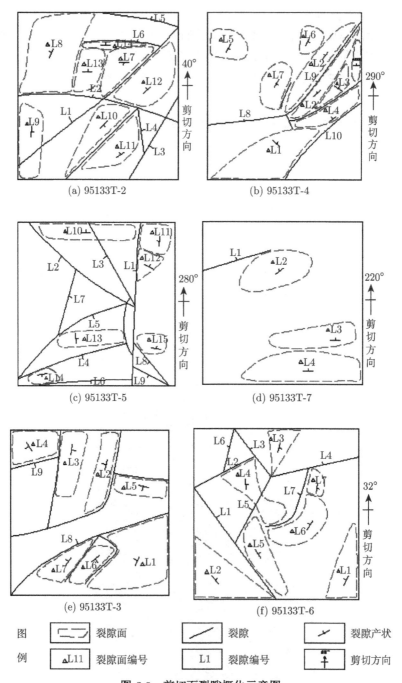

(a) 95133T-2

(b) 95133T-4

(c) 95133T-5

(d) 95133T-7

(e) 95133T-3

(f) 95133T-6

图
例

| | 裂隙面 | | 裂隙 | | 裂隙产状 |
| | 裂隙面编号 | | 裂隙编号 | | 剪切方向 |

图 3.8 剪切面裂隙概化示意图

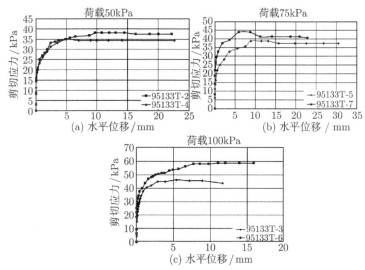

图 3.9 南阳 2 段相同荷载下剪应力-水平位移关系对比曲线

表 3.8 两组试验剪切面特征对比表

垂直荷载	50kPa	
试样编号	95133T-2	95133T-4
剪切面描述	裂隙面约占剪切面的 60%，多以中倾角 ~ 陡倾角为主，裂隙面最大起伏差约 10cm。裂隙面主要产状共 3 组：① 0°∠46°；② 38°∠58°；③ 175°∠63°	裂隙面约占剪切面的 60%，多以缓倾角为主，裂隙面最大起伏差为 15cm. 裂隙面主要产状共 2 组：① 10°∠28°；② 220°∠38°
剪应力方向	40°	290°
最大剪应力	37.5kPa	34.38kPa
垂直荷载	75kPa	
试样编号	95133T-5	95133T-7
剪切面描述	裂隙面约占剪切面的 40%，单个裂隙面不大，多以缓倾角为主，剪切面粗糙不平，起伏差 1~5cm，裂隙面主要产状共 2 组：① 13°∠12°；② 308°∠15°。	裂隙面约占剪切面的 25%，多以中倾角为主，剪切面起伏、粗糙不平，起伏差最大约 10cm。裂隙面主要产状共 1 组：200°∠37°
剪应力方向	280°	220°
最大剪应力	38.75kPa	43.75kPa
垂直荷载	100kPa	
试样编号	95133T-3	95133T-6
剪切面描述	裂隙面约占剪切面的 70%，裂隙面以缓倾角为主，最大起伏差约 9cm，裂隙面主要产状共 2 组：① 335°∠20°；② 286°∠30°	裂隙面约占剪切面的 90%，以陡倾角为主，最大起伏差约 9cm，裂隙面主要产状共 2 组：① 330°∠80°；② 116°∠55°
剪应力方向	20°	32°
最大剪应力	46.25kPa	58.75kPa

上述结果表明：

(1) 即使在相同的垂直荷载作用下，由于土体中裂隙分布、规模、产状及裂隙组合的随机性，土体的最大剪应力也有所不同。

(2) 当裂隙面占剪切面面积的比例较小、裂隙倾角较陡时，裂隙面起伏差大，试样的最大剪应力较大。例如，试样 95133T-7 与 95133T-5，前者裂隙面仅占剪切面的 25%，且以中～陡倾角为主，裂隙面最大起伏差达 10cm；而后者裂隙面占剪切面的 40%，且以缓倾角为主，裂隙面最大起伏差仅为 1～5cm。当施加剪应力时，试样容易沿着缓倾角裂隙面滑动产生破坏，使得试样 95133T-7 的最大剪应力略大。

(3) 当裂隙面占剪切面面积的比例相当时，裂隙面倾角对最大剪应力的影响较大，一般裂隙面倾角较陡的，试样的最大剪应力较大；裂隙面的起伏差对最大剪应力的影响不大。例如，试样 95133T-2 与 95133T-4，两者的裂隙面占剪切面面积的比例均约为 60%，虽然前者裂隙面的起伏差较小，但 95133T-2 裂隙面以中～陡倾角为主，而 95133T-4 以缓倾角为主。当施加剪应力时，试样更容易沿着缓倾角的裂隙面产生破坏，导致试样 95133T-4 最大剪应力略小。

(4) 当裂隙面占剪切面面积的比例、起伏差相差不大时，仍是裂隙面倾角对最大剪应力的影响较大，一般裂隙面倾角较陡的，试样的最大剪应力较大。例如，试样 95133T-6 与 95133T-3，虽然前者裂隙面占剪切面面积的 90%，而后者只占到 70%，但是前者裂隙面是以陡倾角为主。因此，当施加剪应力时，试样容易沿着缓倾角裂隙产生滑动破坏，所以试样 95133T-6 的最大剪应力略大。

综上所述，由于强膨胀土体的裂隙极发育，土体的抗剪强度一般受裂隙影响很大，因此强膨胀土体的抗剪强度除了土块的强度外，还有裂隙强度。在不考虑土块强度、地下水等条件对土体强度影响的情况下，裂隙对土体抗剪强度的影响主要可以归结为以下三点 (按优先程度排序)：

(1) 裂隙面占剪切面的百分比。所占比例越大，裂隙面连通性越好，则土体的最大剪应力就越小。

(2) 裂隙面的倾角。当裂隙面占剪切面的百分比相差不太大时，缓倾角的裂隙面比陡倾角的更容易滑动，导致土体最大剪应力偏小。

(3) 裂隙面的起伏差。由于土块的强度本身就不大，所以裂隙面的起伏差对土体的强度影响不大。只有在裂隙面占剪切面的百分比及裂隙面倾角都相当的情况下，起伏差才起到一定的作用，一般起伏差越大，裂隙面越不容易产生滑动，最大剪应力也越大。

此外，裂隙面的产状及组合千差万别，剪切方向与裂隙产状的关系对抗剪强度也存在着一定的影响。为了获得较准确的抗剪强度指标，剪切方向应与实际工程受力方向保持一致。

3) 抗剪强度成果分析

现场大剪抗剪强度见表 3.9。

表 3.9 强膨胀土 (岩) 现场大剪抗剪强度成果表

试验地区		岩性	时代	高程/m	现场大剪试验			
					天然快剪		饱和快剪	
					C/kPa	φ/(°)	C/kPa	φ/(°)
南阳	1 段	浅黄色 ～ 浅棕黄色黏土	al-plQ$_2$	133	33.6	16.3	19.8	14.6
				134	35.7	14.4	17.8	12.1
				平均值	34.7	15.4	18.8	13.4
	2 段	浅黄色 ～ 浅棕黄色黏土	al-plQ$_2$	133	23.1	17.8	15.1	13.8
				134	17.5	15.4	20.4	16.9
				平均值	20.3	16.6	17.8	15.4
	3 段	浅棕黄夹灰绿色黏土岩	N	133	39.7	20.3		
				134	36.0	17.7	17.6	15.0
				平均值	37.9	19.0	17.6	15.0

由表 3.9 可见,强膨胀土饱和快剪强度 C 值一般比天然快剪强度 C 值小 10%~35%,φ 值小 10%~35%;个别试样受控制裂隙面产状的影响,饱和快剪强度大于天然快剪强度;强膨胀岩饱和快剪 C 值一般比天然快剪 C 值小 50%~55%,φ 值小 15%~25%。

强膨胀土和强膨胀岩现场大剪抗剪强度见表 3.10。

表 3.10 强膨胀土、岩抗剪强度对比表

岩性	现场大剪试验				
	天然快剪		饱和快剪		无荷快剪
	C/kPa	φ/(°)	C/kPa	φ/(°)	C/kPa
强膨胀土	17.5~35.7	14.4~17.8	15.1~20.4	12.1~16.9	8.6~15.0
强膨胀岩	36.0~39.7	17.7~20.3	17.6	15.0	15.6~31.9

由表 3.10 可见,强膨胀土现场大剪天然快剪强度指标 C 值比强膨胀岩现场大剪天然快剪强度 C 值小 10%~36%,φ 值小 12%~19%;强膨胀土现场大剪饱和快剪强度 C 值、φ 值与强膨胀岩的 C 值、φ 值基本相近,由于强膨胀岩只进行了一组试验,这种对比结果的可靠性需进一步验证;强膨胀土现场大剪无荷快剪强度 C 值比强膨胀岩的 C 值小 44%~53%。

由于强膨胀岩的沉积时代早,并已初步成岩,无论是其室内剪切试验还是现场大剪的抗剪强度,一般都应高于强膨胀土。但究竟高多少,一般取决于土 (岩) 体内裂隙的产状和组合、剪应力的方向和地下水等因素。

3.3.3 现场大剪试验与室内抗剪试验成果对比分析

由于膨胀土 (岩) 的多裂隙性导致的尺寸效应,室内抗剪试验与现场大剪试验所得到的抗剪强度存在差异性。通过现场试验与室内试验结果比较,可以更好地认

识到膨胀土 (岩) 土体的结构性。

现场大剪抗剪强度试验成果与室内试验抗剪强度统计见表 3.11。为了使试验数据更加具有可比性,该室内试验试样为专门在现场大剪试验同一位置采取的原状样。

表 3.11　强膨胀土 (岩) 抗剪强度统计表

试验地区	岩性	时代	高程/m	室内试验				现场大剪试验			
				天然快剪		饱和快剪		天然快剪		饱和快剪	
				C/kPa	φ/(°)	C/kPa	φ/(°)	C/kPa	φ/(°)	C/kPa	φ/(°)
南阳	1 段	浅黄色 ~ 浅棕黄色黏土	al-plQ$_2$	133	47.8	18.9	31.6	14.3	33.6	16.3	19.7	14.6
				134	44.6	15.3	24.3	13.1	35.7	14.4	17.8	12.1
	2 段	浅黄色 ~ 浅棕黄色黏土	al-plQ$_2$	133	42.8	19.4	28.3	18.0	23.1	17.8	15.1	13.8
				134	53.4	25.2	25.8	17.3	17.5	15.4	20.4	16.9
	3 段	浅棕黄夹灰绿色黏土岩	N	133	54.6	19.6	28.8	17.5	39.7	20.3		
				134	68.5	19.1	37.3	17.9	36.0	17.7	17.6	15.0

现场大剪试验抗剪强度 C 值、φ 值一般比室内试验抗剪成果均低,南阳 1 段天然快剪 C 值前者为后者的 70%~80%,φ 值前者为后者的 80%~90%;南阳 2 段天然快剪 C 值前者为后者的 40%~50%,φ 值前者为后者的 60%~90%;南阳 3 段天然快剪 C 值前者为后者的 50%~70%,φ 值前者为后者的 90%~100%。

上述情况表明,强膨胀土 (岩) 由于裂隙发育,尺寸效应明显,现场大剪抗剪强度有所降低,其中 C 值降低更为明显,φ 值降低相对较小,说明裂隙对 C 值的影响更为明显。由于土 (岩) 体裂隙的发育程度、产状以及裂隙组合的不同,加之裂隙产状与剪应力方向的关系不同,导致土 (岩) 体的现场大剪抗剪强度存在一定的离散性。虽然如此,现场大剪抗剪强度仍然更接近于土 (岩) 体真实抗剪强度。

3.3.4　物理力学参数推荐值的选取

根据上述分析,结合前人对强膨胀土 (岩) 的研究成果提出强膨胀土体物理力学参数选取的原则:

(1) 物理参数推荐值,一般采用室内试验的算术平均值 (剔除异常值后)。

(2) 压缩系数推荐值,一般选取室内试验的大值平均值 ~ 平均值。

(3) 抗剪强度参数推荐值,一般先采用 (室内试验的小值平均值 ~ 平均值) × 尺寸效应系数,进行折减,再根据裂隙发育情况、工程经验等进行适当调整。C 值的尺寸效应系数一般取 0.4~0.6,φ 值的尺寸效应系数一般取 0.8~0.9。

强膨胀土 (岩) 物理参数推荐值见表 3.12;力学参数推荐值见表 3.13。

表 3.12 强膨胀土（岩）体物理参数推荐值

地区	岩性	时代	天然物理性指标										
			土粒比重 G_s	含水率 $w/\%$	密度		孔隙比 e	液限 $W_{L17}/\%$	塑限 $W_p/\%$	塑性指数 I_{p17}	液性指数 I_{L17}	黏粒 <0.005 /%	胶粒 其中 <0.002 /%
					湿 $\rho/(\mathrm{g/cm^3})$	干 $\rho_d/(\mathrm{g/cm^3})$							
南阳	强膨胀土	plQ$_1$	2.75	29.0	1.90	1.48	0.873	68.3	30.6	37.7	−0.05	43.8	24.3
南阳	强膨胀土	al-plQ$_2$	2.68	27.0	1.91	1.51	0.786	75.2	30.7	44.5	−0.09	45.9	25.7
南阳	强膨胀岩	N	2.74	25.4	1.97	1.57	0.752	74.3	28.1	46.3	−0.06	46.6	24.2
鲁山	强膨胀岩	N	2.68	20.1	2.06	1.72	0.565	56.1	24.7	31.4	−0.15	45.1	26.0
邯郸	强膨胀岩	N	2.66	27.5	1.95	1.53	0.740	67.6	30.8	36.7	−0.09	53.5	31.2

表 3.13 强膨胀土（岩）体力学指标推荐值

地区	岩性	时代	固结试验		天然快剪		饱和固结快剪	
			压缩系数 $a_{v0.1\sim0.2}/\mathrm{MPa^{-1}}$	压缩模量 $E_{s0.1\sim0.2}/\mathrm{MPa}$	凝聚力 C_q/kPa	内摩擦角 $\varphi_q/(°)$	凝聚力 C_{cq}/kPa	内摩擦角 $\varphi_{cq}/(°)$
南阳	强膨胀土	plQ$_1$	0.150~0.236	12.2~20.8	22~28	15.0~18.0	16~22	17.5~20.0
南阳	强膨胀土	al-plQ$_2$	0.183~0.312	8.4~15.8	18~23	13.0~15.0	14~18	13.5~17.5
南阳	强膨胀岩	N	0.142~0.168	12.8~19.4	24~32	13.0~15.5	16~18	14.0~16.5
鲁山	强膨胀岩	N	0.088~0.104	15.8~18.7	30~40	16.0~18.0	20~25	16.0~19.0
邯郸	强膨胀岩	N	0.080~0.091	19.6~22.8	30~38	13.0~16.5	20~24	14.5~16.5

3.3.5 反复胀缩条件下的抗剪强度

膨胀土 (岩) 的反复胀缩效应是指膨胀土 (岩) 在反复胀缩条件下其抗剪强度衰减的规律, 尤其是在地下水位或者是输水工程中渠道水位反复变化条件下, 膨胀土 (岩) 体的稳定问题有着重要的意义。

强膨胀土反复胀缩条件下的抗剪强度试验的试样分别取自淅川段、南阳 2 段, 强膨胀岩反复胀缩条件下的抗剪强度试验的试样分别取自南阳 3 段、鲁山段和邯郸段。

反复胀缩条件下的抗剪强度试验, 采用的试样均为原状样。试样饱和采用真空抽气饱和法; 饱和后的试样采用低温烘干法模拟土体脱湿过程, 烘干含水率按缩限含水率 (约 10%) 控制。对试样进行不同次数的饱和-脱湿循环, 干湿循环次数分别为 1、2、3、4, 然后分别对不同胀缩次数的试样进行饱和状态下的室内剪切试验。

1. 反复胀缩条件下抗剪强度规律分析

(1) 强膨胀土反复胀缩条件下抗剪强度成果见表 3.14, 强膨胀土反复胀缩条件下抗剪强度衰减曲线见图 3.10。

表 3.14　强膨胀土反复胀缩条件下抗剪强度成果表

试验地区	岩性	时代	高程/m	含水率 w/%	反复胀缩/次	抗剪强度	
						凝聚力 C_q/kPa	内摩擦角 φ_q/(°)
淅川段	棕红色夹灰绿色黏土	plQ$_1$	151	24.7~25.0	0	43.8	16.1
					1	28.1	9.3
					2	25.4	8.4
					3	24.2	7.9
					4	23.7	7.6
南阳 2 段	浅黄色~浅棕黄色黏土	al-plQ$_2$	134	24.7~25.0	0	25.8	16.9
					1	14.4	9.8
					2	11.5	8.6
					3	10.7	8.0
					4	10.8	7.7

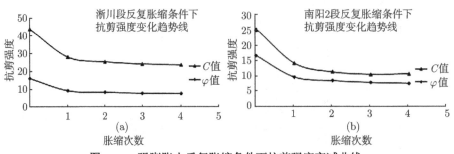

图 3.10　强膨胀土反复胀缩条件下抗剪强度衰减曲线

无论是淅川段还是南阳 2 段，强膨胀土的抗剪强度 (C 值、φ 值) 均随着胀缩次数的增加而减小。第一次胀缩循环后，抗剪强度衰减非常明显，其中淅川段 C 值降幅达 35.8%，φ 值降幅达 42.2%；南阳 2 段 C 值降幅达 44.2%，φ 值降幅达 42.0%。随着胀缩循环次数的增加，抗剪强度的衰减趋于稳定。经过 4 次胀缩循环后，淅川段 C 值降幅达 45.7%，φ 值降幅达 52.8%；南阳 2 段 C 值降幅达 58.0%，φ 值降幅达 54.4%。

(2) 强膨胀岩反复胀缩条件下抗剪强度成果见表 3.15，强膨胀岩反复胀缩条件下抗剪强度衰减曲线见图 3.11。

表 3.15 强膨胀岩胀缩条件下抗剪强度成果表

试验地区	岩性	时代	高程/m	含水率 w/%	反复胀缩/次	抗剪强度	
						凝聚力 C_q/kPa	内摩擦角 φ_q/(°)
南阳 3 段	浅棕黄夹灰绿色黏土岩	N	133	26.9~27.3	0	29.6	16.4
					1	20.0	10.4
					2	16.6	8.1
					3	15.2	7.6
					4	14.1	7.5
			134	25.4~25.8	0	31.3	17.7
					1	26.6	11.1
					2	25.0	8.6
					3	24.4	8
					4	22.6	7.8
鲁山段	棕黄色夹灰绿色黏土岩	N	130	21.8~22.1	0	54.2	19.5
					1	33.4	14.7
					2	26.8	12.4
					3	25.5	11.3
					4	23.5	10.6
邯郸段	灰绿色夹棕黄色黏土岩	N	84.8	30.1~30.5	0	48.2	14.9
					1	26.4	10.7
					2	22.5	9.3
					3	21.1	8.8
					4	20.1	8.5

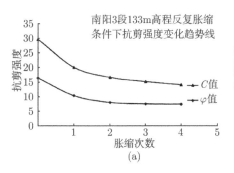

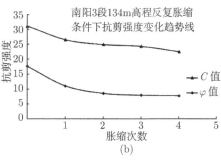

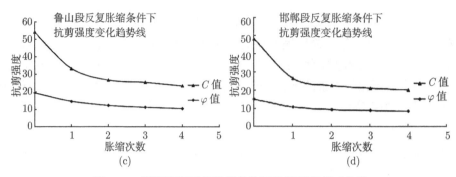

图 3.11　强膨胀岩反复胀缩条件下抗剪强度衰减曲线

同强膨胀土一样, 强膨胀岩的抗剪强度 (C 值、φ 值) 均随着胀缩次数的增加而减小。且第一次胀缩循环后, 抗剪强度衰减非常明显, 其中南阳 3 段 133m 高程试样 C 值降幅达 32.3%, φ 值降幅达 36.6%; 南阳 3 段 134m 高程试样 C 值降幅达 15.0%, φ 值降幅达 37.3%; 鲁山段试样的 C 值降幅达 38.3%, φ 值降幅达 24.6%; 邯郸段的 C 值降幅达 45.3%, φ 值降幅达 28.2%。随着胀缩循环次数的增加, 抗剪强度的衰减趋于稳定。经过 4 次胀缩循环后, 南阳 3 段 133m 高程试样 C 值降幅达 52.4%, φ 值降幅达 54.3%; 南阳 3 段 134m 高程试样 C 值降幅达 27.7%, φ 值降幅达 56.0%; 鲁山段试样 C 值降幅达 56.6%, φ 值降幅达 45.6%; 邯郸段试样 C 值降幅达 58.3%, φ 值降幅达 43.0%。

(3) 同一取样段、不同高程强膨胀岩相比, 南阳 3 段试样 133m 高程 C 值降幅比 134m 高程大很多, φ 值降幅基本相近。

(4) 不同取样段、同一时代强膨胀岩相比, 邯郸段试样 C 值降幅最大, 南阳 3 段 134m 高程试样 C 值降幅最小; 南阳 3 段 134m 高程试样 φ 值降幅最大, 邯郸段试样 φ 值降幅最小。

(5) 不同时代、不同成因强膨胀土相比, 南阳 2 段 al-plQ$_2$ 强膨胀黏土抗剪强度的衰减幅度比淅川段 plQ$_1$ 强膨胀黏土更大。

(6) 强膨胀土与强膨胀岩相比: 在反复胀缩条件下, 无论是强膨胀土还是强膨胀岩, 均是第一次胀缩循环后 C 值与 φ 值的降低幅度最大, 衰减曲线出现明显的陡降段。但是随着胀缩次数的增加, C 值与 φ 值降低趋于稳定。经过 4 次胀缩循环后, 强膨胀土 C 值降幅达 45.7%~58.0%, φ 值降幅 52.8%~54.4%, 强膨胀岩 C 值降幅达 27.7%~58.3%, φ 值降幅达 43.0%~56.0%。总体上来说, 强膨胀岩比强膨胀土抗剪强度的衰减幅度小, 这主要是因为强膨胀岩成岩程度高, 且其岩体结构性比强膨胀土强所造成的。

2. 反复胀缩条件下抗剪强度衰减影响因素分析

经反复胀缩后,强膨胀土、岩的抗剪强度均随着胀缩次数的增加而减小,这一方面是由于水对土 (岩) 体微观颗粒之间非水稳性胶结物的溶解,导致其结构力逐渐消失;另一方面是由于反复胀缩后,土 (岩) 体内裂隙进一步发展、强度进一步降低所造成的。

在反复胀缩条件下,强膨胀土 (岩) 体抗剪强度的衰减幅度与其含水率、结构性、胶结物性质等因素有关,与土 (岩) 体的膨胀性大小 (均属强膨胀范围内) 关系不大。例如,南阳 3 段 134m 高程试样,自由膨胀率达 93%~102%,因其初始含水率 (24.6%) 与饱和含水率 (25.4%) 相差不大,C 值的降幅为 27.7%,远小于其他段的试样。

3.3.6 不同含水率条件下的抗剪强度

强膨胀土 (岩) 在不同含水率条件下的抗剪强度有着明显的差异,关于膨胀土 (岩) 抗剪强度随着含水率增加的衰减规律研究,对强膨胀土 (岩) 地区建筑设计尤其是存在过水断面的渠坡设计有着非常重要的意义。

强膨胀土不同含水率条件下的抗剪强度变化规律试验的试样取自南阳 2 段 134m 高程,原状样与重塑样各一组;强膨胀岩不同含水率下的抗剪强度试验的试样分别取自南阳 3 段 133m 高程、邯郸段 83.8m 高程,原状样与重塑样各一组。

不同含水率条件下的抗剪强度试验采用直接快剪方式,试验时,每组原状样有 10~12 个不同的含水率,每个含水率进行 3~4 个剪切试验;每组重塑样有 8~11 个不同的含水率,每个含水率进行 3~7 个剪切试验。试验中施加的正应力均为 100kPa。

(1) 强膨胀土剪应力与含水率关系曲线见图 3.12。

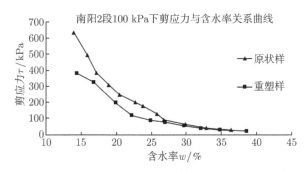

图 3.12　强膨胀土 100kPa 压力下剪应力与含水率关系曲线

强膨胀土剪应力随着含水率的增加而减小，原状样中，当含水率 <27% 时，随着含水率的增加，其剪应力衰减速度非常快，衰减了 85%；当含水率继续增加时，剪应力衰减速度明显放缓。重塑样与原状样相似，当含水率 <22% 时，随着含水率的增加，剪应力衰减了 70%；当含水率继续增加时，剪应力衰减趋于稳定。

当含水率 <27% 时，原状样的剪应力明显大于重塑样，这是因为重塑样内部的结构已完全破坏，而原状样由于其内部的结构性比较完好，所以其剪应力较大。但是由于膨胀土特有的水理特性，随着含水率的增加，原状样的内部结构逐步遭到破坏，甚至完全消失，其抗剪强度与重塑样逐渐趋于一致。

强膨胀岩剪应力与含水率关系曲线见图 3.13。

同强膨胀土类似，强膨胀岩剪应力随含水率的增加而减小。南阳 3 段的原状样，当含水率 <27% 时，随着含水率的增加，其剪应力衰减速度非常快，衰减了 85%；当含水率继续增加时，剪应力衰减速度则明显放缓。南阳 3 段的重塑样与原状样相似，当含水率 <27% 时，随着含水率的增加，剪应力衰减了 80%；当含水率继续增加时，剪应力衰减趋于稳定。当含水率 <20% 时，原状样的剪应力明显大于重塑样；但随着含水率的增加，原状样的剪应力与重塑样的剪应力逐渐趋于一致。

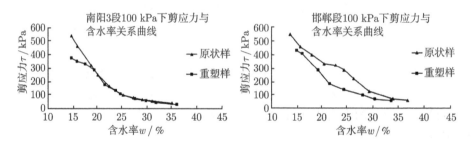

图 3.13　强膨胀岩 100kPa 压力下剪应力与含水率关系曲线

邯郸段原状样，当含水率 <29% 时，随着含水率的增加，其剪应力衰减速度非常快，衰减了 77%；当含水率继续增加时，剪应力衰减速度明显放缓。邯郸段重塑样与原状样相似，当含水率 <30% 时，随着含水率的增加，其剪应力衰减了 83%；当含水率继续增加时，剪应力衰减趋于稳定。当含水率 <33% 时，原状样的剪应力明显大于重塑样；但随着含水率的增加，原状样的剪应力与重塑样的剪应力逐渐趋于一致。

(2) 不同取样段、同一时代强膨胀岩相比：由于南阳 3 段与邯郸段相比，其膨胀性较强，原状样的饱和固结快剪强度略低，受水理特性的影响，在含水率上升过程中南阳 3 段试样内部的结构破坏较快，所以其原状样与重塑样的剪应力-含水率关系曲线较早重合，其原状样抗剪强度的衰减幅度也略大。

(3) 强膨胀土与强膨胀岩相比：强膨胀土原状样、重塑样的抗剪强度随含水率

(各试样的初始含水率及最终含水率分别相差不大) 增加的降幅略大于强膨胀岩的，但重塑样的降低幅度小于原状样，反映出强膨胀岩成岩程度高于强膨胀土，其岩体结构也更加完整，岩体强度受含水率的影响比强膨胀土要小，重塑样由于土 (岩) 体结构被破坏，母岩对结构的影响已消失，所以降低幅度略小。

(4) 强膨胀土 (岩) 原状样与重塑样相比：强膨胀土 (岩) 的原状样、重塑样的抗剪强度均随含水率的增加而降低；当含水率较小时，原状样的抗剪强度大于重塑样的抗剪强度，但随着含水率的增加，原状样、重塑样的抗剪强度逐渐趋于一致。

第4章 强膨胀土 (岩) 胀缩特性与水理特性

膨胀土 (岩) 的膨胀与收缩是由于膨胀土 (岩) 体内的黏土矿物吸附、释放水分子后产生的结果。与胀缩性相关的指标主要有自由膨胀率、无荷膨胀率、膨胀力、不同压力下的膨胀率以及收缩率等,如果能较系统全面地研究这些指标,就可以深入地认识土 (岩) 体的胀缩特性,从而为膨胀土 (岩) 地区的渠道、边坡、建筑物工程的处理提供理论基础。

膨胀土 (岩) 的水理特性包括:渗透性与崩解性。膨胀土 (岩) 渗透性的大小对水入渗到土 (岩) 体中的强度及深度有着直接的影响,并进一步影响渠坡及建筑物基础的稳定性。膨胀土 (岩) 体在被水浸泡后会发生不同程度的崩解,这种特性对渠道边坡特别是施工期间的临时边坡的稳定性有较大的影响。研究强膨胀土 (岩) 的渗透性、崩解性对渠道开挖及边坡保护具有非常重要的意义。膨胀土 (岩) 的水理特性指标包括:室内试验渗透系数、现场注水试验渗透系数、崩解量及崩解时间等。

通过在淅川、南阳、鲁山以及邯郸等地区采取不同深度、不同时代、不同成因的强膨胀土 (岩) 试样,进行室内和现场试验,对强膨胀土 (岩) 的胀缩特性、水理特性以及膨胀性指标与其他物理性指标之间的关系进行研究。

4.1 胀 缩 特 性

4.1.1 强膨胀土 (岩) 胀缩特性指标统计分析

强膨胀土 (岩) 胀缩特性指标成果见表 4.1、表 4.2。

(1) 自由膨胀率 (δ_{ef}):自由膨胀率与沉积时代没有直接的关系,而且从工程的角度考虑,它是一个没有直接工程实际意义的指标。但是,自由膨胀率在一定程度上却能够反映出土体颗粒组成、黏土矿物吸水能力和阳离子交换量等基本特性。

无论是不同取样段的试样,还是同一取样段、不同高程的试样,其自由膨胀率均存在一定的差异,反映出土 (岩) 体膨胀性的不均一性。

(2) 无荷膨胀率 (δ_e):无荷膨胀率是原状土 (岩) 体在仅有侧限的条件下饱水后垂直方向的膨胀率。

由于土 (岩) 体膨胀性的不均一以及初始含水率、裂隙发育情况的差异性,各取样段不同高程试样的无荷膨胀率存在一定的离散性。

表 4.1　强膨胀土（岩）膨胀性指标成果表

试验地区	岩性	时代	高程/m	埋深/m	初始含水率 w/%	无荷膨胀后含水率 w/%	自由膨胀率 δ_ef/%	无荷膨胀率 δ_e/%	不同起始压力膨胀率 δ_{ep}/%						垂直膨胀力 P_e/kPa
									0 kPa	25 kPa	50 kPa	100 kPa	150 kPa	200 kPa	
淅川	棕红色夹灰绿色黏土	plQ₁	151	7	24.0~27.4	26.3~30.6	82~85	0.4~1.3	0.4	-0.1	-0.2	-0.3	-0.4	-0.4	3.7~5.5
					25.5	28.1	83	0.7							4.7
			152	5	24.5~25.8	25.6~27.4	77~80	0.4~2.7	0.4	-0.1	-0.2	-0.4	-0.6	-0.7	8.4~9.0
					25.2	26.5	79	1.6							8.7
			153	4	30.8~37.0	32.1~38.5	82~94	0.5~1.6	0.5	-0.6	-1.5	-2.5	-3.2	-3.7	2.6~5.0
					34.0	34.0	89	0.9							4.3
			154	2	25.0~25.7	25.3~27.3	78~86	0.2~1.1	0.2	-0.2	-0.3	-0.5	-0.7	-0.9	6.7~10.0
					25.2	26.0	82	0.8							8.8
南阳 1段	浅黄色~浅棕黄色黏土	al-plQ₂	133	9	28.6~28.6	30.6~32.5	110~120	3.8~5.9	4.4	0.2	-0.5	-1.1	-1.8	-2.4	19.8~45.5
					28.6	31.5	115	4.5							36.9
			134	8	28.4~28.4	31.7~34.3	108~120	3.1~4.0	3.8	0.1	-0.5	-1.2	-1.8	-2.6	24.4~42.0
					28.4	33.2	115	3.6							33.4
南阳 2段	浅黄色~浅棕黄色黏土	al-plQ₂	133	6	25.2~26.8	27.6~30.4	97~104	2.4~6.8	2.4	0.3	-0.1	-0.4	-0.8	-1.2	26.0~61.2
					26.0	28.4	100	3.9							44.3
			134	5	26.6~28.0	27.9~34.2	92~102	3.6~9.0	3.6	0.1	-0.3	-0.5	-0.8	-1.1	32.2~49.0
					27.4	32.0	99	5.4							41.8
南阳 3段	浅黄夹灰绿色黏土	N	133	14	26.2~28.5	26.9~31.1	91~97	0.7~1.3	0.7	0.2	-0.3	-1	-2	-3.9	14.5~52.0
					26.9	28.6	93	1.1							25.2
			134	13	24.8~26.5	24.3~29.9	93~102	0.9~2.5	2.5	1.3	0.8	0	-0.3	-0.7	90.4~132.9
					25.3	26.1	96	1.7							113.3
鲁山	棕黄色夹灰绿色黏土岩	N	126	12	19.3~19.3	21.0~23.1	77~84	2.4~4.0	4.0	0.1	-0.2	-0.5	-0.8	-1.2	35.5~39.3
					19.3	22.1	80	3.1							38.0
			128	10	19.8	19.8	78	3.4	3.4	0	-0.2	-0.4	-0.6	-0.8	28.7
			130	11	18.6~20.5	23.7~25.5	72~81	2.5~7.3	2.5	0.1	-0.2	-0.5	-0.9	-1.1	20.3~53.9
					19.5	24.5	77	4.4							37.9
			132	9	22.9~23.6	24.7~27.5	78~96	2.4~4.7	4.7	0.4	-0.1	-0.4	-0.6	-0.9	8.1~54.2
					23.2	26.1	88	3.2							35.7

续表

试验地区	岩性	时代	高程/m	埋深/m	初始含水率 w/%	无荷膨胀后含水率 w/%	自由膨胀率 δef/%	无荷膨胀率 δe/%	不同起始压力膨胀率 δep/%						垂直膨胀力 pe/kPa
									0 kPa	25 kPa	50 kPa	100 kPa	150 kPa	200 kPa	
邯郸	灰绿色夹棕黄色黏土岩	N	83.8	5	24.5~26.4 / 25.8	24.2~28.3 / 26.0	81~88 / 85	0.6~2.8 / 2.0	0.6	0.2	−0.1	−0.6	−1	−1.2	32.1~56.6 / 45.6
			84.8	6	27.6~28.5 / 28.0	25.4~29.2 / 27.5	90~94 / 92	1.9~4.5 / 2.9	4.5	0	−0.4	−0.8	−1.3	−1.8	30.2~45.2 / 37.7
			85.8	7	26.3~31.4 / 29.3	26.3~31.4 / 29.3	85~104 / 96	1.1~1.8 / 1.4	1.1	−0.1	−0.5	−1	−1.4	−1.7	21.2~42.7 / 30.0

注: $\dfrac{\text{最小值} \sim \text{最大值}}{\text{平均值}}$

表 4.2 强膨胀土（岩）收缩性试验成果表

试验地区	岩性	时代	高程/m	埋深/m	初始含水率 w/%	缩限 w_s/%	收缩系数 λ_s	线缩率 δ_{si}/%	体缩率 δ_v/%
淅川	棕红色夹灰绿色黏土	plQ_1	151	7	24.0~27.4 / 25.5	9.4~10.3 / 9.9	0.352~0.394 / 0.377	5.2~5.9 / 5.6	14.8~17.0 / 16.2
			152	5	24.5~25.8 / 25.2	9.6~10.5 / 10.1	0.424~0.446 / 0.435	5.7~5.8 / 5.7	15.8~17.4 / 16.6
			153	4	30.8~37.0 / 34.0	9.1~13.9 / 10.7	0.300~0.405 / 0.356	7.2~10.9 / 8.4	20.0~27.4 / 22.7
			154	2	25.0~25.7 / 25.2	10.2~11.0 / 10.7	0.384~0.510 / 0.443	5.2~6.7 / 5.8	15.8~18.1 / 16.6
南阳 2段	浅黄色~浅棕黄色黏土	al-plQ_2	134	5	23.6	9.2	0.402	6.5	21.9
			133	6	22.0	9.1	0.526	7.6	21.7
3段	浅棕黄夹绿色黏土岩	N	133	14	26.3~26.4 / 26.4	9.0~9.1 / 9.1	0.542~0.565 / 0.554	8.0~8.1 / 8.1	22.6~23.1 / 22.9
			134	13	24.8~24.8 / 24.8	8.7~10.0 / 9.4	0.519~0.526 / 0.523	7.6~8.1 / 7.8	20.8~22.0 / 21.4
鲁山段	棕黄色夹灰绿色黏土岩	N	130	11	18.6~20.5 / 19.5	7.2~8.3 / 7.9	0.396~0.555 / 0.465	4.8~5.5 / 5.3	15.2~15.9 / 15.5
			132	9	22.9~23.6 / 23.2	7.7~9.0 / 8.3	0.482~0.530 / 0.505	6.2~7.8 / 6.8	18.5~21.9 / 20.1

注：$\dfrac{最小值 \sim 最大值}{平均值}$

(3) 膨胀力 (p_e)：膨胀力是原状土 (岩) 体在体积不变的条件下饱水后产生的内应力。膨胀力分为垂直膨胀力与侧向膨胀力。

由于试样膨胀性不均一，且其初始含水率、裂隙发育情况存在差异，各取样段不同高程试样的膨胀力存在一定的离散性。试验表明，膨胀力的大小与多种因素有关，其中岩体结构等因素对强膨胀岩的影响尤为重要。

(4) 不同压力下的膨胀率 (δ_{ep})：不同压力下的膨胀率是指膨胀土 (岩) 在不同垂直压力下饱水后的膨胀率。

淅川段第四系下更新统洪积层 (plQ_1) 黏土：垂直压力为 0kPa 时，试样均呈膨胀状态，但膨胀率较小，仅为 0.2%～0.5%；当垂直压力达到 25kPa 及以上时，试样均呈压缩状态。垂直压力越大，压缩率越大。

南阳 1 段第四系中更新统冲洪积层 (al-plQ_2) 黏土：垂直压力为 0～25kPa 时，试样呈膨胀状态，其中垂直压力为 0kPa 时，膨胀率最大为 4.4%；当垂直压力达到 50kPa 及以上时，试样均呈压缩状态。垂直压力越大，压缩率越大。

南阳 2 段第四系中更新统冲洪积层 (al-plQ_2) 黏土：垂直压力为 0～25kPa 时，试样呈膨胀状态，其中垂直压力为 0kPa 时，膨胀率最大为 3.6%；当垂直压力达到 50kPa 及以上时，试样均呈压缩状态。垂直压力越大，压缩率越大。

南阳 3 段上第三系 (N) 黏土岩：垂直压力为 0～25kPa 时，全部试样呈膨胀状态；垂直压力从 50kPa 增加到 100kPa 的过程中，出现压缩状态的试样逐渐增多；当垂直压力超过 100kPa 后，试样均呈压缩状态。垂直压力越大，压缩率越大。

鲁山段上第三系 (N) 黏土岩：垂直压力 0～25kPa 时，试样一般呈膨胀状态；当垂直压力达到 50kPa 及以上时，试样均呈压缩状态。垂直压力越大，压缩率越大。

邯郸段上第三系 (N) 黏土岩：垂直压力为 0kPa 时，全部试样呈膨胀状态；垂直压力达到 25kPa 时，有一个试样呈压缩状态；垂直压力达到 50kPa 及以上时，试样均呈被压缩状态。垂直压力越大，压缩率越大。

由于不同压力下的膨胀率受土 (岩) 体的初始含水率、膨胀性、土 (岩) 体结构的等诸多因素的影响，同一地点、不同高程膨胀土 (岩) 不同压力下的膨胀率规律性不强。但试样在哪级压力下出现压缩与其垂直膨胀力的大小有较强的关联性。

与膨胀力相似，土 (岩) 体在各级压力下膨胀率的大小和其膨胀性 (如自由膨胀率) 并无直接关联。例如，南阳 3 段黏土岩的自由膨胀率虽然高于鲁山段和邯郸段，但其在垂直压力为 0kPa 时的膨胀率却比其他两段小。由此可见，岩体结构等因素对膨胀率的影响可能更为重要。

(5) 收缩特性：膨胀土 (岩) 的收缩特性是土 (岩) 体随着水分蒸发表现出体积缩小的特性。工程中常采用收缩含水率 (缩限)、收缩系数、线缩率和体缩率等指标来评价膨胀土 (岩) 的收缩特性。

①同一取样段、不同高程强膨胀土 (岩) 的收缩特性一般差异不大。淅川段仅 153m 高程试样受初始含水率的影响，线缩率、体缩率比其他高程的大。

②不同取样段、同一时代强膨胀岩的缩限、收缩系数的差异不明显，但受初始含水率、膨胀性、岩体结构等因素的影响，各段的线缩率和体缩率存在一定的差异。例如，鲁山段强膨胀岩的自由膨胀率、初始含水率均比南阳 3 段小，其线缩率和体缩率均比南阳 3 段小。

③不同时代、不同成因强膨胀土的缩限、收缩系数的差异不明显。但受初始含水率、膨胀性、土体结构等因素的影响，各段的线缩率和体缩率存在一定的差异。例如，强膨胀土 (plQ_1) 与南阳 2 段强膨胀土 (al-plQ_2) 相比，后者的缩限略小于前者，而后者的线缩率和体缩率则比前者非含水层试样的略大，这也从另一方面反映出淅川段的膨胀性比南阳 2 段的小。

④强膨胀土与强膨胀岩相比，除了前者的缩限比后者略高、前者的收缩系数比后者略低外，二者的其他收缩特性指标差异不明显，其大小主要取决于土 (岩) 体的初始含水率。

4.1.2　胀缩特性指标与物理性质的关系

膨胀土 (岩) 的胀缩特性受到土 (岩) 体内部的黏土矿物与水之间的物理化学作用的影响，具体反映的是胀缩性指标与土 (岩) 体的黏粒含量、液限、初始含水率、干重度等物理性指标具有一定的相关性。

1. 自由膨胀率与黏粒含量关系

一般来说，自由膨胀率随黏粒含量的增加而增加，例如，强膨胀土 (岩) 的黏粒含量比中等及弱膨胀土 (岩) 的大。但仅就强膨胀土 (岩) 而言，虽然其自由膨胀率有一定的差异，但不如强膨胀土 (岩) 与中等、弱膨胀土 (岩) 间的差异大，上述规律表现得并不明显。强膨胀土 (岩) 的自由膨胀率与黏粒含量关系见图 4.1。

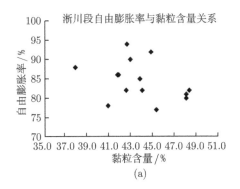

(a)

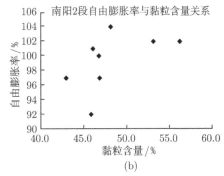

(b)

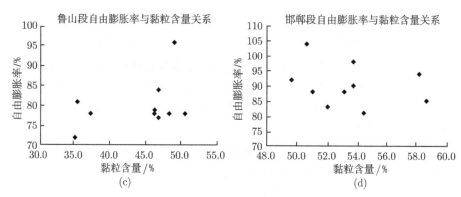

图 4.1　强膨胀土 (岩) 的自由膨胀率与黏粒含量关系

2. 自由膨胀率与液限关系

强膨胀土 (岩) 自由膨胀率有随着液限的增大而增大的趋势, 这是因为膨胀性高的土 (岩) 体, 其土 (岩) 体内部的亲水性矿物和黏粒含量也较高, 比表面积大, 颗粒表层的水膜较厚, 因此表现出液限较高。强膨胀土 (岩) 的自由膨胀率与液限关系见图 4.2。

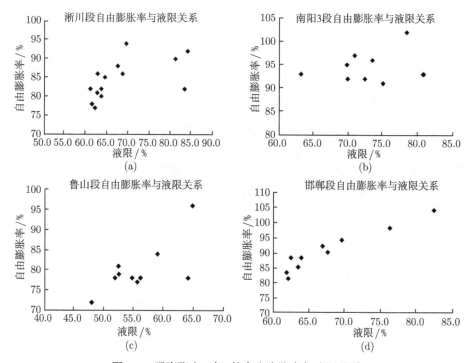

图 4.2　强膨胀土 (岩) 的自由膨胀率与液限关系

3. 膨胀力与初始含水率关系

强膨胀土 (岩) 的膨胀力有随初始含水率的增大而减小的趋势。这是由于膨胀力是土 (岩) 体吸水后产生的, 当土 (岩) 体的初始含水率高时, 则土 (岩) 体达到饱和状态时吸水量较小, 其产生的膨胀力也较低。强膨胀土 (岩) 的膨胀力与初始含水率关系见图 4.3。

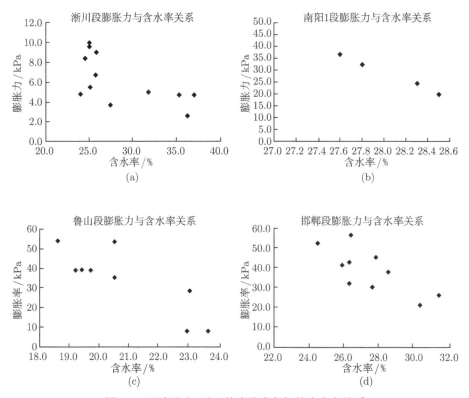

图 4.3 强膨胀土 (岩) 的膨胀力与初始含水率关系

4. 膨胀力与干重度关系

强膨胀土 (岩) 膨胀力有随着干重度的增大而增大的趋势。这是因为在一定的土 (岩) 体结构和矿物成分条件下, 土 (岩) 体的干重度越大, 表明膨胀土 (岩) 的孔隙比和初始含水率越小, 则其膨胀潜势就越大。强膨胀土 (岩) 的膨胀力与干重度关系见图 4.4。

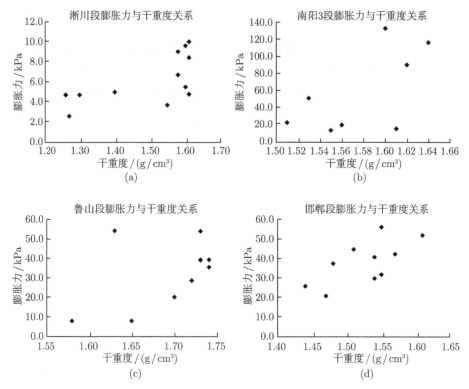

图 4.4　强膨胀土 (岩) 的膨胀力与干重度关系

4.2　渗　透　特　性

4.2.1　室内渗透试验

室内渗透试验分垂直、水平两个方向进行, 采用变水头试验方法, 现场注水试验采用单环常水头注水试验方法。强膨胀土 (岩) 室内渗透试验成果见表 4.3。

(1) 淅川段第四系下更新统洪积层 (plQ$_1$) 黏土: 室内试的渗透系数变化大, 垂直渗透系数为 $3.73 \times 10^{-7} \sim 5.83 \times 10^{-4}$cm/s、水平渗透系数为 $3.72 \times 10^{-7} \sim 1.64 \times 10^{-4}$cm/s, 均相差三个数量级, 属中等 ~ 极微透水性, 且多数试样具有弱透水性。部分试样渗透系数 $k_{20\perp}$ 大于 $k_{20\parallel}$, 部分试样渗透系数 $k_{20\perp}$ 小于 $k_{20\parallel}$, 均相差 1~2 个数量级; 但 $k_{20\perp}$ 的平均值大于 $k_{20\parallel}$ 的平均值。

南阳 1 段第四系中更新统冲洪积层 (al-plQ$_2$) 黏土: 室内试验的渗透系数变化大, 垂直渗透系数为 $1.96 \times 10^{-7} \sim 6.28 \times 10^{-4}$cm/s, 水平渗透系数为 $2.34 \times 10^{-7} \sim 9.63 \times 10^{-5}$cm/s, 相差 2~3 个数量级, 属中等 ~ 极微透水性。多数试样的渗透系数 $k_{20\perp}$ 大于 $k_{20\parallel}$, 相差 1~2 个数量级; $k_{20\perp}$ 的平均值大于 $k_{20\parallel}$ 的平均值。

表 4.3 强膨胀土（岩）室内渗透试验统计表

地区	高程/m	埋深/m	统计项	渗透系数/(cm/s) $k_{20\perp}$	$k_{20\parallel}$
淅川	151	7	最小值	5.11×10^{-7}	5.84×10^{-6}
			最大值	6.16×10^{-7}	8.94×10^{-5}
			平均值	5.55×10^{-7}	4.90×10^{-5}
	152	5	最小值	3.73×10^{-7}	4.80×10^{-7}
			最大值	1.36×10^{-5}	5.31×10^{-5}
			平均值	6.99×10^{-6}	2.68×10^{-5}
	153	4	最小值	5.95×10^{-5}	3.94×10^{-6}
			最大值	5.83×10^{-4}	1.64×10^{-4}
			平均值	3.09×10^{-4}	5.21×10^{-5}
	154	2	最小值	3.77×10^{-7}	3.72×10^{-7}
			最大值	6.57×10^{-6}	2.03×10^{-5}
			平均值	2.64×10^{-6}	1.34×10^{-5}
南阳 1 段	133	9	最小值	1.96×10^{-7}	2.34×10^{-7}
			最大值	6.28×10^{-4}	2.56×10^{-5}
			平均值	1.58×10^{-4}	8.01×10^{-6}
	134	8	最小值	1.75×10^{-6}	2.68×10^{-7}
			最大值	2.26×10^{-4}	9.63×10^{-5}
			平均值	6.37×10^{-5}	3.58×10^{-5}
南阳 2 段	133	6	最小值	8.80×10^{-7}	1.34×10^{-6}
			最大值	5.08×10^{-6}	3.74×10^{-5}
			平均值	3.39×10^{-6}	1.62×10^{-5}
	134	5	最小值	2.43×10^{-7}	2.45×10^{-7}
			最大值	1.35×10^{-5}	4.64×10^{-5}
			平均值	3.64×10^{-6}	1.25×10^{-5}
南阳 3 段	133	14	最小值	2.92×10^{-4}	6.56×10^{-8}
			最大值	8.28×10^{-4}	1.16×10^{-6}
			平均值	6.58×10^{-4}	4.73×10^{-7}
	134	13	最小值	3.81×10^{-7}	7.53×10^{-8}
			最大值	1.18×10^{-5}	5.19×10^{-7}
			平均值	3.97×10^{-6}	1.62×10^{-3}
鲁山	126	12	最小值	5.13×10^{-8}	6.66×10^{-4}
			最大值	1.43×10^{-5}	6.08×10^{-7}
			平均值	4.81×10^{-6}	5.95×10^{-6}
	128	10	平均值	3.26×10^{-8}	2.60×10^{-6}
	130	11	最小值	1.50×10^{-7}	2.70×10^{-8}
			最大值	8.30×10^{-7}	5.51×10^{-4}
			平均值	5.60×10^{-7}	1.38×10^{-4}
	132	9	最小值	2.27×10^{-7}	1.38×10^{-7}
			最大值	7.09×10^{-7}	2.38×10^{-5}
			平均值	4.88×10^{-7}	1.36×10^{-5}
	83.8	5	最小值	1.68×10^{-7}	2.79×10^{-7}
			最大值	6.40×10^{-6}	5.08×10^{-4}
			平均值	2.30×10^{-6}	1.74×10^{-4}
邯郸	84.8	4	最小值	9.40×10^{-8}	
			最大值	1.84×10^{-7}	
			平均值	1.30×10^{-7}	
	85.8	3	最小值	1.25×10^{-7}	
			最大值	8.72×10^{-6}	
			平均值	3.12×10^{-6}	

注：$k_{20\perp}$：垂直渗透系数；$k_{20\parallel}$：水平渗透系数

南阳 2 段第四系中更新统冲洪积层 (al-plQ$_2$) 黏土：室内试验的渗透系数变化大，垂直渗透系数为 $2.43\times10^{-7}\sim1.35\times10^{-5}$cm/s，水平渗透系数为 $2.45\times10^{-7}\sim4.64\times10^{-5}$cm/s，相差两个数量级，属中等 ～ 极微透水性。大多数试样的渗透系数 $k_{20\perp}$ 小于 $k_{20\parallel}$，相差 $1\sim2$ 个数量级；$k_{20\perp}$ 的平均值也小于 $k_{20\parallel}$ 的平均值。

南阳 3 段上第三系 (N) 黏土岩：垂直向渗透系数变化大，为 $3.81\times10^{-7}\sim8.28\times10^{-4}$cm/s，相差三个数量级，属中等 ～ 极微透水性，但多数具属中等 ～ 弱透水性。

鲁山段上第三系 (N) 黏土岩：室内试验的渗透系数变化大，垂直渗透系数为 $3.26\times10^{-8}\sim1.43\times10^{-5}$cm/s，相差三个数量级，属弱 ～ 极微透水性；水平渗透系数为 $6.56\times10^{-8}\sim1.62\times10^{-3}$cm/s，相差 5 个数量级，属弱 ～ 极微透水性。绝大多数 $k_{20\perp}$ 小于 $k_{20\parallel}$，但不超过三个数量级；个别 $k_{20\perp}$ 大于 $k_{20\parallel}$，约一个数量级；$k_{20\perp}$ 平均值小于 $k_{20\parallel}$ 平均值，相差一个数量级。

邯郸段上第三系 (N) 黏土岩：室内试验的渗透系数变化大，垂直渗透系数为 $9.40\times10^{-8}\sim8.72\times10^{-6}$cm/s，相差两个数量级，属微 ～ 极微透水性；水平渗透系数为 $2.70\times10^{-8}\sim5.51\times10^{-4}$cm/s，相差四个数量级，属中等 ～ 极微透水性。多数 $k_{20\parallel}$ 明显大于 $k_{20\perp}$，相差 $1\sim2$ 个数量级；$k_{20\perp}$ 平均值小于 $k_{20\parallel}$ 平均值，相差两个数量级。

(2) 同一取样段、不同高程室内试验渗透系数相比，总的来说，渗透性随深度变化无规律可循。渗透系数的大小主要受土体中孔隙、裂隙发育程度的控制。孔隙比越大，试样的渗透系数越大。例如，淅川段强膨胀土 153m 高程试样的孔隙比 (0.971~1.192) 大于其他高程，其渗透系数也比其他高程大 1~3 个数量级。南阳 2 段强膨胀土 134m 高程土体的孔隙比略高于 133m 高程土体，总体上说 134m 高程试样的渗透系数略大。南阳 3 段强膨胀岩 133m 高程岩体孔隙率略大，其渗透系数明显偏大，且数据间无数量级的差异；134m 高程岩体孔隙比略小，且范围值较大，导致岩体渗透系数偏小，并存在数量级上的差异。当孔隙比相近时，渗透性的大小主要受裂隙发育程度、产状及其组合的影响，并存在很大的随机性。

(3) 不同取样段、同一时代强膨胀土 (岩) 相比，由于物质来源、沉积环境等因素的差异，其渗透特性存在着差异。例如，南阳 1 段强膨胀土与南阳 2 段强膨胀土相比，前者的垂直渗透系数大于后者，而前者的水平渗透系数却略小于后者；南阳 3 段强膨胀岩的垂直渗透系数最大 (与鲁山段和邯郸段相差两个数量级)，鲁山段强膨胀岩与邯郸段强膨胀岩两段差异不大，但是鲁山段的水平渗透系数比邯郸段的小。由于强膨胀岩取样深度较大，总的来说，垂直渗透系数比水平渗透系数小 1~2 个数量级。虽然各段不同高程岩体的孔隙比存在一定的差异，但渗透系数的大小与孔隙比的大小关系不密切，说明强膨胀岩的裂隙发育情况对渗透性影响较大。

(4) 不同时代、不同成因的强膨胀土相比，由于物质来源、沉积环境等因素的差异，其渗透特性也存在着差异。例如，淅川段强膨胀黏土的垂直渗透系数最大，南阳 2 段强膨胀黏土的最小，两者垂直渗透系数的平均值相差两个数量级；淅川段的水平渗透系数最大，南阳 2 段的最小，但两者水平渗透系数的平均值没有数量级的差别。部分试样垂直渗透系数大于水平渗透系数，部分试样则相反。总的来说，孔隙比与土体垂直渗透性有较好的对应关系，而土体中裂隙的发育程度、产状及裂隙组合的随机性导致了渗透性的差异较大。

(5) 强膨胀土与强膨胀岩相比，强膨胀土的垂直渗透系数一般比强膨胀岩的大一个数量级；强膨胀土的水平渗透系数和强膨胀岩的属同一个数量级，甚至前者略小于后者。强膨胀土室内试验的渗透系数与土体的孔隙比有较好的对应关系，孔隙比越大，渗透系数越大；孔隙比相似的条件下，土体中裂隙发育的情况对渗透性影响较大。由于强膨胀岩体已有了初步的成岩作用，岩体室内试验的渗透系数受裂隙发育情况的影响更大。

4.2.2　现场注水试验

强膨胀土 (岩) 现场注水试验成果见表 4.4。

表 4.4　强膨胀土 (岩) 现场注水试验表

试验地区		岩性	时代	高程/m	渗透系数 K/(cm/s)	渗透性分级
淅川		棕红色夹灰绿色黏土	plQ$_1$	154	5.26×10^{-5}	弱渗透性
				152	7.81×10^{-6}	微渗透性
南阳	1 段	浅黄色 ～ 浅棕黄色黏土	al-plQ$_2$	134	$1.46 \times 10^{-5} \sim 2.60 \times 10^{-5}$	弱渗透性
				133	4.17×10^{-5}	弱渗透性
	2 段	浅黄色 ～ 浅棕黄色黏土	al-plQ$_2$	134	$6.25 \times 10^{-5} \sim 7.29 \times 10^{-5}$	弱渗透性
				133	1.04×10^{-5}	弱渗透性
	3 段	浅黄色 ～ 浅棕黄色黏土岩	N	134	2.34×10^{-5}	弱渗透性
				133	2.60×10^{-5}	弱渗透性
鲁山		棕黄色夹灰绿色黏土岩	N	128	2.60×10^{-5}	弱渗透性
				126	2.08×10^{-5}	弱渗透性
邯郸		灰绿色夹棕黄色黏土岩	N	85.8	3.82×10^{-4}	中等渗透性
				83.8	1.40×10^{-4}	中等渗透性

(1) 淅川段第四系下更新统洪积层 (plQ$_1$) 黏土：154m、152m 高程现场注水试验渗透系数分别为 5.26×10^{-5}cm/s、7.81×10^{-6}cm/s，具弱透水性。

南阳 1 段第四系中更新统冲洪积层 (al-plQ$_2$) 黏土：134m、133m 高程现场注水试验渗透系数分别为 $1.46 \times 10^{-5} \sim 2.60 \times 10^{-5}$cm/s、$4.17 \times 10^{-5}$cm/s，具弱透水性。

南阳 2 段第四系中更新统冲洪积层 (al-plQ$_2$) 黏土：134m、133m 高程现场注水试验渗透系数分别为 $6.25 \times 10^{-5} \sim 7.29 \times 10^{-5}$cm/s、$1.04 \times 10^{-5}$cm/s，具弱透水性。

南阳 3 段上第三系 (N) 黏土岩：134m、133m 高程现场注水试验的渗透系数分别为 2.34×10^{-5}cm/s、2.60×10^{-5}cm/s，两者差异甚微，具弱透水性。

鲁山段上第三系 (N) 黏土岩：128m、126m 高程现场注水试验的渗透系数分别

为 2.60×10^{-5}cm/s、2.08×10^{-5}cm/s，具弱透水性。

邯郸段上第三系 (N) 黏土岩：85.8m、83.8m 高程现场注水试验的渗透系数分别为 3.82×10^{-4}cm/s、1.40×10^{-4}cm/s，具中等透水性。

(2) 同一取样段、不同高程现场试验渗透系数相比，总体来说，不同高程的土 (岩) 体透水性差异较小，但随着埋深的增加，渗透系数具有降低的趋势。另外，土体的渗透系数受土体裂隙发育程度及裂隙面组合的影响较大。例如，淅川段强膨胀土 154m 高程的试坑注水试验渗透系数大于 152m 高程的，透水性相差一个数量级，主要是由于 154m 高程现场注水试验位置裂隙发育所引起的。

(3) 不同取样段、同一时代强膨胀土 (岩) 相比，总体来说，就强膨胀土而言，现场注水试验的渗透系数相差较小，多为 $i \times 10^{-5}$cm/s，具弱透水性；就强膨胀岩而言，现场注水试验的渗透系数存在一定的差异，其中南阳 3 段和鲁山段的渗透系数在同一数量级，为 $i \times 10^{-5}$cm/s，具弱透水性；邯郸段现场注水试验渗透系数为 $i \times 10^{-4}$cm/s，具有中等透水性。注水试验渗透系数与土 (岩) 体孔隙比的对应关系不明显，主要是受土 (岩) 体中裂隙发育程度、产状及裂隙组合的随机性影响所致。

(4) 不同时代、不同成因的强膨胀土相比，现场注水试验渗透系数相差较小，仅淅川段强膨胀土 152m 高程试坑注水试验的渗透系数为 7.81×10^{-6}cm/s，具有微透水性，与南阳 1 段强膨胀土和南阳 2 段强膨胀土不同高程的土体渗透系数相差一个数量级。

(5) 强膨胀土与强膨胀岩相比，除邯郸段外，强膨胀土的渗透系数一般略大于强膨胀岩的，但仍属同一个数量级。无论是强膨胀土还是强膨胀岩，土 (岩) 体现场试验渗透系数受其裂隙发育情况的影响更大。

4.2.3 室内渗透试验与现场注水试验对比分析

一般来说，相同高程处，各取样段现场注水试验渗透系数比室内试验的渗透系数大。现场注水试验由于侧向限制有限，其渗透系数综合了土 (岩) 体垂直和水平两个方向的渗透特性，加之现场试验入渗面积更大，同时基本消除了试样制备对土 (岩) 体结构的扰动，所以更能代表土 (岩) 体天然条件下的入渗特性。少量室内试验渗透系数大于现场试验的，主要是由试验局部裂隙发育等原因造成的。

4.3 崩 解 特 性

4.3.1 强膨胀土崩解类型

强膨胀土崩解特性按照崩解时间、崩解量的大小大致分为三种类型。

1. I_t 类: 快速崩解、崩解量较大

试样置于水中后,沿裂隙张开,局部呈块状脱落,短时间内崩解量很大,其后崩解缓慢,崩解曲线趋于水平,24h 的崩解量一般超过 20%。南阳 1 段 1#试样、南阳 2 段 1#试样属于此种类型。

南阳 1 段 1#试样:高程 134m,初始含水率为 28.4%,裂隙发育,线密度为38 条/m。试样置于水中后,沿裂隙张开,局部呈块状脱落,45min 之内崩解量达到 44.5%,之后崩解缓慢,崩解曲线趋于水平,24h 崩解量达 46.6%,崩解曲线见图 4.5。

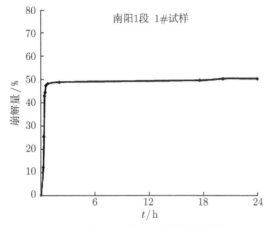

图 4.5 南阳 1 段 1#试样崩解曲线

南阳 2 段 1#试样:高程 133m,初始含水率为 26.1%,裂隙发育,线密度为35 条/m。试样置于水中后,先冒气泡,表层出现细小颗粒的絮状脱落,约 5min 沿裂隙张开,局部呈块状 (1cm×2cm) 脱落,之后崩解缓慢,但崩解量略有增加,24h崩解量达 28.7%,崩解曲线见图 4.6。

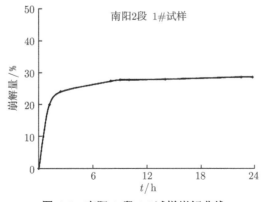

图 4.6 南阳 2 段 1#试样崩解曲线

2. II_t 类: 缓慢崩解、崩解量较小

试样置于水中后, 表层出现少量细小颗粒的絮状脱落, 局部呈块状或片状脱落, 但崩解量不大, 大部分试样在 2~8h 后崩解缓慢, 崩解曲线趋于水平, 24h 时的崩解量一般不超过 20%。淅川段 1#试样、南阳 1 段 2#试样及南阳 2 段 2#试样属于此种类型。

淅川段 1#试样: 高程 152m, 初始含水率为 24.9%, 裂隙较发育, 线密度为 36 条/m。试样置于水中, 试样表层出现少量细小颗粒的絮状脱落, 局部呈片状脱落, 8h 后崩解缓慢, 24h 崩解量为 2.8%, 崩解曲线见图 4.7。

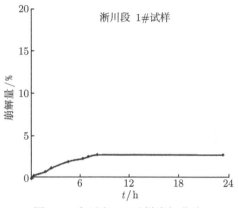

图 4.7　淅川段 1#试样崩解曲线

南阳 1 段 2#试样: 高程 133m, 初始含水率为 28.6%, 裂隙发育, 线密度为 42 条/m。试样置于水中, 冒气泡, 表层出现细小颗粒的絮状脱落, 约 10min 沿裂隙张开, 局部呈块状 (1cm×2cm) 脱落, 0.5h 崩解量达到 3.7%, 之后崩解缓慢, 24h 崩解量为 4.5%, 崩解曲线见图 4.8。

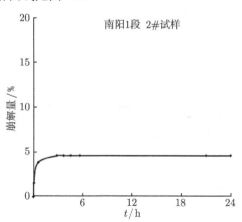

图 4.8　南阳 1 段 2#试样崩解曲线

南阳 2 段 2#试样：高程 134m，初始含水率为 27.4%，裂隙发育，线密度为 40
条/m。试样置于水中，表层出现细小颗粒的絮状脱落，约 2h 沿裂隙面张开，局部
呈块状脱落，2.5h 崩解量达 10.4%，之后崩解缓慢，24h 崩解量为 10.4%。崩解曲
线见图 4.9。

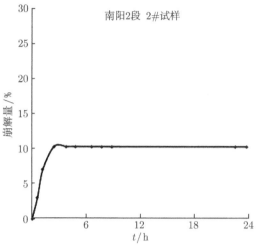

图 4.9 南阳 2 段 2#试样崩解曲线

3. Ⅲ$_t$ 类: 崩解极缓慢、轻微崩解

试样置于水中后，初期吸水量大于崩解量，崩解量出现为负值，其后缓慢崩
解，24h 的崩解量小于 1%。淅川段 2#试样属于此种类型。

淅川段 2#试样：高程 153m，初始含水率为 31.8%，裂隙较发育，线密度为 12
条/m，试样置于水中，表层出现少量细小颗粒的絮状脱落，20h 内试样吸水量大于
崩解量，崩解量为负值，24h 崩解量为 0.3%。崩解曲线见图 4.10。

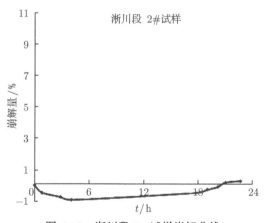

图 4.10 淅川段 2#试样崩解曲线

4.3.2　强膨胀岩崩解类型

强膨胀岩崩解特性按照崩解时间、崩解量的大小大致分为三种类型。

1. I_y 类: 快速崩解、崩解量较大

试样置于水中后，沿裂隙张开，局部呈块状脱落，短时间内崩解量很大，之后崩解缓慢，崩解曲线趋于水平，24h 的崩解量一般超过 15%。南阳 3 段 1#试样、邯郸段 1#试样属于此种类型。

南阳 3 段 1#试样：高程 133m，初始含水率为 25.9%，裂隙发育，线密度为 27 条/m。试样置于水中，冒气泡，表层呈片状脱落，裂隙张开，1h 内崩解量达到 25%，之后崩解速度减缓，24H 崩解量为 53.6%。崩解曲线见图 4.11。

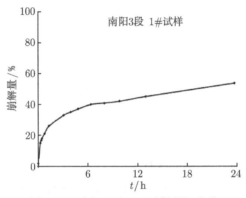

图 4.11　南阳 3 段 1#试样崩解曲线

邯郸段 1#试样：高程 85.8m，初始含水率为 30.6%，裂隙较发育，线密度为 40 条/m。试样置于水中，在起始 10min 之内，试样表层出现少量细小颗粒的絮状脱落，约 20min 沿裂隙张开，局部呈块状脱落，50min 崩解量达 13.5%，之后崩解缓慢，24h 崩解量为 17.4%。崩解曲线见图 4.12。

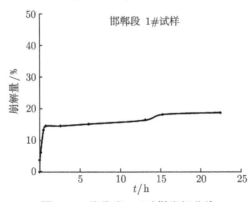

图 4.12　邯郸段 1#试样崩解曲线

2. II$_y$ 类: 缓慢崩解、崩解量较小

试样置于水中后, 表层出现少量细小颗粒的絮状脱落, 局部呈块状或片状脱落, 但崩解量不大, 大部分试样在 2~8h 后崩解缓慢, 崩解曲线趋于水平, 24h 的崩解量一般不超过 15%。南阳 3 段 2#试样、鲁山段 1#试样和邯郸段 2#试样属于此种类型。

南阳 3 段 2#试样: 高程 134m, 初始含水率为 24.8%, 裂隙发育, 线密度为 27 条/m。试样置于水中, 冒气泡, 稍后可见裂隙张开, 出现少许细小的片状脱落, 约 6h 裂隙裂开, 24h 崩解量为 5.1%。崩解曲线见图 4.13。

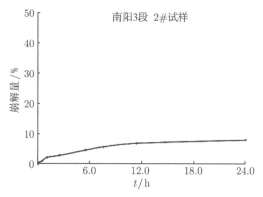

图 4.13 南阳 3 段 2#试样崩解曲线

鲁山段 1# 试样: 高程 126m, 初始含水率为 19.5%, 裂隙较发育, 线密度为 8 条/m。试样置于水中, 表层出现细小颗粒的絮状脱落, 约 20min 沿裂隙面张开, 局部呈块状脱落, 崩解量随时间呈线性增长, 3h 崩解量达 9%, 随后崩解缓慢, 24h 崩解为 9.5%。崩解曲线见图 4.14。

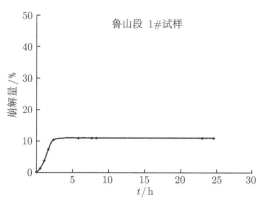

图 4.14 鲁山段 1#试样崩解曲线

邯郸段 2# 试样：高程 83.8m，初始含水率为 26.9%，裂隙较发育，线密度为 20 条/m。试样置于水中，起始 10min 之内，试样表层出现少量细小颗粒的絮状脱落，1h 后沿裂隙张开，4.5h 局部呈块状脱落，7.5h 之内崩解量达 7.5%，其后崩解缓慢，24h 崩解量为 8.1%。崩解曲线见图 4.15。

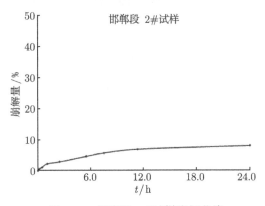

图 4.15　邯郸段 2#试样崩解曲线

3. Ⅲ_y 类：崩解极缓慢、轻微崩解

试样置于水中后，初期吸水量大于崩解量，崩解量出现为负值，其后缓慢崩解，24h 的崩解量小于 1%。鲁山段 2#试样属于此种类型。

鲁山段 2# 试样：高程 128m，初始含水率为 19.8%，裂隙较发育，线密度为 13 条/m。试样置于水中，表层出现少量细小颗粒的絮状脱落，7h 崩解量接近 0.4%，随后崩解缓慢，24h 崩解量为 0.4%。崩解曲线见图 4.16。

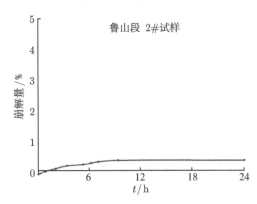

图 4.16　鲁山段 2#试样崩解曲线

4.3.3　崩解类型影响因素分析

崩解试验表明：同一取样段的试样，其崩解类型并不一样。例如，淅川段有 Ⅱ_t

类、III$_t$ 类,南阳 1 段、南阳 2 段均有 I$_t$ 类、II$_t$ 类;南阳 3 段、邯郸段均有 I$_y$ 类、II$_y$ 类,鲁山段有 II$_y$ 类、III$_y$ 类。其原因就在于试样膨胀性、初始含水率、裂隙发育情况、胶结物性质与土 (岩) 体结构特征等方面存在差异。

初始含水率对试样的吸水能力有着很大影响,一般来说,初始含水率越小,试样的吸水能力越强、崩解速度越快,短时间内的崩解量就越大。自由膨胀率越大,试样的吸水能力也越强,试样越易发生崩解。裂隙越发育、张开度越大,越有利于试样与水的充分接触,使其结构在较短的时间内遭受破坏,同时裂隙也破坏了试样的结构,使其更容易发生崩解。

当试样初始含水率较小、膨胀性较强、裂隙发育且张开程度较大时,试样浸水后表现出冒泡、沿裂隙的块状崩解,崩解速度快、崩解量大;试样崩解到一定程度时,崩解量则趋于水平或缓慢增加状态。随着初始含水率增大、膨胀性降低、裂隙发育程度及张开程度降低,试样崩解并非沿裂隙开始张开,而是先出现细颗粒呈絮状脱落,历时一定时间后,才沿裂隙开始缓慢崩解,崩解速率较慢,且崩解量也较小。当试样含水率进一步增大时,试样浸水后没有立即发生崩解,而是继续吸水,当达到一定的极限值后,试样才缓慢崩解。

总之,初始含水率越小、膨胀性越强、裂隙越发育且张开程度越大,试样崩解速度越快、崩解量越大。此外,土 (岩) 体的结构对崩解也有影响。但试样具体表现出何种崩解形式是上述因素共同作用的结果。

第5章　强膨胀土 (岩) 裂隙特征

裂隙性是膨胀土 (岩) 的重要特性之一, 强膨胀土 (岩) 中的裂隙较弱、中等膨胀土 (岩) 更加发育, 裂隙的成因类型、发育及组合情况、发生及发展规律以及裂隙面强度对土 (岩) 体的膨胀特性、渠道边坡及地基的稳定性有着很大的影响。

在研究各取样段地形地貌、地层岩性等地质条件的基础上, 通过采用野外地质调查和窗口编录等手段, 对强膨胀土 (岩) 体中裂隙的成因、类型、发育规模、分布规律、产状 (特别是优势产状) 填充物、起伏度、密度等要素进行研究, 同时开展了强膨胀土 (岩) 体开挖暴露在大气环境中裂隙发生、发展规律的研究。通过室内抗剪强度试验和现场大剪试验研究了强膨胀土 (岩) 裂隙面的抗剪强度。

5.1　裂隙成因类型

土 (岩) 体中的裂隙按成因可分为: 原生裂隙、次生裂隙和构造裂隙等类型。

此外, 裂隙还可按多种要素进行分类。按长度规模可分为: 微裂隙 (小于 1cm)、小裂隙 (1∼50cm)、大裂隙 (50∼200cm) 和长大裂隙 (大于 200cm) 等四种; 按力学条件可分为: 张裂隙、剪裂隙等; 按裂隙倾角可分为: 陡倾角裂隙 (倾角大于 60°)、中倾角裂隙 (倾角 30°∼60°)、缓倾角裂隙 (倾角小于 30°) 等; 按裂隙充填情况可分为: 无充填裂隙、有充填裂隙等两类, 有充填物又可细分为黏性土充填、钙质充填、铁锰质充填等三小类。

原生裂隙、次生裂隙和构造裂隙在强膨胀土 (岩) 中均有发育, 本节主要研究强膨胀土 (岩) 裂隙的成因类型。

5.1.1　原生裂隙

原生裂隙 (图 5.1) 是由于沉积环境变化、温度、湿度和压密等作用产生的结构面。强膨胀土 (岩) 中的原生裂隙一般呈闭合状, 其长度大小不一, 一般为数厘米至数米, 少数可达数十米, 裂隙面具蜡状光泽, 一般无充填。

其中淅川段原生裂隙是土体在沉积和固结过程中以及不均匀胀缩所形成的, 一般为数厘米至数十厘米, 裂隙面具蜡状光泽, 无充填; 南阳 2 段原生裂隙为由沉积层面发育成的缓倾角裂隙面, 多发生在强膨胀土与上部中膨胀土的沉积界面, 其长度大小不一, 一般为数米, 少数达十几米; 邯郸段原生裂隙主要为沉积层面、岩体沉积固结过程中以及不均匀胀缩所形成的隐蔽裂隙, 其中沉积层面延伸长度一般较长, 几十厘米至数十米。

(a)   (b)   (c)

图 5.1 原生裂隙 (依次为淅川段、南阳 2 段、邯郸段)(详见书后彩图)

5.1.2 次生裂隙

次生裂隙主要是在卸荷、风化以及地下水等因素的作用下, 一般是由原生裂隙发展产生的。次生裂隙又可分为卸荷裂隙和风化裂隙。强膨胀土 (岩) 中的次生裂隙多呈张开状态, 其长度多为数厘米至数十厘米, 除卸荷裂隙外, 裂隙多有充填, 充填物以灰绿色黏土为主, 次为钙质充填或铁锰质浸染。次生裂隙为强膨胀土 (岩) 体中发育的主要裂隙, 各取样段均有发育。

(1) 卸荷裂隙 (图 5.2) 是边坡开挖卸荷, 土 (岩) 体中应力释放、调整, 在原生裂隙基础上发展而成的。此种裂隙一般无充填, 裂隙面不规则, 稍粗糙, 多见于渠道开挖的两侧渠坡。

图 5.2 卸荷裂隙 (淅川段)(详见书后彩图)

(2) 风化裂隙 (图 5.3) 是膨胀土 (岩) 在湿度和地下水等因素的作用下, 经频繁而反复的胀缩循环, 使土 (岩) 的体积产生周期性变化, 进而使原生裂隙逐渐显露而张开, 宽度不断扩大形成的贯通性裂隙。这种裂隙多为成层分布, 形成裂隙密集带, 一般充填灰绿色黏土 (厚度一般为 1~5mm)、钙质 (厚度一般为 1~3mm, 局部富集形成钙质结核) 及铁锰质浸染, 其中充填灰绿色黏土、铁锰质浸染的裂隙面一般光滑、略起伏, 具蜡状光泽, 钙质充填的裂隙面一般粗糙。

图 5.3 风化裂隙 (依次为淅川段、南阳 1 段、南阳 2 段、南阳 3 段、鲁山段、邯郸段)

(详见书后彩图)

5.1.3 构造裂隙

构造裂隙 (图 5.4) 是在历次构造应力的作用下形成的, 裂隙面光滑、擦痕较明显, 一般延伸较长, 长度受到岩体单层厚度及倾角的控制, 通常为一组或几组交错分布。其中仅在邯郸段发育有构造裂隙, 其他试验地区构造裂隙比较少见。

图 5.4 构造裂隙 (邯郸段)(详见书后彩图)

5.2 裂隙要素分析

裂隙要素包括裂隙的规模、密度、产状、形态、充填物等。各取样段长大裂隙、

大裂隙、小裂隙的倾向玫瑰图及倾角直方图见图 5.5。

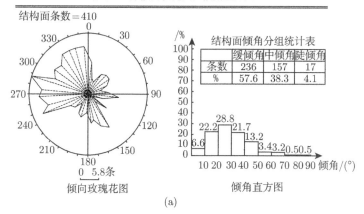

(a)

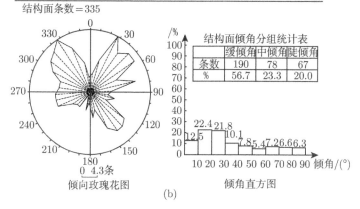

(b)

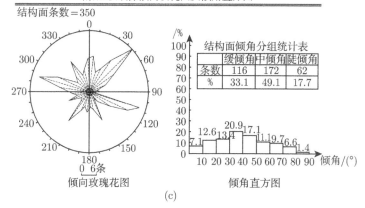

(c)

南阳3段裂隙倾向玫瑰图及倾角直方图

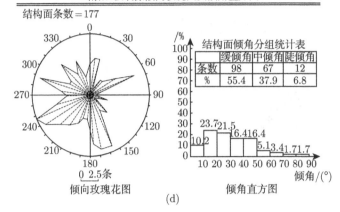

结构面条数 = 177

	缓倾角	中倾角	陡倾角
条数	98	67	12
%	55.4	37.9	6.8

结构面倾角分组统计表

倾向玫瑰花图   倾角直方图

(d)

鲁山段裂隙倾向玫瑰图及倾角直方图

结构面条数 = 268

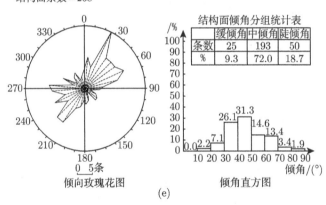

	缓倾角	中倾角	陡倾角
条数	25	193	50
%	9.3	72.0	18.7

结构面倾角分组统计表

倾向玫瑰花图   倾角直方图

(e)

邯郸段裂隙倾向玫瑰图及倾角直方图

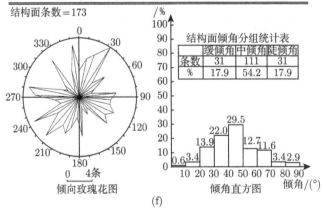

结构面条数 = 173

	缓倾角	中倾角	陡倾角
条数	31	111	31
%	17.9	54.2	17.9

结构面倾角分组统计表

倾向玫瑰花图   倾角直方图

(f)

图 5.5   裂隙倾向玫瑰图、倾角直方图

(1) 强膨胀土 (岩) 的长大裂隙发育密度为 1~3 条/m, 倾向各异, 一般 1~2 组, 倾角以缓倾角为主; 充填灰绿色黏土, 厚度为 2~15mm; 裂隙面多光滑起伏, 起伏差一般为 1~5cm, 有擦痕, 具有蜡状光泽。

大裂隙发育密度为 5~15 条/m, 倾向一般 2~3 组, 以缓倾角 ~ 中倾角为主; 充填灰绿色黏土, 厚度为 3~8mm; 裂隙面多光滑起伏, 起伏差一般为 1~5cm, 具有蜡状光泽。

小裂隙发育密度为 20~50 条/m, 倾向主要有多组, 多以中、缓倾角为主; 充填灰绿色黏土, 厚度为 1~5mm; 裂隙面起伏, 起伏差一般为 1~2cm, 具有蜡状光泽。

(2) 同一取样段、不同高程分布的强膨胀土 (岩) 裂隙产状、密度、充填物 (物质、厚度) 及起伏度无明显的差异, 仅淅川段 154~156m 高程存在裂隙密集带。

(3) 不同取样段、相同时代的强膨胀土裂隙发育情况基本相同, 如南阳 1 段和南阳 2 段的 al-plQ$_2$ 黏土; 但强膨胀岩裂隙发育情况不一致, 邯郸段裂隙发育密度, 大裂隙充填物的厚度比南阳 3 段和鲁山段大, 但小裂隙充填物的厚度比其他两段小。

(4) 不同时代、不同成因的强膨胀土土体裂隙发育情况存在差异, 南阳 1 段和南阳 2 段的 al-plQ$_2$ 黏土裂隙的密度、充填物的厚度等都比淅川段 plQ$_1$ 黏土大。

(5) 强膨胀土与强膨胀岩相比, 除邯郸段外, 强膨胀土的裂隙发育程度、充填物厚度等大于强膨胀岩, 邯郸段裂隙发育情况与南阳段类似, 但大裂隙充填物的厚度甚至更大。

5.3 裂隙发育规律分析

强膨胀土 (岩) 在大气环境下, 其内部的裂隙会受到周围环境的变化以及湿度、温度的影响而产生开裂、闭合等现象, 通过在南阳 1 段强膨胀土和南阳 3 段强膨胀岩中各选取一处新鲜的 1m×1m 观察面, 从开挖之日起, 在一定观测期间内, 每天对观察面上一定数量的有代表性、长度在 10cm 以上的裂隙分别进行照相、编录, 并在厘米纸上绘制裂隙示意图 (比例为 1:10), 然后分别记录每条裂隙在不同时刻的情况, 分析其发展变化的规律。

(1) 强膨胀土裂隙发生发育规律。

南阳 1 段观察面为直立面, 地层为 al-plQ$_2$ 强膨胀黏土, 土体内裂隙极发育, 且产状各异, 呈密集网状分布。裂隙面多充填灰绿色黏土, 厚度一般为 3~8mm, 部分无充填。选择观察裂隙 14 条, 观察窗口内裂隙长度为 0.1~0.5m, 观察时间为 16 天。裂隙示意图 (比例为 1:10) 见图 5.6, 裂隙宽度变化情况见表 5.1。不同时间部分裂隙的照片见图 5.7~图 5.10。

表 5.1   强膨胀土裂隙宽度变化记录表

地层代号	裂隙编号	倾向/(°)	倾角/(°)	裂隙张开宽度							
				8 日	9 日	10 日	11 日	12 日	13 日	14 日	15 日
				第1天	第2天	第3天	第4天	第5天	第6天	第7天	第8天
al-plQ$_2$	L1	5	26	0	0	8A	12A	12A	11A	12A	12A
	L2	278	35	0	0	0	0	0	0	0	0
	L3	340	22	0	4A	4A	5A	5A	5A	5A	5A
	L4	326	25	0	0	1A	3A	3A	3A	3A	3A
	L5	295	55	0	0	4A	5A	4A	5A	4A	5A
	L6	340	14	0	0	0	0	0	0	0	0
	L7	280	17	0	0	0	0	0	0	0	0
	L8	345	22	0	0	0	0	0	0	0	0
	L9	355	26	0	0	1A	1A	1A	1A	1A	1A
	L10	305	34	0	0	0	0	0	0	0	0
	L11	324	14	0	0	0	0	0	0	0	0
	L12	13	29	0	0	5A	7A	7A	7A	7A	8A
	L13	348	30	0	2A	8A	12A	12A	12A	12A	12A
	L14	235	80	0	0	4A	5A	5A	5A	6A	6A

地层代号	裂隙编号	倾向/(°)	倾角/(°)	裂隙张开宽度							
				16 日	17 日	18 日	19 日	20 日	21 日	22 日	23 日
				第9天	第10天	第11天	第12天	第13天	第14天	第15天	第16天
al-plQ$_2$	L1	5	26	9A	11A	13A	13A	14A	14A	15A	16A
	L2	278	35	0	0	6A	7A	8A	9A	10A	14A
	L3	340	22	6A	7A	8A	9A	10A	10A	11A	13A
	L4	326	25	3A	3A	5A	5A	5A	5A	5A	6A
	L5	295	55	4A	6A	7A	7A	8A	8A	9A	10A
	L6	340	14	0	0	0	5A	6A	7A	8A	9A
	L7	280	17	0	0	0	0	0	0	0	0
	L8	345	22	0	0	0	0	0	0	0	0
	L9	355	26	1A	1A	1A	1A	1A	1A	1A	1A
	L10	305	34	0	0	0	0	0	0	0	0
	L11	324	14	0	0	1A	1A	1A	1A	1A	2A
	L12	13	29	8A	9A	9A	9A	9A	9A	9A	10A
	L13	348	30	2A	3A	3A	2A	2A	2A	2A	3A
	L14	235	80	6A	8A	5A	6A	7A	8A	9A	11A

注: 1A = 9.398×10^{-2} mm

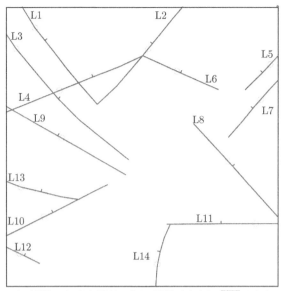

图例: ⟍ 观察裂隙; ▭ 观察点; ⟍ 裂隙产状; L12 裂隙编号

图 5.6 强膨胀土裂隙观察面示意图

(a)   (b)   (c)

图 5.7 强膨胀土裂隙观察面 L3、L10、L13 裂隙细部照 (第 2 天)(详见书后彩图)

(a)   (b)   (c)

图 5.8 强膨胀土裂隙观察面 L3、L10、L13 裂隙细部照 (第 3 天)(详见书后彩图)

(a)　　　　　　　　　　(b)　　　　　　　　　　(c)

图 5.9　强膨胀土裂隙观察面 L3、L10、L13 裂隙细部照 (第 11 天)(详见书后彩图)

(a)　　　　　　　　　　(b)　　　　　　　　　　(c)

图 5.10　强膨胀土裂隙观察面 L3、L10、L13 裂隙细部照 (第 16 天)(详见书后彩图)

观察日期为 10 月 8 日～10 月 23 日，共 16 天。观察期间，平均气温为 10～25°C，天气以晴天 ～ 多云为主，仅第 8 天 (10 月 15 日) 经历短时零星小雨。

从总体上来看，整个观察面刚开挖出来时，裂隙均呈闭合状，大裂隙、长大裂隙的形态清晰，易于辨识，裂隙充填物可明显看到蜡状光泽；土体颜色呈浅黄色略带棕黄色，富有光泽。观察面裸露 2 天左右后，即可明显看到充填较厚灰绿色黏土的部分裂隙产生开口现象，张开幅度一般为 0.5mm 左右。另外，观察面表层土体开始出现失水干裂，光泽度开始降低；随着时间的推移，裂隙进一步张开，新的裂隙不断产生，特别是大裂隙、长大裂隙之间大量分布的隐裂隙的张开，观察面被切割得十分破碎，并不断有土块脱落，大裂隙、长大裂隙的形态也越来越难以辨识。10 月 15 日晚的零星小雨后，观测发现部分裂隙的开口度变小，土体表层由于含水率的增加其光泽度也增加，裂隙中充填的灰绿色黏土经雨水淋滤也变厚。

从具体的裂隙发展情况来看，14 条观察裂隙的张开情况大致可分为三类：①快速出现张开，共 8 条。裂隙一般在观察面形成 1～2 天后便张开，张开的宽度在 1～6A 不等，其后裂隙宽度的变化有持续增大、不变、减小等三种情况，其中减小是受降雨影响的结果。②滞后出现张开，共 3 条。裂隙在观察面形成 11 天后才张开，张开的宽度在 1～8A 不等，其后裂隙宽度的变化有持续增大、基本不变两种情况。③不张开，共 3 条。整个观察期内，裂隙呈闭合状态。总体来说，裂隙开口发育速度最快的时间段基本上在 8～10 天之内，土体表层因裂隙发育产生剥落碎片土块的时间一般发生在 5 天左右。本次观察强膨胀土观察面中最大裂隙开口度为 1～2mm。

(2) 强膨胀岩裂隙发生发育规律。

强膨胀岩裂隙观察面为水平面,地层为 N 黏土岩,岩体裂隙及长大裂隙极发育,且裂隙产状各异,各条裂隙互相切割,呈密集网状分布。裂隙面多充填灰绿色黏土,厚度一般为 1～3mm,最厚可达 40mm 左右,部分裂隙充填较薄。观察裂隙 10 条,观察窗口内裂隙长度为 0.1～0.5m。裂隙示意图 (比例为 1:10) 见图 5.11,裂隙宽度变化见表 5.2。选取了两条裂隙在不同时间发育情况的照片,见图 5.12～图 5.14。

表 5.2 强膨胀岩裂隙宽度变化记录表

地层代号	裂隙编号	倾向/(°)	倾角/(°)	裂隙张开宽度								
				22 日	23 日	24 日	25 日	26 日	27 日	28 日	29 日	30 日
				第1天	第2天	第3天	第4天	第5天	第6天	第7天	第8天	第9天
N	L1	160	76	0	3A	5A	4A	3A	4A	2A	3A	4A
	L2	218	86	0	3A	6A	6A	9A	13A	14A	14A	14A
	L3	201	58	0	5A	5A	5A	7A	9A	9A	10A	11A
	L4	270	80	0	7A	10A	10A	10A	12A	15A	22A	22A
	L5	196	50	0	7A	9A	9A	12A	16A	18A	22A	23A
	L6	216	65	0	14A	16A	13A	11A	13A	14A	18A	19A
	L7	268	50	0	13A	17A	17A	15A	18A	20A	25A	32A
	L8	270	43	0	9A	10A	10A	14A	17A	21A	25A	28A
	L9	315	61	0	30A	30A	30A	23A	27A	28A	30A	32A
	L10	10	36	0	35A	39A	39A	38A	45A	45A	55A	55A

注: 1A = 9.398×10⁻²mm

$$1A = 9.398 \times 10^{-2} \text{mm}$$

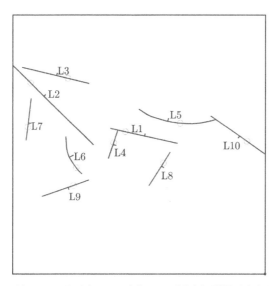

图例: ⟋ 观察裂隙; ▱ 观察点; ⟋ 裂隙产状; L2 裂隙编号

图 5.11 强膨胀岩裂隙观察面示意图

(a)　　　　　　　　　　　　　　　(b)

图 5.12　强膨胀岩柱面 L2、L9 裂隙细部照 (第 1 天)(详见书后彩图)

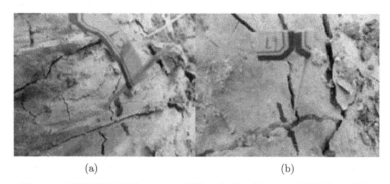

(a)　　　　　　　　　　　　　　　(b)

图 5.13　强膨胀岩柱面 L2、L9 裂隙细部照 (第 4 天)(详见书后彩图)

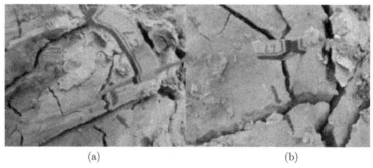

(a)　　　　　　　　　　　　　　　(b)

图 5.14　强膨胀岩柱面 L2、L9 裂隙细部照 (第 8 天)(详见书后彩图)

观察日期为 11 月 22 日 ~11 月 30 日, 共 9 天。期间天气以阴 ~ 多云为主, 平均气温为 5~15℃。

从总体上来看, 整个观察面刚开挖出来时已发生失水开裂现象, 部分裂隙呈张开状, 但岩体颜色呈棕黄色夹灰绿色, 富有明显的光泽度, 裂隙面充填物状态呈可塑状, 可明显看到蜡状光泽。根据观测的需要, 选取处于闭合状态的裂隙面作为观察对象。观察面裸露 1 天后，整个观察面岩体失水干裂加剧，表层光泽度降低；观测裂隙产生开口现象，张开幅度一般为 0.3~1mm，最大宽度可达 3mm，裂隙发育速度较快。观察面裸露 3 天左右时，观察面表层出现碎块剥落现象，多是岩体裂隙充填较厚的灰绿色充填物干裂失水产生 "翘皮" 现象。随着时间的推移，新裂隙不断产生，将观察面切割成碎块；已有裂隙的开口宽度、深度呈增加趋势。由于观测期间多为阴天，太阳直晒少、气温较低、晚上露水比较严重，岩体表层凝有水膜，部分裂隙开口度呈现反复张开闭合现象。

从具体的裂隙发展情况来看，观察的 10 条裂隙均是观察面形成后的第 2 天开始发生开口现象，但开口的大小却存在 10 倍的差异，裂隙宽度为 3~35A。其后，随着时间的推移，绝大多数裂隙的张开宽度呈增加状态，且发育速度最快的时间段基本在 7 天之内，仅一条裂隙的宽度略微增加。本次观察强膨胀岩最大裂隙开口度为 0.3~5mm。

(3) 强膨胀土与强膨胀岩相比，虽然强膨胀土的膨胀性 ($\delta_{ef} = 115\%$) 比强膨胀岩 ($\delta_{ef} = 95\%$) 的略大，但强膨胀岩的初始含水率 (25.1%~26.9%) 比强膨胀土的含水率 (27.8%~28.7%) 小，加之强膨胀岩超固结性更大，卸荷回弹比强膨胀土更明显，所以其裂隙发展速度、张开程度比强膨胀土快。

5.4 裂隙面抗剪强度

强膨胀土 (岩) 中的裂隙充填可分为无充填物和有充填物两种，有充填物的裂隙充填物主要为灰绿色黏土，少量为铁锰质或钙质薄膜。其中充填灰绿色黏土的裂隙面是所研究地区中最为发育的裂隙面，其抗剪强度对渠坡的稳定性起到控制性的作用，是裂隙强度的研究重点。

5.4.1 室内试验

室内试验的试样裂隙面均充填灰绿色黏土，厚度一般为 2~8mm，剪切试验均表现为沿裂隙面剪断或将灰绿色裂隙面充填物剪碎。各地区试样裂隙面抗剪强度室内试验成果见表 5.3。

表 5.3 裂隙面抗剪强度室内试验成果

试验地区	岩性	时代	裂隙面天然快剪抗剪强度	
			C/kPa	$\varphi/(°)$
淅川	棕红色夹灰绿色黏土	plQ$_1$	25.9	13.2
南阳 2 段	浅黄色 ~ 浅棕黄色黏土	al-plQ$_2$	29.7	10.4
南阳 3 段	浅棕黄夹灰绿色黏土岩	N	22.3	12.0
鲁山	棕黄色夹灰绿色黏土岩	N	26.5	11.4
邯郸	灰绿色夹棕黄色黏土岩	N	29.3	15.0

　　裂隙面天然快剪抗剪强度比该段土 (岩) 块的室内天然快剪强度低很多，这主要是由于强膨胀土 (岩) 裂隙面充填大量的亲水性黏土矿物，充填物的含水率比周围膨胀土 (岩) 体要高，其强度比膨胀土 (岩) 体低，导致其抗剪强度有大幅下降。

5.4.2　现场大剪试验

　　(1) 强膨胀土在南阳 2 段进行了 1 组现场裂隙面天然快剪试验，该处裂隙面起伏，充填灰绿色黏土，厚度为 2~8mm，剪切试验基本沿裂隙面剪断。剪切面照片见图 5.15，裂隙面抗剪强度大剪试验拟合线见图 5.16。

| (a) | (b) | (c) |

图 5.15　南阳 2 段裂隙面大剪试验剪切面照片 (依次为 25kPa、62.5kPa、75kPa)(详见书后彩图)

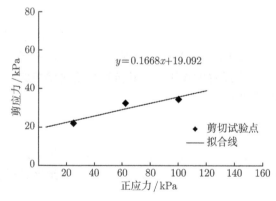

$$y = 0.1668x + 19.092$$

图 5.16　南阳 2 段裂隙面抗剪强度大剪试验拟合线

　　南阳 2 段现场大剪天然快剪试验裂隙面抗剪强度指标：$C = 19.1\text{kPa}$，$\varphi = 9.4°$，该值比室内裂隙天然快剪抗剪强度试验 ($C = 29.7\text{kPa}$，$\varphi = 10.4°$) 低，C 值降低 35%，φ 值降低 10%。

　　(2) 强膨胀岩在南阳 3 段 133m 高程进行了 1 组裂隙面现场天然快剪试验，该处裂隙面较起伏，充填灰绿色黏土，厚度为 2~4mm，剪切试验基本沿裂隙面剪断。剪切面照片见图 5.17，裂隙面抗剪强度大剪试验拟合曲线见图 5.18。

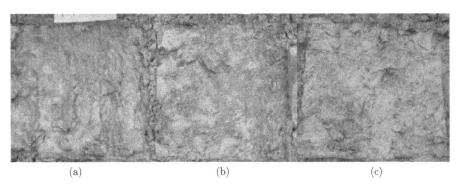

(a) (b) (c)

图 5.17 南阳 3 段裂隙面大剪试验剪切面照片 (依次为 0kPa、60kPa、100kPa)(详见书后彩图)

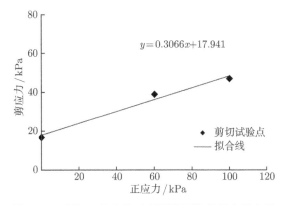

图 5.18 南阳 3 段大剪试验裂隙面抗剪强度拟合线

南阳 3 段现场大剪试验裂隙面天然快剪强度指标: $C = 17.9$kPa, $\varphi = 17.0°$。该值与室内裂隙面抗剪强度试验 ($C = 22.3$kPa, $\varphi = 12.0°$) 相比, C 值降低 19%, φ 值增大 42%。本组现场试验 φ 值偏高, 主要是由现场大剪试验岩体裂隙面起伏较大引起的。

5.4.3 裂隙面抗剪强度推荐值的选取

膨胀土 (岩) 裂隙面剪切试验成果汇总见表 5.4。

表 5.4 试验段裂隙面抗剪强度汇总表

试验地区	岩性	时代	室内剪切试验		现场剪切试验	
			C/kPa	φ/(°)	C/kPa	φ/(°)
淅川	棕红色夹灰绿色黏土	plQ$_1$	25.9	13.2		
南阳	浅黄色 ~ 浅棕黄色黏土	al-plQ$_2$	29.7	10.4	19.1	9.4
南阳	浅棕黄夹灰绿色黏土岩	N	22.3	12.0	17.9	17.0
鲁山	棕黄色夹灰绿色黏土岩	N	26.5	11.4	—	—
邯郸	灰绿色夹棕黄色黏土岩	N	29.3	15.0	—	—

根据室内试验及大剪试验成果、裂隙发育情况并结合工程经验, 提出强膨胀土 (岩) 充填灰绿色黏土的裂隙面抗剪强度推荐值, 见表 5.5。

表 5.5　强膨胀土 (岩) 裂隙面抗剪强度推荐值

地区	岩性	时代	裂隙面天然快剪	
			C_q/kPa	φ_q/(°)
淅川	棕红色夹灰绿色黏土	plQ$_1$	10~12	8~10
南阳	浅黄色 ~ 浅棕黄色黏土	al-plQ$_2$	10~12	8~10
南阳	浅棕黄夹灰绿色黏土岩	N	11~12	9~11
鲁山	棕黄色夹灰绿色黏土岩	N	12~13	9~10
邯郸	灰绿色夹棕黄色黏土岩	N	13~15	9~11

第6章 强膨胀土 (岩) 结构特性

土 (岩) 的结构特性包括微观结构和宏观结构两个方面。强膨胀土 (岩) 体的工程特性与其微观结构有关，对微观结构的研究可以揭示其具有某种工程特性的内在原因。此外，强膨胀土 (岩) 在空间分布上具有层面结构、裂隙分带性等特征，地下水的分布及结构面的分布对膨胀土 (岩) 渠坡的稳定起到控制性的作用，这些都是宏观结构要研究的内容。

强膨胀土 (岩) 的微观结构特性包括矿物颗粒组成、黏土矿物排列方向、微裂隙分布情况等，主要是通过电子显微镜和 X 光衍射仪等试验手段进行测试的。强膨胀土 (岩) 的宏观结构特性包括土 (岩) 体的层面结构、颜色特征、结核含量及成分、地下水分布等内容。同时，对于强膨胀土 (岩) 的基本物理力学特性、膨胀特性、水理性质、裂隙特性等是否在空间上存在分带性也进行了研究，强膨胀土 (岩) 宏观特性的研究主要采用了野外地质调查和地质窗口编录等手段。

6.1 微 观 结 构

微观结构特征是指土 (岩) 体中本构单元体的空间排列特征、结构连接和孔隙特征，其对土 (岩) 体的工程特性有十分重要的影响。各取样段强膨胀土 (岩) 部分试样的微观结构特征见表 6.1 和表 6.2。强膨胀土 (岩) 试样典型微观结构见图 6.1 和图 6.2。

(1) 淅川段第四系下更新统洪积层 (plQ_1) 黏土：土体主要由片状黏土矿物及少量长石、石英颗粒等组成，部分试样含发状坡缕石，黏土矿物均呈不规则排列；少量试样可见线型擦痕；试样内微孔隙、微裂隙发育 ~ 极发育。

南阳 1 段第四系中更新统冲洪积层 (al-plQ_2) 黏土：土体主要由片状黏土矿物及少量长石、石英颗粒等组成，黏土矿物一般为无规则排列，少数试样中的部分黏土矿物略具定向性；上部 (134m 高程) 试样未见擦痕，下部 (133m 高程) 试样可见一、两个方向的线型擦痕；试样内微孔隙、微裂隙发育。

南阳 2 段第四系中更新统冲洪积层 (al-plQ_2) 黏土：土体主要由片状黏土矿物及少量的长石、石英颗粒等组成，上部 (134m 高程) 试样黏土矿物大部分为无规则排列，少部分略具定向性；下部 (133m 高程) 试样黏土矿物均为无规则排列。大部分试样可见一、两个方向的线型擦痕，且微孔隙、微裂隙发育，少量试样内微孔隙、微裂隙不发育。

表6.1　强膨胀土体微观结构特征表

试验地区	岩性	时代	高程/m	埋深/m	微观结构特征	结构照片	照片放大倍数
淅川段	棕红色夹灰绿色黏土	plQ₁	151	7	该样品主要由发状坡缕石、不规则片状黏土矿物和石英、长石组成,可见微孔隙和微裂隙		1200
			152	5	该样品主要由不规则黏土矿物和石英、长石颗粒组成,微孔隙、微孔洞较发育,可见少量线型擦痕		3000
			153	4	该样品主要由不规则片状黏土矿物、发状坡缕石和少量长石、石英颗粒组成,微孔洞、微裂隙发育,可见线型擦痕		600
			154	2	该样品主要由发状坡缕石和片状黏土矿物组成,微孔洞、微裂隙发育排列,片状黏土矿物多呈不规则		400

续表

			描述	图像	放大倍数
南阳1段 浅黄色~浅棕黄色 al-plQ$_2$ 黏土	133	9	该样品主要由片状黏土矿物和少量粒状矿物组成，大部分黏土矿物无规则，少部分具有弱的定向排列，可见线型擦痕，微裂隙、微孔隙发育		2400
	134	8	该样品主要由不规则片状黏土矿物和少量粒状矿物组成，微孔隙、微裂隙发育，可见黏土矿物的定向排列		300
南阳2段 浅黄色~浅棕黄色 al-plQ$_2$ 黏土	133	6	该样品主要由不规则片状黏土矿物及少量石英、长石颗粒组成，可见线型擦痕，微孔隙、微裂隙发育		400
	134	5	该样品主要由片状矿物和少量的石英、长石颗粒组成。大部分片状黏土矿物无规则，少部分略具定向性。可见两组方向的线型擦痕。样品微孔隙、微裂隙较少		600

表 6.2 强膨胀土体微观结构特征表

试验地区	岩性	时代	高程/m	埋深/m	微观结构特征	结构照片	照片放大倍数
南阳3段	浅棕黄色夹灰绿色黏土岩	N	133	14	该样品主要由不规则片状黏土矿物和少量的石英、长石颗粒组成,微裂线型擦痕。样品微孔隙、微裂隙发育		600
			134	13	该样品主要由不规则片状黏土矿物和石英、长石颗粒组成。样品微观结构发育,微孔隙、微裂隙较多		1200
鲁山	棕黄色夹灰绿色黏土岩	N	126	12	该样品主要由片状黏土矿物和大量长石、石英颗粒组成,大部分黏土矿物不规则、少部分呈定向排列,可见线型擦痕。样品微观结构发育,微孔隙、微裂隙较多		600
			128	10	该样品主要由不规则片状黏土矿物和大量石英、长石颗粒组成,可见线型擦痕。样品微孔隙、微裂隙发育		600

续表

地点	样品				描述	图片	放大倍数
鲁山	棕黄色夹灰绿色黏土岩	N	130	11	该样品主要含不规则片状黏土矿物，偶尔可见长石，石英颗粒。样品疏松，微孔隙、微裂隙极其发育		600
			132	9	该样品主要由不规则颗粒组成，石英、长石颗粒，偶尔可见微孔隙、微裂隙和线型擦痕		600
邯郸	灰绿色夹棕黄色黏土岩	N	83.8	6	该样品主要含不规则片状黏土矿物和长石、石英颗粒，发现有书本状的高岭石。样品微观结构发育，微孔隙、微裂隙极其发育		600
			84.8	5	该样品主要含不规则片状黏土矿物，未见石英、长石颗粒。微观结构发育，微孔隙、微裂隙极其发育		3000
			85.8	4	该样品主要含不规则片状黏土矿物和石英、长石颗粒，微裂隙、样品中微孔隙、可见线型擦痕、微裂隙发育		600

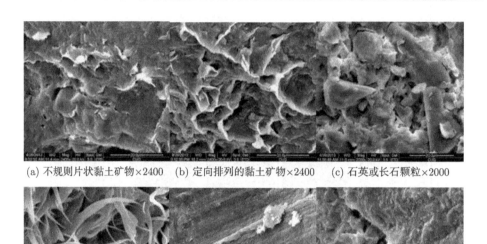

(a) 不规则片状黏土矿物×2400　　(b) 定向排列的黏土矿物×2400　　(c) 石英或长石颗粒×2000

(d) 发状坡缕石×6000　　　　　　(e) 线型擦痕×1200　　　　　　　(f) 微裂隙×2400

图 6.1　强膨胀土试样典型微观结构

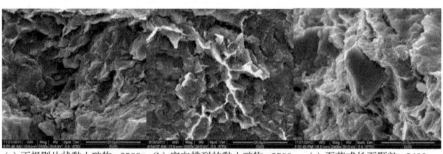

(a) 不规则片状黏土矿物×2500　　(b) 定向排列的黏土矿物×2500　　(c) 石英或长石颗粒×2400

(d) 线型擦痕×600　　　　　　　　(e) 微孔隙、微裂隙×2400　　　　(f) 书本状高岭石×5000

图 6.2　强膨胀岩试样典型微观结构

南阳 3 段上第三系 (N) 黏土岩：岩体主要由片状黏土矿物及少量长石、石英颗粒组成，少数试样含大量长石、石英颗粒；黏土矿物呈无规则排列；上部 (134m高程) 少量试样可见线型擦痕，下部 (133m) 大多数试样可见线型擦痕；试样中微孔隙、微裂隙较发育 ~ 发育，个别试样较致密，微孔隙、微裂隙较少。

鲁山段上第三系 (N) 黏土岩：岩体主要由片状黏土矿物以及长石、石英颗粒组成，各试样中长石、石英的含量相差悬殊；大部分黏土矿物呈无规则排列，大部分试样可见线型擦痕；大部分试样微孔隙、微裂隙为较发育 ~ 极发育，少数试样不发育。

邯郸段上第三系 (N) 黏土岩：岩体主要由片状黏土矿物以及少量长石、石英颗粒组成，85.8m 高程个别试样可见书本状高岭石；黏土矿物均为无规则排列；大部分试样未见线型擦痕，个别试样可见线型擦痕；试样内微孔隙、微裂隙极其发育。

(2) 总体说来，无论是不同取样段的试样，还是同一取样段、不同高程的试样，其微观结构间均存在一定的差异。

强膨胀土主要由片状黏土矿物及少量长石、石英颗粒等组成，淅川段的部分试样含发状坡缕石，淅川段石英、长石颗粒含量比南阳 1 段、南阳 2 段高；土体中黏土矿物多为不规则排列，仅南阳段 (包括南阳 1 段、南阳 2 段) 少数试样的部分黏土矿物略具定向排列。试样的微孔隙、微裂隙发育 ~ 极发育，但南阳段 (包括南阳 1 段、南阳 2 段) 少量试样的微孔隙、微裂隙不发育。部分试样可见一、两个方向的线型擦痕。

强膨胀岩主要由片状黏土矿物以及长石、石英颗粒组成，但邯郸段试样的长石、石英颗粒含量较少，且个别试样含有书本状高岭石；强膨胀岩黏土矿物基本上为无规则排列；邯郸段试样内微孔隙、微裂隙比南阳 3 段与鲁山段试样发育程度要高。

(3) 强膨胀土与强膨胀岩相比，两者均是由黏土矿物及长石、石英颗粒组成，强膨胀土的长石、石英含量低于强膨胀岩。淅川段强膨胀土部分试样可见发状坡缕石，邯郸段强膨胀岩部分试样可见书本状高岭石。强膨胀土黏土矿物的定向排列性略高于强膨胀岩，但强膨胀土的微孔隙、微裂隙发育程度比强膨胀岩略低，两者的线型擦痕分布规律均不明显。

6.2 宏 观 结 构

宏观结构特征是指土 (岩) 体在空间上的分带特征，认识膨胀土 (岩) 的宏观结构特征对研究膨胀土 (岩) 的微观特征、水理特征、工程特性以及地基、边坡处理措施均具有十分重要的意义。

6.2.1　淅川段强膨胀土宏观结构

淅川段强膨胀黏土分布在第四系下更新统洪积层 (plQ$_1$) 的上部，颜色以棕红色为主，下伏具弱 ~ 中等膨胀性的黄红色含钙质结核粉质黏土、砖红色粉质黏土。强膨胀黏土 (厚 2~7m) 表层胀缩裂隙发育，土体呈碎块状；中部 154~156m 高程为裂隙密集带，裂隙中充填大量的灰绿色黏土；下部 153m 高程附近有上层滞水。黄红色含钙质结核粉质黏土中结核含量达 40%~60%，裂隙较发育。砖红色粉质黏土微裂隙发育、小裂隙较发育，该层也分布有地下水。总之，淅川段强膨胀黏土与第四系下更新统洪积层 (plQ$_1$) 其他土体的宏观结构差异明显，见图 6.3。

(a)　　　　　　　　　　　　　　　(b)

图 6.3　淅川段第四系下更新统洪积层宏观结构特征 (详见书后彩图)

就淅川段强膨胀黏土自身宏观结构而言，在颜色、裂隙和地下水分布等方面存在分带性。该层上部为棕红色，厚 0.5~1.5m；中部为棕红色夹灰绿色，厚 1.5~2.0m，局部含钙质结核及铁锰质浸染；下部为棕红色。上部微裂隙发育，多为陡倾角裂隙，土体呈碎块状；中部小裂隙极发育，充填灰绿色黏土，形成裂隙密集带，其中小裂隙密度为 32~36 条/m；下部小裂隙发育，长大裂隙不发育，大裂隙局部发育，其中 152.5~153.5m 高程土体含水率较高，为上层滞水层。

淅川段强膨胀黏土中，除了 152.5~153.5m 高程因含水率偏高，导致其孔隙率、液塑限、塑性指数、液性指数等指标偏大，且密度、压缩模量、抗剪强度偏低外，土体的胀缩特性、化学及矿物成分、水理性质等无明显的差异。

6.2.2　南阳 1 段强膨胀土宏观结构

南阳 1 段强膨胀黏土分布在第四系中更新统冲洪积层 (al-plQ$_2$) 下部，呈浅黄色 ~ 浅棕黄色夹灰绿色。上覆地层为褐黄色中膨胀粉质黏土、棕黄色中膨胀粉质黏土。褐黄色中膨胀粉质黏土 (厚 0.5~1.0m) 垂直裂隙较发育，土体呈碎块状。棕黄色中膨胀粉质黏土裂隙较发育，含少量灰绿色黏土条带及铁锰质薄膜。浅黄色 ~

浅棕黄色夹灰绿色强膨胀黏土 (厚 2.5m) 中, 长大裂隙不发育, 大裂隙发育, 小裂隙极其发育, 裂面光滑, 多起伏, 裂隙面充填灰绿色黏土, 厚度为 2~5mm。本段开挖工程中未见地下水。总之, 南阳 1 段强膨胀黏土与第四系中更新统冲洪积层 (al-plQ$_2$) 其他土体的宏观结构差异明显, 见图 6.4。

(a)　　　　　　　　　　　　(b)

图 6.4　南阳 1 段第四系中更新统冲洪积层宏观结构特征 (详见书后彩图)

就南阳 1 段强膨胀黏土自身宏观结构而言, 该层黏土整体以浅黄色 ~ 浅棕黄色夹灰绿色为主, 无明显的颜色分带; 土体长大裂隙不发育, 大裂隙发育, 小裂隙极其发育且分布均匀; 土体物理力学特性、胀缩特性、化学及矿物成分、水理性质等无明显的差异。

6.2.3　南阳 2 段强膨胀土宏观结构

南阳 2 段强膨胀黏土分布在第四系中更新统冲洪积层 (al-plQ$_2$) 下部, 呈浅黄色 ~ 浅棕黄色夹灰绿色。上覆地层为灰褐色弱膨胀粉质黏土、黄 ~ 棕黄色弱膨胀粉质黏土。灰褐色弱膨胀粉质黏土 (厚 0.5~1.0m) 垂直裂隙较发育, 土体呈碎块状。黄 ~ 棕黄色弱膨胀粉质黏土裂隙发育, 含少量灰绿色黏土条带及大量的铁锰质浸染。浅黄色 ~ 浅棕黄色夹灰绿色强膨胀黏土 (厚 5.0m) 中, 长大裂隙不发育, 大裂隙发育, 小裂隙极其发育, 裂面光滑, 多起伏, 裂隙面充填灰绿色黏土, 厚度为 2~5mm。本段开挖工程中未见地下水。总之, 南阳 2 段强膨胀黏土与第四系中更新统冲洪积层 (al-plQ$_2$) 其他土体的宏观结构差异明显, 见图 6.5。

就南阳 2 段强膨胀黏土自身宏观结构而言, 该层黏土整体以浅黄色 ~ 浅棕黄色夹灰绿色为主, 无明显的颜色分带; 土体长大裂隙不发育, 大裂隙发育, 小裂隙极其发育且分布均匀; 土体物理力学特性、胀缩特性、化学及矿物成分、水理性质等无明显的差异。

受裂隙及地下水等因素的影响, 该地区在 al-plQ$_2$ 强膨胀土与上部 al-plQ$_2$ 中膨胀土交界面产生滑动, 进而牵动上部土体发生滑动破坏。

(a) (b)

图 6.5 南阳 2 段第四系中更新统冲洪积层宏观结构特征 (详见书后彩图)

6.2.4 南阳 3 段强膨胀岩宏观结构

南阳 3 段强膨胀岩分布在上第三系 (N) 的上部, 呈浅棕黄夹灰绿色。上覆地层为第四系中更新统冲洪积层 (al-plQ$_2$) 灰褐色 ~ 棕黄色中膨胀粉质黏土。灰褐色 ~ 棕黄色中膨胀粉质黏土表层 (0.5~1.0m) 垂直裂隙较发育, 土体呈碎块状; 中部裂隙极发育, 形成裂隙密集带, 裂隙中充填灰绿色黏土; 下部粉质黏土小裂隙发育; 137~138m 高程分布有上层滞水。浅棕黄夹灰绿色强膨胀黏土岩 (厚 5.5m) 中, 长大裂隙不发育, 大裂隙发育, 小裂隙极其发育, 裂隙面以缓倾角为主, 平直 ~ 稍起伏, 光滑, 具明显蜡状光泽; 黏土岩中未见地下水。总之, 南阳 3 段强膨胀黏土岩与第四系中更新统冲洪积层 (al-plQ$_2$) 的宏观结构差异明显, 见图 6.6。

(a) (b)

图 6.6 南阳 3 段上第三系黏土岩层宏观结构特征 (详见书后彩图)

就南阳 3 段强膨胀黏土岩自身宏观结构而言, 该层岩体整体以浅棕黄夹灰绿色为主, 无明显的颜色分带; 岩体长大裂隙不发育, 大裂隙发育, 小裂隙极其发育且分布均匀; 岩体物理力学特性、胀缩特性、化学及矿物成分、水理性质等无明显的差异。

受强膨胀岩与上部中膨胀土之间的裂隙结构面影响,该段边坡沿着该层面产生滑动,进而牵动上部土体发生滑动破坏。

6.2.5 鲁山段强膨胀岩宏观结构

鲁山段强膨胀黏土岩分布在上第三系 (N) 的下部,呈棕黄色夹灰绿色。上覆地层为第四系中更新统坡洪积 (dl-plQ$_2$) 褐黄色 ~ 棕黄色、弱 ~ 中膨胀粉质黏土,上第三系 (N) 棕黄色砂砾岩,棕黄色夹灰绿色中膨胀黏土岩。褐黄色 ~ 棕黄色、弱 ~ 中膨胀粉质黏土表层 (0.5~1.0m) 垂直裂隙较发育,土体呈碎块状;下部小裂隙发育。棕黄色砂砾岩裂隙不发育。棕黄色夹灰绿色中膨胀黏土岩 (厚 2~3m),钙质胶结,较坚硬,长大裂隙、大裂隙不发育,微小裂隙发育。棕黄色夹灰绿色强膨胀黏土岩,长大裂隙、大裂隙较发育,小裂隙极发育,裂面光滑、稍起伏、充填灰绿色黏土薄膜。该段未见地下水。总之,鲁山段强膨胀黏土岩与第四系中更新统坡洪积 (dl-plQ$_2$) 弱 ~ 中膨胀粉质黏土、上第三系 (N) 砂砾岩、中膨胀黏土岩的宏观结构差异明显,见图 6.7。

(a) (b)

图 6.7 鲁山段上第三系黏土岩层宏观结构特征 (详见书后彩图)

就鲁山段强膨胀黏土岩自身宏观结构而言,该层呈棕黄色夹灰绿色,无明显的颜色分带;岩体中小裂隙极发育,长大、大裂隙较发育,裂隙分布均匀;岩体物理力学特性、胀缩特性、化学及矿物成分、水理性质等无明显的差异。

6.2.6 邯郸段强膨胀岩宏观结构

邯郸段强膨胀岩分布在上第三系 (N) 的中部,呈灰绿色。上覆棕黄 ~ 灰白色砂砾岩,下伏浅棕红色 ~ 紫红色黏土岩。棕黄 ~ 灰白色砂砾岩钙质胶结,厚 1~5m。浅棕红色 ~ 紫红色弱 ~ 中等膨胀黏土岩,裂隙较发育,多充填黏土薄膜,厚度小于 1mm。灰白 ~ 灰绿色强膨胀黏土岩 (厚 5~8m),小裂隙极发育,多充填灰绿色黏土及少量铁锰质浸染,充填厚度一般为 1~5mm。地下水主要赋存于上部砂砾岩中,沿强膨胀黏土岩顶面渗出,高程为 87m 左右。总之,邯郸段强膨胀黏土岩与上

第三系 (N) 其他地层的宏观结构差异明显, 见图 6.8。

(a)　　　　　　　　　　　　　　　　　　(b)

图 6.8　邯郸段上第三系黏土岩层宏观结构特征 (详见书后彩图)

就邯郸段强膨胀黏土岩自身宏观结构而言, 该层呈灰绿色, 无明显的颜色分带。顶部的强膨胀岩受地下水的影响, 裂隙极发育, 多充填灰绿色黏土, 土体呈碎块状, 裂隙以中 ~ 陡倾角为主, 裂隙面光滑, 具蜡质光泽; 下部裂隙极发育, 但以中倾角为主, 裂隙面光滑, 具蜡质光泽, 充填厚度为 1~2mm。总体来说, 岩体裂隙倾角的差异, 使其宏观结构存在一定的分带性, 但岩体物理力学特性、胀缩特性、化学及矿物成分、水理性质等无明显的差异。

根据以上各地区宏观结构的研究, 总体来说, 强膨胀土 (岩) 体通常在颜色、裂隙发育情况及产状、胶结物等方面与其他土 (岩) 体存在差异, 与其他土 (岩) 体的宏观结构分层明显。就某一层强膨胀土 (岩) 而言, 其颜色、裂隙特性、岩体物理力学特性、胀缩特性、化学及矿物成分、水理性质等方面的差异性不明显。仅少数段受地下水的影响, 裂隙产状或部分物理力学指标存在分带性。

第7章　不同膨胀潜势膨胀土 (岩) 工程特性 对比分析

由于强膨胀土 (岩) 分布较少,长期以来,人们对强膨胀土 (岩) 工程特性和地质结构的系统性研究较少,也缺乏在强膨胀土 (岩) 地区进行工程建设的经验;虽然目前已有大量的强、中等、弱膨胀土 (岩) 的研究成果与资料,但鲜有人将强、中等、弱膨胀土 (岩) 的相关成果、资料进行系统性的对比研究与总结,这无疑是我们系统全面地认识膨胀土 (岩) 工程特性与地质结构的一种缺憾。

工程技术人员对南水北调中线一期工程膨胀土 (岩) 工程特性和地质结构的研究始于 20 世纪 60 年代末、70 年代初,四十多年来积累了大量基础工程勘察资料和研究成果。“十一五” 期间,开展了国家科技支撑计划 “南水北调工程若干关键技术研究与应用” 项目,对膨胀土 (岩) 的地质结构分带性、裂隙性及水理性等进行了系统的研究。“十二五” 期间,又开展了国家科技支撑计划 “南水北调中线工程膨胀土和高填方渠道建设关键技术研究与示范” 项目,对强膨胀土 (岩) 的工程特性和地质结构进行了研究。上述资料和成果为开展弱、中等、强膨胀土 (岩) 工程特性和地质结构的对比分析提供了条件。

本章从化学及矿物成分组成、基本物理力学特性、胀缩特性、水理特性、裂隙特性、结构特性等方面,较为全面地对比分析了不同膨胀潜势的膨胀土 (岩) 的上述特性、指标的异同。

7.1　化学、矿物成分对比分析

综合弱、中等、强膨胀土 (岩) 的化学及矿物成分试验成果,分析不同膨胀潜势的膨胀土 (岩) 在化学、矿物成分方面的差异与规律,为全面认识膨胀土 (岩) 上述特性及指标提供宏观的理论依据。

7.1.1　膨胀土 (岩) 化学成分

不同膨胀等级膨胀土 (岩) 化学成分试验成果见表 7.1。膨胀土 (岩) 化学成分主要受其物质来源和沉积环境的影响,与土体膨胀性的关系不大。膨胀土 (岩) 的化学成分主要为 SiO_2、Fe_2O_3 和 Al_2O_3,三者之和一般在 80%以上,并以 SiO_2 含量最大,其他成分含量很少。不同地区膨胀土 (岩) 的化学成分有一定的差异,例

表 7.1　不同膨胀等级膨胀土 (岩) 化学成分统计表

时代	地区	岩性	膨胀等级	统计项	SiO₂/%	Al₂O₃/%	Fe₂O₃/%	MgO/%	CaO/%	Na₂O/%	K₂O/%	TiO₂/%	P₂O₅/%	MnO/%	阳离子交换量/(m mol/100g)
Q		粉质黏土	弱	平均值	66.3	13.9	5.6	1.3	1.0	1.2	2.4	0.8	0.1	0.1	7.2
				组数	3	3	3	3	3	3	3	3	3	3	3
Q₁		黏土	强	平均值	59.9	16.1	6.5	1.9	1.1	0.2	2.4	0.8	0.1	0.1	42.2
				组数	5	5	5	5	5	5	5	5	5	5	5
Q₂	南阳	粉质壤土	弱	平均值	65.4	14.5	5.8	1.3	1.0	1.1	2.2	0.8	0.1	0.1	32.8
				组数	7	7	7	7	7	7	7	7	7	7	7
		粉质黏土	中	平均值	63.5	15.7	6.0	1.4	1.6	0.7	2.2	0.8	0.1	0.1	37.7
				组数	7	7	7	7	7	7	7	7	7	7	7
		黏土	强	平均值	64.8	15.1	5.8	1.2	1.1	0.1	0.8	0.8	0.1	0.0	31.9
				组数	10	10	10	10	10	10	10	10	10	10	10
N	新乡	泥灰岩	弱	平均值	37.3	8.9	5.8	1.5	23.1	0.9					17.9
				组数	2	2	2	2	2	2					2
		黏土岩		平均值	50.7	12.3	7.6	1.8	10.8	0.5					31.1
				组数	2	2	2	2	2	2					2
	南阳	黏土岩	强	平均值	68.5	15.4	6.3	1.1	1.0	0.2	1.0	0.9	0.1	0.2	34.4
				组数	11	11	11	11	11	11	11	11	11	11	11
	鲁山	黏土岩		平均值	69.1	12.5	5.3	1.2	0.8	0.1	1.7	0.7	0.1	0.1	32.1
				组数	10	10	10	10	10	10	10	10	10	10	10
	邯郸	黏土岩		平均值	61.1	15.8	6.6	1.7	1.4	0.4	1.4	0.6	0.1	0.0	40.9
				组数	6	6	6	6	6	6	6	6	6	6	6

续表

时代	地区	岩性	膨胀等级	统计项	pH	HCO₃⁻ /(g/kg)	Cl⁻ /(g/kg)	SO₄²⁻ /(g/kg)	Ca²⁺ /(g/kg)	Mg²⁺ /(g/kg)	K⁺+Na⁺ /(g/kg)	易溶盐总量 /(g/kg)	有机质含量 /%	烧失量 /%
Q	南阳	粉质黏土	弱	平均值	6.71	0.205	0.027	0.035	0.026	0.007	0.075	0.374		7.23
				组数	3	3	3	3	3	3	3	3		3
Q1		黏土	强	平均值	6.96	0.470	0.059	0.059	0.063	0.06	0.063	0.775	1.24	10.82
				组数	5	5	5	5	5	5	5	5	5	5
	南阳	粉质壤土	弱	平均值	6.70	0.192	0.033	0.035	0.022	0.005	0.082	0.370		7.59
				组数	7	7	7	7	7	7	7	7		7
Q2		粉质黏土	中	平均值	6.77	0.267	0.027	0.031	0.037	0.010	0.080	0.452		7.75
				组数	7	7	7	7	7	7	7	7		7
		黏土	强	平均值	7.08	0.444	0.049	0.040	0.048	0.046	0.050	0.677	1.40	10.12
				组数	10	10	10	10	10	10	10	10	10	10
	新乡	泥灰岩	弱	平均值	7.73							0.120		
				组数	2							2		
		黏土岩		平均值	8.05							0.105		
				组数	2							2		
N	南阳	黏土岩	强	平均值	6.95	0.380	0.050	0.040	0.050	0.050	0.050	0.630	0.98	5.72
				组数	11	11	11	11	11	11	11	11	11	11
	鲁山	黏土岩		平均值	6.98	0.432	0.049	0.045	0.052	0.053	0.054	0.685	1.21	8.11
				组数	10	10	10	10	10	10	10	10	10	10
	邯郸	黏土岩		平均值	7.23	0.500	0.050	0.050	0.060	0.050	0.060	0.660	1.75	10.44
				组数	6	5	5	5	5	5	5	6	5	5

如, 新乡地区弱膨胀性的泥灰岩、黏土岩 SiO_2 含量只有 37.3%~50.7%(其他地区在 60%以上), 但 CaO 的含量较其他地区大很多, 为 10.8%~23.1%。

膨胀土 (岩) 的 pH 的大小与膨胀性无关, 多属中性, 部分偏碱性。但 pH 与分布的地域有关, 例如, 南阳、鲁山膨胀土 (岩) 的 pH 为 6.70~7.08; 新乡膨胀岩的 pH 为 7.73~8.05; 邯郸膨胀岩 pH 为 7.23。

同一地域、同一时代膨胀土 (岩) 体具有膨胀性越强、易溶盐总量越高的特点。例如, 南阳地区 Q_2 弱膨胀土易溶盐总量平均值为 0.370g/kg, 中等膨胀为 0.452g/kg, 强膨胀为 0.677g/kg。另外, 易溶盐总量与物质来源、沉积环境等因素有关。例如, 新乡弱黏土岩易溶盐总量仅有 0.105g/kg, 而南阳地区强膨胀黏土岩易溶盐总量在 0.630g/kg, 鲁山地区为 0.685g/kg, 邯郸地区为 0.660g/kg。

膨胀土 (岩) 总体上具有膨胀性越强、阳离子交换量越大的趋势。例如, 弱膨胀土阳离子交换量平均值为 7.2~32.8mmol/100g, 中等膨胀土阳离子交换量平均值为 37.7mmol/100g, 强膨胀土阳离子交换量为 31.9~42.2mmol/100g; 弱膨胀黏土岩阳离子交换量平均值为 31.1mmol/100g, 强膨胀黏土岩阳离子交换量平均值为 32.1~40.9mmol/100g; 且不同地区、不同时代膨胀土 (岩) 阳离子交换量差异较大。

膨胀土烧失量随膨胀性的增强具有增大的趋势。例如, 南阳地区 Q_2 弱膨胀土烧失量平均值为 7.59%, 中等膨胀土烧失量平均值为 7.75%, 强膨胀土烧失量平均值为 10.12%。

其他易溶性阴离子、阳离子含量以及有机质含量随膨胀性差别不大。

7.1.2　膨胀土 (岩) 的矿物成分

不同膨胀等级膨胀土 (岩) 的矿物成分试验成果见表 7.2。

膨胀土 (岩) 的黏土矿物以蒙脱石为主, 并含少量绿泥石、伊利石和高岭石。碎屑矿物以石英为主, 次为长石、方解石。各种矿物含量的多少受物质来源和沉积环境的控制。

膨胀性黏土及黏土岩黏土矿物中, 蒙脱石含量一般为 18.6%~60.0%, 绿泥石含量一般为 1.0%~10.0%, 伊利石含量一般为 1.4%~13.3%, 高岭石含量为 0~4.8%。受物质来源和沉积环境的影响, 膨胀性泥灰岩各种黏土矿物的含量有所不同, 其中蒙脱石含量一般为 10.2%~35.2%, 绿泥石含量一般为 2.2%~23.8%, 伊利石含量一般为 0.5%~6%, 高岭石含量 2.0%~16.0%。

一般情况下, 强膨胀土 (岩) 具有土 (岩) 体蒙脱石含量越高、膨胀性越强的特点。例如, 南阳地区 Q_2 弱膨胀土蒙脱石含量平均值 18.6%, 中等膨胀土蒙脱石含量平均值为 23.7%, 强膨胀土蒙脱石含量平均值为 53.0%; 南阳地区 N 中等膨胀岩蒙脱石含量平均值为 20%, 强膨胀岩蒙脱石含量平均值为 44.1%。

膨胀性黏土及黏土岩碎屑矿物中, 石英含量一般为 26.5%~53.8%, 长石含量一

表 7.2 不同膨胀等级膨胀土（岩）矿物成分试验成果表

时代	采样位置	膨胀等级	岩性	统计项	XRD 法定量结果						
					蒙脱石/%	绿泥石/%	伊利石/%	高岭石/%	石英/%	长石/%	方解石/%
Q₁	南阳	强	黏土	平均值	50.0	1.0	10.0	0.0	35.0	4.0	0.6
				组数	5	5	5	5	5	5	5
Q₂	南阳	弱	粉质壤土	平均值	18.6	10.0	8.1	3.6	52.6	12.2	
				组数	16	8	16	13	13	13	8
	南阳	中	粉质黏土	平均值	23.7	8.0	11.0	4.8	53.8	8.8	2.6
				组数	15	5	15	8	8	8	7
	南阳	强	黏土	平均值	53.0	4.0	3.0	0.0	40.0	1.0	
				组数	10	10	10	10	10	10	10
	璩王坟	弱	泥灰岩		26.0	13.0		10.0	18.0	1.0	25.0
	辉县老道井				18.0	21.0	6.0	15.0	15.0		25.0
	汤阴前李朱				23.8	2.2	0.5	2.0	12.0		60.0
	汤阴少林武校				10.2	2.6	3.4	3.4	3.0		80.0
	汤阴侯小屯				30.6	23.8	3.4	10.2	30.0		2.0
N	南阳	中	黏土岩	平均值	20.0		13.3				
				组数	3		3				
	汤阴水利局		泥灰岩		35.2	9.6	3.2	16.0	30.0		6.0
	南阳	强	黏土岩	平均值	44.1	3.8	2.1	0.1	45.6	1.2	0.1
				组数	21	20	21	20	20	20	20
	鲁山	强	黏土岩	平均值	43.0	4.0	5.0	1.0	46.0	2.0	0.0
				组数	10	10	10	10	10	10	10
	鲁山南坡		黏土岩		60.0	3.0			26.5	8.5	
	邯郸		黏土岩	平均值	47.6	2.5	1.4	3.2	38.1	9.6	0.6
				组数	9	4	4	5	9	9	5

般为 1.0%~12.2%, 方解石含量一般为 0~2.6%。膨胀性泥灰岩各种碎屑矿物含量与之存在差异, 泥灰岩石英含量为 3.0%~30.0%, 长石含量不到 1%, 方解石含量一般为 2.0%~80.0%。

碎屑矿物中石英、方解石等矿物的含量对膨胀性影响不大。

7.2　物理特性对比分析

综合弱、中等、强膨胀土 (岩) 的基本物理特性试验成果 (包括颗粒组成、土粒比重、含水率、密度、孔隙比、液塑限、塑性指数等), 分析不同膨胀潜势的膨胀土 (岩) 在颗粒组成、基本物理特性的差异与规律, 为全面认识膨胀土 (岩) 上述特性及指标提供宏观的理论依据。

7.2.1　膨胀土 (岩) 颗粒组成

相同地区、相同时代、相同膨胀等级土的物理指标参数差异不大。不同膨胀等级膨胀土 (岩) 颗粒组成统计见表 7.3。

膨胀等级与黏粒含量 (平均值) 的关系曲线见图 7.1。

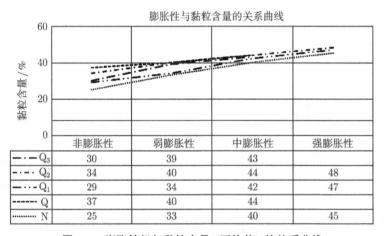

图 7.1　膨胀等级与黏粒含量 (平均值) 的关系曲线

就颗粒组成而言, 同一时代、不同膨胀等级的土体黏粒含量的差异存在规律性, 即土膨胀性越强, 黏粒含量越大; 同一膨胀等级、不同时代的土体, 黏粒含量差别不大。一般非膨胀土黏粒含量小于 35%, 弱膨胀土黏粒含量为 33%~40%, 中等膨胀土黏粒含量为 40%~44%, 强膨胀土黏粒含量大于 45%。同一膨胀等级、不同时代的土 (岩) 体, 黏粒含量差别为 3%~7%。

表 7.3　不同膨胀等级膨胀土（岩）颗粒组成统计表

时代	岩性	膨胀等级	地区	统计项	颗粒组成/粒径										
					砾			砂粒				粉粒		黏粒	胶粒
					粗		细	粗		细	极细	粗	细		其中
					60~20	20~5	5~2	2~0.5	0.5~0.25	0.25~0.1	0.1~0.075	0.075~0.05	0.05~0.005	<0.005	<0.002
al-1Q₃	粉质壤土	非	南阳	平均值				1	1	4	2	7	56	30	20
				组数				326	326	326	326	326	326	326	326
	粉质黏土	弱	南阳	平均值	1				1	1	1	5	51	39	26
				组数	440			440	440	440	440	440	440	440	440
	粉质壤土	中	南阳	平均值	1	1		1	1	1	1	5	47	43	27
				组数	126	126		126	126	126	126	126	126	126	126
al-plQ₂	粉质壤土	非	南阳	平均值				1	1	2	1	6	56	34	23
				组数				263	263	263	263	263	263	263	263
	粉质壤土	弱	南阳	平均值		1		1	1	1	1	5	52	40	27
				组数		1986		1986	1986	1986	1986	1986	1986	1986	1985
	粉质黏土	中	南阳	平均值	1	1		1	1		1	4	48	44	28
				组数	1683	1683		1683	1683		1683	1683	1683	1683	1682
	黏土	强	南阳	平均值				1	1	1	1	4	45	48	30
				组数				234	234	234	234	234	234	234	234
plQ₁	粉质壤土	弱	南阳	平均值	2		4	3	1	2	2	6	43	34	21
				组数	132		132	132	132	132	132	132	132	132	131
	粉质黏土	中	南阳	平均值	1		1	1	1	2	1	5	45	42	26
				组数	141		141	141	141	141	141	141	141	141	141
	黏土	强	南阳	平均值							1	5	46	47	30
				组数							40	40	40	40	40
dlQ	粉质壤土	非	南阳	平均值								6	57	37	26
				组数								20	20	20	20
	粉质黏土	弱	南阳	平均值								5	55	40	27
				组数								4	4	4	4

续表

时代	岩性	膨胀等级	地区	统计项	砾 粗 60~20	砾 粗 20~5	砾 细 5~2	砂粒 粗 2~0.5	砂粒 粗 0.5~0.25	砂粒 细 0.25~0.1	砂粒 极细 0.1~0.075	粉粒 粗 0.075~0.05	粉粒 细 0.05~0.005	黏粒 <0.005	胶粒 其中<0.002
N	黏土岩	非		平均值				5	5	11	8	43	25	16	
				组数				83	83	83	83	83	83	83	83
		弱	南阳	平均值		1	1	4	3	6	3	7	43	33	22
				组数		397	397	397	397	397	397	397	397	83	396
		中		平均值		1	1	4	2	3	2	5	41	40	26
				组数		602	602	602	602	602	602	602	602	602	599
		强		平均值			1	5	2	3	2	5	37	45	29
				组数			359	359	359	359	359	359	359	359	359
			邯郸	平均值							2.4	6.1	38.0	53.5	31.2
				组数							10	10	10	10	10

7.2.2 膨胀土 (岩) 基本物理性指标

不同膨胀等级膨胀土 (岩) 基本物理指标见表 7.4。

就土粒比重而言，除邯郸段外，不同时代、不同膨胀性土 (岩) 体的土粒比重相差不大。膨胀土土粒比重平均值在 2.72~2.77，膨胀岩土粒比重平均值为 2.72~2.73。一般来说，膨胀性越强，膨胀土的土粒比重越大；南阳盆地膨胀土的土粒比重基本相同，邯郸段由于物质来源的差异，土粒比重偏小，平均值为 2.66。

土体的天然含水率受分布地域、大气降雨及埋深的影响，一般在大气影响带范围内，土体含水率变化较大；大气影响带以下，土体的含水率相差不大，含水率在 22%~26%。当土体中有多层含水层的情况下，含水层及附近土体的含水率会稍高。一般来说，同一时代土 (岩) 体的膨胀性越强，其含水率越高。例如，南阳地区 al-plQ$_2$ 弱膨胀土含水率平均值为 23.3%，中等膨胀土含水率平均值为 23.7%，强膨胀土含水率平均值为 25.0%；南阳地区 N 弱膨胀岩含水率平均值为 22.5%，中等膨胀岩含水率平均值为 22.6%，强膨胀岩含水率平均值为 23.9%。这是因为膨胀性越强的土体黏粒等细颗粒含量越大，比表面积越大、吸附的结合水越多。

膨胀土的干密度平均值在 1.43~1.61g/cm^3，膨胀岩的干密度平均值在 1.53~1.70g/cm^3。一般来说，土 (岩) 体的膨胀性越强，其干密度越小。例如，南阳地区 al-plQ$_2$ 弱膨胀土干密度平均值 1.61g/cm^3，中等膨胀土干密度平均值为 1.60g/cm^3，强膨胀土干密度平均值为 1.56g/cm^3；南阳地区 N 弱膨胀岩干密度平均值为 1.61g/cm^3，中等膨胀岩干密度平均值为 1.61g/cm^3，强膨胀岩干密度平均值为 1.57g/cm^3。由于 Q$_1$ 膨胀土有红黏土性质，其干密度总体偏小，平均值为 1.43~1.49g/cm^3。

膨胀土的孔隙比平均值在 0.688~0.924，膨胀岩的孔隙比平均值在 0.676~0.741。一般来说，膨胀土土体的膨胀性越强，孔隙比越大。例如，南阳地区 al-plQ$_2$ 弱膨胀土孔隙比平均值为 0.691，中等膨胀土孔隙比平均值为 0.699，强膨胀土孔隙比平均值为 0.738。另外，膨胀土体地层时代越老、孔隙比越小。例如，南阳地区 al-lQ$_3$ 中等膨胀土孔隙比平均值为 0.793，al-plQ$_2$ 中等膨胀土孔隙比平均值为 0.699。膨胀岩的孔隙比则与沉积环境及颗粒组成有关，上述规律性不强。另外，Q$_1$ 膨胀土由于具有红黏土性质，孔隙比略大，平均值为 0.813~0.924。

一般来说，膨胀土 (岩) 的膨胀性越大，液限值越大，见图 7.2。其中，非膨胀土体的液限平均值一般 ≤43%，弱膨胀土体的液限平均值一般在 47%~49%，中等膨胀土体的液限平均值一般在 56%~57%，强膨胀土体的液限平均值一般 ≥63%；非膨胀岩液限平均值为 41%，弱膨胀岩液限平均值为 46%，中等膨胀岩液限平均值为 55%，强膨胀岩液限平均值为 62%。相同膨胀等级、不同时代土体的液限平均值一般相差 2%~7%。

表 7.4　不同膨胀等级膨胀土 (岩) 基本物理指标统计表

地层时代	岩性	膨胀等级	地区	统计项	土粒比重 G_s	含水率 $w/\%$	天然物理性指标 密度 湿 $\gamma/(g/cm^3)$	密度 干 $\gamma_d/(g/cm^3)$	孔隙比 e	饱和度 $S_r/\%$	液限 $W_{L17}/\%$	塑限 $W_P/\%$	塑性指数 I_{P17}	液性指数 I_{L17}
al-lQ₃	粉质壤土	非	南阳	平均值	2.72	24.9	1.94	1.59	0.722	94	39	20	19.2	0.3
				组数	301	301	300	300	300	300	299	299	299	298
	粉质壤土	弱		平均值	2.73	25.2	1.94	1.57	0.736	94	47	22	24.9	0.1
				组数	656	656	651	651	651	651	654	654	654	650
	粉质黏土	中		平均值	2.74	27.2	1.92	1.52	0.793	94	56	24	31.5	0.1
				组数	121	120	120	120	120	120	120	120	120	120
al-plQ₂	粉质壤土	非		平均值	2.76	24.1	1.99	1.60	0.688	97	42	21	21.4	0.2
				组数	267	267	265	265	265	265	262	262	262	262
	粉质壤土	弱		平均值	2.73	23.3	1.97	1.61	0.691	92	48	23	25.8	0.0
				组数	1985	1982	1971	1971	1971	1971	1962	1962	1962	1951
	粉质壤土	中		平均值	2.74	23.7	1.97	1.60	0.699	93	57	25	31.9	0.0
				组数	1685	1683	1663	1663	1663	1663	1671	1671	1671	1669
	黏土	强		平均值	2.75	25.0	1.95	1.56	0.738	93	63	26	37.0	0.0
				组数	233	233	232	232	232	232	232	232	232	232
plQ₁	粉质壤土	弱		平均值	2.74	26.7	1.89	1.49	0.813	90	49	25	24.6	0.1
				组数	129	129	126	126	126	126	128	128	128	128
	粉质黏土	中		平均值	2.74	28.2	1.89	1.48	0.833	93	57	27	29.9	0.0
				组数	137	137	134	134	134	134	135	135	135	135
	黏土	强		平均值	2.77	31.1	1.87	1.43	0.924	93	69	30	39.8	0.0
				组数	38	38	38	38	38	38	38	38	38	38
dlQ	粉质壤土	非		平均值	2.73	26.4	1.94	1.53	0.760	95	43	21	21.6	0.3
				组数	20	20	20	20	20	20	19	19	19	19
	粉质黏土	弱		平均值	2.73	26.0	1.94	1.55	0.747	95	47	22	25.1	0.2
				组数	86	86	86	86	86	86	85	85	85	85

续表

地层时代	岩性	膨胀等级	地区	统计项	天然物理性指标									
					土粒比重 G_s	含水率 $w/\%$	密度 湿 $\gamma/(g/cm^3)$	密度 干 $\gamma_d/(g/cm^3)$	孔隙比 e	饱和度 $S_r/\%$	液限 $W_{L17}/\%$	塑限 $W_P/\%$	塑性指数 I_{p17}	液性指数 I_{L17}
N	黏土岩	非	南阳	平均值	2.72	25.1	1.93	1.57	0.741	92	41	21	20.2	0.2
				组数	71	72	72	72	72	72	71	71	71	71
		弱		平均值	2.73	22.5	1.96	1.61	0.676	90	46	22	24.3	0.0
				组数	367	366	366	366	366	366	361	361	361	361
		中		平均值	2.73	22.6	1.97	1.61	0.676	91	55	24	31.0	−0.1
				组数	585	583	578	578	578	578	579	579	579	579
		强		平均值	2.73	23.9	1.94	1.57	0.722	90	62	26	35.5	−0.1
				组数	358	358	358	358	358	358	357	357	357	357
			邯郸	平均值	2.66	27.5	1.95	1.53	0.740	99	67.6	30.8	36.7	−0.09
				组数	20	20	20	20	20	20	20	20	20	20

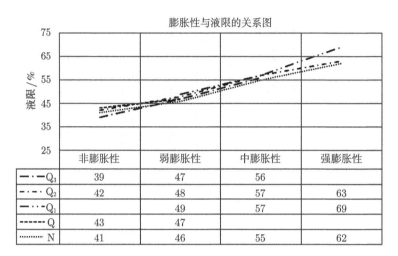

膨胀性与液限的关系图

		非膨胀性	弱膨胀性	中膨胀性	强膨胀性
— · —	Q_3	39	47	56	
— · — ·	Q_2	42	48	57	63
— · · —	Q_1		49	57	69
— — —	Q	43	47		
········	N	41	46	55	62

图 7.2　膨胀等级与液限 (平均值) 关系曲线

膨胀土 (岩) 的土体膨胀性越强, 塑限越大, 见图 7.3。其中, 非膨胀土体的塑限平均值一般 ≤21%, 弱膨胀土体的塑限平均值一般在 22%~25%, 中等膨胀土体的塑限平均值一般在 24%~27%, 强膨胀土体的塑限平均值一般 ≥26%；非膨胀岩的塑限平均值为 21%, 弱膨胀岩的塑限平均值为 22%, 中等膨胀岩的塑限平均值为 24%, 强膨胀岩的塑限平均值为 26%。相同膨胀等级、不同时代土体的塑限平均值一般相差 3%~4%。

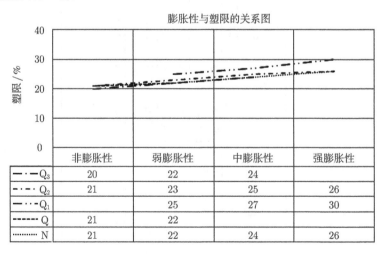

膨胀性与塑限的关系图

		非膨胀性	弱膨胀性	中膨胀性	强膨胀性
— · —	Q_3	20	22	24	
— · — ·	Q_2	21	23	25	26
— · · —	Q_1		25	27	30
— — —	Q	21	22		
········	N	21	22	24	26

图 7.3　膨胀等级与塑限 (平均值) 关系曲线

膨胀土 (岩) 的膨胀性越强, 塑限指数越大。见图 7.4。其中, 非膨胀土的塑性指数平均值一般小于 22, 弱膨胀土的塑性指数平均值一般在 22.6~26.8, 中等膨胀土的塑性指数平均值一般在 29.9~31.9，强膨胀土的塑性指数平均值一般 ≥37.0%；非膨胀岩的塑性指数平均值为 20.2，弱膨胀岩的塑性指数平均值为 24.3，中等膨胀岩的塑性指数平均值为 31.0，强膨胀岩的塑性指数平均值为 35.5。相同膨胀等级、不同时代土体的塑限指数平均值一般相差 2~5。

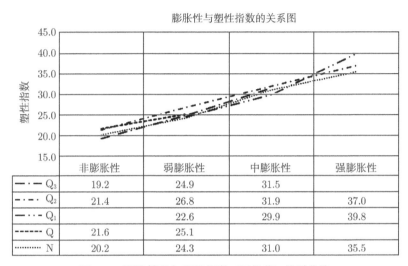

膨胀性与塑性指数的关系图

	非膨胀性	弱膨胀性	中膨胀性	强膨胀性
Q_3	19.2	24.9	31.5	
Q_2	21.4	26.8	31.9	37.0
Q_1		22.6	29.9	39.8
Q	21.6	25.1		
N	20.2	24.3	31.0	35.5

图 7.4　膨胀等级与塑性指数 (平均值) 关系曲线

7.3　压缩特性对比分析

综合弱、中等、强膨胀土 (岩) 的压缩特性试验成果 (包括压缩系数、压缩模量)，分析不同膨胀潜势的膨胀土 (岩) 压缩特性的差异与规律，为全面认识膨胀土 (岩) 压缩特性及指标提供宏观的理论依据。

不同膨胀等级土 (岩) 体压缩特性统计成果见表 7.5。

膨胀土 (岩) 的压缩系数有随膨胀性增加而降低的趋势，压缩模量有随膨胀性增加而增加的趋势，但不同时代土体的压缩系数、压缩模量降低或增加的幅度不一；其中非膨胀土的压缩系数平均值一般小于 0.23MPa^{-1}，弱膨胀土的压缩系数平均值一般在 0.17~0.25MPa^{-1}，中等膨胀土的压缩系数平均值一般在 0.14~0.21MPa^{-1}，强膨胀土的压缩系数平均值一般在 0.13~0.18MPa^{-1}；非膨胀岩的压缩系数平均值为 0.21MPa^{-1}，弱膨胀岩的压缩系数平均值为 0.17MPa^{-1}，中等膨胀岩的压缩系数平均值为 0.14MPa^{-1}，强膨胀岩的压缩系数平均值为 0.14MPa^{-1}。相同膨胀等级 (岩) 体的压缩系数、压缩模量存在一定的差异，见图 7.5 和图 7.6。

表 7.5　不同膨胀等级土 (岩) 体压缩指标统计表

地层时代	岩性	膨胀等级	地区	统计项	压缩试验	
					压缩系数	压缩模量
					$a_{v0.1\sim0.2}/\text{MPa}^{-1}$	$E_{s0.1\sim0.2}/\text{MPa}$
al-lQ$_3$	粉质壤土	非	南阳	平均值	0.230	9.5
				组数	285	285
		弱		平均值	0.220	10.8
				组数	601	601
	粉质黏土	中		平均值	0.210	11.4
				组数	112	112
al-plQ$_2$	粉质壤土	弱		平均值	0.170	14.1
				组数	1677	1677
	粉质黏土	中		平均值	0.140	16.7
				组数	1450	1450
	黏土	强		平均值	0.130	17.2
				组数	182	182
plQ$_1$	粉质壤土	弱		平均值	0.250	10.0
				组数	104	104
	粉质黏土	中		平均值	0.200	12.4
				组数	115	115
	黏土	强		平均值	0.180	14.8
				组数	35	35
N	黏土岩	非		平均值	0.210	9.8
				组数	64	64
		弱		平均值	0.170	13.3
				组数	305	305
		中		平均值	0.140	17.1
				组数	484	484
		强		平均值	0.140	16.5
				组数	311	311
			邯郸	平均值	0.080	22.8
				组数	10	10

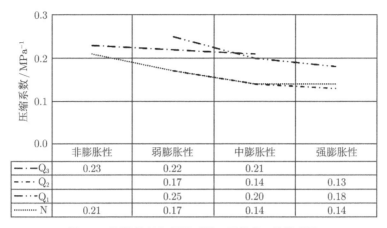

图 7.5 膨胀等级与压缩系数 (平均值) 的关系图

	非膨胀性	弱膨胀性	中膨胀性	强膨胀性
— · — Q_3	0.23	0.22	0.21	
— · · — Q_2		0.17	0.14	0.13
— · · · Q_1		0.25	0.20	0.18
········ N	0.21	0.17	0.14	0.14

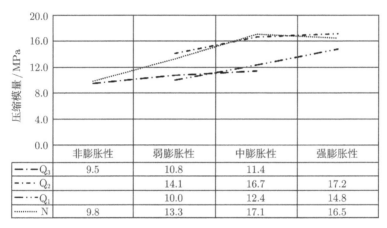

图 7.6 膨胀等级与压缩模量 (平均值) 的关系图

	非膨胀性	弱膨胀性	中膨胀性	强膨胀性
— · — Q_3	9.5	10.8	11.4	
— · · — Q_2		14.1	16.7	17.2
— · · · Q_1		10.0	12.4	14.8
········ N	9.8	13.3	17.1	16.5

7.4 抗剪强度对比分析

综合弱、中等、强膨胀土 (岩) 的抗剪强度试验成果 (包括室内试验和现场试验)，分析不同膨胀潜势的膨胀土 (岩) 抗剪强度 (包括饱和固结快剪、天然固结快剪、饱和快剪、天然快剪、慢剪、排水反复剪等) 的差异与规律，为全面认识膨胀土 (岩) 抗剪强度指标提供基础理论依据。

7.4.1 室内力学试验成果的对比与分析

不同膨胀等级膨胀土 (岩) 体抗剪强度统计成果见表 7.6。

膨胀土 (岩) 的饱和固结快剪强度 C 值有随膨胀性增加而变大的趋势，φ 值

表 7.6　不同膨胀等级膨胀土 (岩) 体力学指标统计表

地层时代	岩性	膨胀等级	地区	统计项	饱和固结快剪 C_{cq}/kPa	饱和固结快剪 φ_{cq}/(°)	天然固结快剪 C_{cq}/kPa	天然固结快剪 φ_{cq}/(°)	饱和快剪 C_q/kPa	饱和快剪 φ_q/(°)	天然快剪 C_q/kPa	天然快剪 φ_q/(°)	慢剪 C_d/kPa	慢剪 φ_d/(°)	排水反复剪 峰值强度 C_d/kPa	排水反复剪 峰值强度 φ_d/(°)	排水反复剪 残余强度 C_r/kPa	排水反复剪 残余强度 φ_r/(°)
al-1Q$_3$	粉质黏土	非		平均值	31	21	37	19	33	19	36	20	23	25	28	20	21	19
				组数	57	57	4	4	114	114	52	52	21	21	40	40	33	33
	粉质黏土	弱	南阳	平均值	44	17	50	19	49	13	53	15	25	19	32	20	20	18
				组数	116	116	12	12	270	270	119	119	29	29	123	124	106	106
	粉质黏土	中		平均值	49	17	41	22	50	11	68	15	27	9	31	17	19	13
				组数	25	25	1	1	54	54	25	25	1	1	25	24	24	24
al-plQ$_2$	粉质黏土	弱		平均值	46	20	66	19	54	14	62	17	35	21	38	19	21	16
				组数	481	481	91	91	603	603	463	463	108	108	190	190	156	156
	粉质黏土	中	南阳	平均值	50	20	62	19	57	14	72	17	40	18	40	19	20	13
				组数	522	522	60	60	379	379	381	381	80	80	94	94	71	71
	黏土	强		平均值	51	19	65	17	63	14	87	17	42	18	40	15	16	13
				组数	115	115	7	7	26	26	67	67	10	10	10	10	8	8
plQ$_1$	粉质黏土	弱		平均值	42	19	48	18	48	15	47	17	34	21	58	16	12	17
				组数	45	45	2	2	13	13	28	28	9	9	2	2	1	1
	粉质黏土	中	南阳	平均值	43	20	49	22	52	15	58	18	33	23	59	19	18	12
				组数	53	53	5	5	19	19	36	36	7	7	6	6	3	3
	黏土	强		平均值	43	17	67	23	48	10	73	15	16	22	57	17	22	6
				组数	42	42	2	2	5	5	38	38	2	2	3	3	1	1

续表

地层时代	岩性	膨胀等级	地区	统计项	饱和固结快剪		天然固结快剪		饱和快剪		天然快剪		慢剪		排水反复剪			
															峰值强度		残余强度	
					黏聚力 C_{cq}/kPa	内摩擦角 φ_{cq}/(°)	黏聚力 C_{ccq}/kPa	内摩擦角 φ_{ccq}/(°)	黏聚力 C_q/kPa	内摩擦角 φ_q/(°)	黏聚力 C_q/kPa	内摩擦角 φ_q/(°)	黏聚力 C_d/kPa	内摩擦角 φ_d/(°)	黏聚力 C_d/kPa	内摩擦角 φ_d/(°)	黏聚力 C_r/kPa	内摩擦角 φ_r/(°)
N	黏土岩	非	南阳	平均值	44	23			35	20	44	22	38	21	41	24		
				组数	22	22			10	10	18	18	6	6	2	2		
		弱	南阳	平均值	43	21	59	18	50	15	65	17	31	21	38	21	21	16
				组数	147	147	27	27	53	53	67	67	14	14	6	6	5	5
		中	南阳	平均值	51	20	64	19	54	15	77	18	39	20	48	18	20	15
				组数	216	216	26	26	79	79	114	114	41	41	16	16	9	9
		强	南阳	平均值	51	20	74	18	53	16	87	17	42	20	23	18	18	13
				组数	166	166			58	58	109	109	18	18	3	3	3	3
			邯郸	平均值	68	20	13	13	52	14	96	15						
				组数	4	4			6	6	6	6						

有随膨胀性增加而减小的趋势，但总体幅度不大，中等、强膨胀土间 C 值的变化幅度更小；其中非膨胀土的饱和固结快剪 C 值平均值为 31kPa，弱膨胀土的饱和固结快剪 C 值平均值为 42～46kPa，中等膨胀土的饱和固结快剪 C 值平均值为 43～50kPa，强膨胀土的饱和固结快剪 C 值平均值为 43～51kPa；非膨胀岩的饱和固结快剪 C 值平均值为 44kPa，弱膨胀岩的饱和固结快剪 C 值平均值为 43kPa，中等膨胀岩的饱和固结快剪 C 值平均值为 51kPa，强膨胀岩的饱和固结快剪 C 值平均值为 51kPa。

膨胀岩的饱和快剪强度略大于膨胀土；相同膨胀等级膨胀土的饱和固结快剪强度略有差异，一般 C 值相差 2～8 kPa、φ 值相差 1°～3°，见图 7.7 和图 7.8。

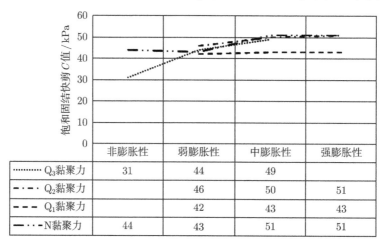

图 7.7　膨胀等级与饱和固结快剪强度 C 值 (平均值) 的关系图

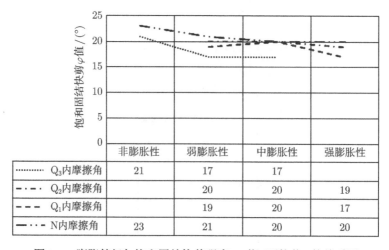

图 7.8　膨胀等级与饱和固结快剪强度 φ 值 (平均值) 的关系图

随着膨胀性从弱到强，膨胀土天然固结快剪 C 值呈先减小后增大的波浪状态；膨胀岩的 C 值则一直呈增加状态。其中非膨胀土天然固结快剪强度 C 值平均值为 37kPa，弱膨胀土天然固结快剪强度 C 值平均值为 48~66kPa，中等膨胀土天然固结快剪强度 C 值平均值为 41~62kPa，强膨胀土天然固结快剪强度 C 值平均值为 65~67kPa；弱膨胀岩天然固结快剪强度 C 值平均值为 59kPa，中等膨胀岩天然固结快剪强度 C 值平均值为 64kPa，强膨胀岩天然固结快剪强度 C 值平均值为 74kPa。

膨胀岩天然固结快剪 C 值大于膨胀土、φ 值总体略小于膨胀土。随着膨胀性从弱到强，膨胀土的 φ 值总体呈先增大后减小的波浪状态，但总体幅度不大。

相同膨胀等级膨胀土的天然固结快剪强度 C 值相差 2~21kPa，φ 值则相差较小，见图 7.9 和图 7.10。

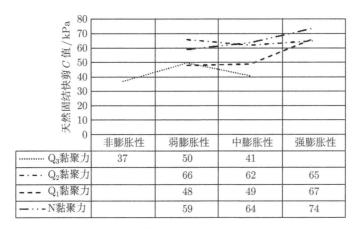

	非膨胀性	弱膨胀性	中膨胀性	强膨胀性
········· Q_3黏聚力	37	50	41	
—·—·— Q_2黏聚力		66	62	65
— — — Q_1黏聚力		48	49	67
—··—·· N黏聚力		59	64	74

图 7.9 膨胀等级与天然固结快剪强度 C 值 (平均值) 的关系图

	非膨胀性	弱膨胀性	中膨胀性	强膨胀性
········· Q_3内摩擦角	19	19	22	
—·—·— Q_2内摩擦角		19	19	17
— — — Q_1内摩擦角		18	22	23
—··—·· N内摩擦角		18	19	18

图 7.10 膨胀等级与天然固结快剪强度 φ 值 (平均值) 的关系图

　　强膨胀土 (岩) 随着膨胀性的增大，土 (岩) 体的饱和快剪 C 值呈增加状态，但 Q_1、N 强膨胀土 (岩) 的 C 值比中等膨胀性的 C 值小；φ 值总体呈持平状态，但 Q_1 强膨胀土的 φ 值比中等膨胀性的 φ 值减小。其中，非膨胀土饱和快剪强度 C 值平均值为 33kPa，弱膨胀土饱和快剪强度 C 值平均值为 48~54kPa，中等膨胀土饱和快剪强度 C 值平均值为 50~57kPa，强膨胀土饱和快剪强度 C 值平均值为 48~63kPa；非膨胀岩饱和快剪强度 C 值平均值为 35kPa，弱膨胀岩饱和快剪强度 C 值平均值为 50kPa，中等膨胀岩饱和快剪强度 C 值平均值为 54kPa，强膨胀岩饱和快剪强度 C 值平均值为 53kPa。

　　相同膨胀等级的膨胀土 (岩) 的饱和快剪强度略有差异，C 值相差 1~15kPa，φ 值则相差 1°~4°，见图 7.11 和图 7.12。

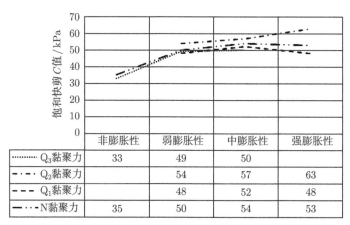

	非膨胀性	弱膨胀性	中膨胀性	强膨胀性
⋯⋯ Q$_3$黏聚力	33	49	50	
—·— Q$_2$黏聚力		54	57	63
— — Q$_1$黏聚力		48	52	48
—··— N黏聚力	35	50	54	53

图 7.11　膨胀等级与饱和快剪强度 C 值 (平均值) 的关系图

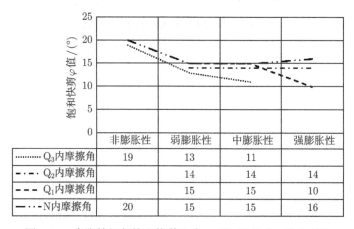

	非膨胀性	弱膨胀性	中膨胀性	强膨胀性
⋯⋯ Q$_3$内摩擦角	19	13	11	
—·— Q$_2$内摩擦角		14	14	14
— — Q$_1$内摩擦角		15	15	10
—··— N内摩擦角	20	15	15	16

图 7.12　膨胀等级与饱和快剪强度 φ 值 (平均值) 的关系图

　　一般来说，膨胀土 (岩) 天然快剪 C 值随膨胀性的增强而增大；φ 值则呈持平或减小趋势,但总体变化不大。其中,非膨胀土天然快剪强度 C 值平均值为 36kPa,弱膨胀土天然快剪强度 C 值平均值为 47~62kPa,中等膨胀土天然快剪强度 C 值平均值为 58~72kPa,强膨胀土天然快剪强度 C 值平均值为 73~87kPa;非膨胀岩天然快剪强度 C 值平均值为 44kPa,弱膨胀岩天然快剪强度 C 值平均值为 65kPa,中等膨胀岩天然快剪强度 C 值平均值为 77kPa,强膨胀岩天然快剪强度 C 值平均值为 87kPa。

膨胀岩的天然快剪强度略大于膨胀土。相同膨胀等级的膨胀土天然快剪强度略有差异,C 值相差 4~15kPa,φ 值则相差 1°~3°,见图 7.13 和图 7.14。

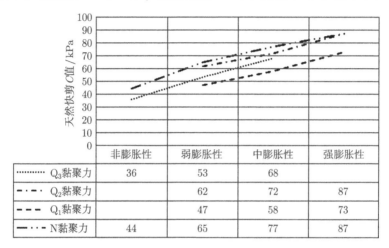

	非膨胀性	弱膨胀性	中膨胀性	强膨胀性
.... Q₃黏聚力	36	53	68	
––·–– Q₂黏聚力		62	72	87
– – – Q₁黏聚力		47	58	73
–––·– N黏聚力	44	65	77	87

图 7.13 膨胀等级与天然快剪强度 C 值 (平均值) 的关系图

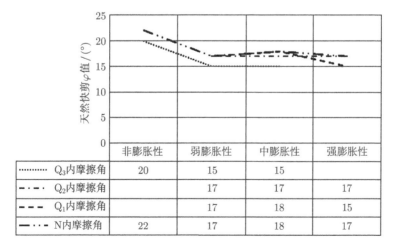

	非膨胀性	弱膨胀性	中膨胀性	强膨胀性
.... Q₃内摩擦角	20	15	15	
––·–– Q₂内摩擦角		17	17	17
– – – Q₁内摩擦角		17	18	15
–––·– N内摩擦角	22	17	18	17

图 7.14 膨胀等级与天然快剪强度 φ 值 (平均值) 的关系图

总体上,强膨胀土 (岩) 慢剪强度 C 值随膨胀性的增加而增大,仅 Q_1 的 C 值呈减小趋势；φ 值随膨胀性的增加呈减小趋势，Q_3 中等膨胀土 φ 值的减小尤为明显。其中，非膨胀土慢剪强度 C 值平均值为 23kPa，弱膨胀土慢剪强度 C 值平均值为 25~35kPa，中等膨胀土慢剪强度 C 值平均值为 27~40kPa，强膨胀土慢剪强度 C 值平均值为 16~42kPa；非膨胀岩慢剪强度 C 值平均值为 38kPa，弱膨胀岩慢剪强度 C 值平均值为 31kPa，中等膨胀岩慢剪强度 C 值平均值为 39kPa，强膨胀岩慢剪强度 C 值平均值为 42kPa。

膨胀岩的慢剪强度略大于膨胀土。相同膨胀等级的膨胀土的慢剪强度差异较大，C 值相差 1~26kPa，φ 值则相差 2°~14°，见图 7.15 和图 7.16。

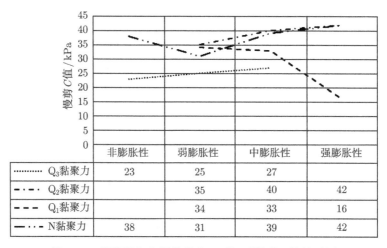

	非膨胀性	弱膨胀性	中膨胀性	强膨胀性
········ Q_3黏聚力	23	25	27	
—·—· Q_2黏聚力		35	40	42
— — — Q_1黏聚力		34	33	16
—··— N黏聚力	38	31	39	42

图 7.15　膨胀等级与慢剪强度 C 值 (平均值) 的关系图

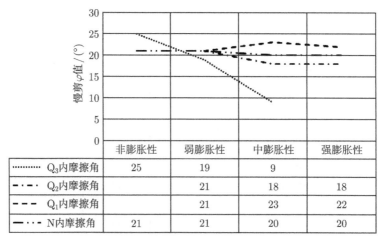

	非膨胀性	弱膨胀性	中膨胀性	强膨胀性
········ Q_3内摩擦角	25	19	9	
—·—· Q_2内摩擦角		21	18	18
— — — Q_1内摩擦角		21	23	22
—··— N内摩擦角	21	21	20	20

图 7.16　膨胀等级与慢剪强度 φ 值 (平均值) 的关系图

总体上，膨胀土 (岩) 的排水反复剪强度随着膨胀性的增强 C 值呈减小趋势，

仅 Q_1 膨胀土的 C 值呈增加趋势；φ 值随膨胀性增加呈减小趋势，Q_1 膨胀土 φ 值减小趋势更为明显。其中，非膨胀土排水反复剪强度 C 值平均值为 21kPa，弱膨胀土排水反复剪强度 C 值平均值为 12～21kPa，中等膨胀土排水反复剪强度 C 值平均值为 18～20kPa，强膨胀土排水反复剪强度 C 值平均值为 16～22kPa；弱膨胀岩排水反复剪强度 C 值平均值为 21kPa，中等膨胀岩排水反复剪强度 C 值平均值为 20kPa，强膨胀岩排水反复剪强度 C 值平均值为 18kPa。

膨胀岩排水反复剪强度与膨胀土相差不大。相同膨胀等级膨胀土的排水反复剪强度差异不大，C 值相差 1～9kPa，φ 值则相差 1°～7°，见图 7.17 和图 7.18。

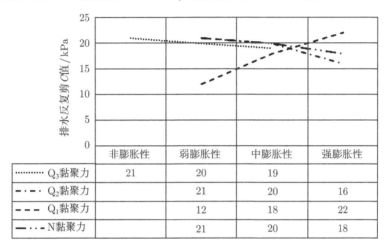

	非膨胀性	弱膨胀性	中膨胀性	强膨胀性
········ Q_3黏聚力	21	20	19	
—·—· Q_2黏聚力		21	20	16
— — — Q_1黏聚力		12	18	22
—— N黏聚力		21	20	18

图 7.17 膨胀等级与排水反复剪强度 C 值 (平均值) 的关系图

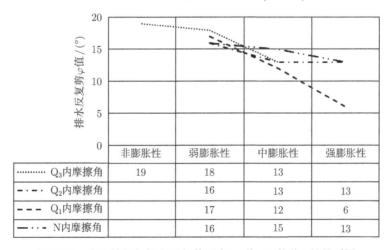

	非膨胀性	弱膨胀性	中膨胀性	强膨胀性
········ Q_3内摩擦角	19	18	13	
—·—· Q_2内摩擦角		16	13	13
— — — Q_1内摩擦角		17	12	6
—— N内摩擦角		16	15	13

图 7.18 膨胀等级与排水反复剪强度 φ 值 (平均值) 的关系图

总之，随着膨胀性的增强，土体天然固结快剪、天然快剪、饱和固结快剪、饱和快剪、慢剪的 C 值一般呈增大趋势, φ 值一般呈减小趋势; 但随着膨胀性的增强, 土体排水反复剪的 C 值、φ 值一般呈减小趋势。

7.4.2　现场大剪试验成果对比分析

膨胀土的相关试验成果见表 7.7～表 7.9。

表 7.7　弱膨胀土现场大剪试验成果统计表

统计项	天然快剪		饱和快剪	
	黏聚力 C_q/kPa	内摩擦角 φ_q/(°)	黏聚力 C_q/kPa	内摩擦角 φ_q/(°)
最小值	32.0	14.0	21.0	16.7
最大值	66.0	28.4	54.0	28.8
组数	9	9	10	10
平均值	49.4	20.7	37.8	22.4
方差	11.52	5.53	10.98	3.91

表 7.8　中等膨胀土现场大剪试验成果统计表

统计项	天然快剪		饱和快剪	
	黏聚力 C_q/kPa	内摩擦角 φ_q/(°)	黏聚力 C_q/kPa	内摩擦角 φ_q/(°)
最小值	18.9	14.0	21.0	7.8
最大值	82.0	29.4	79.0	27.4
组数	13	13	11	11
平均值	48.8	21.2	43.0	16.8
方差	18.7	5.4	20.8	6.2

表 7.9　强膨胀土现场大剪试验成果统计表

统计项	天然快剪		饱和快剪	
	黏聚力 C_q/kPa	内摩擦角 φ_q/(°)	黏聚力 C_q/kPa	内摩擦角 φ_q/(°)
最小值	17.5	14.4	15.1	12.1
最大值	35.7	17.8	20.4	16.9
组数	4	4	4	4
平均值	27.47	16.0	18.25	14.4

总体上说, 弱、中等膨胀土现场大剪的天然快剪差异不大, 饱和快剪强度随膨胀性变化的趋势不明显。强膨胀土与弱、中等膨胀土相比, 无论是天然快剪还是饱和快剪强度, C 值、φ 值都有所降低, 尤以 C 值最为明显。这说明强膨胀土体内裂隙极为发育, 对其抗剪强度有较大的影响。

7.4.3　反复胀缩对膨胀土 (岩) 强度影响的对比分析

根据刘特洪等的研究, 中等膨胀土经过一次胀缩循环, 快剪强度 C 值降低 50% 左右, φ 值降低 25%; 第二次循环后, 土体抗剪强度 C 值、φ 值再降低约 10%;

第三次和四次循环后，土体抗剪强度基本趋于稳定。

反复胀缩对强膨胀土 (岩) 强度影响的试验表明，强膨胀土 (岩) 的抗剪强度随胀缩次数的增加而降低，且第一次胀缩后的降低幅度最大，其中强膨胀土 C 值降低 35%～42%，φ 值降低 42%左右；强膨胀岩 C 值降低 15%～45%，φ 值降低 25%～37%。经 4 次反复胀缩后，抗剪强度 C 值、φ 值一般是未经历胀缩循环土体的 50%左右，与中膨胀土情况基本相同。

7.4.4 不同含水率下膨胀土体抗剪强度的对比分析

1. 含水率对弱膨胀土抗剪强度的影响

(1) Q_2 弱膨胀粉质黏土。原状土、重塑土在 200kPa 垂直压力下含水率与剪应力的关系见图 7.19。

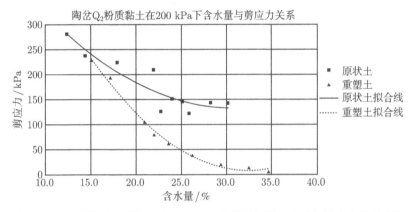

图 7.19　Q_2 原状土、重塑土在 200kPa 垂直压力下含水量与剪应力关系曲线

当原状样含水率小于 22.5%、重塑样含水率小于 25%时，土体抗剪强度随含水率增加而下降的幅度很大。原状样含水率超过上述值后，抗剪强度下降幅度逐渐减小，并趋于平稳。重塑土含水率在 19%～33%时，抗剪强度下降幅度略有降低，但减小仍很快；当含水率大于 35%时，抗剪强度基本上等于零。当含水率为 21%时，原状土的抗剪强度是重塑土的 2 倍；当含水率为 30%时，原状土的抗剪强度是重塑土的 7 倍。两者差异很大。

(2) Q_3 弱膨胀粉质黏土。原状土、重塑土在 200kPa 垂直压力下含水率与剪应力的关系见图 7.20。

当原状土含水率小于 24.5%、重塑土含水率小于 28%时，土体抗剪强度随含水率增加而下降的幅度很大。原状样含水率超过上述值后，抗剪强度下降幅度逐渐减小，并趋于平稳。重塑土含水率大于 28%后，抗剪强度下降幅度有所减缓；当含水率大于 35%时，抗剪强度基本上等于零；当含水率为 20%～28%时，原状土与重塑土的抗剪强度较为接近；其他情况下，原状土抗剪强度均大于重塑土。

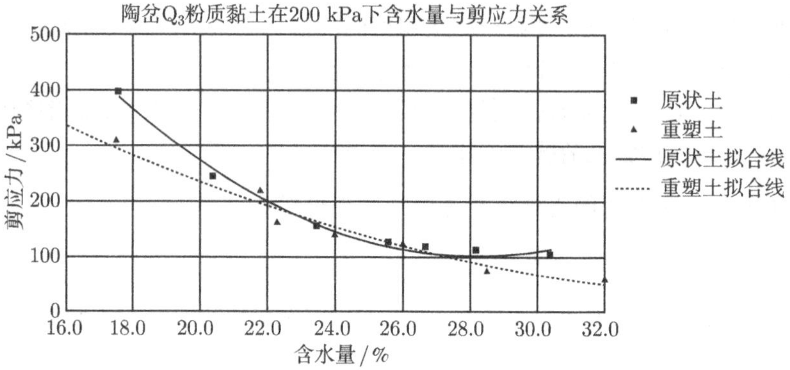

图 7.20　Q₃ 原状土、重塑土在 200kPa 垂直压力下含水量与剪应力关系曲线

2. 含水率对中等膨胀土抗剪强度的影响

Q₂ 中等膨胀性粉质黏土，其天然含水率为 20.1%，天然快剪 C 值为 69kPa，φ 值为 22°，不同含水率条件下重塑土抗剪强度试验成果见表 7.10。

表 7.10　Q₂ 重塑土不同含水量率时抗剪强度成果表

含水量/%	快剪		慢剪	
	黏聚力/kPa	内摩擦角/(°)	黏聚力/kPa	内摩擦角/(°)
24.3	44.95	10	21.8	6
26.2	37.8	8	19.2	5
28.1	27.7	6	10.0	5
29.7	15.9	6	7.5	5
32.2	12.4	5	4.6	5
34.0	8.1	4	1.7	4

由于 Q₂ 重塑土试验中所用的最小含水率为 24.3%，远大于土体的天然含水率，试验没有完全反映出含水率变化对土体抗剪强度的影响。即便如此，试验结果仍具备抗剪强度随含水率增大而降低，且在含水率越小时、降低幅度越大的特点。

3. 含水率对强膨胀土抗剪强度的影响

根据强膨胀土不同含水率下的抗剪强度试验，无论原状样还是重塑样，其抗剪强度均随含水率的增加而降低；当含水率较小时，抗剪强度衰减较快，且原状样的抗剪强度大于重塑样的抗剪强度，但随着含水率的增加，抗剪强度衰减趋于稳定，且原状样、重塑样的抗剪强度逐渐趋于一致。

综合分析弱、中等、强膨胀土体在不同含水率条件下的抗剪强度成果可以发现，膨胀土体的含水率的大小对抗剪强度有着重要的影响，抗剪强度随含水率的增加迅速降低。

原状样抗剪强度随含水率增大的衰减曲线呈前陡后缓，陡缓分界点的含水率随土 (岩) 体膨胀等级的增加而变大。其中，弱膨胀土陡缓分界点含水率约为 24%，强膨胀土陡缓分界点含水率为 27%；强膨胀岩陡缓分界点含水率约为 28%。

重塑样抗剪强度随含水率增大的衰减规律与原状样类似，但陡缓分界点的含水率随土岩 (体) 膨胀等级的增加规律不明显。其中，弱膨胀土的衰减曲线无清晰的陡缓分界点，其抗剪强度随含水率的增加会快速降至零，中等膨胀土的衰减曲线陡缓分界点含水率约为 28%，强膨胀土的衰减曲线陡缓分界点含水率为 22%；强膨胀岩的衰减曲线陡缓分界点含水率约为 28%。随着含水率的增加，强膨胀土重塑样的抗剪强度逐渐与原状样的抗剪强度趋于一致。

7.5 胀缩特性对比分析

综合弱、中等、强膨胀土 (岩) 的胀缩特性试验成果 (包括不同压力下的膨胀率、膨胀力、无荷膨胀率、收缩系数、线缩率、体缩率等)，分析不同膨胀潜势的膨胀土 (岩) 胀缩特性指标的差异与规律，为全面认识膨胀土 (岩) 胀缩特性提供基础理论依据。

不同膨胀等级膨胀土 (岩) 胀缩性指标统计结果见表 7.11。

7.5.1 膨胀土不同压力下膨胀率对比分析

1. 弱膨胀土

弱膨胀土在不同压力下的膨胀特征见图 7.21。其中，al-lQ$_3$ 初始含水率为 25.0%，al-plQ$_2$ 初始含水率为 23.4%，plQ$_1$ 初始含水率为 26.6%。从图中可以看出，压力越大，膨胀率越小。当垂直压力达到 25kPa 时，Q$_3$ 和 Q$_1$ 弱膨胀土处于压缩状态，膨胀率为负值；当垂直压力大于 50kPa 时，所有弱膨胀土处于压缩状态。不同时代弱膨胀土在各级压力下的膨胀率有一定的差异。

2. 中等膨胀土

中等膨胀土在不同压力下的膨胀特征见图 7.22。其中，al-lQ$_3$ 初始含水率为 26.6%，al-plQ$_2$ 初始含水率为 23.7%，plQ$_1$ 初始含水率为 28.3%。从图中可以看出，压力越大，膨胀率越小。当垂直压力达到 50kPa 时，Q$_3$ 和 Q$_1$ 中等膨胀土处于压缩状态，膨胀率为负值；当垂直压力大于 100kPa 时，所有中等膨胀土处于压缩状态。不同时代中等膨胀土在各级压力下的膨胀率有一定的差异。

表 7.11 不同膨胀等级膨胀土 (岩) 胀缩性指标统计表

地层时代	岩性	膨胀等级	地区	统计项	自由膨胀率 δ_{ef}/%	不同压力下膨胀率 δ_{ep}/%						膨胀力 P_e/kPa	无荷膨胀率 δ_e/%	收缩特性			
						0kPa	25kPa	50kPa	100kPa	150kPa	200kPa			缩限 w_s/%	收缩系数 λ_s	线缩率 δ_{si}/%	体缩率 δ_V/%
Q_3	粉质壤土	非	南阳	平均值	30	−1.5	−0.4	0.7	−2.8	−3.1		14.1	2.0	11.8	0.280	3.8	12.9
				组数	301	15	10	86	13	15		122	100	60	60	61	61
		弱		平均值	50	0.2	−0.5	−1.5	−2.4	−2.4	−2.8	31.7	3.5	11.6	0.360	4.9	14.9
				组数	656	32	29	222	36	38	6	253	220	167	167	168	168
	粉质黏土	中		平均值	74	2.4	0.1	−0.1	−0.9	−1.2		63.9	6.1	10.8	0.430	7.2	19.6
				组数	121	4	5	47	5	4		44	43	31	31	31	31
Q_2	粉质壤土	非	南阳	平均值	33	2.8	1.4	−0.1	−1.1	−2.7		24.0	2.8	12.9	0.870	4.0	11.5
				组数	267	13	16	95	110	140		103	86	72	72	72	72
		弱		平均值	54	2.6	0.1	0.0	−1.1	−1.4	−1.8	51.6	6.1	11.6	0.420	4.8	13.7
				组数	1986	130	174	832	144	124	1	849	715	560	560	560	561
	粉质黏土	中		平均值	75	4.2	0.9	0.8	−0.5	−0.9		101.9	11.0	10.5	0.460	6.4	17.6
				组数	1686	97	143	708	129	120		728	575	449	448	448	448
	黏土	强		平均值	97	6.1	1.6	1.2	0.0	−0.5		144.1	15.2	10.4	0.520	7.7	20.0
				组数	217	22	32	111	32	29		105	92	55	55	55	55
Q_1	粉质壤土	弱		平均值	54	2.9	−0.9	−0.2	−1.4	−1.3		33.4	2.0	14.5	0.390	5.3	17.1
				组数	129	3	5	47	6	4		41	40	16	16	16	16
	粉质黏土	中		平均值	74	1.3	0.2	−0.9	−2.0	−2.2	−2.8	60.5	5.8	12.5	0.400	6.1	17.2
				组数	137	5	5	59	4	4	1	63	57	27	27	27	27
	黏土	强		平均值	98	0.6	−0.2	−0.6	−1.0	−1.3	−1.5	99.2	9.4	10.6	0.470	10.8	25.4
				组数	38	5	5	5	5	5	5	33	26	19	19	19	19

续表

地层时代	岩性	膨胀等级	地区	统计项	自由膨胀率 δ_{ef}/%	不同压力下膨胀率 δ_{ep}/%						膨胀力 P_e/kPa	无荷膨胀率 δ_e/%	收缩特性			
						0kPa	25kPa	50kPa	100kPa	150kPa	200kPa			缩限 w_s/%	收缩系数 λ_s	线缩率 δ_{si}/%	体缩率 δ_V/%
N	黏土岩	非	南阳	平均值	31	2.7	1.8	-0.1	-2.7	-2.7		23.7	2.6	8.5	0.250	5.4	8.6
				组数	72	2	4	17	4	4		24	14	12	12	12	12
		弱		平均值	54	2.9	-0.1	-0.6	-1.3	-1.6		49.9	5.9	11.0	0.350	4.5	11.8
				组数	368	11	26	155	18	15		147	105	59	59	59	59
		中		平均值	77	5.3	1.3	0.8	-0.3	-0.5	-2.2	107.1	12.3	10.2	0.440	5.9	15.6
				组数	586	31	41	265	38	36	1	261	197	77	77	77	77
		强		平均值	101	4.8	1.4	1.2	-0.4	-0.8		133.6	16.4	9.7	0.540	7.8	18.9
				组数	349	30	39	162	38	33		176	142	54	54	54	54
			邯郸	平均值	90	2.1	0.0	-0.4	-0.8	-1.2	-1.5	38.5	2.1				
				组数	10	5	5	5	5	5	5	10	10				

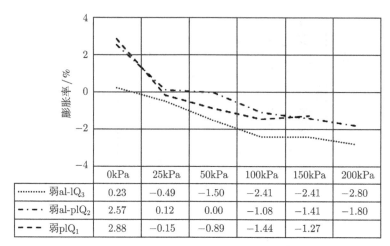

	0kPa	25kPa	50kPa	100kPa	150kPa	200kPa
·········· 弱al-lQ$_3$	0.23	−0.49	−1.50	−2.41	−2.41	−2.80
—·—·— 弱al-plQ$_2$	2.57	0.12	0.00	−1.08	−1.41	−1.80
——— 弱plQ$_1$	2.88	−0.15	−0.89	−1.44	−1.27	

图 7.21   弱膨胀土不同压力下膨胀率关系图

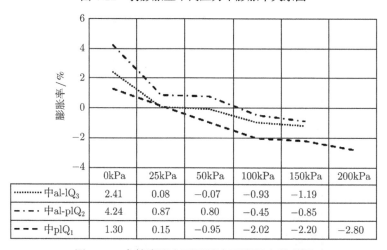

	0kPa	25kPa	50kPa	100kPa	150kPa	200kPa
·········· 中al-lQ$_3$	2.41	0.08	−0.07	−0.93	−1.19	
—·—·— 中al-plQ$_2$	4.24	0.87	0.80	−0.45	−0.85	
——— 中plQ$_1$	1.30	0.15	−0.95	−2.02	−2.20	−2.80

图 7.22   中等膨胀土不同压力下膨胀率关系图

3. 强膨胀土

强膨胀土在不同压力下的膨胀特征见图 7.23。其中，al-plQ$_2$ 初始含水率为 25.0%，plQ$_1$ 初始含水率为 30.7%。从图中可以看出，压力越大，膨胀率越小。当垂直压力为 25kPa 时，Q$_1$ 强膨胀土处于压缩状态，膨胀率为负值；当垂直压力大于 100kPa 时，所有强膨胀土处于压缩状态。从图中可以看出，Q$_2$ 强膨胀土在压力为 25kPa 时膨胀率下降最快。

综合分析上述曲线可以发现：相同膨胀等级、不同时代土体的不同压力下的膨胀率存在一定的差异，一般时代越老，同级压力下的膨胀率越大；同一时代土体，膨胀性越强，各级压力下的膨胀率越大 (图 7.24～图 7.26)。例如，Q$_2$、Q$_3$ 土体随

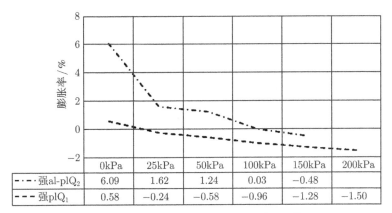

	0kPa	25kPa	50kPa	100kPa	150kPa	200kPa
—·— 强al-plQ$_2$	6.09	1.62	1.24	0.03	−0.48	
—— 强plQ$_1$	0.58	−0.24	−0.58	−0.96	−1.28	−1.50

图 7.23 强膨胀土不同压力下膨胀率关系图

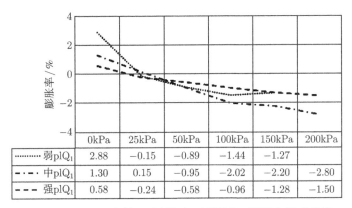

	0kPa	25kPa	50kPa	100kPa	150kPa	200kPa
······ 弱plQ$_1$	2.88	−0.15	−0.89	−1.44	−1.27	
—·— 中plQ$_1$	1.30	0.15	−0.95	−2.02	−2.20	−2.80
—— 强plQ$_1$	0.58	−0.24	−0.58	−0.96	−1.28	−1.50

图 7.24 Q$_1$ 弱、中等、强膨胀土不同压力下膨胀率关系曲线

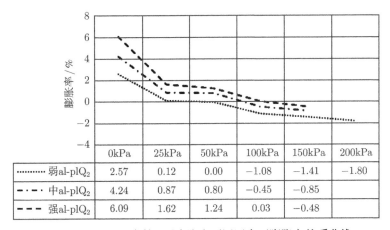

	0kPa	25kPa	50kPa	100kPa	150kPa	200kPa
······ 弱al-plQ$_2$	2.57	0.12	0.00	−1.08	−1.41	−1.80
—·— 中al-plQ$_2$	4.24	0.87	0.80	−0.45	−0.85	
—— 强al-plQ$_2$	6.09	1.62	1.24	0.03	−0.48	

图 7.25 Q$_2$ 弱、中等、强膨胀土不同压力下膨胀率关系曲线

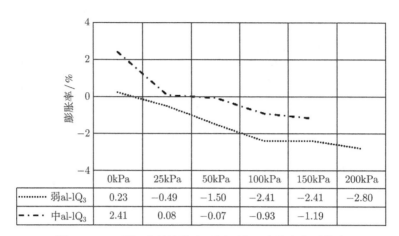

	0kPa	25kPa	50kPa	100kPa	150kPa	200kPa
弱al-lQ$_3$	0.23	−0.49	−1.50	−2.41	−2.41	−2.80
中al-lQ$_3$	2.41	0.08	−0.07	−0.93	−1.19	

图 7.26　Q$_3$ 弱、中等膨胀土不同压力下膨胀率关系曲线

着膨胀性的增强，同级压力下的膨胀率增大，土体产生压缩所需要的压力也在增大，Q$_2$ 土体同级压力下的膨胀率也高于 Q$_3$ 土体；而 Q$_1$ 土体则与上述规律相反，这可能与 Q$_1$ 黏性土具红土性质有关，膨胀性越强的 Q$_1$ 黏性土，其孔隙比越大，结构越容易破坏，膨胀率较小。

7.5.2　膨胀土 (岩) 的膨胀力的对比分析

膨胀土 (岩) 的膨胀力与膨胀等级的关系见图 7.27。Q$_2$ 土体的膨胀力在土体中最高，接近或超过 N 膨胀岩的膨胀力；Q$_1$ 的膨胀力与 Q$_3$ 接近。

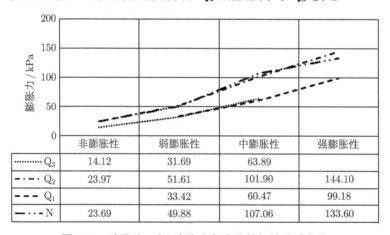

	非膨胀性	弱膨胀性	中膨胀性	强膨胀性
Q$_3$	14.12	31.69	63.89	
Q$_2$	23.97	51.61	101.90	144.10
Q$_1$		33.42	60.47	99.18
N	23.69	49.88	107.06	133.60

图 7.27　膨胀土 (岩) 膨胀力与膨胀等级的关系曲线

不同时代的土 (岩) 体的膨胀力随膨胀性的增加而增加。其中弱膨胀土的膨胀力为 31.69~51.61kPa，中等膨胀土的膨胀力为 60.47~101.90kPa，强膨胀土的膨

胀力为 99.18~144.10kPa；弱膨胀岩的膨胀力为 49.88kPa，中等膨胀岩的膨胀力为 107.06kPa，强膨胀岩的膨胀力为 133.60kPa。

相同膨胀等级的土 (岩) 体，其膨胀力的关系规律性不强。

7.5.3 膨胀土 (岩) 无荷膨胀率的对比分析

膨胀土 (岩) 体无荷膨胀率与膨胀等级的关系见图 7.28。Q_2 土体的无荷膨胀率与 N 膨胀岩的接近；Q_1 的无荷膨胀率与 Q_3 接近。Q_2、N 的无荷膨胀率略高于 Q_1、Q_3 的无荷膨胀率。

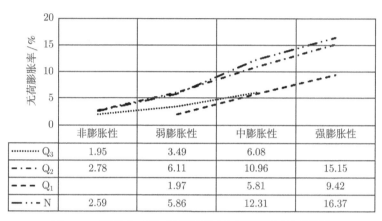

	非膨胀性	弱膨胀性	中膨胀性	强膨胀性
⋯⋯ Q_3	1.95	3.49	6.08	
—·— Q_2	2.78	6.11	10.96	15.15
— — Q_1		1.97	5.81	9.42
—··— N	2.59	5.86	12.31	16.37

图 7.28 膨胀土 (岩) 无荷膨胀率与膨胀等级关系曲线

不同时代的土 (岩) 体的无荷膨胀率随膨胀性的增加而增加。其中弱膨胀土的无荷膨胀率为 1.97%~6.11%，中等膨胀土的无荷膨胀率为 5.81%~10.96%，强膨胀土的无荷膨胀率为 9.42%~15.15%；弱膨胀岩的无荷膨胀率为 5.86%，中等膨胀岩的无荷膨胀率为 12.31%，强膨胀岩的无荷膨胀率为 16.37%。

相同膨胀等级的土 (岩) 体，其无荷膨胀率的关系规律性不强。

7.5.4 膨胀土 (岩) 收缩系数的对比分析

膨胀土 (岩) 收缩系数与膨胀等级的关系见图 7.29。Q_3 土体的收缩系数与 N 膨胀岩的接近；Q_2 的收缩系数略高于 N、Q_1、Q_3 的收缩系数。

不同时代的土 (岩) 体的收缩系数随膨胀性的增加而增加。其中弱膨胀土的收缩系数为 0.36~0.42，中等膨胀土的收缩系数为 0.40~0.46，强膨胀土的收缩系数为 0.47~0.52；弱膨胀岩的收缩系数为 0.35，中等膨胀岩的收缩系数为 0.44，强膨胀岩的收缩系数为 0.54。

相同膨胀等级的土 (岩) 体，其收缩系数相差不大，但相互关系的规律性不强。

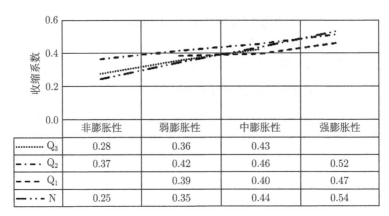

	非膨胀性	弱膨胀性	中膨胀性	强膨胀性
Q_3	0.28	0.36	0.43	
Q_2	0.37	0.42	0.46	0.52
Q_1		0.39	0.40	0.47
N	0.25	0.35	0.44	0.54

图 7.29　膨胀土 (岩) 收缩系数与膨胀等级关系曲线

7.5.5　膨胀土 (岩) 线缩率的对比分析

膨胀土 (岩) 的线缩率与膨胀等级的关系见图 7.30。不同时代的土 (岩) 体的线缩率随膨胀性的增加而增加。其中弱膨胀土的线缩率为 4.84%~5.28%,中等膨胀土的线缩率为 6.10%~7.17%,强膨胀土的线缩率为 7.69%~10.82%;弱膨胀岩的线缩率为 4.45%,中等膨胀岩的线缩率为 5.91%,强膨胀岩的线缩率为 7.78%。

相同膨胀等级的土 (岩) 体,其线缩率相差不大,但相互关系的规律性不强。

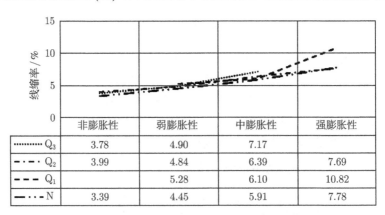

	非膨胀性	弱膨胀性	中膨胀性	强膨胀性
Q_3	3.78	4.90	7.17	
Q_2	3.99	4.84	6.39	7.69
Q_1		5.28	6.10	10.82
N	3.39	4.45	5.91	7.78

图 7.30　膨胀土 (岩) 线缩率与膨胀等级关系曲线

7.5.6　膨胀土 (岩) 体缩率的对比分析

膨胀土 (岩) 的体缩率与膨胀等级的关系见图 7.31。不同时代的土 (岩) 体的体缩率随膨胀性的增加而增加。其中弱膨胀土的体缩率为 13.69%~17.14%,中等膨胀土的体缩率为 17.24%~19.60%,强膨胀土的体缩率为 20.00%~25.42%;弱膨胀岩的体缩率为 11.75%,中等膨胀岩的体缩率为 15.64%,强膨胀岩的体缩率为 18.88%。

相同膨胀等级的土 (岩) 体, 其体缩率相互关系的规律性不强。

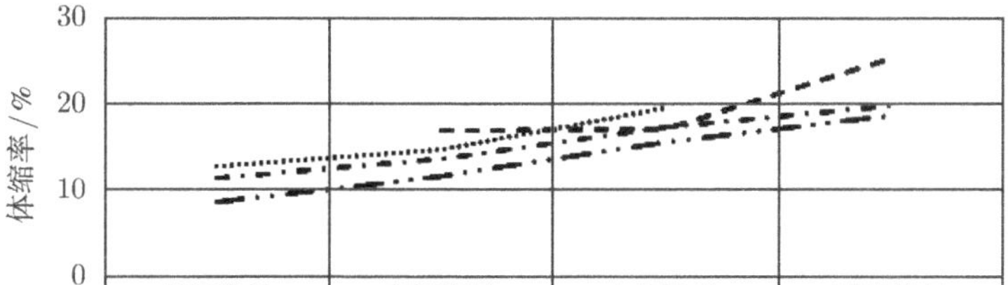

	非膨胀性	弱膨胀性	中膨胀性	强膨胀性
Q_3	12.94	14.89	19.60	
Q_2	11.51	13.69	17.58	20.00
Q_1		17.14	17.24	25.42
N	8.61	11.75	15.64	18.88

图 7.31　膨胀土 (岩) 体缩率与膨胀等级关系曲线

7.6　水理特性对比分析

综合弱、中等、强膨胀土 (岩) 的水理特性试验成果 (包括渗透特性和崩解特性), 分析不同膨胀潜势的膨胀土 (岩) 水理特性指标的差异与规律, 为全面认识膨胀土 (岩) 水理特性提供基础理论依据。

7.6.1　膨胀土 (岩) 的渗透特性对比分析

1. 膨胀土的渗透特性

不同膨胀等级膨胀土渗透特性见表 7.12。

弱膨胀土渗透系数一般在 $i \times 10^{-3} \sim i \times 10^{-7}$cm/s, 垂直渗透系数大于水平渗透系数。垂直、水平渗透系数均随深度的加大而减小, 垂直渗透性的变化更为显著。水平渗透系数在埋深 $0 \sim 6$m 处为 $5.37 \times 10^{-6} \sim 2.94 \times 10^{-5}$cm/s, 属于弱 ~ 微透水性; 埋深 6m 以下为 $2.81 \times 10^{-8} \sim 3.33 \times 10^{-5}$cm/s, 属于弱 ~ 极微透水性。垂直渗透系数在埋深 $0 \sim 4$m 处为 $2.12 \times 10^{-4} \sim 1.26 \times 10^{-3}$cm/s, 属于中等偏弱透水性; 埋深 $4 \sim 10$m 处为 $1.61 \times 10^{-5} \sim 1.74 \times 10^{-4}$cm/s, 属于中 ~ 弱透水性; 埋深 10m 以下为 $2.36 \times 10^{-7} \sim 2.65 \times 10^{-4}$cm/s, 属于弱 ~ 微透水性。

中等膨胀土渗透系数一般在 $i \times 10^{-6} \sim i \times 10^{-4}$cm/s, 垂直渗透系数大于水平渗透系数。水平方向渗透系数为 $1.36 \times 10^{-6} \sim 7.59 \times 10^{-5}$cm/s, 属于弱 ~ 微透水性, 透水性随埋深增加的变化不明显。垂直渗透性随埋深增加而减小, 埋深 $0 \sim 2$m 垂直渗透系数为 $1.39 \times 10^{-4} \sim 2.43 \times 10^{-4}$cm/s, 属于中等偏弱透水性; 埋深 $2 \sim 6$m 渗透系

表 7.12　不同膨胀等级膨胀土渗透特性统计表

岩性 (时代)	埋深/m	渗透系数 k/(cm/s)			说明
		现场试验	室内渗透性试验		
			垂直方向	水平方向	
弱膨胀粉质黏土 (Q$_2$)	0.5~2.0	4.86×10^{-4}~8.64×10^{-4}			垂直方向为中等 ~ 弱透水
	2.0~4.0	2.12×10^{-4}~1.0×10^{-3}	1.26×10^{-3}		垂直方向为中等 ~ 弱透水
	4.0~6.0	1.54×10^{-4}	1.61×10^{-5}~6.18×10^{-5}	5.37×10^{-6}~2.94×10^{-5}	垂直方向为弱透水, 部分中等透水; 水平方向为弱 ~ 微透水
	6.0~8.0	1.74×10^{-4}	2.42×10^{-5}	2.30×10^{-7}	水平方向为弱透水; 水平方向为弱透水
	8.0~10.0		3.18×10^{-5}	2.81×10^{-8}~2.08×10^{-5}	垂直方向为弱透水; 水平方向为极微透水
	10.0~12.0		2.89×10^{-7}~2.65×10^{-4}	2.36×10^{-7}~3.33×10^{-5}	垂直方向为弱 ~ 微透水; 水平方向多为微透水
中等膨胀粉质黏土 (Q$_2$)	0.5~2.0	1.39×10^{-4}~2.43×10^{-4}	1.84×10^{-4}	7.06×10^{-6}	垂直方向为弱透水, 部分中等透水; 水平方向为弱透水
	2.0~4.0	5.21×10^{-5}~8.68×10^{-5}	9.10×10^{-6}	2.58×10^{-6}	垂直方向为弱透水; 水平方向为弱微透水
	4.0~6.0		2.91×10^{-6}~4.77×10^{-4}	1.30×10^{-6}~1.91×10^{-6}	垂直方向为弱透水; 水平方向为弱微透水
	6.0~8.0		2.17×10^{-6}~1.40×10^{-4}	1.35×10^{-6}~3.77×10^{-5}	垂直方向和水平方向均为微透水
	8.0~10.0		1.19×10^{-6}~7.98×10^{-6}	1.68×10^{-5}~7.59×10^{-5}	垂直方向为微透水; 水平方向和水平方向均为弱
	10.0~12.0	3.47×10^{-5}	3.89×10^{-6}~2.21×10^{-5}	2.77×10^{-6}~2.36×10^{-5}	垂直方向为弱 ~ 微透水; 均为弱 ~ 微透水
	12.0~14.0		4.19×10^{-6}~2.26×10^{-5}	1.36×10^{-6}~1.97×10^{-5}	垂直方向和水平方向均为弱 ~ 微透水

续表

岩性（时代）	埋深/m	渗透系数 k/(cm/s)			说明
		现场试验	室内渗透性试验		
			垂直方向	水平方向	
强膨胀黏土 (Q_2)	9.0	1.04×10^{-5}	$1.96\times10^{-7}\sim6.28\times10^{-4}$	$2.34\times10^{-7}\sim2.56\times10^{-5}$	弱微透水性，局部中等透水性
	5.0	4.17×10^{-5}	$8.80\times10^{-7}\sim5.08\times10^{-6}$	$1.16\times10^{-5}\sim3.74\times10^{-5}$	弱微透水性，水平大于垂直
	8.0	$1.46\times10^{-5}\sim2.60\times10^{-5}$	$1.75\times10^{-6}\sim2.26\times10^{-4}$	$2.68\times10^{-7}\sim9.63\times10^{-5}$	弱微透水性，局部中等透水性
	6.0	$7.29\times10^{-5}\sim6.25\times10^{-5}$	$2.43\times10^{-7}\sim1.35\times10^{-5}$	$2.45\times10^{-7}\sim4.64\times10^{-5}$	弱微透水性，垂直与水平渗透性相差不大
强膨胀黏土 (Q_1)	2.0	$9.38\times10^{-5}\sim1.15\times10^{-5}$	$3.77\times10^{-7}\sim6.57\times10^{-6}$	$3.72\times10^{-7}\sim2.03\times10^{-5}$	弱微透水性，现场注水渗透性大于室内，室内水平大于垂直
	4.0		$5.95\times10^{-5}\sim3.98\times10^{-4}$	$1.17\times10^{-5}\sim9.82\times10^{-5}$	弱～中等透水性，垂直渗透性大于水平
	5.0		$1.76\times10^{-6}\sim4.56\times10^{-4}$	$3.94\times10^{-6}\sim1.64\times10^{-4}$	弱微透水性～中等透水性，水平垂直相差不大
	5.0	$7.29\times10^{-6}\sim8.34\times10^{-5}$	$3.73\times10^{-7}\sim1.36\times10^{-5}$	$4.80\times10^{-7}\sim5.31\times10^{-5}$	弱微透水性，室内及现场相差不大
	7.0		$5.11\times10^{-7}\sim6.16\times10^{-7}$	$5.84\times10^{-6}\sim8.94\times10^{-5}$	弱微透水性，垂直小于水平

数为 $2.91\times10^{-6}\sim4.77\times10^{-4}$cm/s, 属于中等 $\sim$ 微透水性; 埋深 6m 以下渗透系数为 $1.19\times10^{-6}\sim1.4\times10^{-5}$cm/s, 属于弱 $\sim$ 微透水性。

强膨胀土渗透系数一般在 $i\times10^{-7}\sim i\times10^{-4}$cm/s, 总体上看, 垂直渗透系数大于水平渗透系数, 渗透性随深度变化的规律不明显。

综上所述, 弱、中等、强膨胀土一般为弱 $\sim$ 微透水性, 垂直渗透系数一般大于水平渗透系数, 现场注水试验渗透系数一般大于室内试验渗透系数。弱、中等膨胀土渗透系数随埋深的增加呈减小趋势, 但强膨胀土渗透性随深度变化的规律不明显。这主要是受裂隙发育情况的影响, 强膨胀土裂隙最发育, 对土体渗透性的影响大。

2. 膨胀岩的渗透特性

根据大量膨胀岩室内试验成果分析, 强膨胀黏土岩的渗透系数一般在 $i\times10^{-8}\sim i\times10^{-4}$cm/s; 中等膨胀黏土岩的渗透系数一般在 $i\times10^{-8}\sim i\times10^{-5}$cm/s; 弱膨胀黏土岩的渗透系数一般在 $i\times10^{-7}\sim i\times10^{-4}$cm/s。岩体渗透性一方面随粗颗粒的含量增大及裂隙发育程度增强而增大; 另一方面还受埋深的影响, 一般越近地表土层的渗透性越大。

弱、中等膨胀岩的渗透系数随膨胀性的增加有减小的趋势; 强膨胀岩由于裂隙极发育, 其渗透系数的大小与裂隙的发育情况关系密切。与膨胀土相比, 膨胀岩的渗透性略小。

7.6.2   膨胀土的崩解特性对比分析

南阳地区 Q_2 弱膨胀土不同初始含水率条件下在 0.5h 内的崩解曲线, 见图 7.32,

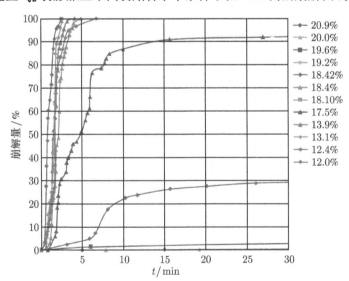

图 7.32 Q_2 弱膨胀土不同含水率状态下 0.5h 内崩解曲线 (详见书后彩图)

当土体含水率小于 14%时, 不到 5min 就完全崩解了, 这说明即使是弱膨胀土, 当初始含水率小于某一值时, 也可在短时间内完全崩解。

综合大量试验成果可以得出, 在影响膨胀土体崩解特性的因素中初始含水率最为关键。

当初始含水率大于正常的天然含水率时, 其他因素 (如膨胀性、裂隙发育情况等) 的作用逐渐增强, 土体也表现出多种不同的崩解特点, 一般含水率越低、裂隙越发育、膨胀性越强, 崩解速度越快、崩解量越大。因此, 进行崩解试验时, 应尽量选择在天然含水率下进行, 失水或吸水都会改变其崩解性质。

7.7 裂隙特征对比分析

综合弱、中等、强膨胀土 (岩) 的裂隙特性试验成果 (包括裂隙的发育特性和裂隙面的抗剪强度), 分析不同膨胀潜势的膨胀土 (岩) 裂隙特性指标的差异与规律, 为全面认识膨胀土 (岩) 裂隙特性提供基础理论依据。

7.7.1 膨胀土的裂隙发育特征

弱膨胀土中, 长大裂隙、大裂隙、小裂隙发育密度分别为 $0.0031\sim0.035$ 条/m²、$0.45\sim0.78$ 条/m²、27 条/m², 一般埋深 3~10m 处, 土体裂隙相对发育。裂隙倾角随深度不同, 埋深 10m 以上, 缓倾角占 42.9%~56.6%, 陡倾角占 7.1%~11.1%; 10m 以下, 缓倾角比例占 71.6%, 陡倾角占 1.2%。裂隙中主要充填灰绿色黏土; 无充填裂隙多分布在埋深 3~5m, 仅占 10%左右。

中等膨胀土中, 长大裂隙、大裂隙及小裂隙发育密度分别为 $0.031\sim0.075$ 条/m²、$0.99\sim2.60$ 条/m²、31~49 条/m², 一般埋深 3~10m 处, 土体裂隙相对发育, 长大裂隙则在深度 8~12m 外发育较多。裂隙倾角随深度不同, 埋深 7m 以上, 缓倾角占 49.3%~60.5%, 陡倾角占 4.3%~4.7%; 7m 以下, 缓倾角占 68.9%~72.1%, 陡倾角只占不到 2.0%。裂隙充填物在深度上具明显的变化及分带特征, 随土体埋深的增大, 灰绿色黏土充填和钙质充填的裂隙显著减少, 而铁锰质充填和无充填的裂隙显著增加。

强膨胀土一般为裂隙密集带, 所以裂隙发育密度在深度上的变化不明显。其中长大裂隙发育密度为 1~3 条/m, 大裂隙发育密度为 5~20 条/m, 小裂隙发育密度为 32~52 条/m; 裂隙倾向一般 2~3 组, 倾角以中、缓为主, 充填灰绿色黏土, 充填厚度为 1~16mm, 裂隙面多光滑起伏, 具有蜡状光泽, 部分有擦痕。

综上所述, 膨胀土中小裂隙最为发育, 大裂隙次之, 长大裂隙最不发育, 土体膨胀性越强, 裂隙的发育程度越高。裂隙以中、缓倾角为主, 且埋深越大, 缓倾角越发育。裂隙中主要充填灰绿色黏土, 弱、中等膨胀土中还有少数裂隙无充填或铁锰质充填, 土体膨胀性越小, 小、微裂隙越发育。

7.7.2　裂隙面强度的分析对比

中等膨胀土裂隙面剪切试验成果见表 7.13。

无论是室内试验还是现场大剪试验, 无充填裂隙抗剪强度的 C 值要小于有充填的裂隙。

强膨胀土裂隙面的室内抗剪试验和现场大剪试验成果见表 7.14。

表 7.13　中等膨胀土裂隙面剪切试验成果表

试验分类	试验编号	裂隙面形态	天然快剪	
			C_q/kPa	φ_q/(°)
室内试验	裂隙面 -1	光滑、蜡状光泽, 无充填	2.8	8.0
	裂隙面 -2	光滑、蜡状光泽, 充填灰绿色黏土膜	13.5	8.5
	裂隙面 -3	光滑、充填灰绿色黏土	15.2	9.8
		平均值	10.5	8.7
现场大剪试验	LM-①	平直、光滑、蜡状光泽, 无充填	8.3	11.8
	LM-②	较平直、光滑、蜡状光泽, 局部少量灰绿色黏土膜, 局部见小姜石	10.0	10.4
	LM-③	起伏、光滑、蜡状光泽, 局部灰绿色黏土薄膜	12.5	5.7
	LM-④	剪切面较平直、光滑, 充填较薄灰绿色黏土	10.3	11.2
		平均值	10.3	9.8

表 7.14　强膨胀土裂隙面抗剪强度汇总表

岩性	试验地区	室内剪切试验		现场剪切试验	
		C/kPa	φ/(°)	C/kPa	φ/(°)
强膨胀黏土	淅川	25.9	13.2		
	南阳	29.7	10.4	19.1	9.4

两者相比, 强膨胀土裂隙面的抗剪强度均比中等膨胀土裂隙面抗剪强度大。其原因主要是强膨胀土的裂隙极其发育, 呈网状分布, 完整的、平直的裂隙面较为少见。现场大剪和室内抗剪试验的剪切面多是几个裂隙面的组合; 而中膨胀土中长大裂隙面比较顺直, 剪切面可较好地跟踪裂隙面剪切。为此, 在选取强膨胀土裂隙面抗剪强度推荐值时, 根据工程经验, 对试验成果进行了适当的调整。

7.8　结构特征对比分析

综合弱、中等、强膨胀土 (岩) 的结构特性试验成果 (包括微观结构和宏观结构), 分析不同膨胀潜势的膨胀土 (岩) 结构特性指标的差异与规律, 为全面认识膨胀土 (岩) 结构特性提供基础理论依据。

7.8.1 微观特征对比分析

1. 弱膨胀土的微观结构特征

弱膨胀性粉质壤土主要由碎屑矿物 (如石英、长石、方解石等) 及不规则片状黏土矿物 (如蒙脱石、绿泥石、伊利石等) 组成,一般碎屑矿物含量较多。碎屑矿物中石英含量、黏土矿物中蒙脱石含量分别占有优势。多数试样的微孔洞和微孔隙发育,部分试样微孔洞及微裂隙不太发育。大部试验样可见弱的黏土矿物的定向排列。

2. 中等膨胀土的微观结构特征

中等膨胀性粉质黏土主要由不规则片状或卷边状黏土矿物 (如蒙脱石、绿泥石、伊利石等) 及碎屑矿物 (如石英、长石、方解石等) 组成。多数试样的微孔洞和微孔隙发育,黏土矿物、碎屑矿物略具定向排列,可见明显的线型擦痕,部分试样碎屑矿物表面也可见线型擦痕。

3. 强膨胀土的微观结构特征

强膨胀性黏土主要由不规则片状黏土矿物 (如蒙脱石、绿泥石、伊利石等) 以及少量碎屑矿物 (如石英、长石、方解石等) 组成,少部分试样含有发状坡缕石。大部分试样微孔隙、微裂隙发育;少量试样微孔隙、微裂隙不发育。仅少量黏土矿物略具定向性,大部分试样可见线型擦痕。

总之,随着膨胀性的增强,膨胀土中黏土矿物的含量逐步增加,矿物颗粒定向排列的程度下降,线型擦痕的发育程度增加。

7.8.2 宏观特征对比分析

中线一期工程沿线的膨胀土 (岩) 主要有粉质壤土、粉质黏土、黏土、泥灰岩、黏土岩等,其形成时代包括第四系晚更新世 (Q_3) 到晚第三纪 (N),分布地理位置、地貌单元也各不相同,很容易从时代、地理位置、地貌单元、土体的颜色、表观特征上加以区分,宏观特征的差异比较明显。例如,Q_1 膨胀土主要分布在陶岔渠首至刁河段,呈浅砖红、深棕红色,具弱 ~ 强膨胀性。又如,N 膨胀岩全线均有分布,但弱膨胀性泥灰岩主要分布在沙河以北,尤以新乡、辉县一带较为集中。由于钙质含量高,泥灰岩一般较为坚硬。为此,本小节主要对比分析南阳地区同一时代的弱、中等、强膨胀土宏观结构上的差异。

1. Q_1 膨胀土的宏观特征对比分析

弱膨胀土一般为粉质壤土,呈浅砖红、深棕红色;结构较松散,局部含少量杂色斑点;含较多微孔隙,微裂隙较发育,大裂隙不发育,常形成相对含水层。

中等膨胀土一般为粉质黏土, 呈砖红色、棕红色或杂色; 结构紧密, 小裂隙发育, 大裂隙局部发育, 长大裂隙不发育; 常含较多钙质结核, 甚至形成钙质结核土, 铁锰质结核少见。

强膨胀土一般为黏土, 呈棕红色、棕红夹灰绿色; 结构较紧密, 微小裂隙极发育, 大裂隙及长大裂隙不发育, 裂隙充填灰绿色黏土, 灰绿色网纹呈条带状分布; 可见钙质结核, 局部见铁锰质浸染。

2. Q_2 膨胀土的宏观特征对比分析

弱膨胀土一般为粉质壤土, 以灰褐色、黄褐色为主; 结构较紧密, 微裂隙发育, 长大裂隙少见, 根孔不甚发育, 裂隙面常见铁锰质浸染, 部分裂隙常充填灰绿色黏土; 一般含铁锰质结核, 含零星钙质结核。

中等膨胀土一般为粉质黏土, 呈土黄色、橘黄色、棕黄色; 结构紧密, 微裂隙极发育, 小裂隙、大裂隙发育, 长大裂隙常见, 裂隙常充填灰绿色黏土; 含铁锰质结核, 钙质结核含量高, 粒径一般为 2~8cm, 局部在地表形成钙质结核富集层或胶结形成盖板, 表层钙质结核相对富集层常为上层滞水带。

强膨胀土一般为黏土, 呈灰绿色或灰绿夹黄棕色; 常以裂隙密集带的形式出现, 成层明显, 结构较紧密; 微小裂隙极发育, 大裂隙发育, 长大裂隙不发育, 裂隙充填灰绿色黏土, 灰绿色条带呈网状分布; 结核少见, 局部见铁锰质浸染。

3. Q_3 膨胀土的宏观特征对比分析

弱膨胀土一般为粉质壤土, 呈深灰色、灰褐色、浅黄色等, 结构较松散, 局部具层理构造; 土体微裂隙发育, 局部发育大裂隙或长大裂隙, 根孔发育; 含少量铁锰质结核或铁锰质风化物, 结核粒径一般小于 1.0cm; 含少量风化钙质结核, 局部钙质结核相对富集层; 当其下部为 Q_2 地层时, 常形成上层滞水含水层。

中等膨胀土一般为粉质黏土夹黏土, 多呈透镜体分布, 呈橘黄色、褐黄色, 少量浅棕黄色; 结构较紧密, 微裂隙极发育, 小裂隙、大裂隙发育, 长大裂隙少见, 根孔不发育, 裂隙常充填灰绿色黏土; 含少量铁锰质结核及风化物, 局部含钙质结核或富集成层。总之, 同一地层中的弱、中等、强膨胀土体, 在颜色、结构、裂隙发育程度及充填物、结核的种类与含量等宏观结构方面存在差异。

第二篇　强膨胀土渠坡滑动破坏和膨胀变形规律

第8章 强膨胀土渠坡破坏特征调研与分析

8.1 强膨胀土渠坡变形破坏调研

8.1.1 渠坡变形破坏调研方法

现场调查的目的是获取强膨胀土渠道滑坡的特征，探讨强膨胀土渠道滑坡的地质模型、破坏模式、演化规律、滑坡发生的机理及其影响因素。

1. 调研内容

收集工作范围内的地质勘察和设计资料；典型膨胀土地质结构特征调研；典型强膨胀土取样和现场试验工作；膨胀土渠坡变形破坏调查。

2. 调研方法

(1) 调查开挖揭露的典型强膨胀土渠段，对其地质结构和裂隙特征进行研究，采用卷尺、罗盘、塞尺等测量工具对夹层、裂隙的产状、裂隙长度、宽度、充填物等要素进行量测和地质描述，并直接绘制地质实测断面。

(2) 对已发生渠道滑坡不同部位的土进行取样，开展自由膨胀率试验，初步判别土的膨胀性；根据地质勘察资料初步确定强膨胀土渠坡段，进行现场取样和自由膨胀率试验，验证土体的膨胀性，确定典型强膨胀土取样地段。

(3) 调查膨胀土渠坡变形破坏，开展南水北调陶岔~鲁山段渠道开挖过程中渠道边坡失稳变形规律研究，其工作方法如下：

① 采用全站仪或 GPS 对滑坡的周界进行圈定，测量滑坡的主断面并绘制工程地质断面图，重要的地质现象应放大比例描绘到断面图上；

② 重点观察和记录滑坡后缘和剪出口的工程地质特征，特别是后缘壁的产状、剪出口地形特征；

③ 采用罗盘、卷尺、皮尺测量滑坡变形裂缝的长度、方向、宽度及其裂缝深度，对较大的裂缝采用全站仪或 GPS 进行量测；

④ 对露出的滑动面或软弱夹层以及膨胀土进行取样，并在现场进行自由膨胀率试验，判断滑坡体的膨胀特性；

⑤ 综合调查滑坡失稳前的自然条件，包括开挖前的地形地貌，开挖施工及降雨情况等；

⑥ 在上述工作的基础上初步分析滑坡的地质模型及其失稳模式，查明滑坡发生的诱发因素，确定其破坏机理的控制因素，为室内数值模拟研究提供分析基础。

8.1.2　典型强膨胀土渠坡变形破坏调研

淅川段 (TS16+500～TS19+400)、南阳段 (TS101+500～TS109+400) 开挖完成后，渠道多处发生了失稳现象，甚至部分渠道发生了多次滑动。因此，对各渠道滑坡基本特征开展现场调查，采取滑坡体、滑床、滑动面及裂隙充填物的土体进行自由膨胀率试验工作，确定不同部位土体的膨胀性。

1. TS19+196～TS19+330 右岸滑坡

TS19+330～TS19+380 渠段右岸滑坡所处渠坡坡顶高程为 147.85m，坡底高程为 137.84m，坡高约为 10m，渠坡原坡比为 1:2，渠段走向 35°，其滑坡全貌及平面图见图 8.1 和图 8.2。

图 8.1　TS19+330～TS19+380 右岸滑坡全貌 (详见书后彩图)

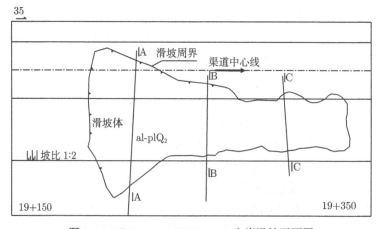

图 8.2　TS19+330～TS19+380 右岸滑坡平面图

　　19+330~19+380 右岸滑坡包括 3 个滑坡，滑动方向为 NW308°，其中以滑坡左边界 19+196~19+230 段滑移的距离以及错落高度最大，滑坡后缘一直延伸到坡顶的路基，施工便道已遭受严重破坏，见图 8.3 和图 8.4。

图 8.3　19+196~19+330 右岸滑坡图 (详见书后彩图)

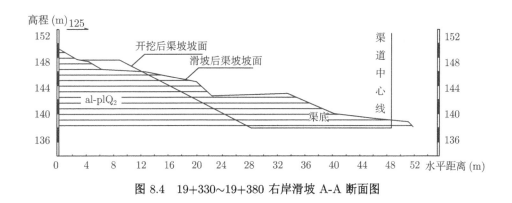

图 8.4　19+330~19+380 右岸滑坡 A-A 断面图

　　滑坡体表面裂缝密集，主要集中在滑坡体中后部，以拉张性为主，规模较大，多呈弧线状分布，裂缝一般宽 5~30cm，错台高度一般为数厘米至几十厘米，在后缘部位错落高度达到 1.5m，裂缝倾角为 70°~80°。

　　滑坡体上中下部形成了三级平台，自上而下的第一个平台上分布有叠瓦状裂隙，第二、三平台上也各分布有数条长大裂隙。滑坡前缘位于渠底，渠底宽度约为 19m，前缘已滑到左岸坡脚，滑动距离约为 18m，滑动后坡比约为 1∶6。

　　左起第 3 个滑坡，后缘位于一级马道，后缘高程为 146.4m，宽度为 21.8m，错落高度为 1.4m，长度约为 26.4m，前缘位于渠道渠底，并向渠坑滑移 1~2m，滑动后坡比为 1∶2.8，见图 8.5 和图 8.6。

图 8.5　19+196~19+330 右岸左起第三个滑坡 (详见书后彩图)

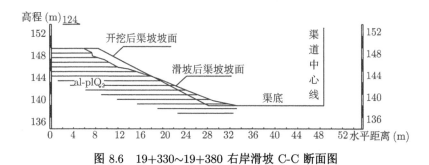

图 8.6　19+330~19+380 右岸滑坡 C-C 断面图

　　根据勘察资料：19+196~19+330 右岸滑坡区地层主要为中更新统冲洪积 (Q_2^{al+pl})，在勘察深度 20m 范围内大致分为 3 层，第一层是厚度约为 10m 的粉质黏土，其下是厚度为 4~5m 的黏土，余下是厚度为 5~6m 的粉质黏土。在地表至以下 4~5m 范围内，土中钙质结核和铁锰质结核含量一般，主要分布在滑坡体中上部，中下部滑坡体灰白色条带分布较多，且土体垂直裂隙较发育，见图 8.7。通过现场

(a)　　　　　　　　　　　　　(b)

图 8.7　19+330~19+380 右岸滑坡体地质特征 (详见书后彩图)

取样开展自由膨胀率试验，19+196～19+330 右岸滑坡体的黏土具有中膨胀性，而接近滑动面位置含有灰白色条带的黏土具有强膨胀性。

2. TS0101+800 段右岸滑坡

该渠坡于 2008 年 12 月开挖，2009 年 2 月开挖完成。试验段试验结束后，渠坡经过处理和整治。原渠坡坡比为 1:2.0，渠坡坡顶高程为 148.80m，坡底高程为 136.254m。滑坡后缘扩展到渠坡坡顶的道路并破坏路基的一半，破坏的路基下陷形成平台，宽 3～4m，长 25m 左右，后缘裂隙宽 10cm，后缘两侧有羽状裂隙，后缘右边界错落 2.7m，后缘中部错落 3.1m，后缘宽度较大，约为 76.2m，见图 8.8。滑坡前缘（一级马道以下）经过清方，地貌已经变化，滑坡体的剪出口无法清晰辨识，滑动后的坡比为 1:2.79，滑坡滑动方向为 296°。滑坡外形及断面形态见图 8.9 和图 8.10。未经清方部分的前缘宽约 122.3m，最长约 21.2m。

图 8.8　南阳 TS101+800 段右岸滑坡全貌（详见书后彩图）

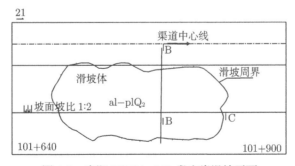

图 8.9　南阳 TS101+800 段右岸滑坡平面

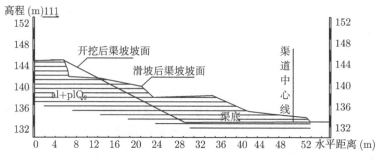

图 8.10   南阳 101+800 段右岸滑坡断面

滑坡位于中膨胀土区，滑动后滑坡体上长大裂隙较发育，多以拉张性为主，规模较大，切割较深，多呈弧线状分布，长度达数十米，一般 2∼3m，裂缝一般宽 2∼5cm，最宽达 20cm，裂隙充填大量灰绿 (白) 黏土，前缘现象明显，灰白色条带分布较多，见图 8.11 和图 8.12。裂隙产状较陡，倾角在 70°∼80°。

图 8.11   南阳 101+800 段右岸滑坡体后缘
(详见书后彩图)

图 8.12   右岸滑坡体裂隙中白色条带
(详见书后彩图)

101+800 段右岸滑坡区地层为中更新统冲洪积 (Q_2^{al+pl})，滑坡上部土体为红褐色粉质黏土，厚约 3m；下部为黄褐色粉质黏土，中间过渡带为黄褐色粉质黏土。其中上部土体含大量灰白色的钙质结核和黑色的铁锰质结核，下部土体的含量明显减少。钙质结核的直径多在 3∼6cm，最大可达 12cm。

通过现场取样开展自由膨胀率试验，101+800 段右岸滑坡体具有中膨胀性，而接近滑动面位置含有灰白色条带的黏土具有中 ∼ 强膨胀性，尤其是长大裂隙充填物具有强膨胀性。

8.1.3   典型强膨胀岩渠坡变形破坏调研

106+140∼106+180 渠段渠坡由第四系中更新统冲洪积层 (Q_2^{al+pl}) 粉质黏土及上第三系 (N) 黏土岩组成。Q_2^{al+pl} 粉质黏土为棕黄色，结构密实，硬塑状态，含少量黑色铁锰质结核及钙质结核, 具中等膨胀性, 大裂隙发育, 长大裂隙较发育, 裂隙面多较平直光滑, 面附灰绿色黏土薄膜, 具蜡状光泽。

第三系 (N) 黏土岩以灰绿色为主, 夹杂少量棕黄色, 成岩较差结构密实, 遇水较软弱, 性质似土, 可见少量黑色铁锰质浸染物; 局部为砂质黏土岩, 具强膨胀性, 大裂隙及长大裂隙极发育, 纵横交错, 裂隙面平直光滑, 充填灰绿色黏土, 具蜡状光泽, 土岩分界线高程为 132.787~132.947m, 向下游方向逐渐变高。

2013 年 3 月 30 日渠道开挖基本成形后, 在渠底附近可见第三系 (N) 黏土岩 (图 8.13), 黏土岩暴露在大气环境, 受干湿循环变化引起强膨胀岩反复胀缩变形并产生大量裂隙, 在渠底坡脚部位发生了浅层滑移变形。

图 8.13 106+140~106+180 右岸滑坡后缘 (详见书后彩图)

受长期降雨作用, 坡脚强膨胀岩首先发生了浅层滑移, 使得渠坡的坡脚失去支撑, 从而导致该渠道右岸一级马道以下渠坡发生滑坡, 滑坡后缘位于抗滑桩后侧 (图 8.14), 高程为 140.046m, 前缘至 1:1 边坡上 (岩土分界处), 高程约为 132.787m, 最大宽度为 14.04m, 其滑坡范围及地质结构见图 8.15。

经过滑坡现场勘查, 106+140~106+180 右岸滑坡滑动面位于 (Q_2^{al+pl}) 粉质黏土和第三系 (N) 黏土岩的分界面, 滑动面黏土为灰白色, 光滑, 具有强膨胀性。

图 8.14　106+140～106+180 右岸滑坡后缘 (详见书后彩图)

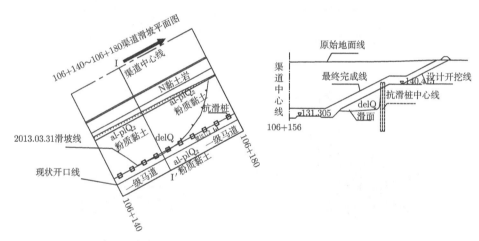

图 8.15　106+140～106+180 右岸滑坡地质图

8.2　强膨胀土渠坡破坏特征分析

8.2.1　渠坡失稳调查

　　南水北调中线工程南阳段目前已发生的滑坡灾害中, 膨胀土滑坡共计 19 处, 这些滑坡有 16 处开挖深度为 12m 左右, 为岗状丘陵地貌, 相对高差较小, 地势平坦, 海拔在 141～148m。

　　按滑坡的物质组成分类, 已发生渠道滑坡均属于黏土、粉质黏土为主的黏性土滑坡, 位于第四系冲洪积 (Q_2^{al+pl}) 层, 颜色为红褐色、黄褐色, 其中粉质黏土含铁锰质结核,含钙质结核,主要分布于渠坡上部,Q_2 黏土分布于渠坡下部,土体裂隙发育,裂隙面充填具强膨胀性灰白色黏土。

失稳边坡坡比均为 1:2,坡面形态以平直型和台阶状较多,滑坡的运动方式为牵引式,滑动模式为土体之间滑动,在滑体的后缘多可见比较明显的拉张裂缝,形成较大的错落,部分滑动距离比较远的滑坡体上可见多级的台阶。

造成上述特征的原因在于膨胀土的胀缩性。胀缩性对滑坡的滑动起到很大的促进作用,膨胀土滑坡软弱面的形成在很大程度也依赖于胀缩性的特点。膨胀土在水分进出干湿循环过程中产生裂缝,旱季失水,膨胀土体表面收缩,由于深部水分蒸发缓慢,与表层紧邻的下层水分尚未减少,出现湿度差,造成收缩不均产生裂缝。裂缝开展面又促进蒸发,裂缝即向深部发展。雨季,降雨入渗使土体膨胀,如此往复,一段时间后形成一个软弱面或连通面并发生滑动,不像其他类型滑坡,如碎石土滑坡和岩质滑坡,地势与坡度为贯通面的形成起了很大的作用;同时,膨胀土滑坡浅层的牵引式发展使得坡体形成多层次的滑动面,坡体上常出现多级错台的现象。

从滑坡力学角度分析,渠道滑坡绝大多数属于牵引式滑坡,渠坡的滑动破坏多在坡脚或坡腰部位开始,然后逐级牵引向上发展,表现为牵引式滑动特点。

因为膨胀土具有与一般黏性土显著不同的工程地质特性,边坡土体对于湿度变化敏感,多产生风化和胀缩变形,强度衰减较快,容易首先出现软弱面而产生滑动。当膨胀土边坡强度一旦降低,产生第一次滑动后,土体强度将继续衰减而产生连续破坏,发育形成第二次、第三次、甚至多次滑动,最后直至达到新的稳定平衡为各次滑动面相互贯通,形成多次牵引阶梯状叠瓦式滑动。

膨胀土滑坡之所以具有多次滑动特性,是因为其同膨胀土的胀缩特性和强度特性有着密切的内在联系。膨胀土的往复胀缩变形,一方面表明土体本身的不稳定性,另一方面标志着风化营力的反复作用促使土的抗剪强度降低。当经过胀缩变动、强度降低的不稳定土体产生第一次滑动后,新暴露于大气中的土体或滑床土体,或因滑后积水下渗,或因风化营力作用,又继续产生风化和胀缩变形而使强度衰减,新的不稳定因素积累,又产生第二次滑动。如此反复循环,直至达到新的稳定平衡为止。所以,膨胀土边坡一般具有强度衰减而产生连续破坏,出现多次滑动的特性。

根据对南水北调中线工程渠道已发生滑坡在地质调研过程中可以发现:滑坡后缘主要受土体中垂直裂隙控制,多呈直立陡坎;滑面中部与主滑段结构面吻合,若由裂隙结构面产生的滑坡,滑床与水平裂隙倾角基本一致;若由软弱夹层产生的滑坡,滑床与软弱夹层的层面相吻合;若由风化带结构而产生的滑坡,滑床大多与风化带界面相重合等。

滑坡具有成群产生、成群分布的特点,是膨胀土滑坡的特性规律的表现。根据对南水北调中线工程总干渠滑坡的调查表明：淅川县 TS16+500~TS19+500 渠段和南阳 TS101+600~102+400 渠段，是膨胀土滑坡集中分布地段。

综合分析，南阳地区具有代表性的膨胀土渠道滑坡，挖深都较大，位于 Q_2^{al+pl} 地层，后缘位于坡顶发生陡倾下坐变形，前缘自渠底剪出，边坡中上部垂直裂隙密布，下部多发育强膨胀土充填裂隙。

8.2.2 强膨胀土渠坡失稳特征

对这些滑坡的调研结果显示，该区膨胀土渠道滑坡有以下特点：

(1) 渠道滑坡多发生在挖深较大的渠段；

(2) 渠道滑坡多集中在 Q_2^{al+pl} 黏土地层，滑坡土体主要为棕红、红褐、棕黄色，局部发育钙质结核或铁锰质结核，边坡土体一般具有中等膨胀性，深层滑动面黏土多具有强膨胀性；

(3) 本区土体具有较强的结构性，近地表膨胀土层，柱状节理发育，边坡开挖形成后构成渠坡坡顶，这些柱状节理多受开挖卸荷及超固结性等因素影响，在开挖完成后连通并出现优选方向，形成较长的顺渠陡倾裂隙；

(4) 现场开挖揭露土体显示，边坡中上部土体垂直裂隙密布，多由于开挖卸荷及干湿循环影响，开挖不久即张开，并向深部发展，现场可见多个边坡发育垂直裂隙，深度可达 3m 以上，对边坡土体的切割作用显著；

(5) 在近渠底较深处多分布有棕黄色 Q_2^{al+pl} 黏土，表现出极强的结构性，倾斜长大裂隙发育，裂隙面多光滑充填灰绿、灰白黏土，厚度从 1~5mm 不等，对现场刮取的裂隙充填物进行自由膨胀率试验，结果显示都具有强膨胀性；

(6) 在滑坡几何形态方面，滑坡前缘基本位于坡脚，后缘到达坡顶位置，前缘沿渠底水平挤出，后缘下错在 1~3m 不等，个别下错可达 4~5m。

8.2.3 强膨胀岩渠坡失稳特征

膨胀岩与膨胀土虽具有相似的矿物成分和遇水膨胀的特性，对工程的危害也是因膨胀变形所引起的，但是，由于成岩程度或风化程度不同，它们的破坏形态和破坏机理也不尽相同。初步分析认为，膨胀土边坡的破坏原因是多种的，如降雨导致的强度衰减和抗滑力降低、膨胀变形，开挖边坡导致的应力松弛、裂隙和结构面的影响等，其破坏形态也有牵引式、叠瓦式、局部溜塌、深层滑动等，而膨胀岩边坡的破坏主要是受母岩的风化和裂隙影响，破坏形态主要有局部崩塌、膨胀变形和滑坡等。

膨胀岩滑坡主要有浅层滑动和深层滑动两类，但大多数属于浅层滑动。浅层滑动一般是指滑弧处于大气影响范围以内的，深度为 1~2m 的滑坡。与膨胀土具有明显的多层结构 (叠瓦式) 不完全相同，膨胀岩的浅层滑动多表现出沿裂隙面的塌滑或崩塌,层叠现象并不十分明显,多在后缘出现很宽的开裂和张拉裂缝。

8.3 中强膨胀土渠坡破坏特征对比分析

8.3.1 中膨胀土渠坡破坏特征

中膨胀土渠坡的破坏主要以浅层滑动为主。这类破坏规模不大,最大的特点是一方面没有明确的滑动面,另一方面变形深度比较浅,一般在 1m 左右,极少超过 2.0m。

这类滑坡是由于渠段开挖后,原来不受大气降雨影响的膨胀土暴露在大气环境中。大气环境干湿循环变化引起渠坡膨胀土体反复胀缩变形和产生大量裂隙,并伴随抗剪强度显著衰减,一旦遇大雨或持续小雨,土体强度短暂大幅下降,就会向坡下缓慢变形,从而引发浅层膨胀土体发生滑动,多表现为渐进性、牵引式滑动。由于土体不发育大裂隙或长大裂隙,坡面土体变形受控于众多的小裂隙,因而滑坡没有明确的底滑面,从坡面向内部的变形量也呈现逐步减小的趋势。

中膨胀土渠坡破坏对工程影响最大的就是长大结构面控制的膨胀土滑坡,这类滑坡严格受某个近水平的结构面控制,具有底滑面近水平、后缘拉裂面陡倾的折线形特征。构成底滑面的结构面即使是中膨胀土也会分布有大裂隙 (长度中 0.5 ～ 2m) 和长大裂隙 (长度大于 2m),这类滑坡在南水北调中线工程渠道施工中发生了多处。

这类滑坡后缘拉裂面位置有一定的规律性,基本上限定在某级坡坡顶地形转折处,前后变化一般不超过 1m,与开挖边坡拉应力集中区相对应。滑坡的最早迹象是在后缘出现拉裂缝,当弧形拉裂缝基本贯通且缝宽达到 2~5cm 时,前缘剪出口开始显现,在滑坡机理上具有典型的推移式特征,而不是所说的牵引式。滑坡断面形态呈现折线形,而不是长期以来所认为的圆弧形。尽管有时也存在滑坡浅与积水浸泡等不利因素,但这仅减小了滑动的阻力或是加快了滑坡的发生,并不改变滑坡整体上的推移式滑动特点。滑坡一旦形成,就会向后逐级牵引。

8.3.2 强膨胀土渠坡地质结构

结合现场调研的结果,绝大多数存在边坡稳定问题,即挖深较大的挖方边坡处露有强膨胀土地层,其地质结构见图 8.16 和图 8.17。

渠段出露 N 地层仅在刁河左岸零星出露,因本渠段第四系覆盖层厚薄不均,仅在河谷、坡脚等处沿线零星出现渠底涉及该地层,分布总长约为 2.13km。该地层多在淅川段挖深较深、地层相对较厚的地区。而 Q_2 地层裂隙发育显著且多含充填物,具有蜡状光泽,虽分布长大裂隙,但埋深较浅渠底多为上第三系 (N) 黏土岩或半胶结黏土,强度高、整体性好,基本发生浅表层溜滑,无深层整体滑坡出现。

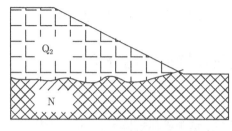

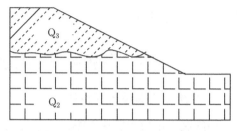

图 8.16　Q_2-N 地质结构示意图　　　　　　　图 8.17　Q_2-Q_3 地质结构示意图

　　Q_2 是本区膨胀土主要来源，分布十分广泛，是构成南阳盆地平原的主要土层，埋深多在 6~30m 范围，多位于本区段渠线渠底；本地层裂隙发育显著，具蜡状光泽且多含充填物，分布长大裂隙 (图 8.18)，埋深 8m 以下时受地下水位变化影响较少，铁锰质及钙质结核几乎不发育，土体强度受裂隙影响较大，若存在顺渠缓倾裂隙，则往往成为渠坡的潜在滑动面。上覆 Q_3 地层多受植物及风化作用影响，微裂隙及垂直裂隙发育见图 8.19。

图 8.18　蜡状光泽充填灰白色黏土裂隙　　　图 8.19　微裂隙及垂直裂隙发育层
　　　　　　(详见书后彩图)　　　　　　　　　　　　(详见书后彩图)

　　部分地区本层地下水位较高，出现季节性地下水位涨落，则发育标志动荡地下水位的钙质结核层。此地质结构在渠道沿线最具代表性，分布广泛，由于 Q_2 地层的特殊性质及位置 (渠底坡脚)，当有长大裂隙与渠道边坡构成同向缓倾关系时，渠坡极有可能失稳。

8.3.3　中强膨胀土渠坡破坏特征的差异性

　　中膨胀土大多不发育大裂隙或长大裂隙但发育众多的小裂隙受大气影响作用较为明显，因此，南水北调中线渠道挖方边坡以浅层滑动为主，滑动面的深度与大气影响深度息息相关，但一般不会超过 2m；也有一小部分中膨胀土中发育了大裂隙 (长度为 0.5~2m) 和长大裂隙 (长度大于 2m)，对渠坡的稳定性影响比较显著，渠道开挖后也发生了滑坡,属于受裂隙控制的膨胀土滑坡。

根据现场调查,南水北调中线渠道没有完全是由强膨胀土组成的渠坡,一般渠坡上部有中膨胀土,渠底及中下部偶见强膨胀土或强膨胀岩,这类地质结构也决定了强膨胀土 (岩) 的渠坡变形破坏特征与中膨胀土渠坡有些差异,主要体现在:一是强膨胀土渠坡的变形破坏主要以深层滑移为主,其破坏类型及特征与受裂隙控制的中膨胀土滑坡类似;二是滑坡的滑动范围、距离以及滑体厚度均要比中膨胀土滑坡大,对南水北调中线工程建设的影响更大,一旦渠底有强膨胀土出露,与中膨胀土渠坡渠道相比,强膨胀土渠坡更容易发生滑坡。

第9章　裂隙性强膨胀土膨胀模型

9.1　膨胀土胀缩规律及其指标测定

膨胀土的自由膨胀率, 有荷、无荷膨胀率与收缩量是宏观判别膨胀土膨胀特性的重要指标, 一般均可通过试验测得。

自由膨胀率 F_s 用来测定黏性土在无结构力影响下的膨胀潜势, 其与界限含水率试验相配合, 对膨胀土的判别具有指向性意义。

$$F_s = \frac{\Delta V}{V_0} \times 100\% = \frac{V - V_0}{V_0} \times 100\% \tag{9.1}$$

式中, V_0、V 为试样原始体积与变形后体积 (cm^3); ΔV 为试样变形后体积增量 (cm^3)。

膨胀率 δ_{ep} 包括有荷与无荷膨胀率。在侧限条件下, 对有上覆荷载或者无荷载的情况, 试样浸水膨胀后的高度增加量与原高度之比以百分率表示, 即线膨胀率。其可用专门膨胀仪测定, 或用固结仪测定。

$$\delta_{ep} = \frac{\Delta h}{h_0} \times 100\% = \frac{h - h_0}{h_0} \times 100\% \tag{9.2}$$

式中, h_0、h 为试样原始高度与变形后高度 (cm); Δh 为试样变形后高度增量 (cm)。

收缩量是指土体失水变形的量值, 一般用线缩率 e_s 或体缩率 δ_V 来表征, 土体失水收缩稳定后的最低含水率为缩限。

$$e_s = \frac{h - h_0}{h_0} \times 100\% \tag{9.3}$$

式中, h_0、h 为试样饱和时与收缩后的高度 (cm)。

9.1.1　自由膨胀率

自由膨胀率是反映土膨胀性的重要基本指标, 其与土的颗粒组成、矿物化学成分、水溶液性质等密切相关。对南水北调中线渠道工程现场众多试验点土样取样, 进行自由膨胀率的测定, 结果见表 9.1。

以较为流行的膨胀土自由膨胀率作为判别依据, 将自由膨胀率为 $40 \leqslant F_s < 65$ 的土划分为弱膨胀土, $65 \leqslant F_s < 90$ 为中膨胀土, $F_s \geqslant 90$ 为强膨胀土。可见渠道

沿线中膨胀土分布广泛,强膨胀土主要集中在淅川段、南阳段、鲁山段、邯郸段等区段。

表 9.1 南水北调中线工程沿线典型膨胀土自由膨胀率

地点	位置	自由膨胀率/%	地点	位置	自由膨胀率/%
淅川段	一级马道以下 4m	97.60	南阳 2 段	渠底	108.75
	一级马道	100.33		地表以下 8m	57.40
	右岸滑坡体	65.60		地表以下 7m	57.20
	一级马道地表以下 5m	71.80		地表以下 7m	61.00
	地表以下 15m	100.20		一级马道以下 1.5m	94.80
南阳 3 段	地表以下 6m	79.20	鲁山段	地表以下 12m	46.00
	地表以下 2m	67.40		地表以下 8m	84.75
	地表以下 3m	111.40		地表以下 8m	74.60
	一级马道	63.00	淅川段	左岸滑坡体	51.60
	渠底	70.80		地表以下 10m	64.00
	一级马道	92.00	南阳 3 段	坡顶以下 3m	90.00
邯郸段	渠坡中部	130.75		地表以下 2m	60.00
	渠底	92.75			

9.1.2 膨胀变形规律与线膨胀率

对天然含水率、密度状态,自然裂隙发育程度下的强膨胀土、强膨胀岩、中膨胀土、中膨胀岩分别进行无荷膨胀率与 50kPa 荷载下的有荷膨胀率试验,得出其膨胀变形时程规律与分布特征,进行对比分析。

各种膨、岩土无荷膨胀率试验结果如图 9.1 所示。可见,由于试样原状样均接近饱和状态,在吸湿条件下膨胀率总体不大,在无荷条件下强膨胀岩、土膨胀率一般为 3.0%~4.5%,中膨胀岩、土膨胀率一般为 0.8%~2.0%,二者差异较为明显,达到 2~3 倍。

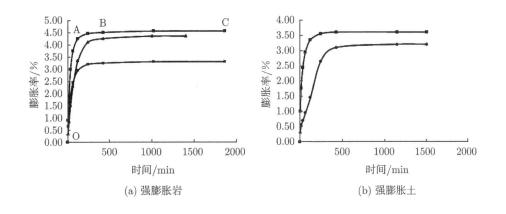

(a) 强膨胀岩   (b) 强膨胀土

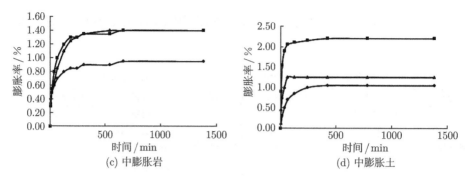

图 9.1　典型膨胀岩、土无荷膨胀曲线

　　各类膨胀土在吸水后，膨胀变形规律基本相似，如图 9.1(a) 所示，其膨胀过程大致分为 3 个阶段：OA 段曲线斜率大，反映膨胀变形发展十分迅速，在很短的时间内即完成了大部分的变形；AB 段曲线斜率由大逐渐变小，膨胀速率逐渐放缓，前两个过程后，土体基本上完成膨胀变形；BC 段基本呈平直状态，此时膨胀量极小，在很长一段时间内变形不发生变化，达到稳定的状态。

　　在上覆荷载情况下，膨胀土吸湿变形过程与无荷时基本一致，但曲线 OA 段有所缩短，AB 段过程加长，线膨胀率也有着较大的差异。图 9.2 给出了 50kPa 荷载下各类膨胀岩、土的膨胀曲线。

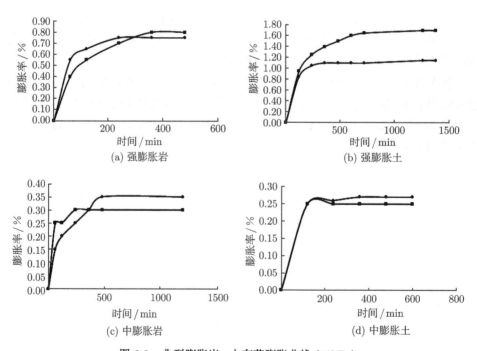

图 9.2　典型膨胀岩、土有荷膨胀曲线 (50kPa)

可见, 有荷状态下, 土体膨胀达到稳定的时间有一定的缩短, 膨胀率总体较小, 且明显小于无荷情况下的膨胀率, 强膨胀岩、土有荷膨胀率一般为 0.75%～1.70%, 中膨胀岩、土膨胀率一般为 0.25%～0.35%, 强、中膨胀岩、土有荷膨胀率差异较为明显, 达到 3～5 倍。

9.1.3　收缩特性与指标分析

图 9.3 给出了原状强膨胀岩、强膨胀土、中膨胀岩、中膨胀土 4 种膨胀土 (岩) 的收缩曲线。

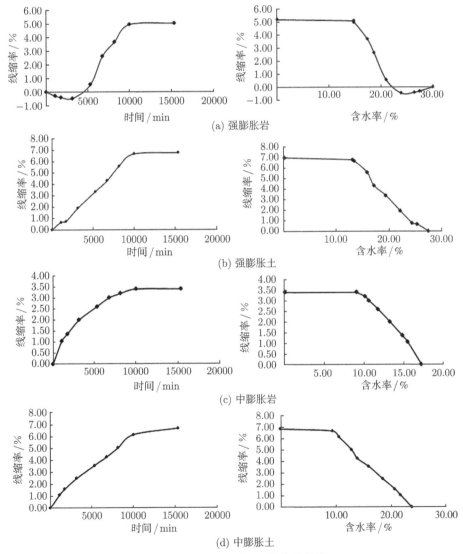

图 9.3　不同膨胀岩、土的收缩曲线

分析可知:

(1) 从收缩曲线形态来看, 强膨胀土、中膨胀土 (岩) 具有相似特征, 收缩曲线分为三个阶段, 第一阶段为等速收缩阶段, 收缩速率快且基本稳定; 第二阶段为减速收缩阶段, 该阶段持续时间较短, 收缩速率逐渐减缓; 第三阶段为稳定收缩阶段, 土体收缩量很小, 体积基本保持稳定, 不随含水率变化而变化。

(2) 强膨胀岩在收缩初始阶段, 线缩率呈负值, 不缩反胀, 但负线缩率很小, 这是受到土体裂隙及自身状态影响; 土体在失水初始阶段, 各向异性收缩特征显著, 径向收缩不显著。

(3) 强膨胀岩、强膨胀土、中膨胀岩、中膨胀土缩限分别为 14.74%, 12.97%, 9.07%, 9.50%, 缩限与膨胀等级相关, 随膨胀性增强而减小。一般来说, 原状土样的缩限含水率大于扰动样, 这是因为土体自身结构力的作用可抵抗部分收缩力。

9.2　强膨胀土 K_0 应力状态膨胀模型

目前, 对于膨胀土膨胀模型的研究主要集中在两个方面, 一是利用固结仪进行的 K_0 应力状态下的膨胀模型研究; 二是利用三轴试验仪进行三轴应力状态下的膨胀模型研究。从理论上来说, 三轴膨胀模型具有特定的应力状态和应力路径, 并综合考虑了多种因素的共同作用, 与膨胀土实际状态更为接近, 模型表述更为精确。但是, 三轴膨胀模型的建立需要依托非饱和三轴试验, 其试验周期长, 重复性差, 试验条件 (如进水速率与进水量、轴向接触变形等) 较难控制, 参数难以取得。因此, 成果不便于直接应用于实际工程, 虽然已取得了一定的研究成果, 但推广性不及 K_0 膨胀模型。所以, 就实用性和推广性而言, 开展 K_0 膨胀模型的研究具有较强的实际意义。

目前, 针对弱、中膨胀土以及膨胀岩的 K_0 应力状态膨胀模型并不少见, 但强膨胀土的 K_0 膨胀模型还不多见, 针对典型强膨胀土开展了以下研究。

9.2.1　试验方案

通过杠杆固结仪进行 K_0 应力状态下的膨胀试验, 试验材料为南水北调中线渠道南阳 2 段渠底强膨胀土, 自由膨胀率达到 112, 分别进行不同干密度 1.45g/cm³、1.50g/cm³、1.55g/cm³, 每种干密度进行 3 种初始含水率 20%、25%、30%, 5 种上覆荷载 0kPa、12.5kPa、25kPa、50kPa、100kPa 条件下的有荷与无荷膨胀率试验, 共计 45 组试验。试验按照《土工试验规程》(SL237—1999) 执行。

9.2.2　膨胀率特征及变化规律

不同干密度、初始含水率与荷载条件下强膨胀土膨胀率如表 9.2 所示, 图 9.4

为不同干密度与初始含水率的膨胀土,其膨胀率与荷载之间的关系曲线。分析可知:

(1) 在干密度与初始含水率一定时,膨胀土膨胀率随着上覆荷载的增大而减小,在荷载较小时,随着荷载的增加,膨胀率减小速率很快,无荷膨胀率显著大于稍加荷载时的线膨胀率,较小的荷载对膨胀起到明显的限制作用;当荷载较大时,其减小速率变慢,在较高的荷载条件下,膨胀率 $\delta_{ep} < 0$,说明土体不胀反缩,此时上覆荷载大于土体吸湿后产生的膨胀力。

表 9.2　强膨胀土膨胀率试验结果

干密度 $\rho_d/(\text{g/cm}^3)$	含水率 $w_0/\%$	膨胀率 $\delta_{ep}/\%$				
		0kPa	12.5 kPa	25 kPa	50 kPa	100 kPa
1.45	20	14.18	5.95	4.25	1.97	−0.45
	25	12.09	4.5	2.98	1.56	−0.74
	30	6.55	3.41	2.31	1.02	−0.88
1.5	20	14.52	6.33	4.62	2.34	0.03
	25	12.37	4.87	3.39	2.04	−0.28
	30	7.19	3.79	2.64	1.43	−0.39
1.55	20	14.96	7.04	5.21	4.07	1.81
	25	13.05	5.08	3.67	2.35	0.35
	30	8.47	3.69	2.99	1.93	0.06

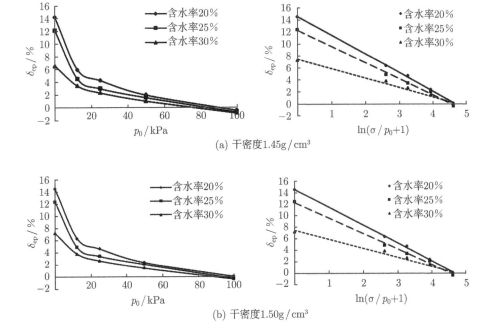

(a) 干密度1.45g/cm³

(b) 干密度1.50g/cm³

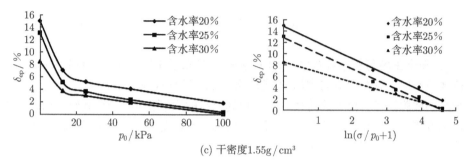

(c) 干密度1.55g/cm³

图 9.4　不同初始含水率重塑土膨胀率与荷载关系曲线

(2) 当干密度一定时，含水率较高，膨胀土基质吸力小，饱和度高，膨胀率随着初始含水率的增加而减小；当初始含水率一定时，随着干密度的增加，膨胀率显著提高。

9.2.3　强膨胀土 K_0 膨胀模型构建

研究表明，在 K_0 应力状态下，膨胀土线膨胀率 δ_{ep} 与上覆荷载 σ 半对数呈线性关系，当上覆荷载为 0 时，即无荷膨胀状态，在对数表达式中出现 $\ln\sigma$ 无意义的情况，导致数学模型建立的困难。对此，一般的处理方式为在原始上覆荷载条件下，均对初始值增加 $1\mathrm{kPa}$，变为 $(\sigma+1)$，相应分析为线膨胀率 δ_{ep} 与上覆荷载 $(\sigma+1)$ 之间的相关关系研究，分别对不同初始干密度、不同初始含水率的强膨胀土进行上覆荷载各异的膨胀率试验，将结果纳入上覆荷载与线胀率的半对数坐标系中，为了将荷载无量纲化，分别将上覆荷载作 σ/p_0 处理，$p_0=1\mathrm{kPa}$，结果如图 9.4 所示。在半对数坐标系中，线膨胀率 δ_{ep} 与 $\ln(1+\sigma/p_0)$ 基本呈负相关关系，可用下式进行线性拟合

$$\delta_{\mathrm{ep}} = a\ln(1+\sigma/p_0) + b \tag{9.4}$$

式中，a、b 为与含水率和干密度相关的拟合参数。

拟合结果如下：

1. 干密度 $\rho_{\mathrm{d}}=1.45\mathrm{g/cm}^3$

对三种不同初始含水率 w_0 的强膨胀土膨胀率与荷载的半对数进行回归分析，结果见表 9.3。

表 9.3　不同 w_0 时线性回归系数 ($\rho_{\mathrm{d}}=1.45\mathrm{g/cm}^3$)

$w_0/\%$	a	b	R^2
20	-3.1375	14.221	0.999
25	-2.7404	11.975	0.9972
30	-1.5366	6.9099	0.9658

以初始含水率为变量，分别分析回归公式中参数 a、b 与 w_0 的关系，得到干密度为 1.45g/cm³ 时 a、b 随初始含水率 w_0 的变化曲线 (图 9.5)。

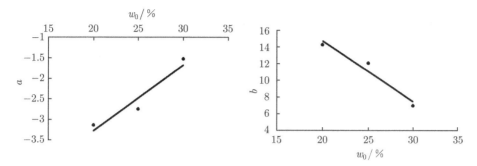

图 9.5 a、b 与 w_0 相关关系 (ρ_d=1.45g/cm³)

可见，a、b 均与初始含水率呈较好的线性关系，经回归分析得到参数 a、b 与初始含水率的相关关系如下

$$a = 0.1601w_0 - 6.4739 \tag{9.5}$$

$$b = -0.7311w_0 + 29.313 \tag{9.6}$$

将式 (9.5)、式 (9.6) 分别代入式 (9.4) 中，即可得到初始干密度 ρ_d=1.45g/cm³ 时，该典型强膨胀土膨胀率与上覆荷载 σ、初始含水率 w_0 的模型公式

$$\delta_\mathrm{ep} = (0.1601w_0 - 6.4738)\ln(1 + \sigma/p_0) + (-0.7311w_0 + 29.313) \tag{9.7}$$

2. 干密度 ρ_d=1.50g/cm³

对三种不同初始含水率 w_0 的强膨胀土膨胀率与荷载的半对数进行回归分析，结果见表 9.4。

表 9.4 不同 w_0 时线性回归系数 (ρ_d=1.50g/cm³)

w_0/%	a	b	R^2
20	−3.1158	14.546	0.9993
25	−2.6972	12.250	0.9966
30	−1.5798	7.4844	0.9777

以初始含水率为变量，分别分析回归公式中参数 a、b 与 w_0 的关系，得到干密度为 1.50g/cm³ 时 a、b 随初始含水率 w_0 的变化曲线 (图 9.6)。

可见，a、b 均与初始含水率呈较好的线性关系，经回归分析得到参数 a、b 与初始含水率 w_0 的相关关系如下

$$a = 0.1536w_0 - 6.3043 \tag{9.8}$$

$$b = -0.7062w_0 + 29.081 \tag{9.9}$$

将式 (9.8)、式 (9.9) 分别代入式 (9.4) 中，即可得到初始干密度 ρ_{d}=1.50g/cm^3 时，该典型强膨胀土膨胀率与上覆荷载 σ、初始含水率 w_0 的模型公式

$$\delta_{\mathrm{ep}} = (0.1536w_0 - 6.3043)\ln(1 + \sigma/p_0) + (-0.7062w_0 + 29.081) \tag{9.10}$$

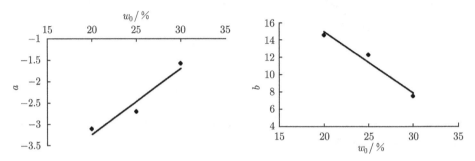

图 9.6　a、b 与 w_0 相关关系 (ρ_{d}=1.50g/cm^3)

3. 干密度 ρ_{d}=1.55g/cm^3

对三种不同初始含水率 w_0 的强膨胀土膨胀率与荷载的半对数进行回归分析，结果见表 9.5。以初始含水率为变量，分别分析回归公式中参数 a、b 与 w_0 的关系，得到干密度为 1.55g/cm^3 时 a、b 随初始含水率 w_0 的变化曲线 (图 9.7)。

表 9.5　不同 w_0 时线性回归系数 (ρ_{d}=1.55g/cm^3)

w_0/%	a	b	R^2
20	-2.8261	14.761	0.9953
25	-2.7364	12.785	0.9938
30	-1.7559	8.4876	0.9917

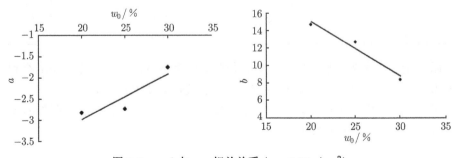

图 9.7　a、b 与 w_0 相关关系 (ρ_{d}=1.55g/cm^3)

可见，a、b 均与初始含水率呈较好的线性关系，经回归分析得到参数 a、b 与初始含水率 w_0 的相关关系如下

$$a = 0.1070w_0 - 5.115 \tag{9.11}$$

$$b = -0.6273w_0 + 27.695 \tag{9.12}$$

将式 (9.11)、式 (9.12) 分别代入式 (9.4) 中，即可得到初始干密度为 $\rho_d = 1.55\text{g/cm}^3$ 时，该典型强膨胀土膨胀率与上覆荷载 σ、初始含水率 w_0 的模型公式

$$\delta_{\text{ep}} = (0.1070w_0 - 5.115)\ln(1 + \sigma/p_0) + (-0.6273w_0 + 27.695) \tag{9.13}$$

4. 不同干密度下强膨胀土 K_0 膨胀模型

对比不同干密度时强膨胀土膨胀率 δ_{ep} 与上覆荷载 σ、初始含水率 w_0 的经验关系可知，可用下式统一描述

$$\delta_{\text{ep}} = (Aw_0 - B)\ln(1 + \sigma/p_0) + (Cw_0 + D) \tag{9.14}$$

式中，A、B、C、D 均为试验参数，与初始干密度 ρ_d 有关。

统计不同干密度下膨胀率 δ_{ep} 模型公式中 A、B、C、D 的参数值，列于表 9.6 中。

表 9.6 不同 ρ_d 时线性回归系数

$\rho_d/(\text{g/cm}^3)$	A	B	C	D
1.45	0.1601	−6.4738	−0.7311	29.313
1.5	0.1536	−6.3043	−0.7062	29.081
1.55	0.107	−5.115	−0.6273	27.695

为了研究经验参数 A、B、C、D 与干密度 ρ_d 之间的关系，分别对各经验参数与干密度进行拟合分析，发现各参数仍与干密度间呈较好的线性关系，拟合曲线见图 9.8。

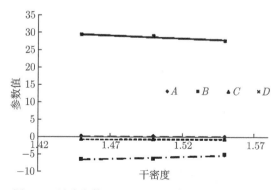

图 9.8 经验参数 A、B、C、D 与 ρ_d 的相关关系

由此得出由干密度 ρ_d 作为变量的经验参数 A、B、C、D 的表达式

$$A = -0.531\rho_d + 0.9367 \tag{9.15}$$

$$B = 13.588\rho_d - 26.346 \tag{9.16}$$

$$C = 13.588\rho_d - 26.346 \tag{9.17}$$

$$D = -16.18\rho_d + 52.966 \tag{9.18}$$

因此,可建立强膨胀土线膨胀率 δ_{ep} 与干密度 ρ_d、上覆荷载 σ、初始含水率 w_0 之间的相关关系式,得到强膨胀土 K_0 应力状态下的膨胀模型。

$$\delta_{ep} = [(-0.531\rho_d + 0.9367)w_0 + (13.588\rho_d - 26.346)]\ln 1 + \sigma/p_0$$
$$+ [(13.588\rho_d - 26.346)w_0 + (16.18\rho_d + 52.966)] \tag{9.19}$$

9.3　裂隙强膨胀土非线性回归膨胀模型

9.3.1　裂隙特征与定量概化方式

　　基于南水北调中线南阳段现场地质调查工作,对所采集的 100 余组膨胀土土样进行膨胀等级判定,确定了典型强膨胀土分布范围,包括南阳 2 段、南阳 3 段等典型强膨胀土渠段,多分布于挖方渠底,部分分布于渠段渠坡。调研发现,强膨胀土宏观上最为典型的特征是裂隙极发育,并含有大量充填物,裂隙强膨胀土对于渠道的设计、建设均造成了重大的影响。

　　强膨胀土裂隙分布广泛,根据裂隙成因,结合裂隙分布特征与裂隙面形态,可大致分为原生裂隙和次生裂隙。原生裂隙是原生结构面的一种,是由于土体内不均匀收缩应力作用而形成的。由于收缩应力的大小与失水量成正比,应力自土层表面至深部逐渐减小,原生裂隙往往上宽下窄,基本上被次生黏土充填。次生裂隙是指拉张或剪切裂隙,由于土体外界与内部应力条件的变化而形成,剪切裂隙与拉张裂隙分布广泛且密集,裂隙面较为光滑,往往被灰绿色或灰白色黏性土充填,充填物膨胀性很强,比原生黏土更强,工程性质极差 (图 9.9)。

　　从图 9.9 中也可看出,强膨胀土的裂隙基本为充填裂隙,由于强膨胀土赋存深度较深,在某些渠道边坡段,在渠顶以下的一级马道处或渠坡以下二级马道处,甚至渠底深度达 15m 以上时,仍揭露出裂隙充分发育的膨胀土。在上覆应力如此之高的条件下,裂隙往往不以常态的基质间缝隙存在,而是被黏胶粒含量与亲水性矿物含量极高的灰白-灰绿色黏性土充填,这些充填物是地下水通过裂隙进行运移过程中,与膨胀土中蒙脱石、伊利石等黏土矿物发生离子交换作用或矿物沉积作

用而形成的。充填物以网状不规则形态,纵横交替分布于土体中,充填厚度一般为2~5mm,部分厚度为 2mm 以下,呈薄膜状或透镜状,局部厚度达 10mm 以上。充填黏土土质极为细腻,天然含水率一般也较高。

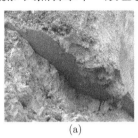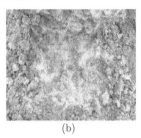

(a)   (b)

图 9.9 强膨胀土充填裂隙

南阳膨胀土边坡土体地下水活动频繁,受地下水影响,土体裂隙中充填灰绿色黏土的占绝大部分,其余部分裂隙充填物为钙质和铁锰质等,无充填裂隙数量很少。相关研究表明,弱膨胀土灰绿色黏土充填裂隙占裂隙总量的 64.3%~83.9%,中膨胀土区域灰绿色黏土充填裂隙具有垂直分带特征,埋深 6m 以内的充填裂隙占80% 左右,而强膨胀土埋深较大,灰绿色充填裂隙发育更为显著,约占裂隙总量的90% 以上。

由此,考虑到强膨胀土中典型的黏土充填裂隙,提出以充填物含量来判别裂隙发育程度,根据统计结果,作出强膨胀土裂隙完全被灰绿色黏土充填的假设,裂隙率 K_r 即裂隙体积与裂隙之外土体体积之比,则可以充填灰白色黏土与黄褐色基质性黏土含量之比进行间接描述,从而建立强膨胀土裂隙含量的定量化指标。

9.3.2 裂隙膨胀土湿胀影响因素分析

根据裂隙率量化指标,将裂隙性作为关键因素之一纳入膨胀土湿胀变形模型之中。首先进行裂隙膨胀土的膨胀率试验分析,自现场强膨胀土集中分布渠段南阳2 段、南阳 3 段,分别刮取裂隙面灰白色充填黏土作为裂隙基质,土体基质采用南阳 2 段、南阳 3 段渠坡与渠底黄褐色膨胀土,二者物理性质指标见表 9.7。

表 9.7 裂隙膨胀土试样物理性质指标

类型	含水率/%	密度/(g/cm³)	颗粒 (mm) 组成/%			液限/%	塑限/%	自由膨胀率/%
			< 0.05	< 0.005	< 0.002			
裂隙基质	29.54	1.92	92	41	15	93.51	32.76	112
土体基质	24.87	1.93	87	30	12	55.42	27.45	68

根据灰白色与黄褐色黏土含量之比,于室内分别配置灰白色黏土含量 35%、50%、65% 的重塑膨胀土样,模拟裂隙率分别为 35%、50%、65% 的强膨胀土,进

行不同裂隙率膨胀土吸湿膨胀变形研究，采用无荷与有荷膨胀率试验，对 3 种裂隙率土样分别进行 3 种干密度 (1.45g/cm^3、1.50g/cm^3、1.55g/cm^3)、3 种初始含水率 (20%、25%、30%)、3 种荷载 (0kPa、25kPa、50kPa) 条件下的膨胀试验，分析强膨胀土吸湿膨胀变形规律与影响因素，结果见表 9.8。

表 9.8   裂隙强膨胀土膨胀率试验结果

裂隙率 K_r/%	干密度 $\rho_d/(\text{g/cm}^3)$	含水率 w_0/%	膨胀率 δ_{ep}/%		
			0kPa	25 kPa	50 kPa
35	1.45	20	13.05	3.17	0.76
		25	10.87	1.88	0.4
		30	5.39	1.19	0.2
	1.5	20	13.52	3.67	1.6
		25	11.37	2.24	0.93
		30	6.18	1.5	0.36
	1.55	20	13.85	4.01	3
		25	11.91	2.57	1.65
		30	7.3	1.82	0.84
50	1.45	20	14.18	4.25	1.97
		25	12.09	2.98	1.56
		30	6.55	2.31	1.02
	1.5	20	14.52	4.62	2.73
		25	12.37	3.39	2.04
		30	7.19	2.64	1.43
	1.55	20	14.96	5.21	4.07
		25	13.05	3.67	2.7
		30	8.47	2.99	1.93
65	1.45	20	16.42	6.25	3.97
		25	14.27	5.33	3.51
		30	8.7	4.43	3.19
	1.5	20	16.82	6.74	4.8
		25	14.55	5.75	4.07
		30	9.46	4.85	3.54
	1.55	20	17.22	7.54	6.32
		25	15.23	5.9	5.22
		30	10.81	5.16	4.31

由前述分析可知，膨胀率 δ_{ep} 与上覆荷载 σ 半对数呈线性关系，在此分别分析强膨胀土膨胀率 δ_{ep} 与裂隙率 K_r、干密度 ρ_d、初始含水率 w_0 之间的相关关系。

1. 膨胀率 δ_{ep} 与裂隙率 K_r 关系

在不同荷载 σ、干密度 ρ_d、初始含水率 w_0 时，将膨胀率 δ_{ep} 与裂隙率 K_r 的相关关系绘制于图 9.10 中。

分析可知，在初始含水率、干密度、荷载各异时，膨胀率 δ_{ep} 随裂隙率 K_r 的变化规律基本一致，呈较好的指数关系，裂隙率越大，膨胀土裂隙性越强，裂隙充填物含量越高，膨胀率也越大，且充填裂隙越多，膨胀率变化幅度越大。

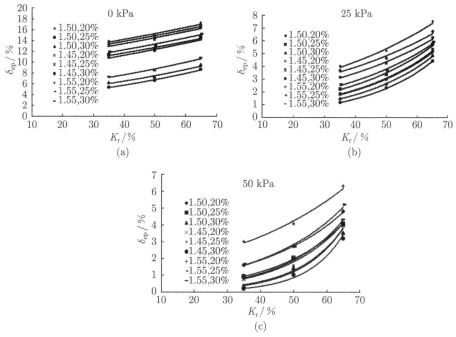

图 9.10 膨胀率与裂隙率的相关关系

注: 图例中 "1.50,20%" 为 "干密度, 初始含水率"

2. 膨胀率 δ_{ep} 与干密度 ρ_d 关系

在不同荷载 σ、裂隙率 K_r、初始含水率 w_0 时，膨胀率 δ_{ep} 与干密度 ρ_d 的相关关系如图 9.11 所示。

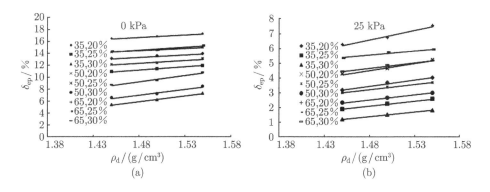

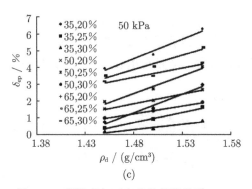

(c)

图 9.11　膨胀率与干密度的相关关系

注：图例中 "35,20%" 为 "裂隙率，初始含水率"

分析可知：在初始含水率、裂隙率、荷载各异时，膨胀率 δ_{ep} 随干密度 ρ_d 基本呈线性相关，在初始含水率较低时，膨胀率受干密度影响较大，随干密度的增加而增长较快。

3. 膨胀率 δ_{ep} 与初始含水率 w_0 关系

在不同荷载 σ、裂隙率 K_r、干密度 ρ_d 时，膨胀率 δ_{ep} 与初始含水率 w_0 的相关关系如图 9.12 所示。

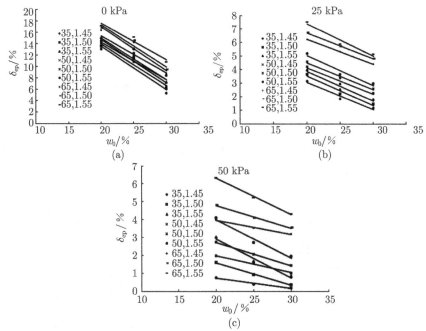

图 9.12　膨胀率与初始含水率的相关关系

注：图例中 "35,1.45" 为 "裂隙率，干密度"

分析可知：在干密度、裂隙率、荷载各异时，膨胀率 δ_{ep} 随初始含水率 w_0 基本呈线性负相关，在其他条件相同且干密度较大时，膨胀率初始含水率影响较大，随初始含水率的增加而减小较快。

9.3.3 不同裂隙率膨胀土膨胀模型与敏感性分析

根据膨胀率试验结果，膨胀土膨胀率 δ_{ep} 受到初始含水率 w_0、干密度 ρ_{d}、荷载 σ 与裂隙率 K_{r} 的共同影响，并与 w_0、ρ_{d}、$\ln(1+\sigma)$ 均呈线性关系，与 K_{r} 呈指数关系。为此，采用统计分析应用软件 SPSS 对强膨胀土膨胀率进行回归分析研究，对各影响因素建立敏感性分析指标，继而建立多元线性、非线性回归膨胀模型。

在裂隙率 K_{r} 一定时，膨胀率 δ_{ep} 与其影响因素 w_0、ρ_{d}、$\ln(1+\sigma)$ 之间均为线性关系，可考虑建立不同裂隙率 K_{r} 下的多元线性回归模型。SPSS 进行回归分析的方法主要有强行进入法、消去法、向前选择法、向后剔除法、逐步进入法，在本书分析中，将膨胀率 δ_{ep} 作为因变量，w_0、ρ_{d}、$\ln(1+\sigma)$ 作为自变量，各自变量对于因变量的关系和影响的显著程度已在理论上作出了相关分析，为保证模型的完整性与全面性，在进行自变量筛选时采用强行进入法，该方法在进行回归分析时将所选自变量全部纳入回归模型。

多元回归方程与回归系数需进行显著性检验。回归方程的显著性检验，一般采用拟合优度和方差分析的方式，考量因变量对于自变量的整体线性相关性。通过复相关系数 $\sqrt{R^2}$ 和调整复相关系数 $\sqrt{\bar{R}^2}$ 进行拟合优度的检验。将零假设引入方差分析

$$H_0: \beta_1 = \beta_2 = \cdots = \beta_p = 0 \tag{9.20}$$

利用 F 检验法检验

$$F = \frac{R^2}{1-R^2} \frac{n-p-1}{p} \sim F(p, n-p-1) \tag{9.21}$$

由回归分析得到的 p，进行 p 值判断，如果 $p < 0.05$，则方差分析中零假设成立，回归方程显著，如果 $p \geqslant 0.05$，则回归方程不显著。

回归系数的显著性检验为考量所有自变量对于因变量的影响程度的显著性。首先，对各个自变量 X_j 进行零假设

$$H_0: \beta_j = 0, \quad (j = 1, 2, \cdots, p) \tag{9.22}$$

再利用 T 检验法进行检验，其检验量为

$$T_j = \frac{\hat{\beta}_j / \sqrt{l_{jj}}}{\sqrt{\sum_{t=1}^{n} (Y_t - \hat{Y}_t)^2 / (n-p-1)}} \sim t(p, \, n-p-1) \tag{9.23}$$

同样，若零假设成立，回归系数显著；反之，回归系数不显著。

回归分析分步进行，首先针对不同裂隙率 K_r，进行膨胀率与初始含水率 w_0、干密度 ρ_d、荷载条件 $\ln(1+\sigma)$ 的多元线性回归分析。

1. $K_r = 35\%$

回归分析结果如表 9.9~表 9.11 所示。

表 9.9　回归模型汇总表

模型	R	$\sqrt{R^2}$	$\sqrt{\bar{R}^2}$	标准估计误差
$K_r = 35\%$	0.984	0.967	0.963	1.24124

表 9.10　方差分析表

模型		平方和	自由度	均方	F	Sig.
	回归	1096.249	3	365.416		
$K_r = 35\%$	残差	36.976	24	1.541	237.178	0.000
	总计	1133.225	27			

表 9.11　回归系数表

模型		非标准化系数		t	Sig.
		B	标准误差		
	ρ_d	12.757	0.998	12.782	0.000
$K_r = 35\%$	w_0	-0.351	0.058	-6.085	0.000
	$\ln(1+\sigma)$	-2.386	0.139	-17.160	0.000

可以看出，所定义模型确定系数的平方根为 0.984，确定系数为 0.967，调整后的确定系数为 0.963，标准估计误差约为 1.24，反映出自变量 w_0、ρ_d、$\ln(1+\sigma)$ 与因变量 δ_{ep} 的共变量比率越高，模型与数据的拟合程度越好。方差分析表列出了变异源、自由度、均方、F 值及对 F 的显著性检验，Sig.<0.05，说明回归方程有效且显著性高。

回归系数表列出了回归系数值，同时对其进行显著性检验，可以看出自变量 w_0、ρ_d、$\ln(1+\sigma)$ 的系数显著性水平 Sig.=0.000，均小于 0.05，可认为 w_0、ρ_d、$\ln(1+\sigma)$ 对 δ_{ep} 均有显著影响。由此得出 $K_r = 35\%$ 时，膨胀率 δ_{ep} 对初始含水率 w_0、干密度 ρ_d、荷载 $\ln(1+\sigma)$ 的回归方程为

$$\delta_{ep} = 12.757\rho_d - 0.351w_0 - 2.386\ln(1+\sigma) \tag{9.24}$$

膨胀率 δ_{ep} 对干密度 ρ_d、初始含水率 w_0、荷载 $\ln(1+\sigma)$ 的敏感系数分别为 12.757，-0.351，-2.386，说明干密度对膨胀率影响程度最显著，上覆荷载次之，初始含水率影响最小。

2. $K_\mathrm{r}=50\%$

回归分析结果如表 9.12～表 9.14 所示。

表 9.12 回归模型汇总表

模型	R	$\sqrt{R^2}$	$\sqrt{\bar{R}^2}$	标准估计误差
$K_\mathrm{r}=50\%$	0.987	0.975	0.972	1.22369

表 9.13 方差分析表

模型		平方和	自由度	均方	F	Sig.
	回归	1405.826	3	468.609		
$K_\mathrm{r}=50\%$	残差	35.938	24	1.497	312.944	0.000
	总计	1441.764	27			

表 9.14 回归系数表

模型		非标准化系数		t	Sig.
		B	标准误差		
	ρ_d	13.500	0.984	13.721	0.000
$K_\mathrm{r}=50\%$	w_0	-0.352	0.057	-6.179	0.000
	$\ln(1+\sigma)$	-2.389	0.137	-17.428	0.000

可以看出，所定义模型确定系数的平方根为 0.987，确定系数为 0.975，调整后的确定系数为 0.972，标准估计误差约为 1.22。R 值较大，模型拟合程度高。回归方程显著性水平 Sig.<0.05，说明回归方程有效。同时，w_0、ρ_d、$\ln(1+\sigma)$ 的系数显著性水平 Sig.=0.000，均小于 0.05，可认为 w_0、ρ_d、$\ln(1+\sigma)$ 对 δ_ep 均有显著影响。由此得出 $K_\mathrm{r}=50\%$ 时，膨胀率 δ_ep 对初始含水率 w_0、干密度 ρ_d、荷载 $\ln(1+\sigma)$ 的回归方程为

$$\delta_\mathrm{ep} = 13.500\rho_\mathrm{d} - 0.352w_0 - 2.389\ln(1+\sigma) \tag{9.25}$$

膨胀率 δ_ep 对干密度 ρ_d、初始含水率 w_0、荷载 $\ln(1+\sigma)$ 的敏感系数分别为 13.500，-0.352，-2.389，干密度对膨胀率影响程度最高，上覆荷载次之，初始含水率影响最小。

3. $K_\mathrm{r}=65\%$

回归分析结果如表 9.15～表 9.17 所示。

表 9.15 回归模型汇总表

模型	R	$\sqrt{R^2}$	$\sqrt{\bar{R}^2}$	标准估计误差
$K_\mathrm{r}=65\%$	0.992	0.984	0.982	1.23744

表 9.16　方差分析表

模型		平方和	自由度	均方	F	Sig.
	回归	2225.190	3	741.730		
$K_r=65\%$	残差	36.750	24	1.531	484.393	0.000
	总计	2261.940	27			

表 9.17　回归系数表

模型		非标准化系数		t	Sig.
		B	标准误差		
	ρ_d	14.933	0.995	15.009	0.000
$K_r=65\%$	w_0	−0.348	0.058	−6.050	0.000
	$\ln(1+\sigma)$	−2.403	0.139	−17.339	0.000

与 $K_r=35\%$ 和 50% 的情况类似，回归方程 R 值较大，拟合程度高。回归方程与自变量的显著性水平 Sig.<0.05，说明回归方程有效，参数显著影响。$K_r=65\%$ 时，膨胀率 δ_{ep} 对干密度 ρ_d、初始含水率 w_0、荷载 $\ln(1+\sigma)$ 的敏感系数分别为 14.933，−0.348，−2.403，回归方程为

$$\delta_{ep} = 14.933\rho_d - 0.348w_0 - 2.403\ln(1 + \sigma) \tag{9.26}$$

由此可见，膨胀率 δ_{ep} 对干密度 ρ_d、初始含水率 w_0、荷载 $\ln(1+\sigma)$ 的回归方程可统一写为

$$\delta_{ep} = a\rho_d - bw_0 - c\ln(1 + \sigma) \tag{9.27}$$

式中，a、b、c 为经验参数。统计不同裂隙率时 a、b、c 的值，列于表 9.18，并在图 9.13 中对其进行拟合，采用指数形式拟合曲线。

表 9.18　裂隙率 K_r 与参数 a、b、c 关系

K_r	a	b	c
0.35	12.757	0.351	2.386
0.50	13.500	0.352	2.389
0.65	14.933	0.348	2.403

裂隙率 K_r 与参数 a、b、c 的关系式分别为

$$a = 10.537\mathrm{e}^{0.5251K_r}, \quad b = 0.3555\mathrm{e}^{-0.0296K_r}, \quad c = 2.3637\mathrm{e}^{0.0244K_r} \tag{9.28}$$

因此，可以得到基于裂隙率的裂隙强膨胀土的膨胀率模型

$$\delta_{ep} = 10.537\mathrm{e}^{0.5251K_r}\rho_d - 0.3555\mathrm{e}^{-0.0296K_r}w_0$$

$$-2.3637\mathrm{e}^{0.0244K_\mathrm{r}}\ln(1+\sigma) \quad (0.35 \leqslant K_\mathrm{r} \leqslant 0.65) \tag{9.29}$$

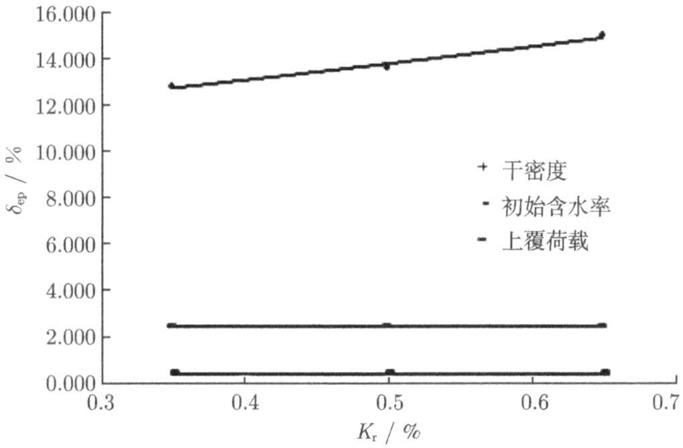

图 9.13 裂隙率 K_r 与参数 a、b、c 关系曲线

9.3.4 裂隙强膨胀土非线性回归膨胀模型

由于含裂隙的强膨胀土膨胀率 δ_ep 与初始含水率 w_0、干密度 ρ_d、荷载 $\ln(1+\sigma)$ 呈线性关系，与裂隙率 K_r 呈指数关系，进一步将 K_r 直接耦合纳入模型，进行膨胀率 δ_ep 对于 K_r、w_0、ρ_d、$\ln(1+\sigma)$ 的非线性回归分析。采用的回归方程形式如下

$$\delta_\mathrm{ep} = a\mathrm{e}^{bK_\mathrm{r}} + c\rho_\mathrm{d} + dw_0 + e\ln(1+\sigma) \tag{9.30}$$

回归分析结果如表 9.19~表 9.21 所示。

表 9.19　参数估计值

参数	估计	标准误差	95% 置信区间	
			下限	上限
a	0.225	0.431	−0.634	1.084
b	4.580	2.520	−0.440	9.600
c	12.054	1.005	10.051	14.056
d	−0.353	0.032	−0.417	−0.289
e	−2.394	0.078	−2.549	−2.240

表 9.20　回归方程方差分析表

源	平方和	自由度	均方
回归	4727.682	5	945.536
残差	109.247	76	1.437
未更正的总计	4836.929	81	
已更正的总计	1818.281	80	

表 9.21　参数相关性

	a	b	c	d	e
a	1.000	−0.999	−0.824	−0.043	−0.010
b	−0.999	1.000	0.817	0.042	0.010
c	−0.824	0.817	1.000	−0.496	−0.112
d	−0.043	0.042	−0.496	1.000	−0.006
e	−0.010	0.010	−0.112	−0.006	1.000

分析可知:

(1) 回归模型的残差平方和 RSS=109.247, 计算得到因变量的离差平方和 TSS=1818.281, 从而得到非线性回归的相关指数 R^2=1−RSS/TSS=0.9399, 相关指数较高, 回归方程拟合度较好。

(2) 从参数的相关性来看, a、b、c 之间的相关性很高, 表明 a、b、c 任意一个值发生变化时, 对其余两个参数影响较大, a、b 与 d、e 间相关性低, 参数间影响较小; a 与其余参数负相关, a 值增大, 其余值减小, b 与其余参数正相关, 而 c、d、e 均与除 b 之外的参数负相关。

(3) 由参数值得出膨胀率 δ_{ep} 对于 K_r、w_0、ρ_{d}、$\ln(1+\sigma)$ 的非线性回归方程为

$$\delta_{\mathrm{ep}} = 0.225\mathrm{e}^{4.580K_{\mathrm{r}}} + 12.054\rho_{\mathrm{d}} - 0.353w_0 - 2.394\ln(1+\sigma) \tag{9.31}$$

根据裂隙膨胀土非线性膨胀模型得出的典型回归曲面如图 9.14 所示。

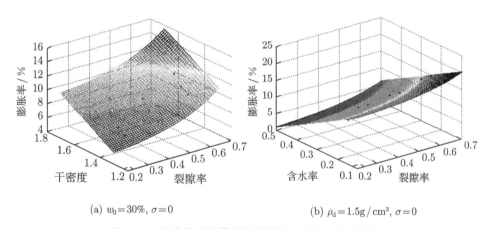

(a) w_0=30%, σ=0　　　　　　　　　(b) ρ_{d}=1.5g/cm³, σ=0

图 9.14　非线性膨胀模型典型回归面 (详见书后彩图)

利用该模型, 根据实测裂隙率 K_r、初始含水率 w_0、干密度 ρ_{d}、荷载 $\ln(1+\sigma)$ 对强膨胀土膨胀率 δ_{ep} 进行预测, 并与实测值对比, 将结果绘制于图 9.15 中。

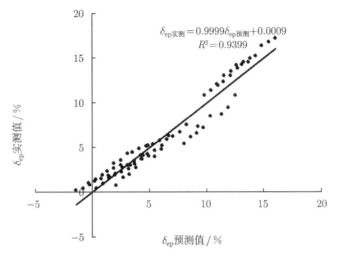

图 9.15 膨胀率模型预测值与实测值对比

可见,预测值与实测值吻合程度较高,基本呈线性关系,回归方程斜率 k 近似为 1,因此,该非线性回归模型可以较好地描述膨胀率与裂隙率、初始含水率、干密度、荷载之间的关系,可作为含裂隙强膨胀土膨胀特性的预测模型。

9.4 裂隙膨胀土 BP 网络膨胀模型

人工神经网络具有极强的非线性大规模并行处理能力,成为解决许多复杂的非确定性问题的有效途径。近来,这种理论与技术已经在岩石变形及破坏、岩土渗流特性、土体强度特征与岩土细微观结构等岩土工程领域得以应用。采用 BP 神经网络,对强膨胀土的膨胀率与裂隙率、干密度、初始含水率和上覆荷载的非线性关系进行智能预测,建立裂隙强膨胀土 BP 网络膨胀模型。

9.4.1 BP 神经网络算法

BP 神经网络是一种能实现非线性映射的多层前馈神经网络模型。基本的三层前馈 BP 神经网络由输入层、输出层和隐含层组成,拓扑结构如图 9.16 所示。它通过学习样本可完成从输入层 n 维欧氏空间到输出层 m 维欧氏空间的映射,可用于模式识别和插值预测等问题,能以任意精度逼近任意非线性函数。通常情况下,均采用含有一个隐含层的结构,隐含层数量的增加对提高网络精度以及增强网络表达能力并无直接效果。

BP 网络的学习过程 (图 9.17) 是误差反向传播算法的过程,通过前向计算和误差反向传播,逐步调整网络连接权值,直至网络的误差 $E(k)$ 减小到期望值,或

达到预定的学习次数为止。神经元作用函数一般为可导的 S(sigmoid) 型函数

$$f(x) = \frac{1}{1 + \mathrm{e}^{-x}} \tag{9.32}$$

$$f'(x) = f(x)[1 - f(x)] \tag{9.33}$$

误差函数 R 为

$$R = \frac{\Sigma(Y_{mj} - Y_j)^2}{2}, \quad (j = 1, 2, \cdots, n) \tag{9.34}$$

式中，Y_j 为期望输出；Y_{mj} 为实际输出；n 为样本长度。

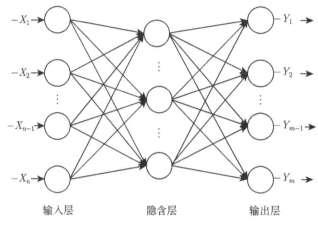

图 9.16　BP 神经网络拓扑结构

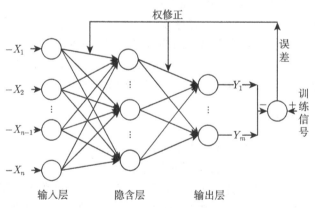

图 9.17　BP 神经网络学习过程

应用最广泛的标准 BP 算法为梯度下降法，设 k 为迭代次数，从给定的任意点 $z(k)$ 出发，沿着函数下降最快的负梯度方向 $s(k)$ 进行一维搜索，

$$s(k) = -\nabla f[z(k)] \tag{9.35}$$

式中，$\nabla f[z(k)]$ 为迭代点 $z(k)$ 的梯度向量。则下一个迭代点为

$$z(k+1) = z(k) + a(k)s(k) \tag{9.36}$$

式中，$a(k)$ 为最优步长。迭代的终止条件为

$$\|\Delta z(k)\| < \varepsilon \tag{9.37}$$

共轭梯度法通过改进搜索方向，将先前迭代点的梯度与现在某迭代点的梯度利用线性组合得到新的搜索方向，Fletcher-Reeves 算法 (Traincgf) 如下

$$z(k+1) = z(k) + a(k)s(k) \tag{9.38}$$

$$s(k+1) = -g(k) + \beta(k)s(k) \tag{9.39}$$

$$\beta(k) = \frac{[g(k+1)]^{\mathrm{T}}g(k+1)}{[g(k)]^{\mathrm{T}}g(k)} \tag{9.40}$$

$$g(k) = -\nabla f[z(k)] \tag{9.41}$$

以上各式中，$s(k)$ 为搜索方向，其为一组共轭向量；$a(k)$ 为步长。

9.4.2 BP 网络的 Matlab 实现方法

在 Matlab 中，进行网络生成训练之前，可有选择地对样本数据进行处理，主要为归一化，其处理方式有三种：①premnmx，postmnmx，tramnmx；②prestd，poststd，trastd；③根据 Matlab 语言自行编程。采用 premnmx 函数进行数据的归一化，其语句格式为

$$[\text{Pn, minp, maxp, Tn, mint, maxt}] = \text{premnmx(P, T)} \tag{9.42}$$

其中，P、T 分别为原始输入与输出数据；minp 和 maxp 分别为 P 中的最小值与最大值；mint、maxt 分别为 T 中的最小值与最大值。

对于 BP 神经网络的生成，Matlab 中可用 newff 函数分别来确定网络层数、各层中的神经元数与传递函数。newff 函数包括四个输入参数，即输入样本、各层 (输入层、隐含层、输出层) 神经元个数、各层神经元的传递函数与训练用函数名称。其语法为

$$\text{Net} = \text{newff(PR, [S1, S2, *, Si], [TF1, TF2, *, TFi], BTF)} \tag{9.43}$$

其中，PR 是一个由每个输入向量的最大、最小值构成的 $(R \times 2)$ 矩阵；S_i 是第 i 层网络的神经元个数；TF_i 是第 i 层网络的传递函数，缺省为 tansig，可使用的传递函数有 tansig、logsig 或 purelin；BTF 为训练函数，可在如下函数中选择：traingd、traingdm、traingdx、trainbfg、trainlm 等。

newff 在确定网络结构后会自动调用 init 函数，用缺省参数来初始化网络中各个权重和偏置量，产生一个可训练的前馈网络，即该函数的返回值 net。

网络的训练即将网络的输入和输出反复作用于网络，不断调整其权重和偏置量，以使网络性能函数 Net.performance 达到最小，从而实现输入和输出间的非线性映射。对于 newff 函数产生的网络，其缺省的性能函数是网络输出和实际输出间的均方差 MSE。

以批变模式来训练网络的函数是 Train，其语法为

$$\text{Net} = \text{Train}(\text{Net, P, T}) \tag{9.44}$$

其中，P 和 T 分别为输入、输出矩阵；Net 为由 newff 产生的要训练的网络。Train 根据在 newff 函数中确定的训练函数 (如 traingd、traingdm、traingdx、trainbfg、trainlm 等) 来训练网络。

仿真函数 sim 用来对网络进行仿真。利用此函数，可以在网络训练前后分别进行输入、输出的仿真，并进行比较，从而对网络进行修改评价。仿真函数 sim 的表达式如下

$$t = \text{sim}(\text{net, p}) \tag{9.45}$$

其中，p 为测试样本；t 为神经网络预测值。

9.4.3　强膨胀土 BP 网络膨胀预测模型

1. 网络模型结构

对于含裂隙的强膨胀土神经网络膨胀预测模型，采用基本的三层前馈 BP 网络，即网络模型由 1 个输入层、1 个输出层和 1 个隐含层构成，可保证具有较高的预测精度。根据网络精度要求及强膨胀土膨胀率变化的受控因素，将膨胀变形的影响因素 (包括裂隙率、干密度、初始含水率和上覆荷载) 作为输入层，得到的网络模型输入层由 4 维矢量构成

$$X = [K_r, \ \rho_d, w_0, \sigma] \tag{9.46}$$

即分别将裂隙率 $K_r(\%)$、干密度 $\rho_d(\text{g/cm}^3)$、初始含水率 $w_0(\%)$、上覆荷载 $\sigma(\text{kPa})$ 作为 4 个输入神经元。输出层为 1 维矢量

$$Y = [\delta_{ep}] \tag{9.47}$$

即将在相应条件下膨胀土的膨胀率 $\delta_{ep}(\%)$ 作为输出神经元，从而建立强膨胀土膨胀预测网络模型。图 9.18 为模型结构示意图。

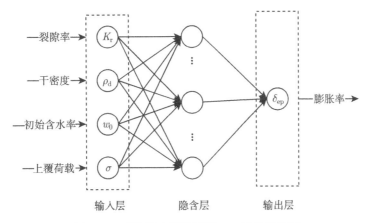

图 9.18 强膨胀土膨胀预测 BP 网络结构图

2. 样本数据分析与处理

BP 神经网络训练样本总数为 81 个, 样本来源均为室内试验数据, 土样特性包括 3 种裂隙率 (35%、50%、65%), 3 种干密度 ($1.45\mathrm{g/cm^3}$、$1.50\mathrm{g/cm^3}$、$1.55\mathrm{g/cm^3}$), 3 种初始含水率 (20%、25%、30%), 3 种荷载 (0kPa、25kPa、50kPa)。表 9.22 给出了训练样本示例。

表 9.22 训练样本示例

输入层				输出层 δ_{ep}/%
K_{r}/%	ρ_{d}/(g/cm³)	w_0/%	σ/kPa	
35	1.45	20	0	13.05
35	1.55	30	50	0.84
65	1.55	30	0	10.81

奇异样本数据指的是相对于其他输入样本显著偏大或偏小的样本数据。由表 9.22 中输入数据可以看出, 膨胀土的干密度为 $1.45 \sim 1.55\mathrm{g/cm^3}$, 其值相对于百分比表示的裂隙率、含水率以及荷载来说, 明显偏小。因此, 干密度作为样本中的奇异数据, 在进行计算时将减小计算效率, 并可能引起计算结果无法收敛。所以, 在网络计算之前, 需对训练数据进行归一化处理。

数据归一化, 即将待处理数据通过某种算法处理后, 将目标数据限制在符合计算需要的特定范围内, 并将有量纲的变量经过变换转化为无量纲的纯量。其目的为: 一方面可保证后续数据处理的方便性, 另一方面是加快程序运行时的收敛速度。采用 premnmx 函数将网络的输入数据和输出数据进行归一化, 归一化后的数据分布在 [−1,1] 区间内, 消除了样本数据的奇异性。

假设数据 $d = \{d_i\}$ 归一化后为 $d' = \{d'_i\}$，通过下式进行计算

$$d'_i = (y_{\max} - y_{\min})\frac{d_i - d_{\min}}{d_{\max} - d_{\min}} + y_{\min} \tag{9.48}$$

式中，$y_{\max} = 1$，$y_{\min} = -1$，$d_{\max}$ 与 $d_{\min}$ 是数据样本中的最大值与最小值，$y_{\min} \leqslant d'_i \leqslant y_{\max}$。

3. 网络模型参数

网络模型训练函数分别采用 traingdm 函数和 traincgf 函数，即分别为梯度下降算法与共轭梯度算法，并进行比较分析。隐含层激活函数采用 tansig 函数，输出层激活函数采用 purelin 函数，最大迭代次数 epochs=6000，期望误差最小值设定为 goal=0.01，修正权值的学习效率 lr = 0.05。

隐含层结点个数关系整个网络的精度与合理性，一般采用试算优化法寻找最优解。采用 MSE 作为指标，其为预测数据和原始数据对应点误差的平方和的均值，则

$$\mathrm{MSE} = \mathrm{SSE}/n = \frac{1}{n}\sum_{i=1}^{n} w_i(y_i - \hat{y}_i)^2 \tag{9.49}$$

MSE 越接近于 0，表明数据预测越好，模型拟合程度越高。

取隐含层神经元个数为 3~10 时，分别采用梯度下降法与共轭梯度法进行模型试算，预测结果 MSE 变化趋势如图 9.19 所示。

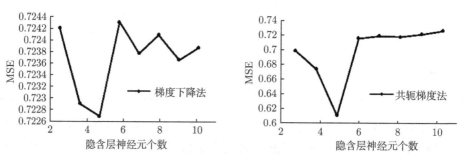

图 9.19　不同隐含层神经元数预测结果的 MSE

对于梯度下降法与共轭梯度法，隐含层包含 5 个神经元时，MSE 均达到最小值，分别为 0.7227 与 0.6117，因此将网络隐含层的神经元个数设定为 5。

9.4.4　网络模型预测结果分析

强膨胀土膨胀网络模型梯度下降算法和共轭梯度算法程序运行结果如图 9.20 所示。对比两种算法运行结果，梯度下降算法在进行了最大迭代次数 953 次后，网络误差为 0.00999646，小于期望误差 0.01，而共轭梯度算法仅经过 32 次迭代即达

到期望误差, 因而共轭梯度算法在收敛速度上远高于梯度下降算法, 两种算法的网络模型结构参数分别见表 9.23 和表 9.24。

图 9.21 为由训练数据计算得出的膨胀土膨胀率拟合值和实测值的对比情况。可以看出, 梯度下降算法与共轭梯度算法所得到的膨胀变形拟合值与实测值均比较一致, 误差可控制在很小范围内, 说明该网络模型具有较高的拟合精度。

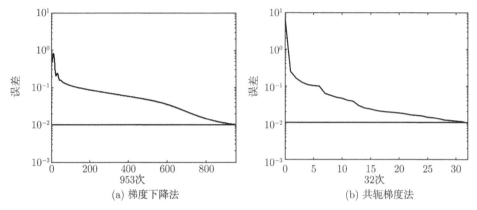

(a) 梯度下降法 (b) 共轭梯度法

图 9.20 不同算法时程序运行结果

表 9.23 梯度下降算法 BP 神经网络模型结构参数

隐含层神经元个数	隐含层					输出层		
	权值 w_1				阈值 b_1	隐层节点号	权值 w_2	阈值 b_2
	−0.4091	−0.0078	0.8350	1.9573	1.6289	1	−0.7429	
	1.7492	−0.4154	0.7599	0.4727	−1.1377	2	0.0491	
5	0.2801	1.0547	0.6010	−1.5505	0.0275	3	0.0610	−0.0264
	1.1448	−1.0334	1.2182	−0.8692	0.7488	4	0.0072	
	−1.0582	−0.8798	0.5686	1.3874	−2.1083	5	−0.1891	

表 9.24 共轭梯度算法 BP 神经网络模型结构参数

隐含层神经元个数	隐含层					输出层		
	权值 w_1				阈值 b_1	隐层节点号	权值 w_2	阈值 b_2
	−0.5157	−1.0865	1.3420	−1.0923	2.0438	1	−0.0476	
	1.5204	0.8745	−0.8515	0.0430	−0.7941	2	0.1455	
5	0.1425	0.0548	−0.3567	−1.8996	−1.8809	3	0.9882	0.4107
	−0.3334	1.1245	0.6279	1.7224	−0.4459	4	−0.0539	
	0.7652	0.4226	0.6090	1.6750	2.2501	5	−0.0092	

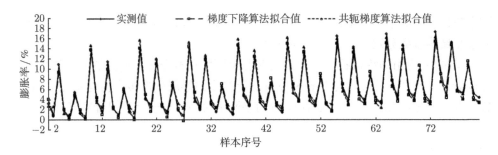

图 9.21　BP 模型拟合值与实测值对比

　　网络训练完成后，为验证模型的精度，另取一组异于训练样本的实测数据，通过该模型进行计算，得到的结果如表 9.25 和图 9.22 所示。

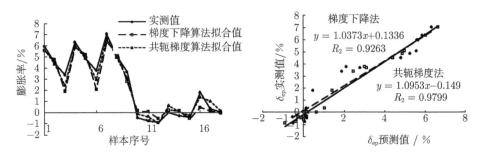

图 9.22　膨胀模型预测结果

表 9.25　膨胀变形预测值与实测值对比

序号	K_r/%	ρ_d/(g/cm³)	w_0/%	σ/kPa	δ_{ep}/%	预测 δ_{ep}/%	
						梯度下降法	共轭梯度法
1	50	1.45	20	12.5	5.95	5.5733	5.625
2	50	1.45	25	12.5	4.5	4.7961	4.3784
3	50	1.45	30	12.5	3.41	1.8802	2.458
4	50	1.5	20	12.5	6.33	5.862	6.0295
5	50	1.5	25	12.5	4.87	5.2252	4.8701
6	50	1.5	30	12.5	3.79	2.0995	2.9939
7	50	1.55	20	12.5	7.04	6.3146	6.6542
8	50	1.55	25	12.5	5.08	5.5573	4.9531
9	50	1.55	30	12.5	3.69	2.7702	3.0997
10	50	1.45	20	100	−0.45	0.1708	−0.1048
11	50	1.45	25	100	−0.74	0.0769	−0.3455
12	50	1.45	30	100	−0.88	−0.5095	−0.9086
13	50	1.5	20	100	0.03	0.2354	0.6277
14	50	1.5	25	100	−0.28	0.1596	0.112

续表

序号	$K_r/\%$	$\rho_d/(\mathrm{g/cm^3})$	$w_0/\%$	σ/kPa	$\delta_{ep}/\%$	预测 $\delta_{ep}/\%$	
						梯度下降法	共轭梯度法
15	50	1.5	30	100	-0.39	-0.5245	-0.2544
16	50	1.55	20	100	1.81	0.4662	1.3975
17	50	1.55	25	100	0.35	0.1416	1.0402
18	50	1.55	30	100	0.06	-0.0317	0.1492

从结果中可以看出,对于裂隙强膨胀土膨胀变形的预测,采用梯度下降法和共轭梯度法两种算法的网络预测结果与实际测试结果整体上吻合度均较高,网络模型满足精度要求,说明可通过裂隙率、干密度、初始含水率和上覆荷载,利用 BP 神经网络来智能预测强膨胀土的膨胀效应。通过比较不同的算法,发现共轭梯度法相对梯度下降法,计算效率明显提高,其收敛速度达到后者的约 30 倍,因此,共轭梯度算法 BP 网络膨胀预测模型对于实际工程计算有着较为明显的优势。

第10章　降雨诱发强膨胀土渠坡浅层滑动破坏模型试验

10.1　模型试验设计

现有的膨胀土边坡变形试验模型,往往是在黏性土边坡试验模型的基础上加以改造,试验方法也基本采用一般黏性土边坡变形试验的方法,在边坡变形发展到一定程度,达到极限状态时,预期滑动面也常按照圆弧形进行考虑,这难以反映出膨胀土渗透性低、边坡变形浅层性、变形量大以及边坡变形与破坏受裂隙控制作用明显等诸多特点。因此,为解决以上缺陷问题,需对现有的试验装置与方法进行改进,提出一种适用于膨胀土边坡吸湿变形的模型试验系统及其试验方法,确保试验成果真实可靠。

模型试验设备研制与方案制定,需针对实际工程,体现实际几何与物理特征,结合膨胀土的渗透性、膨胀性、裂隙性等特殊工程地质特性,综合考虑大气影响范围与干湿循环效应,来模拟反复吸湿、蒸发条件下膨胀土边坡浅层变形规律。根据相似条件原理,模型试验必须满足空间条件、物理条件、边界条件与实际工况的相似性。

10.1.1　几何尺寸

该条件要求模型的几何形状与尺寸与实际边坡形态保持相似。该试验原型为南水北调中线工程渠道,边坡坡比一般为 1:1.5~1:3,本书以南阳 2 段典型断面为代表性边坡,选定蓄水面一侧边坡坡比为 1:2,如图 10.1 所示。

根据现场调研与试验结果,膨胀土边坡尤其是强膨胀土边坡土体导水率小,一般小于 10^{-6}m/s,因此坡表水分较难入渗,土体受水分作用而发生膨胀变形效应的深度有限,一般在 0.6m 左右。

因此,本次模型试验设计的模型箱为底部是斜面的楔形箱体,尺寸为 5.4m×2.11m×1.3m,模型试验尺寸设计具有以下特点:

① 模型箱高度不宜过高,对应坡面处为斜面设计,斜度与边坡坡比一致为1:2(图 10.2),一方面可模拟真实工况,另一方面可节约填筑材料。

② 填筑土体厚度为 0.7m,该值在斜坡处则表示自表面竖直向下的填土深度。根据模型箱尺寸,确定模拟边坡的渠底长度为 1.28m,坡顶长度为 1.40m,斜坡面

水平长度为 2.62m(图 10.3)。

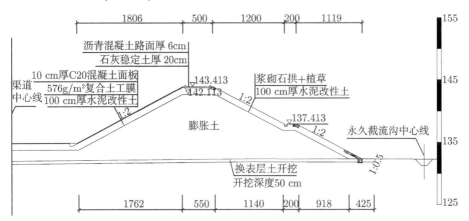

图 10.1 南阳 2 段渠道典型断面结构尺寸图

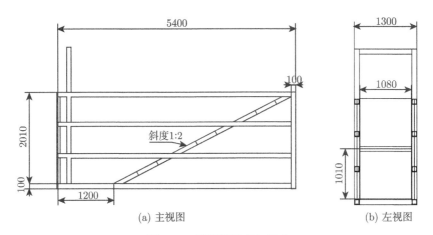

(a) 主视图   (b) 左视图

图 10.2 模型箱形态与尺寸

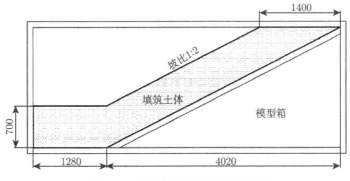

图 10.3 模型箱内填筑土体示意图

10.1.2　物理模拟

该条件是指发生物理现象的材料的物理力学特性和受荷后引起的变化反应必须相似。本次试验中的材料即边坡填筑土体,试验材料原型为南水北调中线工程渠道边坡土体,二者应保持一致或相似。因此,在本次模型试验中,填筑土体均直接取自南水北调中线工程南阳段,为典型强膨胀土 (南阳 2 段黄褐色夹灰绿色黏土)(图 10.4)。材料物理性能及受力变形性能方面保持了良好的相似性,强膨胀土的物理性质指标列于表 10.1 中。

 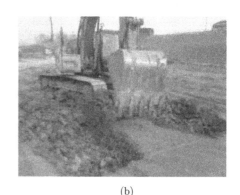

(a)　　　　　　　　　　　　　　　　　　(b)

图 10.4　模型试验用土 (南阳 2 段强膨胀土)

表 10.1　膨胀土的物理性质指标

岩土类型	天然含水率/%	天然密度/(g/cm³)	相对密度	液限/%	塑限/%	塑性指数	自由膨胀率/%
强膨胀土	27.77	1.94	2.70	89.03	29.30	59.73	109

10.1.3　边界条件

由于模型箱尺寸的限制,而膨胀土黏性高,在模型边界土体与箱体接触部位,膨胀土易与箱体发生黏结,在遇水后这种黏滞效应更为显著,从而产生边界土体对其内部土体的牵制力,限制膨胀力与下滑力的发展,造成靠近边界处土体变形量小于实际值,导致应力场与变形场的失真,从而限制滑坡的形成与发展。

因此,为了真实模拟实际情况,应对模型箱边界作适当处理,减小箱体与土体之间的摩擦力与黏结力。具体做法是:类似室内环刀样常规土工试验,采取在环刀内壁涂抹凡士林的做法,本试验设计首先对箱体内部侧壁进行打磨和清理,保证侧壁清洁与光滑,并在与膨胀土接触的部分内壁均匀涂上一层凡士林,尽可能地减小摩擦力和黏结力,从而消除不利的边界效应 (图 10.5)。

图 10.5　填土放线与涂凡士林

10.2　试验方法与过程控制

10.2.1　土体填筑与质量控制

本次试验土体填筑采用强膨胀土。首先，对现场取回土样进行预处理，包括计算土量、清理、翻晒、碾碎、配制含水率等；然后，根据填筑体尺寸，采用阶梯状水平分层填筑，每一层的填筑步骤均为：布线—松铺—压实—刮毛—削坡 (图 10.6)。

(a) 土样预处理(翻晒、碾碎)　　　　　(b) 松铺

(c) 压实　　　　(d) 刮毛　　　　(e) 削坡

图 10.6　土体填筑过程

试验土体分层填筑共分 4 层进行,如图 10.7 所示,每层填筑均按设定坡比 1:2
进行削坡。填筑各层土体时,相应位置处的传感器应适时埋入。

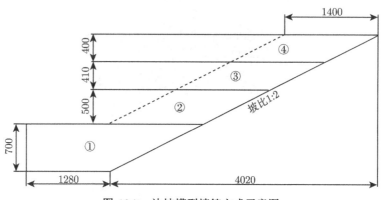

图 10.7　边坡模型填筑方式示意图

填筑土体应具有合适的压实度以及较低的含水率,一方面避免土体因压实度
不够而在吸水过程中膨胀量小于陷落量,难以反映膨胀土的膨胀特性,造成结果失
真;另一方面需保证水分渗透的可能性,防止水分过量以表面径流的方式流失。因
此,试验土体应对密度和含水率指标进行控制,在填筑进行之前应进行含水率的检
测,在填筑过程中应对密度与含水率进行检测。填筑控制应做到以下两点:

(1) 土体在填筑之前应进行适当翻晒,并对含水率进行检测,以达到控制要求;

(2) 压实方式宜采用人工压实,压实后应进行密度和含水率的检测,以达到控
制要求。

具体控制指标与检测方式如下:

(1) 密度:应保持较大的密度,参照现场原位土体,控制值接近或达到土体最
大干密度,避免吸水后由于土体孔隙率较大而出现湿陷的情况。

控制指标:湿密度为 $1.70 \sim 1.80 \mathrm{g/cm^3}$,干密度约为 $1.5 \mathrm{\ g/cm^3}$。

检测方法:环刀法,每层检测 3 个点。

检测仪器:环刀、环刀取样器、天平等。

(2) 含水率:应对现场原位土体含水率进行适当折减,将质量含水率控制在实
际值的 60% 左右,以利于水分的入渗。

控制指标:质量含水率为 17%~20%。

检测方法:烘干法,每层检测 6 个点。

检测仪器:土样盒、烘箱、天平等。

经检测,如表 10.2 所示,填筑土体各层干密度为 $1.53 \sim 1.56 \mathrm{\ g/cm^3}$,含水率为
17.32%~19.92%,满足试验设计要求。

表 10.2 填筑土体干密度与含水率指标

土层序号	干密度/(g/cm³)	含水率/%
1	1.54	18.81
2	1.56	17.32
3	1.53	19.92
4	1.54	19.56

10.2.2 监测元器件与布设方案

试验过程中, 拟对边坡土体的变形、含水率及土体膨胀力进行监测, 监测内容及使用的元器件如下:

边坡土体含水率变化特征 —— 断面土壤含水量测量系统;

边坡土体水平向、竖向膨胀力 —— 静土压力盒;

边坡表面水平向、竖向胀缩变形 —— 位移传感器;

边坡内部土体竖向变形 —— 沉降板、位移传感器;

边坡变形发展状态 —— 图像采集系统 (相机、摄录机)。

1. 监测元器件类型

通过文献资料查阅, 对各种仪器进行优化对比, 本次试验拟采用以下型号的元器件。

1) 静土压力盒

本试验采用适用于室内模型试验应力量测的 BW 箔式微型压力盒 (图 10.8), 其量程为 100kPa, 尺寸为直径 16mm, 厚度 4.8mm, 准确度误差 ≤0.5%FS。该土压力盒特点为: 输出灵敏度高、工作性能稳定、体积小、质量轻、密封性好。采用薄膜转换型压力盒型式, 通过量测箔式应变片的应变值来确定压力盒所受外力大小, 其一般计算公式为

$$h = r^3 \sqrt{\frac{3q(1 - U^2)}{32E}} \lambda \tag{10.1}$$

式中, h 为变形薄膜厚度 (cm); q 为作用于变形薄膜上的最大设计压力, 按均布荷载考虑 (kg/cm²); r 为变形薄膜的有效半径 (cm); E 为变形薄膜材料的弹性模量 (kg/cm²); U 为材料的泊松比。

通过 XL2101B5+ 型 32 路静态应变仪进行数据采集 (图 10.9)。

2) 沉降板

试验采用自行加工的小沉降板, 沉降板直径为 80mm, 高度为 600mm;

3) 位移传感器

试验采用弹簧回弹式位移计 (图 10.10), 仪器量程为 50mm, 精度为 5/1000。其输出电流为 4~20mA, 供电电压为 24VDC, 弹簧全弹出输出电流为 4mA, 全缩

回输出电流为 20mA。

图 10.8　静土压力盒

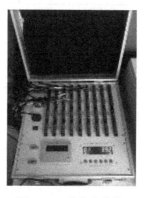
图 10.9　静态应变仪

图 10.10　位移传感器

位移传感器数据采集系统为自行开发 (图 10.11)，LVDT 位移传感器共计 20 组，通过连接 3 组 8 路的泓格模数转换模块进行信号采集，采集模块与供电模块集中置入一个控制箱，采集模块中的 RS232 信号通过 RS232/RS485 数据转换接口转换为 RS485 信号，再通过 RS485/USB 转化器与电脑连接，在 Windows 系统 (图 10.12) 下，通过组态软件编程，开发数据采集软件，实现对位移信号的实时采集。

图 10.11　位移数据采集与转换模块

图 10.12　Windows 环境下数据采集软件

4) 土壤断面水分检测仪

试验采用英国 DELTA-T 生产的 PR2/4 型土壤断面水分速测仪 (图 10.13)，即含 4 个探点土壤断面水分传感器，最大测量深度为 40cm，其 4 个传感器分布于 10cm、20cm、30cm、40cm 深度位置。采用 HH2 手持式土壤水分读数表进行数据采集，它通过 RS232 通信电缆与 PR2/4 型土壤断面水分速测仪相连，可直接读出被测土体体积含水率值 $\theta(m^3/m^3)$。其采集速度快，操作简便，可实现数据的实时采集与传输。PR2 和 HH2 读数表联合使用，是一种经济实用的多点移动测量方式。

图 10.13　PR2/4 型土壤断面水分速测仪

PR2/4 型土壤断面水分速测仪主要技术参数：探头测量范围为 0%～100%；探头精度为 ±3%(特殊标定后)；探头重复性为 ±1%；探头工作温度为 −20～70 ℃；探头标准电缆长度为 2m；探头尺寸：长度 637mm，质量 0.55kg，直径 28mm。

该土壤断面水分速测仪包括若干 PR2/4 型专用探管，可预埋在土体内部，试验时将传感器完全插入探管进行读数。

2. 元器件布设方案

元器件的布设数量、位置、方式应综合考虑元器件的特点和性能，试验中所监测的主要内容以及主要监测位置、深度及监测频率和时间。本模型试验中监测元器件的布设分布如图 10.14 和图 10.15 所示。

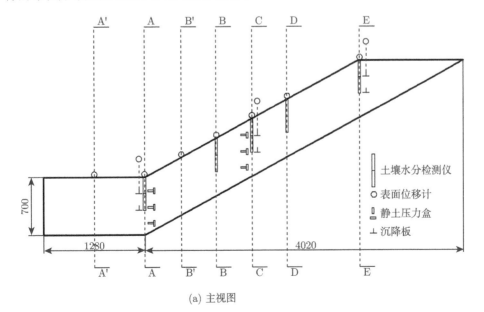

(a) 主视图

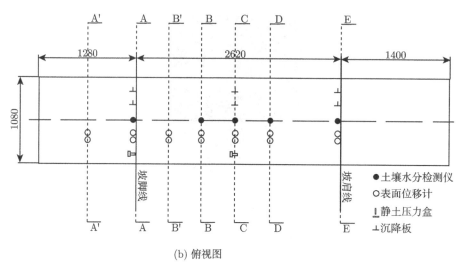

(b) 俯视图

图 10.14 模型试验监测元器件布设示意图

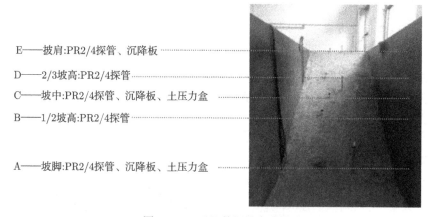

E——坡肩:PR2/4探管、沉降板

D——2/3坡高:PR2/4探管

C——坡中:PR2/4探管、沉降板、土压力盒

B——1/2坡高:PR2/4探管

A——坡脚:PR2/4探管、沉降板、土压力盒

图 10.15 元器件埋设完成图

图 10.14 中 A′、A、B′、B、C、D、E 分别代表边坡七处典型断面 —— 坡底中心断面、坡脚断面、1/6 坡高断面、1/3 坡高断面、坡中部断面 (1/2 坡高断面)、2/3 坡高断面、坡肩断面。其中，A、C、E 为边坡重点监测断面，监测内容包括表面及深部土体位移，土体应力、含水率变化情况。B、D 为对比监测断面，主要监测土体含水率变化情况与土体表面位移。A′、B′ 为辅助对比断面，主要监测边坡位移发生较大部位的表面位移。各断面监测元器件种类与数量如表 10.3 所示。

表 10.3 各断面监测元器件种类与数量

元器件类型	数量/个						
	A′	A	B′	B	C	D	E
PR2/4 探管		1		1	1	1	1
静土压力盒		6			6		
沉降板		2			2		2
位移传感器	2	4	2	2	4	2	4

元器件布设数量、位置及安装方式具体说明如下：

PR2/4 土壤水分速测仪 (图 10.16)(共计 1 个，探管 5 根)：将 PR2/4 的探管分别埋设于坡脚、1/3 坡高、坡中部、2/3 坡高与坡肩 5 个断面，PR2/4 探管在填土时同时埋入，埋设时空心探管中放入实心柱状体，避免土体压实时造成的可能性损坏。入渗过程中，在需进行含水率测定的时刻，将 PR2/4 传感器先后分别置入不同位置的探管中，进行读数，可分别测定各处 40cm 深度内的土层含水率 (图 10.17)。

图 10.16 不同断面 PR2/4 探管埋设 　　　图 10.17 含水率测量

静土压力盒 (共计 12 个)：于边坡 0.20m、0.35m、0.50m 深度处进行埋设，各部位水平方向与竖直方向放置的土压力盒各布设 1 个，分别用于测定该处土体水平向与竖向应力 (图 10.18)。

沉降板 (共计 6 个)：分别埋设于坡脚、坡中部与坡肩 3 个断面，埋深分别为 0.2m、0.4m，可测定埋设深度处土体竖向变形 (图 10.19)。沉降板顶端设计安装圆形薄板作为位移传感器垫块，直径为 80mm，垫块一面中心留孔，用于放置于沉降板上。

位移传感器 (共计 20 个)：位移传感器分别布设于坡底中部、坡脚、1/6 坡高、1/3 坡高、坡中部、2/3 坡高与坡肩 7 个断面，每个断面均在边坡表层布置 2 只，分别用于测定表面土体水平方向与竖直方向的位移。另有 6 个分别与沉降板结合观测，架设于安装在沉降板顶端的平台，用于测量沉降板的竖向位移 (图

10.20）。

图 10.18　土压力盒埋设

图 10.19　沉降板埋设

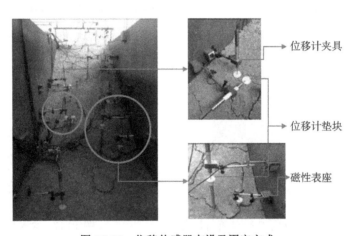

图 10.20　位移传感器布设及固定方式

位移传感器通过支座与磁性表座相连，通过固定在模型箱侧壁的磁性表座将位移传感器固定于边坡表面，边坡表面置入直径为 80mm 的垫块，传感器预留一定的伸长量与压缩量。

10.2.3　试验方法与过程控制

本次模型试验水分供给形式采用模拟降雨。在降雨入渗条件下，通过监测强膨胀土边坡土体含水率的变化、边坡表面及内部变形、边坡土体应力状态等，并根据模型试验中观察到的宏观现象与监测结果，分析边坡在吸水膨胀时，由于渗流场发生变化，在膨胀力的作用下其应力–应变场的变化特征，总结边坡破坏模式与演化规律。

1. 边坡状态

模型箱填筑材料采用南水北调中线典型强膨胀土, 在填筑过程中严格控制各层土体含水率与干密度, 以保证水分的入渗以及表征膨胀变形符合客观实际。

裂隙是决定膨胀土边坡性质的关键因素之一, 由于强膨胀土边坡裂隙广泛发育, 裂隙的存在赋予了膨胀土边坡特殊的结构性。在实际边坡中, 裂隙主要以两种形态存在: 一是坡顶近地表部分发育的垂直裂隙层, 其由于长期经历周期性的干湿循环, 往往表现为上宽下窄的垂直胀缩裂隙, 常因为边坡开挖而导致土体失去侧向支撑, 使得裂隙张开; 二是土体中的原生裂隙或构造裂隙, 主要为土体内层面及成岩过程中形成的收缩裂隙, 广泛发育于边坡表层及内部, 具体包括层理、层面、不整合面和原生裂隙面等。

在模型试验填土结束后, 边坡受到人工击实的作用, 表面显得平整且光滑, 内部土体均匀程度及密实度也较好 (图 10.21), 这与实际膨胀土边坡形态, 尤其是裂隙分布广泛的强膨胀土边坡存在较大差别。因此, 对于填筑后的土体进行静置处理。静置的作用主要有两方面: 一是保证土体内部含水率的进一步均匀分布; 二是在此过程中, 裂隙逐渐开展, 经过 20 天后, 形成了裂隙膨胀土边坡 (图 10.22), 裂隙平均深度为 2~5cm, 在坡肩与坡脚处产生了深度为 8~12cm 的较大裂隙, 而深度小于 1cm 的小裂隙则广泛分布于边坡表面。它们的模型箱填筑材料采用南水北调中线典型强膨胀土, 在填筑过程中严格控制各层土体含水率与干密度, 以保证水分的入渗以及表征膨胀变形符合客观实际。

图 10.21 边坡填筑完成图　　　　图 10.22 边坡填筑完成 20 天后

2. 蒸发条件

通过室内蒸发试验模型测定强膨胀土的蒸发量。蒸发试验试样为与模型试验材料相同的强膨胀土, 取一定量的土样配制高含水率试样, 试样干密度为 $0.98g/cm^3$, 初始含水率为 61.14%, 饱和度为 0.94。将试样压制成直径为 16cm 的饼状, 置于圆形托盘中。同时，准备一只相同托盘，装入一定质量的常温纯水，进行对比试验，如图 10.23 所示。

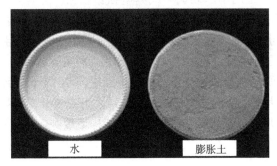

图 10.23　室内蒸发模拟试验

　　蒸发试验开始时，将装有水与土样的圆盘置于室内阴凉通风处，其环境条件保持与模型试验环境相似，待水分自然蒸发。开始计时后，每隔一段时间对土样与水的质量进行称量，绘制蒸发试验曲线 (图 10.24 和图 10.25)，并观察土样在蒸发过程中状态变化及裂隙开展情况 (图 10.26)。直至48h 内两次称量结果基本不变时，终止试验。

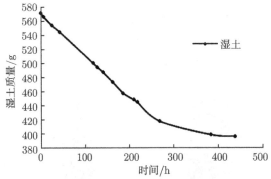

图 10.24　土面蒸发过程曲线

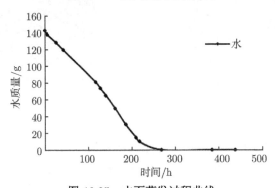

图 10.25　水面蒸发过程曲线

 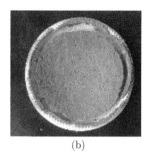 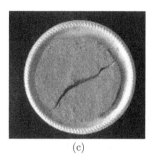

| (a) | (b) | (c) |

图 10.26　蒸发试验不同阶段的土样形态

在蒸发过程中，水面蒸发速率基本保持一致，直至水完全蒸发，其蒸发曲线可进行线性拟合

$$m_{\mathrm{w}} = -0.5992t + 144.72 \tag{10.2}$$

式中，m_{w} 为水质量 (g)；t 为时间 (h)。

根据蒸发曲线斜率 k，通过下式可计算日蒸发量

$$E = -k/S \times 24 \times 10 \tag{10.3}$$

式中，E 为日蒸发量 (mm)；S 为蒸发面积 (cm^2)；24 和 10 分别为时间和尺度换算参数。

因此，对于土面蒸发，当含水率 $w \geqslant 16\%$ 时，蒸发曲线斜率 $k_1 = -0.5775$，日蒸发量约为 0.69mm；当含水率 $w < 16\%$ 时，蒸发曲线斜率 $k_2 = -0.1334$，日蒸发量约为 0.16mm；对于水面蒸发，蒸发曲线斜率 $k_3 = -0.5992$，日蒸发量约为 0.72mm。可以看出，在此环境因素下，蒸发进行得比较缓慢，而土体自身的湿度状态对其蒸发速率影响比较明显。

3. 降雨条件

降雨方式：在边坡不同位置，采用降雨器进行边坡表面小范围滴淋式降雨，坡面水分依靠自重自然下流。这种降雨方式的优点在于：人工控制降雨范围，保证降雨量与入渗量最大程度地接近，避免降水对监测元器件造成的可能性损坏，同时为人工监测与数据采集提供可操作空间与相关便利条件。

降雨类型：试验采用控制降雨量的低强度连续降雨，每日降雨 4～8h，日降雨量控制为 10mm 左右，人工模拟自然小雨状态。

降雨控制：降雨分阶段进行，每阶段降雨量控制为 120mm。日降雨过程中，每次集中降雨时间不宜过短，视坡面水分入渗与径流情况，可间隔一段时间再进行降雨，每次降雨的控制条件为坡面不产生非常明显的径流，在最大程度上保证水分的渗入。

模拟降雨日降雨量/蒸发量，降雨总量与降雨历时如图 10.27 所示。由于日蒸发量 (0.69mm) 远小于日降雨量，在集中降雨过程中忽略蒸发的影响。降雨分三个阶段进行，第一阶段为降雨阶段，历时 16 日，降雨量 120mm；第二阶段为自然蒸发阶段，历时 36 日，由于在降雨过程中土体含水率一直保持较高的状态，高于土面蒸发速率的临界值 16%，日蒸发量取值 0.69mm，该阶段蒸发量为 24.84mm；第三阶段为降雨阶段，历时 14 日，降雨量为 120mm。在考虑蒸发的影响后，整个试验过程中总降雨总量为 215.16mm。

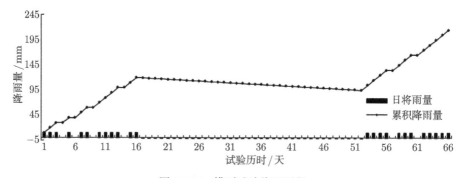

图 10.27　模型试验降雨历程

4. 监测控制

在降雨进行之前，记录各监测物理量的初始值，得到边坡初始含水率状态与应力-应变状态分布。在降雨初始阶段，应对各物理量进行密集监测，在各阶段降雨进行的前 2 天，每天各物理量监测记录为 2~3 次，每次测定时间应选在降雨间隔时，并记录即时降雨总量。在降雨中后期，每天各物理量监测记录为 1~2 次，同时对应各次记录时的即时降雨总量。

土体含水率变化特征的监测采用水分传感器测定与取样测定相结合的方式。由于 PR2/4 水分传感器可直接测定边坡表面以下 10cm、20cm、30cm、40cm 处土体含水率，对于表层土体含水量的测定，可于每天降雨结束后采用表层取样的方式对土体含水率进行测定。

试验开始后，应不定时对边坡变形特征进行记录与描述，若发生滑坡，应详细记录滑坡发生的次数、位置、规模与形式。

10.3　边坡物理状态变化特征

10.3.1　裂隙特征与表面形态

经过击实后填筑的边坡，在经历一段时间的静置处理后，裂隙逐渐开展，随着水分的流失, 基质吸力逐渐增大, 一方面在应力集中部位形成了宽大裂隙, 并在宽大裂隙上向周围衍生出较小的二级裂隙, 裂隙层层开展至无数微裂隙; 另一方面, 各种细小裂隙逐渐延伸加宽, 并相互连接, 以此方式形成宽大裂隙。经过这些往复的过程, 坡面及坡体内部均发育了大量裂隙, 从而降低了边坡的整体性, 保持与工程实际较高的一致性。

在持续降雨的不同阶段, 边坡变形以不同的方式呈现。

1. 裂隙收缩与闭合

在降雨初期, 土体变形表现为裂隙的收缩和闭合。随着水分供给, 一部分水分从土体表面逐渐入渗, 另外一部分的大量水分通过裂隙迅速运移 (图 10.28), 并随着贯通的裂隙进入边坡内部, 造成土体吸水膨胀, 发生变形。在此过程中, 裂隙在形态与数量上均发生明显的变化。图 10.29 为降雨不同阶段时坡肩以下局部裂隙形态的变化特征。

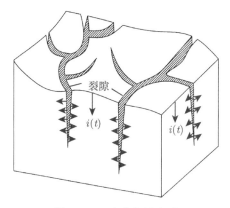

图 10.28 水分入渗方式

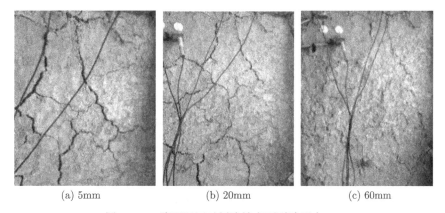

| (a) 5mm | (b) 20mm | (c) 60mm |

图 10.29 降雨不同时刻边坡表面裂隙形态

从图 10.29 中可以看出，降雨初始阶段，裂隙变化并不明显，在降雨量达到 20mm 时，裂隙较降雨量 5mm 时，宽度明显减小，宽度较大的裂隙收缩明显，这一阶段为裂隙收缩阶段，裂隙数量并未发生显著变化；在降雨量达到 60mm 时，主要裂隙大部分已消失，裂隙数量大大减小，这一阶段为裂隙闭合阶段，在经过这一阶段后土体中裂隙已基本闭合。

2. 表面隆起变形

随着水分的持续供给，土体继续吸水产生膨胀变形，变形以另外的方式表现出来，具体表现为局部和整体的隆起。图 10.30 为降雨进行至 90mm 时边坡局部的变形情况。可以看出，裂隙完全闭合后，由于膨胀土吸水膨胀效应，土体变形将向无约束方向继续发展，土体表面发生不规则隆起，变得凹凸不平，在同一断面的不同位置，由于应力的不均匀性，表面变形有所差异。从图 10.31 中可见，压实程度较高、裂隙较少的部位，由于膨胀土渗透性较差，水分入渗困难，表面局部发生明显的膨胀变形，但整体来说，边坡不同部位变形特征比较明显。

图 10.30　边坡局部隆起变形　　　　图 10.31　土体局部变形特征对比

10.3.2　径流与汇水现象

膨胀土尤其是强膨胀土的渗透性很差，导水率往往低于 10^{-6}m/s，因此，在无明显裂隙的情况下，水分入渗十分困难。在该模型试验中，采用了自行加工的小型低通量滴淋式降雨系统，保证了低速持续供水，满足膨胀土边坡的渗流特点。但是在降雨进行到一定阶段后，待裂隙完全闭合，水分只依靠膨胀土自身的渗透性进行入渗，边坡表面仍会表现出一般膨胀土边坡所具有的径流特征 (图 10.32)，坡脚与渠底将产生汇水现象 (图 10.33)，这与现场实际特征是相吻合的。

图 10.32 坡面径流现象

图 10.33 坡底汇水现象

径流与汇水现象对边坡破坏模式与应力应变特征将产生一定的影响。径流可逐渐冲刷土体，使边坡表面产生沟壑，形成冲刷破坏。大面积长时间的渠底积水，将对坡脚产生不利影响，造成坡脚软化以及发生较大的膨胀变形，从而影响边坡的整体稳定性。

10.4 边坡渗流场变化特征

10.4.1 不同时刻边坡渗流分布特征

随着模拟降雨的进行，水分沿坡面流下，同时逐渐入渗进入土体内部，在降雨的不同时刻，边坡渗流场分布表现出不同的状态。在不同时刻，利用断面水分测定仪与表层取样测试所得的不同深度土体体积含水率值，在 surfer 软件中，通过 Kriging 插值，绘制成渗流场等值线图。图 10.34 分别为降雨开始前及降雨量为 10mm、60mm、120mm 时边坡 40cm 深度以内土体瞬态渗流场的分布。其中图 10.34(d) 为降雨量达到 120mm 时，含水率场的即时分布状态。

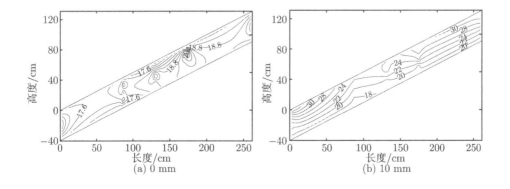
(a) 0 mm
(b) 10 mm

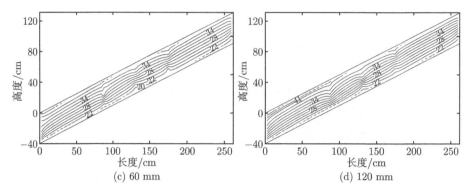

图 10.34　不同降雨量时边坡含水率场的即时分布

可以看出，在边坡经过静置一段时间后，试验开始时刻，边坡内土体含水率基本一致，均为 17%~20%。当水分开始入渗时，由于存在大量裂隙，降雨量为 10mm 时，渗流场的变化就较为显著，土体含水率具有呈层状分布，并由浅至深递减的趋势，最表层土体含水率有所提高，达 24%~30%，而深部土体含水率未发生显著变化；当降雨量达到 60mm 时，土体含水率等值线基本与坡面平行，稍向坡脚倾斜，土体含水率分层现象显著，且每层土体含水率比较均匀。阶段性降雨结束时，边坡渗流场等值线形态与降雨量 60mm 时相近，仅在土体含水率数值上有所增大，说明降雨进行至一定阶段已趋于渗流平衡状态，水分入渗稳定且均匀。

10.4.2　边坡土体含水率时程变化规律

选取边坡坡脚、1/3 坡高、坡中部、2/3 坡高和坡肩 5 个断面作为渗流场观测断面，图 10.35 给出了这 5 个断面不同深度处土体含水率的时程变化曲线。

由图可见，由于降雨器自身特点与特殊的降雨模式，典型的渗流场时程曲线呈现 "启动阶段–快速增长阶段–缓慢增长阶段–稳定阶段"，不同断面不同深度土体，含水率随时间变化规律各异，表现出各自特点或有典型模式阶段的缺失。

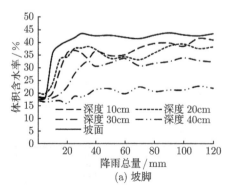

(a) 坡脚

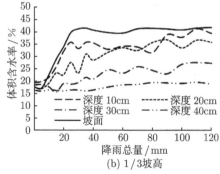

(b) 1/3 坡高

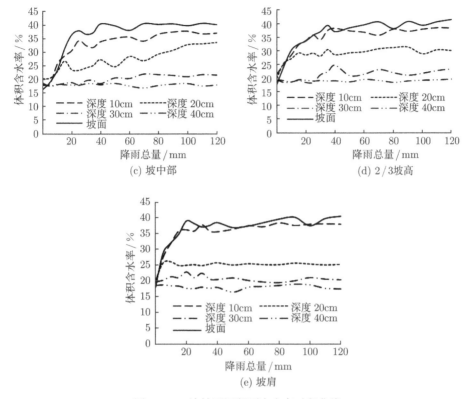

图 10.35　边坡不同断面含水率时程曲线

在同一断面处，越接近表层的土体，在水分入渗的初始阶段，含水率增长越快。表层土体含水率变化特征均是开始迅速提高，之后大部分时间保持不变。随深度增加，土体含水率变化表现出明显的滞后性，态势逐渐变为随入渗缓慢增长，直至始终基本保持不变。以坡中部为例，表层 10cm 以内土体含水率起始增长最快，达到一定值后，随入渗进行而不变，20cm 深度土体初始含水率的增长速率较快，20~30cm 深度土体含水率从入渗开始到结束一直处于缓慢增长阶段，40cm 深度处土体含水率始终未见明显变化。

对于不同断面，从坡脚至坡肩，沿着坡面高度的增加，在初始阶段表层土体含水率增长速率越来越慢，并且深部土体含水率随时间变化越来越不明显。在坡中部，20cm 深度处土体含水率表现出随时间缓慢增长，30~40cm 深度处，土体含水率随入渗进行基本保持不变。而在坡肩处，含水率随入渗不发生变化的土体深度减小至 20cm。

10.4.3　边坡土体含水率空间分布与变化规律

图 10.36 为降雨入渗发生的不同时刻下边坡各典型断面含水率空间分布情况。

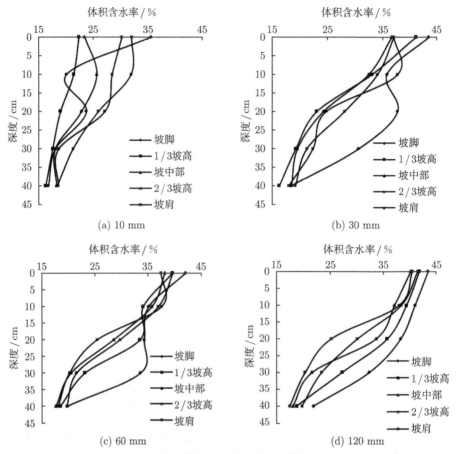

图 10.36　不同降雨量时边坡含水率场空间分布

可见, 在入渗各阶段, 边坡表层土体含水率一直最高, 边坡 40cm 深度以下土体含水率变化不明显。在入渗初始阶段, 含水率分层情况明显, 表层 10cm 以内土体含水率高, 20cm 深度处次之, 30cm 以下含水率低且各处差异不明显。在入渗发展到一定阶段, 表层 15cm 以内土体含水率均接近或达到饱和状态, 且各处差异不明显, 20~30cm 深度处存在含水率随边坡位置的分布差, 呈上部小、下部大的态势, 而深度土体含水率仍与初始值接近, 越到降雨后期, 土体含水率梯度分布越显著。

图 10.37 为不同断面土体含水率分布随降雨量的变化关系。可以看出:

(1) 坡脚断面水分变化最为显著, 在降雨进行到 10mm 时, 表层土体含水率饱和度达到 80% 左右; 降雨量为 20mm 时, 30cm 深度以内土体均接近饱和状态, 随着入渗的继续, 坡脚以下该深度内土体含水率基本稳定在高度饱和状态, 40cm 深度土体含水率随入渗进行缓慢提高, 最终饱和度维持在 50% 左右。

(2) 坡脚以上坡肩以下的断面,土体含水率随入渗变化规律基本相似。表层土体在降雨量达 30mm 时接近饱和,之后始终保持饱和度为 80%~90% 的状态,15~25cm 深度土体含水率随时间持续增长,靠近坡脚处最终土体饱和度较高。深部土体含水率随入渗进行基本不变,维持在初始值附近。

(3) 坡肩处仅在 20cm 深度内土体含水率有所变化,20cm 以下土体含水率随入渗进行一直稳定在初始值左右。各深度土体含水率未见随入渗进行缓慢增长的现象,均为增长至一定值即保持稳定,表层饱和度稳定值为 80%~85%,20cm 深度处为 55%,20cm 以下为 45% 左右。

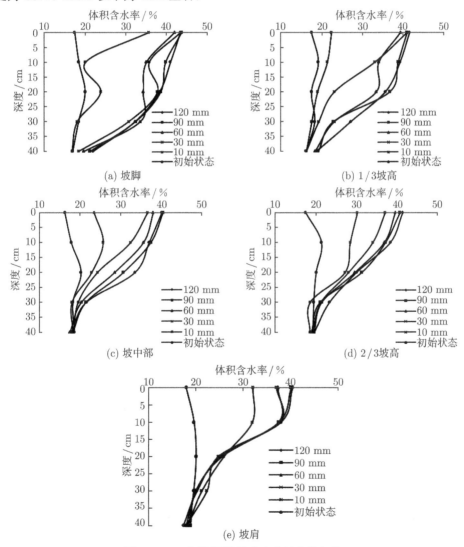

图 10.37 不同断面边坡含水率场变化规律

由以上分析可以认为, 边坡土体含水率随入渗进行缓慢增长, 一般均会达到一个稳定值, 该稳定值的出现与深度和降雨量有关, 结合本模型试验结果, 对于渗透性差的强膨胀土, 在连续小雨的降雨模式下降雨量达到 30mm, 表层土体含水率达到饱和且稳定, 而在降雨量达到 90mm 左右时, 边坡整体含水率达到稳定状态。

10.5　边坡湿胀变形特征与演化规律

10.5.1　边坡吸湿变形时程变化规律

1. 表面变形

在连续降雨阶段, 边坡变形呈现相似的状态与变化规律。例如, 第一阶段降雨进行 120mm 时, 结合位移传感器监测结果, 随着入渗的发生, 边坡不同位置的表面变形变化情况如图 10.38 所示。分析可知: 边坡表面位移经历 "启动阶段—快速增长阶段—缓慢增长阶段—稳定阶段", 各阶段表面位移的变化规律和形成机理各有不同。

(1) 启动阶段: 与土体入渗规律一致, 在降雨初期, 随着表面土体含水率的提高, 边坡表层发生湿胀变形, 一方面, 由于变形滞后于含水率的变化, 表面变形的发展需要时间过程; 另一方面, 由于土体表层发育的大量裂隙, 在初始阶段, 水分沿裂隙快速进入土体, 裂隙周边土体基质发生变形, 而此时大部分变形贡献于裂隙的收缩和闭合, 因此该阶段的膨胀变形均较小, 变形速率也较为缓慢, 但持续时间短, 一般在降雨量达到 10mm 时即结束, 主要受裂隙发育情况影响。

(2) 快速增长阶段: 随着水分的入渗与裂隙的逐渐闭合, 水分不仅沿裂隙进入土体, 也在土体之间发生渗透, 而裂隙的闭合造成土块变形的侧向约束, 土体变形朝向无约束的临空向发展, 因此在此阶段土体大量吸水, 强膨胀土湿胀效应明显, 发生较大的竖向位移与水平位移。该阶段持续至降雨量达 30~40mm 时结束, 主要受土体胀缩特性与渗透特性的影响。

(3) 缓慢增长阶段: 当快速变形发展至一定阶段时, 变形速率减慢, 位移缓慢增长, 此时水分继续向土体内部入渗, 但既受到土体渗透系数的制约, 也产生了表面径流, 造成水分的流失, 入渗量逐步变小。另外, 土体经历上一阶段后已接近饱和状态, 其总体变形量一定, 快速变形阶段已发生大部分变形, 残余变形量发展空间较小。这一阶段为土体变形的主要阶段, 历时长, 但产生的变形量有限, 仍然受土体胀缩特性与渗透特性的影响。

(4) 稳定阶段: 与边坡土体渗流情况对应, 进入该阶段, 边坡整体渗流场已达到稳定状态, 各处含水率基本保持不变, 因此受控于水分变化的湿胀变形也基本停止。

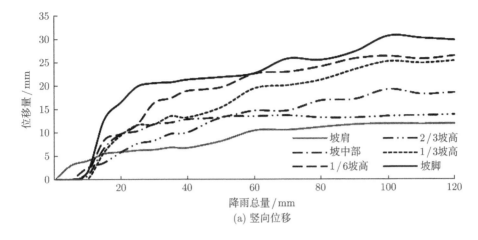

(a) 竖向位移

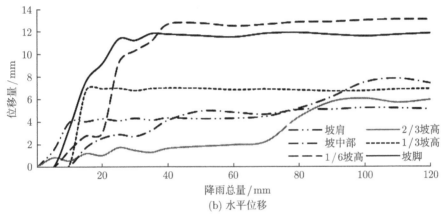

(b) 水平位移

图 10.38　边坡吸湿表面位移曲线

2. 深部变形

选取降雨阶段中深部位移发展最明显的连续降雨阶段，结合沉降板位移监测结果，得到随着入渗的发生，边坡 20cm 与 40cm 深度处的竖向变形时程变化曲线，如图 10.39 所示。

分析图 10.39 可知：

(1) 深部变形发展具有明显的滞后性，深度越大，滞后时间越长，20cm 深度处，降雨量为 10mm 时，变形开始发展；40cm 深度处，变形开展的起始为降雨量 20mm 左右。

(2) 深部变形发展规律与表面变形类似，分为 "启动阶段—快速增长阶段—缓慢增长阶段—稳定阶段"，所不同的是，其启动阶段主要为受深度效应影响而产生的滞后性，并且快速增长阶段历时短，缓慢增长阶段与稳定阶段历时长且时而交替进行，因为深部土体变形主要受吸湿膨胀作用，与水分入渗规律有关。

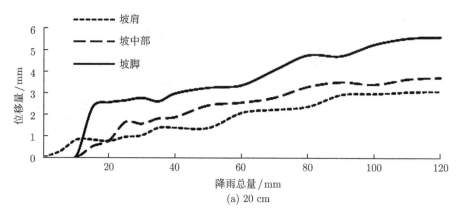

(a) 20 cm

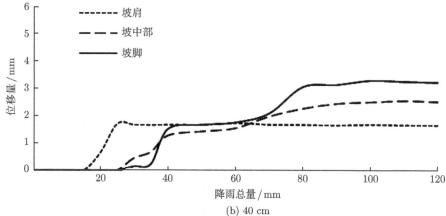

(b) 40 cm

图 10.39　边坡不同深度竖向位移曲线

因此，膨胀土边坡土体变形发展规律主要受土体性质、裂隙状态与环境因素的综合影响，水分入渗产生的吸水膨胀是发生变形的主要因素，而裂隙发育为水分进入提供良好的通道，促进水分入渗及变形开展，土体渗透性决定了水分入渗量与入渗强度，胀缩性决定了变形量与变形速率。

10.5.2　边坡吸湿变形空间分布特征

膨胀土边坡吸湿后，在湿润锋到达深度内，土体均具有湿变效应，土体变形范围随着湿润锋的推移逐渐向下推进，其影响范围内土体变形的综合量值通过表面变形表现出来，表面变形量最大，通过沉降板监测得到边坡内部不同位置表面变形在不同降雨时刻的分布情况，如图 10.40 所示。

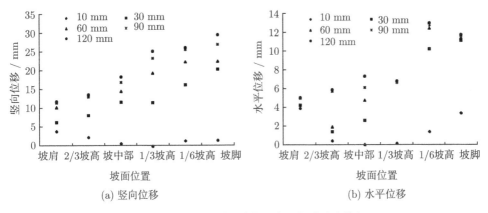

图 10.40 不同时刻边坡各处表面位移分布特征

1. 表面竖向位移

在降雨 10mm 时，坡面各点竖向位移均较小且相近，为 5mm 以下。在降雨量达到 30mm 及以后时，坡面各点竖向位移分布均为自坡脚至坡肩逐渐变小，坡脚变形量为坡肩变形量的 3 倍左右，竖向位移量沿坡面基本呈线性分布；降雨量 120mm 时，坡脚竖向位移达到 30mm，坡肩为 12mm。

2. 表面水平位移

在降雨各个阶段，边坡各处水平位移大体上呈高处小低处大的趋势，降雨阶段后期至降雨量达到 120mm 时，水平位移最大值发生在靠近坡脚处的 1/6 坡高处，约为 13mm。这是因为坡脚水平变形受到周围土体的侧向约束，而竖向变形则有一定的发展空间，坡中部及上部区域水平位移相差不大，为 5~8mm，各处水平位移总量约为竖向位移的 1/3~1/2。

若定义降雨过程中位移贡献比 ν 为

$$\nu = s_{ri}/s_{r120}, \quad (i = 0, \ 10, \ 20, \cdots, 120) \tag{10.4}$$

式中，s_{ri} 分别为降雨量为 i $(i=0，10，20，\cdots，120)$mm 时土体竖向位移量 (mm)。各时刻位移贡献比如图 10.41 所示。

可以看出，边坡各处表面竖向位移贡献比的变化趋势较为一致，说明各处竖向位移均随着入渗的进行而持续发展，而水平位移贡献比的变化情况差异较大，坡肩与坡下部范围在降雨 40mm 时水平变形已基本完成，边坡中上部范围，其水平变形处于阶梯状发展，且受后期降雨影响较大。

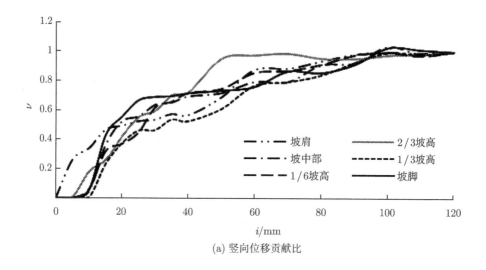

(a) 竖向位移贡献比

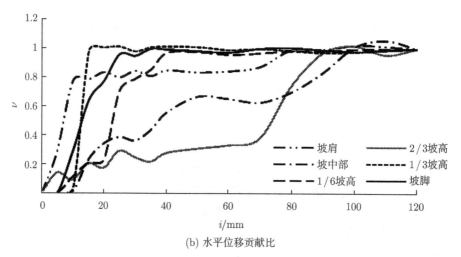

(b) 水平位移贡献比

图 10.41 位移贡献比变化情况

图 10.42 为坡肩、坡中部与坡脚在不同时刻深部竖向位移曲线；图 10.43 为集中降雨结束后，不同位置表面竖向位移与深部竖向位移对比。由图可知，竖向位移随深度衰减很快，越靠近坡脚，竖向位移深度衰减效应越明显，坡脚处表面竖向位移是 20cm 深度处的 6 倍左右，是 40cm 深度处的 7~8 倍，坡肩处表面竖向位移是 20cm 深度处的 4 倍，是 40cm 深度处的约 6 倍。

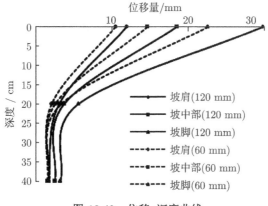

图 10.42　位移–深度曲线

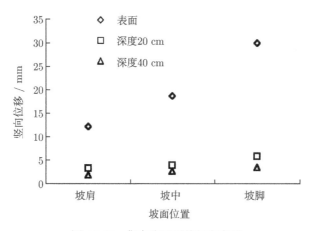

图 10.43　集中降雨后的竖向变形

10.5.3　边坡脱湿过程中裂隙演化规律

集中降雨停止后边坡进入自然蒸发状态，边坡土体进行脱湿过程，在日蒸发量 0.69mm 的条件下维持 52 天，对边坡不同部位表面变形情况进行监测，结果如图 10.44 所示。

由监测结果可知，边坡在蒸发过程中，水分散失，但从关键部位变形发展结果来看，边坡表面并未发生可观的竖向位移与水平位移，坡脚位移最大衰减量也仅为 2mm 左右。而膨胀土干缩效应十分明显，其失水后，体积迅速减小，发生收缩，这种干缩效应以裂隙开展、传播的方式表现出来 (图 10.45)。以边坡表面为参考面，各点未发生法向变形，而表现出显著的切向变形，造成边坡表面土体面积减小，土体体积收缩。

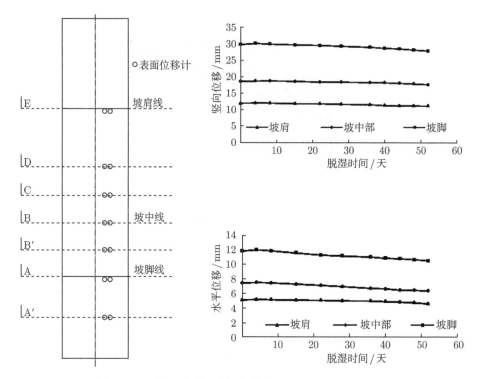

图 10.44　脱湿 (蒸发) 过程中边坡不同部位表面变形情况

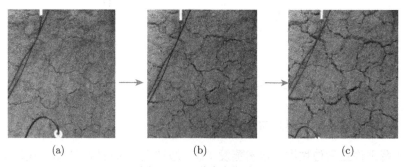

图 10.45　裂隙演化过程

土体中裂隙的演化一般分为 3 个阶段: 裂隙产生—裂隙传播—裂隙稳定。根据非饱和土应力状态理论, 并令表层土体抗拉强度与基质吸力存在以下关系

$$t = -0.5(u_a - u_w)\tan\varphi^b \tag{10.5}$$

裂隙产生时, 土体应力状态可用以下方程描述

$$\frac{\nu}{1-\nu}u_a + \frac{E}{H(1-\nu)}(u_a - u_w) = 0.5(u_a - u_w)\tan\varphi^b \tag{10.6}$$

当土体中某点应力状态满足以上方程时，裂隙开始产生，在继续失水条件下，裂隙将沿扩展方向进行扩展，并伴随新的裂隙产生，图 10.46 对土体裂隙扩展模型作了相应简化，与裂隙传播相关的裂纹角 β 与断裂角 θ_0 有着一定的联系，可揭示裂隙的扩展规律。

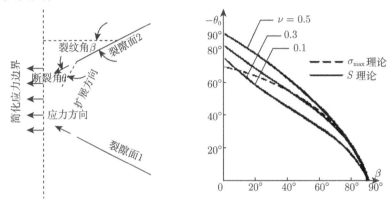

图 10.46　裂隙扩展模型中裂纹角与断裂角关系

根据二维脆性断裂理论可对裂隙传播规律作出定量描述。按照最大周向应力理论 (σ_{max}) 与应变能密度因子理论 (S)，断裂角与裂纹角之间的关系分别为

$$\sin\theta_0 + (3\cos\theta_0 - 1)\cot\beta = 0 \qquad (10.7)$$

$$2(1 - 2\nu)\sin(\theta_0 - 2\beta) - 2\sin2(\theta_0 - \beta) - \sin2\theta_0 = 0 \qquad (10.8)$$

在裂隙产生、发展的过程中，裂隙发展到一定程度将发生扩展方向上的不断变化，同时，新的裂隙不断产生，导致应力场处于不断变化中，继而又衍生出应力符合裂隙开展条件的部位，从而出现新裂隙，最终裂隙持续发展并相互切割，形成了复杂的裂隙形态。

10.5.4　变形场与渗流场的相关关系

由于膨胀土对水分的敏感性，湿胀变形是其最显著的特征，而变形是建立在吸湿的基础上，由于水分的作用，膨胀土分子间与分子内部结构发生改变，引起膨胀变形，所以宏观上，对于膨胀土边坡，渗流场与变形场既存在因果关系，同时也相互作用、相互影响。基于水分传感器与位移传感器监测结果，将渗流场与变形场进行耦合试验分析，分析边坡因湿胀效应引起的变形规律及其相关关系。

采用体积含水率增量 Δw 作为渗流变量，将初始时刻边坡土体含水率作为初始零点，在降雨进行中的不同时刻，于各典型断面提取不同深度处土体函数率增量值，与该断面表面变形进行对比 (图 10.47 和图 10.48)。在无约束条件下，表面变形可任意发展，含水率增大是引起土体变形的主导因素，而表面变形实际是土体内部各处变形累积的宏观表现,因此,其与边坡深部各点含水率增加值之和有关,累积含水率增量越大,表面变形也越大,竖向变形受此规律影响更为显著。

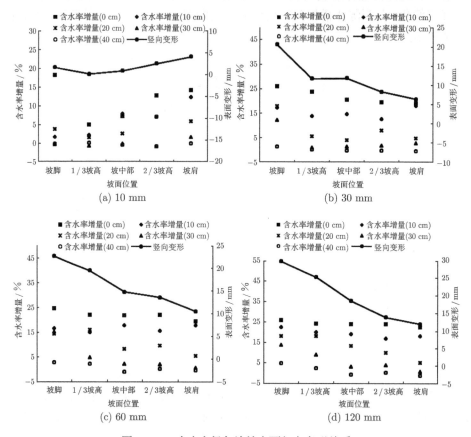

图 10.47　含水率场与边坡表面竖向变形关系

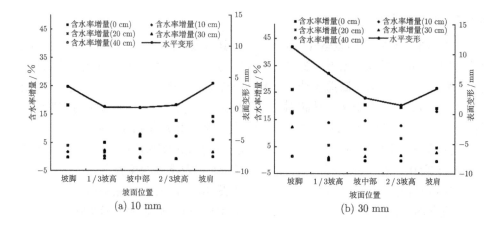

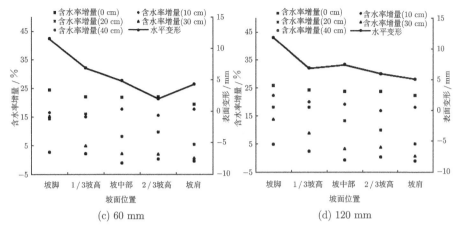

(c) 60 mm　　　　　　　　　　　　　　(d) 120 mm

图 10.48　含水率场与边坡表面水平变形关系

在试验中某一时刻，分别将边坡各断面 0cm、10cm、20cm、30cm、40cm 深度处即时含水率增量进行算术平均，并与此刻边坡表面竖向与水平位移进行对比，结果如图 10.49 所示。

水平变形基本随着平均含水率的提高而增加，在边坡中上部表现明显，而边坡底部水平变形受到侧向约束，在一定范围内，当含水率提高时，变形受到抑制而增长缓慢或基本不变。对于竖向变形，其与平均含水率基本呈线性关系，且不同断面同一平均含水率增量下的竖向位移也大体相近，集中分布于某一范围内，分别对各断面的竖向变形 s_1 与平均含水率增量 $\Delta \bar{w}$ 进行线性拟合，得到

$$坡脚:\quad s_1 = 1.7983\Delta\bar{w} - 3.4911, \quad R = 0.9625 \tag{10.9}$$

$$1/3\ 坡高:\quad s_1 = 1.7333\Delta\bar{w} - 2.2933, \quad R = 0.9676 \tag{10.10}$$

$$1/2\ 坡高:\quad s_1 = 1.8054\Delta\bar{w} - 3.1901, \quad R = 0.9810 \tag{10.11}$$

$$2/3\ 坡高:\quad s_1 = 1.9466\Delta\bar{w} - 7.3363, \quad R = 0.9432 \tag{10.12}$$

$$坡肩:\quad s_1 = 2.1137\Delta\bar{w} - 9.2171, \quad R = 0.7424 \tag{10.13}$$

由于各断面竖向变形 s_1 与平均含水率增量 $\Delta \bar{w}$ 线性关系接近，相关系数均较高，分别对线性方程中的斜率与截距进行加权平均，得到下式，可用于已知渗流场变化情况下对该类膨胀土边坡表面竖向变形 s_1 进行估算

$$s_1 = 1.88\Delta\bar{w} - 5.11, \quad (\Delta\bar{w} > 3\%) \tag{10.14}$$

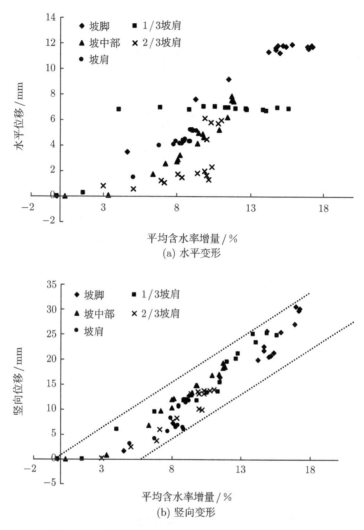

图 10.49　边坡表面变形与平均含水率增量相关关系

10.6　边坡应力场变化规律

根据强膨胀土边坡吸湿变形试验，在降雨入渗条件下对边坡应力场进行监测，发现应力的变化与水分入渗深度即膨胀土发生湿变的范围密切相关。图 10.50 和图 10.51 分别给出了坡脚、坡中部不同深度处竖向应力与入渗深度的关系曲线。

分析可知：

(1) 在水分入渗未达到某一深度时，土体应力呈小幅波动状态，当湿润锋达到某一深度,继而达到饱和状态时,土体中应力迅速提高发生突变。

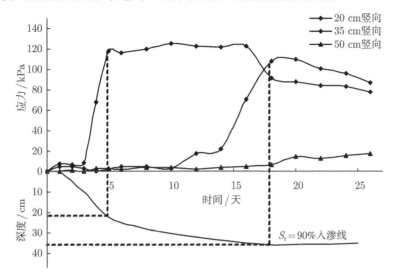

图 10.50 坡脚竖向应力与入渗深度关系

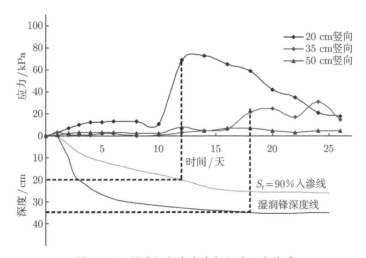

图 10.51 坡中部竖向应力与入渗深度关系

(2) 从图 10.50 和图 10.51 中可以看出,随着入渗向深部发展,土体饱和度达 90%深度处,应力也迅速达到峰值;换而言之,当土体内部某一深度应力达到或接近峰值时,其正位于土体饱和-非饱和区交界处。

(3) 从图 10.51 中可以看出,湿润锋达到的深度处,土体应力也有一定程度的提高,说明干湿交界面也是应力较大的区域之一。

(4) 随着水分入渗,暂态饱和区逐渐向深部发展,原先饱和-非饱和土体界面转变为饱和土体，同时应力发生一定程度上的衰减。

图 10.52 给出了坡脚与坡中部的水平应力、竖向应力峰值在深度方向的变化规律。可见，边坡应力沿深度衰减，坡脚处应力水平显著大于坡中部的应力水平。

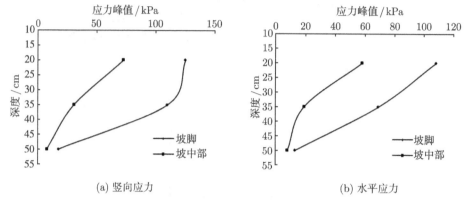

图 10.52　应力峰值沿深度衰减曲线

由试验结果与现象分析应力场演化机理：在半无限空间状态，膨胀土在吸水后虽然发生膨胀变形，体积增大，但是土体总体处于一种等应力状态，土体内部不会产生明显的剪应力，因而发生失稳破坏的可能性较小。当膨胀土边坡开挖后，水平应力得以释放，加上受大气环境、降雨入渗等因素的影响，边坡土体内产生渗流作用，土体吸水致使含水率提高，产生明显的湿胀效应，由于斜坡的存在，边坡内部应力场发生改变，造成应力的不均衡，坡体内产生了较大的剪应力。而膨胀土的湿胀效应在不受约束时以变形的形式表现出来，受到约束时表现为应力，坡脚处水平方向缺失临空面，变形发展受到约束，因此越靠近坡脚，应力作用越显著。

第11章　考虑湿胀软化效应的膨胀土边坡变形破坏分析方法

11.1　边坡湿胀软化的解耦–等效分析方法

膨胀土作为一种典型的非饱和土，在降雨过程中因吸水而发生体积膨胀和强度软化，吸力丧失引起的变形和强度降低是造成边坡失稳的关键因素之一。因此，针对膨胀土滑坡问题，应在渗流和变形耦合分析的基础上，考虑湿胀、软化两种效应并进行分析。

膨胀土边坡多发生浅层破坏，自坡比 1:2~1:6 均有发生滑坡的先例，许多平缓边坡破坏的案例使得膨胀土边坡稳定性分析变得极为复杂。目前，尚无一种可靠的方法来分析膨胀土边坡稳定性，学者们通过各种尝试来寻求合适的分析方法，包括：①残余强度法：研究者认为残余强度与裂隙充分发展状态的强度接近，可用残余强度作为膨胀土在该状态下的一种近似值，选用残余强度降低了安全系数，但并未反映出边坡失稳机理。②非饱和土强度指标法：膨胀土边坡为非饱和状态，特定条件下可采用非饱和土强度，但由于水土作用明显，膨胀土强度一直处于动态变化之中，且水分通过裂缝很容易进入土体内部，使相当范围内的土达到饱和状态，饱和时强度衰减明显，对边坡整体采用非饱和土强度指标欠妥。③膨胀力施加法：膨胀土遇水膨胀产生土体内部的一种膨胀势。当容许自由膨胀时，其完全释放，表现为膨胀应变；当不容许变形时，表现出与限制压力抗衡的膨胀力。然而，膨胀力存在作用与反作用的关系，并非作用于滑动体上的附加反力，不能参与到滑动体受力平衡分析之中。④数值分析法：该方法可提高计算精度，常用于各种黏性土坡稳定性分析，针对膨胀土边坡常用的有极限平衡法或等效分析法，这可计算得到应力和变形或模拟膨胀变形以及膨胀土边坡失稳破坏过程，但若不能深刻认识膨胀土边坡失稳机理，忽略了膨胀土浅层渐进性滑坡特点以及入渗变形相互作用模式，则难以反映膨胀土湿胀软化等根本特点。

因此，目前膨胀土边坡稳定分析方法尚未针对膨胀土的主要特性，所以深入探寻一种能反映膨胀土吸水膨胀、强度软化等特点的稳定分析方法十分必要。

湿胀软化是造成膨胀土边坡变形失稳的决定性因素。在膨胀土边坡稳定性分析中已有学者考虑了水分入渗下土体产生的膨胀力和膨胀变形。这些研究均是利

用传导及变形机理的相似性,将渗流场等效为温度场进行模拟计算,这种等效包括两个部分:

(1) 物体受热作用形成的温度变化场受热传导方程控制,而膨胀土吸湿后土体内形成的湿度变化场受水分扩散方程控制,控制方程具有高度相似性,可用热传导过程来模拟水分迁移过程。

(2) 材料温度升高发生体积膨胀,膨胀土吸湿后也发生体积膨胀,可利用热膨胀应力与膨胀变形来模拟土体吸湿后产生的膨胀力与膨胀变形。

然而,对于第 (1) 点,在有限元软件中,通过热传导计算来模拟水分传导时,边坡各部位 (包括坡顶、斜坡面、坡底) 的水分入渗特征与规律十分相近,渗流场断面纵向分布基本一致,即在边坡表层,通过热传导模拟所得的结果都是水分均匀向深部扩散,同一段时间内,水分在坡顶、斜坡面、坡底的入渗深度完全相等,并未表

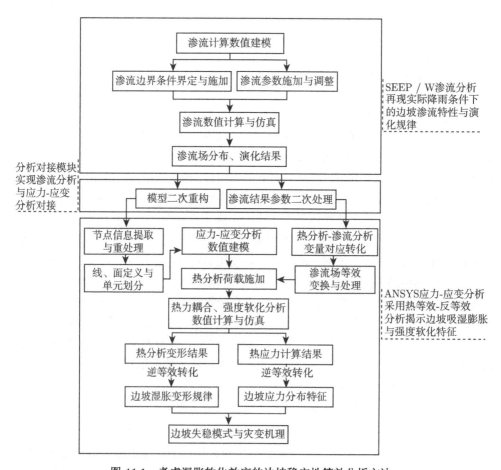

图 11.1　考虑湿胀软化效应的边坡稳定性等效分析方法

现出空间上的差异，这与真实渗流场特征是不相符的。这是因为，温度在材料中以能量交换的方式完成传导，而水分作为一种客观物质存在，则不同于温度，其在材料中的赋存方式与运移特征也与能量有着本质上的区别。传导过程是建立在与介质相互作用的基础上，显著表现为温度传导不受控于重力，因而对空间变异性不敏感，而水分传递全程受控于重力作用，并衍生出径流、汇聚等运动形式，因此在斜坡存在条件下，水分运移并不会表现出绝对均匀入渗的状态，其在坡底、斜坡不同高度部位、坡顶的入渗深度差异明显，渗流场分布存在空间差异性。

针对上述问题，采用渗流场、应力–应变场分算，热应力等效膨胀力的计算模式，提出考虑湿胀软化效应的膨胀土边坡解耦–等效分析方法。首先利用非饱和渗流计算，得到降雨条件下边坡真实渗流场分布，即在 SEEP/W 中，根据实际边界条件、边坡空间特征、土质条件进行渗流场的数值仿真，进而采用 ANSYS 进行应力–应变场分析，计算模型与渗流计算模型相同，并将渗流计算结果作为应力变形分析的荷载条件，对膨胀土吸湿产生的膨胀力采用热应力等效的处理方式，进行边坡变形与稳定性的计算。解耦–等效计算方法及其流程如图 11.1 所示。

11.2　边坡渗流机理与定解分析

1. 饱和–非饱和入渗过程与机理

入渗过程按水分所受的作用力及运动特征，可分为两个阶段：①非饱和渗流：在分子力的作用下，入渗水分被土体颗粒吸附而成为薄膜水，继而在毛管力与重力作用下，水分在土体孔隙中向下做不稳定流动，并充填孔隙。②饱和渗流：土体孔隙被水分充满达饱和，在重力作用下水分稳定流动。降雨入渗过程可用图 11.2 表示。

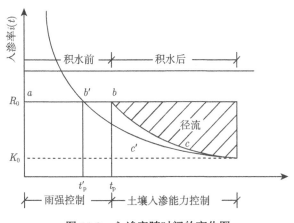

图 11.2　入渗率随时间的变化图

abc 线为非饱和土体入渗过程曲线。ab 段为土体的渗透能力大于降雨强度时,入渗率稳定,水分全部渗入,土体表层含水率逐渐提高至一稳定值;bc 段为土体的入渗能力小于降雨强度时,水分部分入渗,并伴随地表径流或积水,入渗率迅速降低,直到饱和土的渗透系数 k。降雨入渗特征如下:

(1) $t < t'_p$ 时,入渗初期阶段的入渗率取决于降雨强度 R_0,如图 11.2 中 ab',入渗前期,由于降雨强度小于土体的入渗率,实际入渗率即为降雨强度 R_0。

(2) $t > t'_p$ 时,$R_0 > i(t)$,此时干土积水条件下的入渗率即为 $i(t)$,如图 11.2 中的 $b'c'$ 曲线所示,超过入渗率的降雨则形成积水或地表径流。但是,在降雨条件下,t'_p 以前时段未达到积水入渗条件,因此 t'_p 以后时段的入渗率不是 $i(t)$,入渗过程曲线是 bc 而非 $b'c'$,即积水点 b' 后移至 b,实际入渗曲线为 abc。

所以,降雨入渗过程可以分成为两个阶段:第一阶段称为降雨控制阶段,发生自由入渗;第二阶段称为土体入渗率控制阶段,发生有压入渗。

2. 斜坡非饱和渗流控制方程与定解条件

基于 Richards 模型,倾角为 α 的斜坡非饱和土体水分渗流二维方程为

$$\frac{\partial \theta}{\partial t} = \frac{\partial}{\partial x}\left[D(\theta)\frac{\partial \theta}{\partial x}\right] + \frac{\partial}{\partial z}\left[D(\theta)\frac{\partial \theta}{\partial z}\right] - \frac{\partial k(\theta)}{\partial z}\sin\alpha - \frac{\partial k(\theta)}{\partial z}\cos\alpha \tag{11.1}$$

方程的定解条件根据入渗边界而定,各入渗边界见图 11.3。

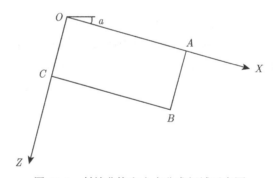

图 11.3   斜坡非饱和土水分求解域示意图

1) OA 边界

当降雨强度低于表层土体入渗能力时,水分完全入渗,地表入渗通量与降雨强度相等,为第二类边界条件

$$-D(\theta)\frac{\partial \theta}{\partial n} + k(\theta)\cos\alpha = R_n(t), \quad t > 0, \quad z = 0 \tag{11.2}$$

当降雨强度超过表层土体入渗能力时,斜坡表面形成径流。表层土体含水率接近饱

和含水率, 为第一类边界条件

$$\theta \approx \theta_{\mathrm{s}} \tag{11.3}$$

2) OC 边界

OC 边界为含水率已知的第一类边界条件, $\theta_0^0(z)$ 为初始时刻 $x = 0$ 时 OC 边界沿 Z 方向的含水率分布

$$\theta(x = 0, z, t) = \theta_0^0(z), \quad t \geqslant 0 \tag{11.4}$$

3) AB 边界

AB 为含水率已知的第一类边界条件, $\theta_L^0(z)$ 为初始时刻 $x = L$ 时 AB 边界沿 Z 方向的含水率分布

$$\theta(x = L, z, t) = \theta_L^0(z), \quad t \geqslant 0 \tag{11.5}$$

4) BC 边界

BC 为含水率已知的第一类边界条件, $\theta_H^0(z)$ 为初始时刻 $z = H$ 时 BC 边界沿 x 方向的含水率分布

$$\theta(x, z = H, t) = \theta_H^0(z), \quad t \geqslant 0 \tag{11.6}$$

11.3 膨胀土吸湿强度软化特性

1. 非饱和土强度理论

对非饱和土, Fredlund 和 Morgenstern 基于饱和土体强度理论, 提出线性非饱和土体抗剪强度公式

$$\tau_{\mathrm{f}} = C' + (\sigma_{\mathrm{f}} - u_{\mathrm{w}})\tan\varphi' + (u_{\mathrm{a}} - u_{\mathrm{w}})\tan\varphi^b \tag{11.7}$$

式中, $(\sigma_{\mathrm{f}} - u_{\mathrm{w}})$ 为破坏面上净法向应力; $(u_{\mathrm{a}} - u_{\mathrm{w}})$ 为破坏面上基质吸力; φ^b 为相对基质吸力的摩擦角; u_{a}、u_{w} 分别为孔隙气压力和孔隙水压力, 一般的斜坡稳定性计算中, 取 $u_{\mathrm{a}}=0$, 即大气压力。基质吸力的存在提高了土体的抗剪强度, 在计算过程中, 假定 φ^b 为常量, 抗剪强度与吸力线性正相关。

与非饱和土抗剪强度公式比较, 非饱和土抗剪强度理论是饱和土抗剪强度理论的扩展。在此基础上, 参照饱和土摩尔–库仑包络线, 可得非饱和土摩尔–库仑破坏包络面 (图 11.4)。

研究表明, 土的抗剪强度中与基质吸力有关的 φ^b 并非固定值, 而是与基质吸力水平有关的变量, 即土的基质吸力破坏包线是非线性的。在土体饱和时, 孔隙水压力 u_{w} 接近孔隙气压力 u_{a}, 因此, 基质吸力 $(u_{\mathrm{a}} - u_{\mathrm{w}}) \to 0$, 式 (11.7) 中

的基质吸力项消失, 从而变为饱和土的抗剪强度公式。φ^b 的大小一般小于或等于 φ。对于一定基质吸力条件下, 将基质吸力产生的强度视为黏聚力 C 的一部分, 即 $C = C' + (u_a - u_w)\tan\varphi^b$, 非饱和土抗剪强度公式改写为 $\tau_f = C + (\sigma_f - u_w)\tan\varphi'$。

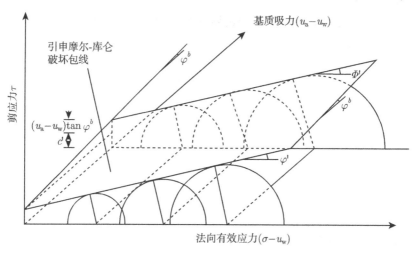

图 11.4　非饱和土摩尔–库仑破坏包面

非饱和土的抗剪强度随含水量 w(或饱和度 S_r) 的变化而变化, 含水率的变化对非饱和土的总黏聚力 $C = C' + (u_a - u_w)\tan\phi^b$ 影响显著, 而对内摩擦角 φ' 影响相对较小。非饱和土的强度变化主要是由于基质吸力 $(u_a - u_w)$ 的变化并引起 φ^b 的变化。

2. 抗剪强度与基质吸力的关系

依据 Fredlund 和 Gan 的研究, 所得到的与吸力有关的摩擦角 φ^b 和基质吸力 $(u_a - u_w)$ 的关系, 主要可用以下 4 种函数关系来描述。

(1) 线性函数形式。CD 试验中, 其相关关系为

$$\varphi^b = 28.5 - 0.1\left[(u_a - u_w) - (u_a - u_w)_b\right] \tag{11.8}$$

式中, $(u_a - u_w)_b = 65\text{kPa}$。

(2) 幂函数形式。相关关系式为

$$\begin{cases} \tan\varphi^b = (u_a - u_w)^{-0.41}\tan\varphi' & \text{(固定含水量试验)} \\ \tan\varphi^b = (u_a - u_w)^{-0.59}\tan\varphi' & \text{(固结排水试验)} \end{cases} \tag{11.9}$$

(3) 线性函数与幂函数组合形式。令线性函数和幂函数的连接点处的基质吸力为 $(u_a - u_w)_{st}$。当 $(u_a - u_w) < (u_a - u_w)_{st}$ 时, φ^b 与基质吸力 $(u_a - u_w)$ 的关系为

线性函数；当 $(u_a - u_w) \geqslant (u_a - u_w)_{st}$ 时，φ^b 角与基质吸力 $(u_a - u_w)$ 的关系为幂函数

$$\tan\varphi^b = 520\,(u_a - u_w)^{-1.30}\tan\varphi' \tag{11.10}$$

(4) 双曲线函数与幂函数组合形式。设双曲线函数和幂函数的连接点处的基质吸力为 $(u_a - u_w)_{st}$。当 $(u_a - u_w) < (u_a - u_w)_{st}$ 时，φ^b 与基质吸力 $(u_a - u_w)$ 的关系为双曲线函数

$$\tan\varphi^b = \frac{\tan\varphi'}{1 + 0.01\,(u_a - u_w)} \tag{11.11}$$

当 $(u_a - u_w) \geqslant (u_a - u_w)_{st}$ 时，φ^b 与基质吸力 $(u_a - u_w)$ 的关系为幂函数，即

$$\tan\varphi^b = 190\,(u_a - u_w)^{-1.12}\tan\varphi' \tag{11.12}$$

基于土–水特性曲线，基质吸力对非饱和土的剪切强度的贡献主要取决于土粒接触点附近孔隙水面积的大小。当基质吸力小于非饱和土的进气值时，土体接近饱和状态，土粒接触点处的孔隙水面积 A_u 与饱和土粒接触点处的孔隙水面积 A_0 相等。这时基质吸力对抗剪强度的贡献等价于净法向应力 $(\sigma - u_a)$ 对强度的贡献，$\varphi^b = \varphi'$。随着土体饱和度的降低，基质吸力增加，非饱和土 $A_u < A_0$，这时 $\varphi^b < \varphi'$。当基质吸力大于残余基质吸力时，基质吸力对抗剪强度的贡献很小，此时 φ^b 很小，接近于定值。

非饱和土的抗剪强度与基质吸力之间的关系与量纲为一的孔隙水面积有关，即

$$\tau_s = (u_a - u_w)a_w\tan\varphi' \tag{11.13}$$

$$a_w = \frac{A_{dw}}{A_{rw}} \tag{11.14}$$

式中，τ_s 为基质吸力引起的抗剪强度；A_{rw} 为非饱和土的孔隙面积；A_{dw} 为饱和土的孔隙面积；a_w 为孔隙水面积的量纲为一的值，其取值范围为 $[0,1]$。

量纲为一的孔隙水面积与饱和度之间的关系常用指数函数表示为

$$a_w = S^n \tag{11.15}$$

以体积含水率 θ 表示的土–水特征曲线方程为

$$\theta = F\,(u_a - u_w) \tag{11.16}$$

由式 (11.13)、式 (11.15)、式 (11.16)，并令

$$S = \frac{F\,(u_a - u_w)}{\theta_s} \tag{11.17}$$

其中，θ_s 为饱和体积含水量，可以得到

$$\frac{\tan\varphi^b}{\tan\varphi'} = \left[\frac{F\left(u_a - u_w\right)}{\theta_s}\right]^n \tag{11.18}$$

φ^b 与基质吸力 $(u_a - u_w)$ 之间的函数关系的形式取决于土-水特征曲线方程形式，对于 $S > 50\%$ 的高饱和度土体，$n = 1$。

在土体吸湿逐渐饱和的过程中，土体含水率不断提高，基质吸力降低，饱和时降至 0。在此过程中，土体抗剪强度非线性衰减，成为诱发边坡失稳的重要因素之一。

11.4　膨胀土湿胀效应的热等效模拟

1. 温-湿度场变形等效理论模型

热胀等效湿胀理论的基本思想是：材料温度升高时会产生体积膨胀，膨胀土吸水后也产生体积膨胀，宏观表现与材料的温度效应相似。温度等效湿度问题主要需要解决的问题是湿度向温度的转化计算。

根据线性假设，温度变化产生的应变 ε_T 为

$$\varepsilon_T = \beta\Delta T \tag{11.19}$$

式中，β 为热-线膨胀系数；ΔT 为温度增量。与之相似，湿度变化产生的应变 ε_w 为

$$\varepsilon_w = \alpha\Delta\theta \tag{11.20}$$

式中，α 为湿-线膨胀系数；$\Delta\theta$ 为湿度增量。令 $\varepsilon_T = \varepsilon_w$，可得

$$\beta\Delta T = \alpha\Delta\theta \tag{11.21}$$

则

$$\beta = \frac{\alpha\Delta\theta}{\Delta T} \tag{11.22}$$

在有限元计算软件中，体积含水量的变化 1(%) 相当于温度变化 1(℃)，在数值上 $\Delta T = 100\Delta\theta$，即

$$\beta = 0.01\alpha \tag{11.23}$$

膨胀土湿-线膨胀系数 α 可通过无荷载膨胀率试验测得，即可由式 (11.23) 得到等效湿-线膨胀系数 β。因此，在进行热分析与渗流分析时，可建立各自物理过程中不同物理量的对应关系，在此基础上进一步进行等效计算。吸湿膨胀分析时所涉及的参数及其对应关系见表 11.1。

表 11.1 热分析与渗流分析参数对照表

热分析	渗流分析
温度/℃	含水率/%
热–线膨胀系数	湿–线膨胀系数
节点温度向量 $\{T\}$	节点含水率向量 $\{\theta\}$

2. 等效膨胀计算方法

假设膨胀土吸水发生各向同性膨胀, 从而土体发生体积变形的同时, 土体内并不产生剪应力和剪应变, 由于含水率增大产生的总应变分量为

$$\mathrm{d}\varepsilon_{ij} = \mathrm{d}\varepsilon_{ij}^w = \alpha\delta_{ij}\mathrm{d}w \tag{11.24}$$

式中, α 为各向同性湿–线膨胀系数; $\mathrm{d}\varepsilon_{ij}^w$ 为湿度应变增量; $\mathrm{d}w$ 为含水率增量。

实际情况下, 由于受到外部或内部的约束作用, 土体中产生附加应力, 湿胀变形不是理想状态下的均匀膨胀, 附加应力将产生附加变形, 总应变增量变为

$$\mathrm{d}\varepsilon_{ij} = \mathrm{d}\varepsilon_{ij}^w + \mathrm{d}\varepsilon_{ij}^e \tag{11.25}$$

式中, $\mathrm{d}\varepsilon_{ij}$ 为总应变增量; $\mathrm{d}\varepsilon_{ij}^e$ 为附加应变增量。

根据线弹性假设求解 ε_{ij}^e, 由广义胡克定律

$$\varepsilon_{ij}^e = C_{ijkl}\sigma_{kl} \tag{11.26}$$

式中, C_{ijkl} 为柔度张量且 $C_{ijkl} = \Phi(\theta)$, 是含水率的函数; σ_{kl} 为应力张量。将膨胀土广义胡克定律以增量形式描述

$$\mathrm{d}\varepsilon_{ij}^e = C_{ijkl}\mathrm{d}\sigma_{kl} + \frac{\mathrm{d}C_{ijkl}}{\mathrm{d}w}\sigma_{kl}\mathrm{d}w \tag{11.27}$$

将式 (11.27) 代入式 (11.25), 总应力增量为

$$\mathrm{d}\varepsilon_{ij} = \mathrm{d}\varepsilon_{ij}^w + C_{ijkl}\mathrm{d}\sigma_{kl} + \frac{\mathrm{d}C_{ijkl}}{\mathrm{d}w}\sigma_{kl}\mathrm{d}w \tag{11.28}$$

一般通过膨胀率试验测定湿–线膨胀系数, 试样多为环刀 (圆柱) 样, 以柱坐标形式表达其应力应变状态。无荷膨胀率试验中, 土样处于 K_0 应力状态, θ、r 方向受仪器限制不发生膨胀变形, $\varepsilon_\theta = \varepsilon_r = 0$, z 方向无上覆荷载, $\sigma_z = 0$, 土样吸湿膨胀完成后, z 方向应变即为无荷膨胀率, $\varepsilon_z = \delta_{\mathrm{ep}}$。根据各向同性假设, 在吸湿条件下的正应变分量为

$$\begin{cases} \varepsilon_\theta = \dfrac{1}{E}\left[\sigma_\theta - \nu\left(\sigma_r + \sigma_z\right)\right] + \alpha\Delta\theta \\[2mm] \varepsilon_r = \dfrac{1}{E}\left[\sigma_r - \nu\left(\sigma_\theta + \sigma_z\right)\right] + \alpha\Delta\theta \\[2mm] \varepsilon_z = \dfrac{1}{E}\left[\sigma_z - \nu\left(\sigma_r + \sigma_\theta\right)\right] + \alpha\Delta\theta \end{cases} \tag{11.29}$$

无荷膨胀率试验边界条件为

$$
\begin{cases}
\varepsilon_\theta = \varepsilon_r = 0 \\
\varepsilon_z = \delta_{\mathrm{ep}} \\
\sigma_z = 0
\end{cases}
\tag{11.30}
$$

得到膨胀土吸湿状态下的湿–线膨胀系数 α 表达式为

$$
\alpha = \frac{\delta_{\mathrm{ep}}(1-\nu)}{\Delta\theta(1+\nu)}
\tag{11.31}
$$

式中，δ_{ep} 为无荷膨胀率；υ 为泊松比；$\Delta\theta$ 为无荷膨胀率试验土体吸湿前后体积含水率差。可根据式 (11.31)，通过无荷膨胀率试验结果获得湿–线膨胀系数，进而转化为热分析中的热–线膨胀系数。

3. 等效膨胀分析方法的数值验证

利用 ANSYS 模拟室内无荷膨胀率试验，对温度场模拟湿度场数值计算方法进行验证，其中试样尺寸为环刀样，高 2cm，直径 6.18cm，在 ANSYS 中采用 SOLID45 单元，有限元网格如图 11.5 所示。

模型参数如下选取：弹性模量为 20MPa，泊松比为 0.3，根据实测试验结果，得到试样膨胀前含水率为 14.05%，膨胀后水率为 61.69%，无荷膨胀量为 12.62mm，通过热膨胀等效计算所得无荷膨胀量为 12.86mm，相对误差仅为 1.9%，数值计算结果如图 11.6 所示。

图 11.5   等效膨胀有限元模型

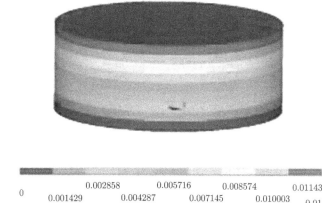

图 11.6　等效膨胀计算结果 (详见书后彩图)

因此, 利用热膨胀分析模式来模拟膨胀土吸湿膨胀效应, 计算结果显示与试验结果误差很小, 精度满足工程要求。因此, 采用等效计算方式, 将软件中难以实现的渗流–膨胀力耦合分析转化为温度–应力耦合分析, 是可行、有效的方法。

11.5　数值实现中的关键问题

1. 计算模型对接

解耦计算涉及不同软件环境、不同计算模式下的数值分析, 而在计算全过程中, 模型及其参数必须保持一致性与连贯性。所以, 在膨胀土湿胀软化的分析计算中, ANSYS 应力–应变分析模型是将 SEEP/W 渗流分析中计算模型按同一比例导入, 并且渗流场分析的计算结果将作为应力–应变分析的荷载条件, 因此, 传统的点–线–面建模方式不能满足计算需求, 其无法保证两种分析模型的节点、单元数以及相对位置完全一致, 针对这一问题采用的建模方法如下:

提取 SEEP/W 渗流计算模型中的节点信息, 统计节点总数 n, 建立节点编号矩阵 $[N]$ 以及节点坐标值 $(x_i、y_i)$ 矩阵 $[C]$

$$[N] = [N_1\ N_2\ N_3\ \cdots\ N_n]^{\mathrm{T}} \tag{11.32}$$

$$[C] = \left[\begin{array}{ccccc} N_{1x} & N_{2x} & N_{3x} & \cdots & N_{nx} \\ N_{1y} & N_{2y} & N_{3y} & \cdots & N_{ny} \end{array} \right]^{\mathrm{T}} \tag{11.33}$$

统计模型边界端点个数 m(包括边界上的线、面端点和顶点), 面域个数 s, 线域个数 t, 将所有节点按线上节点、面上节点、端点分为 3 类, 分别将线、面上的节点与线、

面对应 (端点除外), 分别建立端点及其坐标矩阵 $[N_K]$、$[C_K]$, s 个面域上节点及其坐标矩阵 $[N_{A1}]$、$[C_{A1}]$, $[N_{A2}]$、$[C_{A2}]$, $\cdots$, $[N_{Ai}]$、$[C_{Ai}]$, $\cdots$, $[N_{As}]$、$[C_{As}]$, t 个面域上节点及其坐标矩阵 $[N_{L1}]$、$[C_{L1}]$, $[N_{L2}]$、$[C_{L2}]$, $\cdots$, $[N_{Lj}]$、$[C_{Lj}]$, $\cdots$, $[N_{Lt}]$、$[C_{Lt}]$:

$$
\begin{aligned}
[N_K] &= [N_{K1}\ N_{K2}\ N_{K3}\ \cdots\ N_{Km}]^{\mathrm{T}} \\
[C_K] &= \left[\begin{array}{ccccc} N_{K1x} & N_{K2x} & N_{K3x} & \cdots & N_{Kmx} \\ N_{K1y} & N_{K2y} & N_{K3y} & \cdots & N_{Kmy} \end{array} \right]^{\mathrm{T}}
\end{aligned} \tag{11.34}
$$

$$
\begin{aligned}
[N_{Ai}] &= [N_{Ai1}\ N_{Ai2}\ N_{Ai3}\ \cdots\ N_{Aip_i}]^{\mathrm{T}} \\
[C_{Ai}] &= \left[\begin{array}{ccccc} N_{Ai1x} & N_{Ai2x} & N_{Ai3x} & \cdots & N_{Aip_ix} \\ N_{Ai1y} & N_{Ai2y} & N_{Ai3y} & \cdots & N_{Aip_iy} \end{array} \right]^{\mathrm{T}}, \quad (i=1,2,\cdots,s)
\end{aligned} \tag{11.35}
$$

$$
\begin{aligned}
[N_{Lj}] &= [N_{Lj1}\ N_{Lj2}\ N_{Lj3}\ \cdots\ N_{Ljq_j}]^{\mathrm{T}} \\
[C_{Lj}] &= \left[\begin{array}{ccccc} N_{Lj1x} & N_{Lj2x} & N_{Lj3x} & \cdots & N_{Ljq_jx} \\ N_{Lj1y} & N_{Lj2y} & N_{Lj3y} & \cdots & N_{Ljq_jy} \end{array} \right]^{\mathrm{T}}, \quad (j=1,2,\cdots,t)
\end{aligned} \tag{11.36}
$$

其中, 第 i 个面域中包含 p_i 个节点, 第 j 个线域中包含 q_j 个节点, 从而模型中节点总数 n 为

$$
n = m + \sum_{i=1}^{s} p_i + \sum_{j=1}^{t} q_j \tag{11.37}
$$

在 ANSYS 中将 SEEP/W 模型中的端点以关键点 (key point) 的形式定义, ANSYS 语句为

$$
\text{KP}, \ [N_K], \ [C_K] \tag{11.38}
$$

其次, 定义线 (line) 与面 (area), 将提取出的所有节点分别以面上与线上硬点 (hard point) 的形式定义, ANSYS 语句为

$$
\text{HPTCREATE, AREA, } i, \ [N_{Ai}], \ \text{COORD}, \ [C_{Ai}], \quad (i=1,2,\cdots,s) \tag{11.39}
$$

$$
\text{HPTCREATE, LINE, } j, \ [N_{Lj}], \ \text{COORD}, \ [C_{Lj}], \quad (j=1,2,\cdots,t) \tag{11.39}
$$

由于渗流计算中所有节点均以关键点和硬点的形式定义, 从而保证应力–应变计算网格划分时, 硬点处一定产生节点, 再采用自由划分的方式对网格进行划分, 形成有限元计算网格模型。

若有关键点和硬点以外的新节点产生, 由于 SEEP/W 计算中未涉及该节点, 其渗流场数据为 NULL, 继而影响应力–应变分析, 多余的节点还会造成 ANSYS 有限元网格的奇异与不均匀, 需反复调试模型的线、面划分, 并控制节点个数。

2. 等效温度荷载的施加

将 SEEP/W 中动态连续渗流场结果进行分时阶跃式离散,提取 k 维特征时刻向量 $\{t\}$ 作为分析步

$$\{t\} = \{t_1\ t_2\ \cdots\ t_k\} \tag{11.41}$$

由于通过施加地下水边界条件,设定基质吸力分布状态后,即可得到边坡初始渗流场状态分布,各节点初始体积含水率值为

$$[\theta_0] = [\theta_{01}\ \theta_{02}\ \theta_{03}\ \cdots\ \theta_{0n}]^{\mathrm{T}} \tag{11.42}$$

由于 ANSYS 热分析模块基于全场参考温度,这里将边坡初始含水率状态分布作为相对 0 值,即设定参考温度为 0,则对于 t_i 时刻 $(i=1,\ 2,\ \cdots,\ k)$,SEEP/W 计算所得实际节点含水率分布为 $[\theta_i]$,相对于初始渗流场的增量为 $[\Delta\theta_i]$。

$$[\theta_i] = [\theta_{i1}\ \theta_{i2}\ \theta_{i3}\ \cdots\ \theta_{in}]^{\mathrm{T}} \tag{11.43}$$

$$[\Delta\theta_i] = [\theta_{i1} - \theta_{01}\ \theta_{i2} - \theta_{02}\ \theta_{i3} - \theta_{03}\ \cdots\ \theta_{in} - \theta_{0n}]^{\mathrm{T}} \tag{11.44}$$

这样就得到了基于初始渗流场,渗流特征参数 (节点体积含水率 θ) 分时步顺序演化,以增量传递方式建立起的多级瞬态相对渗流场 $[\Delta\theta_i]$ $(i=1,\ 2,\ \cdots,\ k)$。在 ANSYS 中,则以温度增量 $[\Delta T_i]$ $(i=1,\ 2,\ \cdots,\ k)$ 的形式导入,建立 $[\Delta T_i] = [\Delta\theta_i]$ 的关系。在 ANSYS 中,通过如下语句施加温度荷载,进行等效渗流分析。

$$\mathrm{DK},\ [N],\ \mathrm{TEMP},\ [\Delta T_i] \tag{11.45}$$

这样就可以将 k 个不同时刻的渗流场等效为温度场,施加于模型上,从而进一步进行膨胀土边坡吸湿膨胀软化的应力-应变等效计算。

3. 强度软化过程的实现

膨胀土吸水后,基质吸力迅速减小,同时抗剪强度显著衰减,表现出强度软化的特点,是造成边坡失稳的重要原因之一。因此,膨胀土边坡在水分入渗时,随着渗流场的动态变化,边坡各部位不仅瞬态强度参数各异,而且随着入渗的进行时刻发生变化,表现出空间、时间上的双重变异性。这在数值计算中应该有所体现,具体方法如下 (图 11.7 和表 11.2):

(1) 在定义单元类型后,循环建立多个材料类型,并对各材料类型赋予特征材料参数,包括弹性模量 E,泊松比 ν,黏聚力 c,内摩擦角 φ,膨胀系数 α,密度 ρ 等,这些材料参数可通过试验结果与经验参数获得;

(2) 建立土体强度参数与土体含水率关系因子,用以判断 (4) 中不同含水率土体单元所属的强度单元块;

(3) 通过 (1) 中定义硬点的方式建立模型, 自由划分网格, 定义边界条件。在此, 由于划分网格前必须定义材料类型, 此时假设材料均一, 即边坡各点材料参数相同, 不同单元具有相同的强度;

(4) 通过硬点施加等效增量温度场荷载, 计算求解, 保存得到即时温度场结果;

(5) 通过建立循环, 逐一提取节点温度, 将其所关联的单元按照含水率值的不同而赋予不同的材料类型, 即以新的材料参数替代上一步计算中的材料参数, 实现强度随含水率的不同而变化, 概化得到与含水率相关的强度单元块;

(6) 二次计算求解, 得到吸水软化作用下边坡应力–应变状态分布及演化规律。

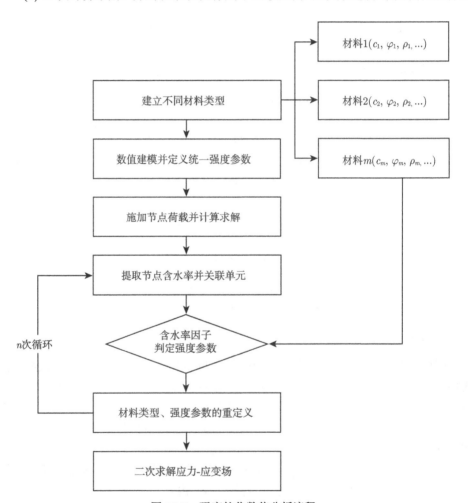

图 11.7　强度软化数值分析流程

表 11.2 强度软化计算主要 APDL 命令及功能

APDL 命令	功能
*DO	循环建立材料类型、材料参数
*GET	提取节点编号与节点含水率
*IF、*ELSE IF	判断节点含水率对应强度参数的材料类型
ESLN	选择节点所在单元
EMODIF	修改单元材料属性

第12章　膨胀土边坡渗流–变形–应力与稳定性数值模拟

12.1　数值模拟方案

12.1.1　渗流场计算方案

1. 计算模型

根据南水北调中线工程渠道南阳 2 段右岸渠段施工几何图, 以渠道中心线为轴, 取右岸边坡作为建模基础, 建立如图 12.1 所示的计算模型, 渠道模型内侧边坡坡比为 1:2, 外侧边坡坡比为 1:3。假定边坡土质构成单一, 均为强膨胀土。由于入渗作用的影响, 边坡表层土体状态的变化十分明显, 为了更好地从数值上表征这种剧烈的边界影响, 需在表层划分更为精细的网格。因此, 在模型的表层创建 10 层表层, 每层厚度为 0.2m, 采用适合于模拟地表的四边形单元。模型的其他区域采用三角形和四边形结合的单元。

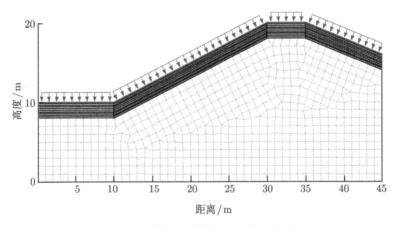

图 12.1　边坡计算模型 (详见书后彩图)

2. 边界条件

考虑降雨入渗作用下的边坡渗流场变化规律, 边界条件选取如下:

(1) 坡表层 (包括渠底、渠顶) 及内侧与外侧斜坡为入渗边界, 取为流量边界。

考虑到降雨入渗随着土壤入渗能力的变化而改变，当降雨强度小于土体表层入渗能力时，入渗速率即为降雨强度，此时边界条件为流量边界

$$k_n \frac{\partial \theta}{\partial n}\bigg|_{\Gamma_2} = -v(x, y, z, t) \tag{12.1}$$

反之，当降雨强度大于土体表层入渗能力时，水分沿坡面流失，入渗速率即为土体自身的入渗能力，此时边界条件为定水头边界

$$\theta_1\big|_{\Gamma_1} = \theta_1(x, y, z, t) \tag{12.2}$$

(2) 模型两侧在地下水位以下的边界按定水头边界处理，地下水位以上的边界为零流量边界，模型底面假设为不透水边界。

3. 计算参数

根据强膨胀土室内压力板试验结果，土样饱和时体积含水率取为 45%，随着基质吸力的增大，体积含水率逐渐减小，土–水特征曲线如图 12.2 所示。根据强膨胀土土–水特征曲线，并结合现场双环渗透试验结果，计算得出典型强膨胀土饱和渗透系数为 1.125×10^{-8}m/s，土体导水率随着基质吸力的增大而减小，变化曲线如图 12.3 所示。

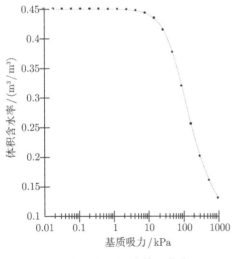

图 12.2　土–水特征曲线

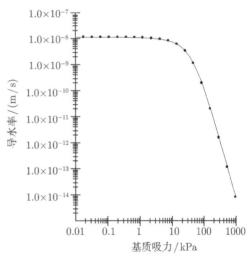

图 12.3　导水率变化曲线

4. 初始条件

边坡的初始基质吸力一般根据实测数据获得，或者通过实测数据根据工程经验运用相关数学方法进行预测获得。通常，地下水位线即浸润面上的基质吸力为

0, 水位线以下的土体处于饱和状态, 水位线以上土体基质吸力逐渐增大, 含水率逐渐降低。在实际情况中, 基质吸力在最大毛细高度范围内增长较快, 而大于该高度直至地表的范围内, 基质吸力的增幅较小, 通常可视为一恒定值。因此, 在此作出如下假设, 在地下水位线以上至某一高程处, 斜坡土体基质吸力呈线性分布, 在此高程之上, 基质吸力为一定值。典型的边坡初始孔隙水压力分布与体积含水率分布状态如图 12.4 和图 12.5 所示。

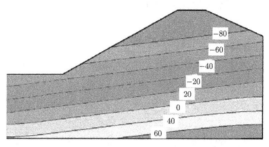

图 12.4　边坡初始孔隙水压力分布 (详见书后彩图)

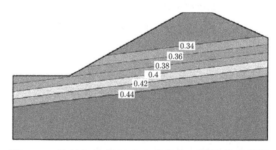

图 12.5　边坡初始体积含水率分布 (详见书后彩图)

　　计算初始条件是在初始边界条件下认为渗流场稳定, 求解饱和–非饱和渗流控制方程得出。由图可见, 地下水位线处体积含水率为饱和体积含水率的 45%, 孔隙水压力为 0kPa, 向上体积含水率呈线性递减, 随之基质吸力递增。一般情况下, 边坡初始孔隙水压力为 20~100kPa, 通过初始稳态计算得出边坡表层孔隙水压力约为 80kPa, 体积含水率为 34%, 饱和度约为 75%, 符合强膨胀土现场湿度特征。

12.1.2　应力–应变场计算方案

1. 计算模型

　　将 SEEP/W 中的计算模型等比例导入, 节点数量和相对坐标与渗流场计算模型保持一致 (图 12.6)。计算模型采用 PLANE13 平面应变三角形单元, 该单元能将模型导入造成的网格奇异性程度降到较低的程度。计算模型的上边界为自由边界, 底部约束垂直方向的位移, 左右两边界限制水平位移。

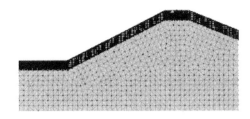

图 12.6 应力–应变场等效计算模型 (详见书后彩图)

2. 计算参数

计算参数的选取是数值计算中最为关键的问题, 其选取是结合室内取样试验得到结果, 并根据经验推荐得到。计算所取强膨胀土干密度由室内试验测得, 为 $1.52\mathrm{g/cm^3}$, 在膨胀土吸湿过程中, 密度随含水率的增加而增加, 关系如图 12.7 所示。

膨胀系数为室内无荷膨胀率试验所测, 计算得出的平均膨胀系数如表 12.1 所示。

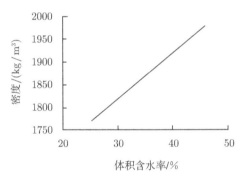

图 12.7 土体密度与体积含水率关系曲线

表 12.1 强膨胀土膨胀系数

岩土类型	天然含水率 $\theta/\%$	胀限含水率 $\theta/\%$	$\Delta\theta/\%$	无荷膨胀率/%	膨胀系数 α	$\overline{\alpha}$
强膨胀土	39.58	45.72	6.14	3.20	0.281433	0.292829
	40.87	47.26	6.39	3.60	0.304225	

强膨胀土弹性模量与泊松比取经验值, 黏聚力和内摩擦角均由室内剪切试验测得, 典型强膨胀土力学参数如表 12.2 所示。本构模型选取 Drucker-Prager 模型。

表 12.2 强膨胀土力学参数表

干密度/$(\mathrm{g/cm^3})$	弹性模量/MPa	泊松比	饱和含水率	等效热膨胀系数	黏聚力/kPa	内摩擦角/(°)
1.52	20	0.3	0.45	0.0029283	25.2	20

对于强膨胀土吸水强度软化的特性,设定初始边坡土体抗剪强度值一定,在吸水膨胀过程中,黏聚力不断减小,黏聚力与内摩擦角的变化趋势如图 12.8 所示。可见在吸湿初始阶段,强度折减速率较快,水分入渗达到一定程度,土体接近或达到饱和状态,含水率较高,其强度降低的速率逐渐减慢,最终趋于一个较低值。

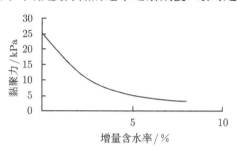

图 12.8 强度参数吸水软化曲线

12.2 降雨过程中渗流场的演化规律

12.2.1 均质边坡瞬态渗流场

为了考虑降雨条件下边坡渗流特性的分布特征与演化规律,考虑连续降雨过程,降雨量保持为恒定值 5mm/d 的典型降雨条件,该降雨量按气象部门的标准划分属于小雨。

以连续降雨 24 天,总降雨量达到 120mm 为例,图 12.9 为降雨结束后边坡体积含水率分布图与孔隙水压力分布图。

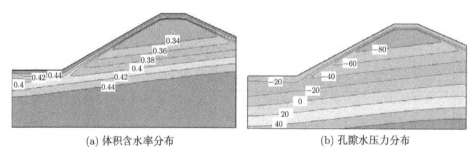

(a) 体积含水率分布   (b) 孔隙水压力分布

图 12.9 降雨 120mm 后边坡渗流场状态 (详见书后彩图)

由图可见,降雨对膨胀土边坡渗流场的影响主要集中在表层 2m 深度以内,边坡不同位置水分入渗深度差异较为明显,渠底、坡顶入渗深度相差不大,坡面各处水分入渗深度差异较大,坡脚入渗深度最大,沿着坡面高度增加,入渗深度逐渐减小。这说明斜坡区域由于受地表坡度的影响,在降雨强度大于土体渗透能力时,斜坡表层的降雨会很快转化为地表径流，雨水沿坡面流向坡脚，在坡脚处汇聚，使表层很快达到饱和状态，从而使计算边界条件由流量边界转换为水头边界，形成更大的水分入渗深度。而坡表一般很少积水，且滞后时间短，水分入渗随着降雨的结束而结束。因此，坡脚及渠底的饱和区范围明显比坡面和坡顶大，这反映出边坡降雨的基本入渗规律。

为分析边坡不同位置水分入渗规律，分别选取坡脚、1/3 坡高、坡中部与坡肩 4 个竖直断面 (图 12.10)，以及坡面、坡面以下 0.4m、0.8m、1.2m、1.6m 5 个平行坡面断面 (图 12.11)，计算各断面在降雨 120mm 后体积含水率变化曲线，如图 12.11 所示。

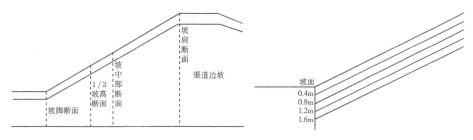

图 12.10　典型计算断面示意图

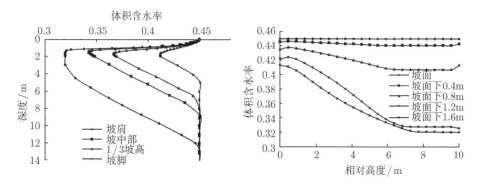

图 12.11　各断面体积含水率变化曲线

分析上图可知：

(1) 在 2m 深度范围内，沿坡面高度越大，在竖直方向上，含水率的变化梯度越大。

(2) 各断面深度为 0 处均达到饱和状态，随着坡面高度的增加，土体接近饱和状态的深度稍有差异，坡脚处土体饱和度达 95% 以上的深度较大，约为 1.0m，其他断面该深度相差不大，为 0.6~0.7m。

(3) 坡脚处 1.8m 深度内含水率均较初始状态有明显提高，而坡肩处约 1.2m 深度以下, 其含水率较初始状态时没有明显变化, 说明湿润锋在坡脚处最深, 随着坡面高度增加, 湿润锋的深度逐渐减小, 至坡肩处达最小值。

(4) 坡面上土体均已达到饱和状态, 坡面以下 0.4m 深度内各点含水率相差不大, 且接近饱和状态, 坡面下 0.8m 处, 接近坡脚的部分, 土体接近饱和状态, 随着高度增加, 含水率递减且减幅较小, 至坡肩处, 其含水率仍高于初始含水率, 说明水分已入渗至该深度。坡面下 1.2~1.6m 处, 坡脚处含水率较高, 沿高度增加, 含水率变化梯度较大, 直至约 7m 高度处, 约达到初始含水率, 说明在该深度范围内, 坡脚积水对坡面水分入渗产生了明显的影响, 同一深度内, 高度越高, 水分入渗越少。

如图 12.12 所示, 坡面相对高度 0m、10m 处分别为坡脚、坡肩, 其水分入渗深度在高度低处大, 在高度高处小。饱和区深度的开展也在坡脚稍大, 以饱和度达95%的深度为例, 坡脚处约为 1.0m, 但在其他区域相差不大, 均在坡面 0.7m 深度内。

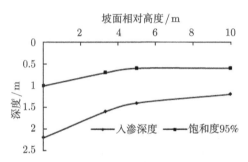

图 12.12 边坡不同部位水分入渗与饱和区深度

因此, 在降雨入渗的条件下, 边坡坡脚处水分入渗深度最深, 沿着坡面高度的升高, 由于重力作用与地表径流, 水分入渗的深度逐渐减小, 至坡肩处入渗深度最浅, 且坡脚处湿润锋所达到的深度与坡面其他部位湿润锋所达到的深度相差较大, 入渗深度与坡面相对高程并非线性相关, 说明坡脚积水与入渗作用最为显著。另外, 由于膨胀土自身性质, 降雨入渗条件下, 边坡饱和区开展深度较浅, 除了坡脚处相对较深外, 其他部位基本只在坡面表层达到饱和。

12.2.2 降雨过程中渗流场的演化规律

边坡的渗流场随着入渗的进行一直处于动态变化之中, 不同部位、不同深度土体含水率随时间的变化情况有所差异, 图 12.13 给出了降雨量为 5mm/天, 降雨 24天内不同时刻的边坡体积含水率的分布状态。

可以看出, 膨胀土边坡的饱和–非饱和导水率较小, 水分入渗较为困难, 因此, 在降雨 24 天后, 边坡饱和区深度不是很大, 水分入渗深度有限, 边坡大部分区域仍为非饱和状态, 且与初始状态含水率相差不大。在降雨进行过程中, 坡脚处入渗深度最大, 且随着时间的推移, 入渗深度增加比较显著; 坡顶部入渗深度最小, 且随着时间的推移, 入渗深度变化较不明显。

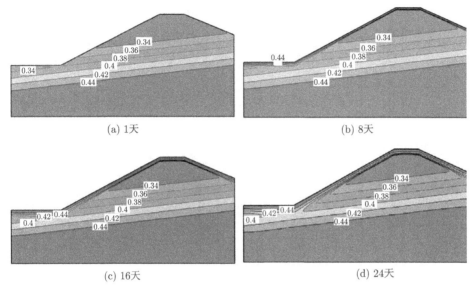

(a) 1天

(b) 8天

(c) 16天

(d) 24天

图 12.13　降雨不同时刻边坡体积含水率分布 (详见书后彩图)

选取典型断面, 分析在边坡不同位置处不同深度的土层水分随时间的变化情况 (图 12.14)。

可以看出, 随着降雨的进行, 边坡各处入渗深度增大, 湿润锋不断加深, 在降雨开始 1 天时, 坡表层 0.2~0.3m 内土体含水率显著提高, 坡脚水分入渗深度稍大。随着时间的推移, 不同位置水分入渗情况有所差异, 降雨进行 8 天时, 坡脚 1.2m 深度内土层含水率发生变化, 而坡中部与坡肩这一深度分别为 0.8m 与 0.7m; 降

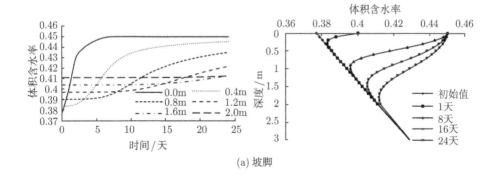

(a) 坡脚

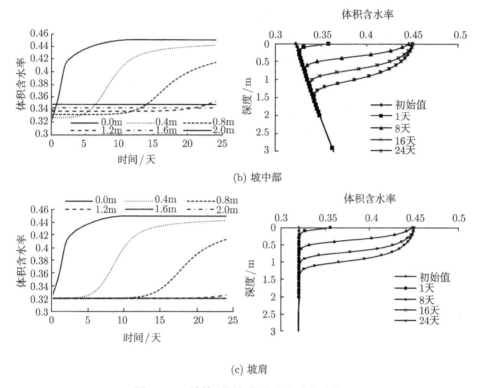

(b) 坡中部

(c) 坡肩

图 12.14   边坡不同部位含水率演化曲线

雨进行 24 天时，坡脚水分入渗深度达到 2.0m，而坡中部与坡肩则分别为 1.5m 与 1.3m 左右。因此，在坡脚处，随着降雨的进行，水分入渗深度越来越大，且明显大于坡体其他部位，而在降雨过程中，边坡其他部位水分入渗深度较为平均。

在降雨的开始，坡体表层各点含水率迅速提高，一般在 7~9 天以内，降雨量为 35~50mm 时达到饱和状态。随着深度的增加，含水率发生变化的时间明显滞后于降雨的起始时间，在坡脚处，滞后时间最短，沿坡面高度增加，滞后时间逐渐延长，在坡肩处最长。

在降雨开始时，坡表层土体由于降雨导致基质吸力显著下降，造成了原有水力梯度的破坏，表层土体的水头大于下部土体的水头，驱使地表水逐渐向深层流动，在此过程中，土体基质吸力逐渐降低，含水率逐渐提高。

12.2.3   边坡渗流特性影响因素分析

为了研究不同因素对边坡渗流特性的影响，分别对不同膨胀性、不同最大初始孔隙水压力边坡进行不同降雨历时与降雨强度下渗流场分布与演化规律的数值计算，降雨总量保持 120mm，降雨强度分别为 60mm/天、30mm/天、15mm/天、

5mm/天的 4 种降雨类型, 按气象部门对降雨强度的划分标准分别为暴雨、大雨、中雨、小雨, 具体计算方案见表 12.3。

表 12.3 边坡渗流特性影响因素分析计算方案

边坡土质类型	最大初始基质吸力/kPa	降雨历时/天	降雨强度/(mm/天)	降雨总量/mm
	40	24	5	
	60	24	5	
强膨胀土	80	2	60	120
		4	30	
		8	15	
		24	5	
中膨胀土	80	24	5	

1. 不同土质条件

不同类型膨胀土的渗流特性差异明显, 中膨胀土的持水性能弱, 渗透性较强, 水分入渗速率快, 其饱和导水率明显大于强膨胀土, 通常高出一个数量级以上。在相同的降雨条件下, 中膨胀土边坡的渗流场与强膨胀土边坡渗流场特征在水分入渗深度、土层含水率及饱和区范围等都有着较大差异。图 12.15 给出了小雨结束时边坡的瞬态渗流场分布。

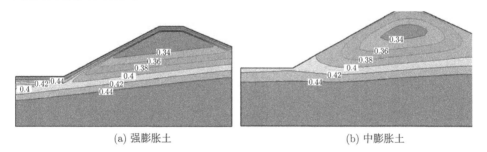

(a) 强膨胀土　　　　　　　　　　　　(b) 中膨胀土

图 12.15 不同膨胀性土边坡体积含水率分布 (详见书后彩图)

图 12.16 为降雨结束时坡脚与坡中部处水分入渗情况。可以看出, 强膨胀土边坡降雨后水分入渗深度小, 约为中膨胀土边坡的 1/3~1/2, 但其表层土体可达到饱和状态。

降雨入渗后, 渗透性较强的中膨胀土边坡地下水位抬升明显, 在坡脚处, 渗流场受地下水影响较大, 中膨胀土边坡表层含水率小于深部含水率。在坡中部, 土层坡面从表层至深部形成饱和区、传导区和湿润区, 中膨胀土边坡表层难以达到饱和状态, 其传导区和湿润区范围较大。

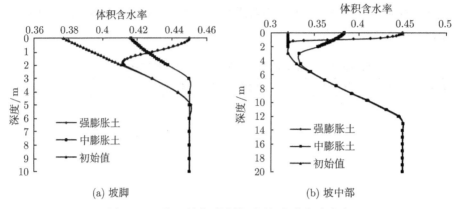

(a) 坡脚　　　　　　　　　　　　　　(b) 坡中部

图 12.16　降雨结束时边坡不同部位体积含水率

2. 初始孔隙水压力

对于三种初始状态的边坡考虑相同的降雨强度 (5mm/天)，图 12.17 为降雨结束时边坡不同部位的水分入渗情况。

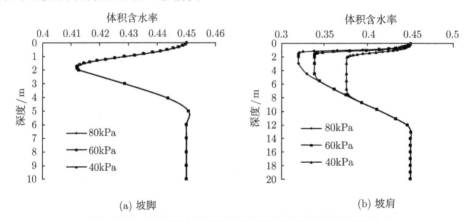

(a) 坡脚　　　　　　　　　　　　　　(b) 坡肩

图 12.17　不同初始孔隙水压力时边坡不同部位渗流曲线

在初始孔隙水压力不同的情况下，边坡各部位水分入渗情况不同。由于地下水位的影响，在它以上，边坡一定深度范围内土体孔隙水压力呈线性变化，而线性减小的范围一般可达到或接近坡脚处，因此在坡脚处，所考虑的三种初始状态土体含水率基本一致，在其他条件相同的情况下，降雨入渗的特性也是一致的，入渗深度与初始孔隙水压力无关。而在坡肩处，初始孔隙水压力的差异所导致的渗流场的差异就可体现出来，土体初始孔隙水压力越小，基质吸力越大，入渗深度越小；土体初始孔隙水压力越大，基质吸力越小，入渗深度越大。

3. 降雨强度与降雨历时

强膨胀土边坡在经历不同的降雨事件后，瞬态体积含水率分布如图 12.18 所示。降雨结束后，边坡不同部位一定深度范围内土体的体积含水率随深度变化曲线如图 12.19 所示。此时，各种降雨条件下的降雨强度均大于土体的饱和渗透能力。

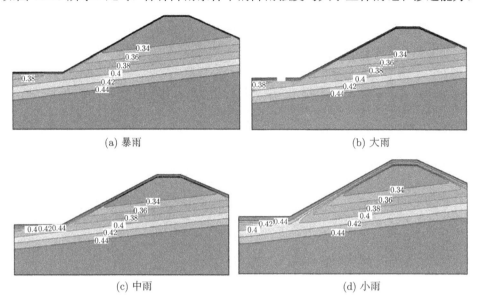

图 12.18　不同类型降雨结束后瞬态体积含水率分布 (详见书后彩图)

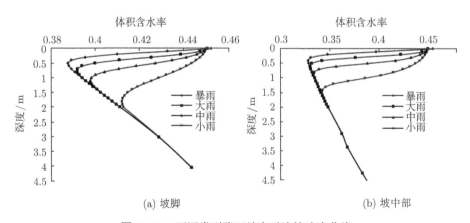

图 12.19　不同类型降雨结束后边坡渗流曲线

从计算结果可以看出，对于低饱和渗透系数的边坡，边坡不同部位在不同降雨条件下水分入渗规律比较相似。当降雨强度大于土体入渗能力时，总降雨量相同，降雨历时越长，入渗深度越大。对于暴雨、大雨、中雨，土体水分入渗量始终与土体饱和渗透能力相当,土体表层形成小范围的暂态饱和区,但范围相差不大,且降雨强度最大的暴雨,表层土体饱和度最高;而降雨强度相对较小的小雨,数值上接近土体的渗透能力,其水分入渗最为显著,地表以下较深区域的土体均达到较高的饱和度。

因此,当降雨强度很大时,边坡表层的土体容易达到或接近饱和状态,降雨历时决定了降雨入渗的深度。当降雨强度较小时,水分更容易入渗至土体深部,边坡表层土体始终未能达到饱和状态,保持着一定的基质吸力。

12.3 边坡表层变形与发展规律

12.3.1 边坡表层水平变形特征

图 12.20 为降雨不同阶段的边坡水平位移场分布。

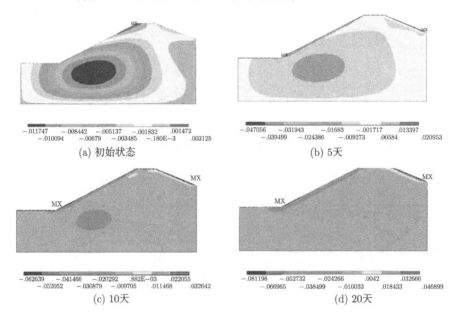

图 12.20 整体强度下降雨不同时刻边坡水平位移图 (详见书后彩图)

在自重应力作用下,坡顶与斜坡上部的水平位移朝向斜坡体内部,斜坡下部、坡脚水平位移朝向边坡外侧,水平变形在初始状态下较小,一般在 10mm 以内。在降雨进行过程中,随着水分的入渗,膨胀土吸水膨胀,发生变形。假若不考虑吸水软化效应,即在降雨过程中膨胀土边坡抗剪强度保持为一定值,对边坡位移场进行分析,从图中可以看到,边坡水平位移分布特征表现为:斜坡面上水平变形最为显著,坡底与坡体由于受到侧向约束,变形不明显。斜坡面上土体向斜坡外侧变形,坡底土体表现出向渠道中心变形的趋势。

但在实际工程中，膨胀土遇水后强度迅速衰减，对边坡变形产生了一定的影响，图 12.21 为考虑吸水软化效应后在降雨不同阶段的边坡水平位移场分布。

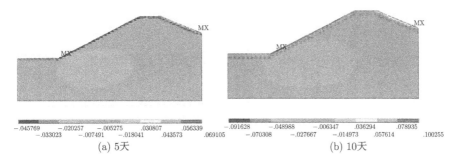

图 12.21　强度软化时降雨不同时刻边坡水平位移图 (详见书后彩图)

从图中可以看到，边坡水平位移分布特征与未考虑吸水软化效应时基本一致，坡面水平变形最为显著，坡底、坡体变形不明显。坡面土体发生向斜坡外侧的变形，坡底土体表现出向渠道中心变形的趋势，在吸水抗剪强度降低后，水平变形幅度明显增大。

12.3.2　边坡表层竖向变形特征

图 12.22 为不考虑吸水软化效应，边坡抗剪强度保持为一定值，在降雨不同阶段的边坡竖向位移场分布。在自重应力作用下，边坡整体发生竖直向下的变形，坡顶变形最大，沿深度向下，竖向变形逐渐减小，坡顶竖向变形约为 100mm，渠底竖向变形约为 30mm。在水分入渗过程中膨胀土发生膨胀变形，边坡竖向位移分布特征表现为：竖向变形主要发生在边坡表层，坡顶、斜坡面、坡底均发生了一定程度的竖向变形，变形的方向均向边坡土体外侧。在一定深度范围以下，水分入渗不明显或者未影响，坡体大部分区域未发生明显的竖向变形。

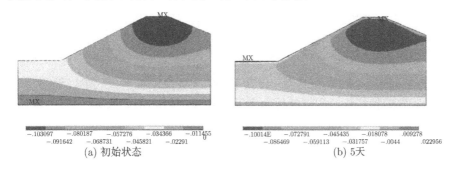

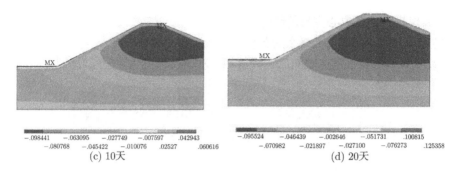

(c) 10天　　　　　　　　　　　(d) 20天

图 12.22　整体强度下降雨不同时刻边坡竖向位移图 (详见书后彩图)

从图中可以看出，在考虑了强度软化效应后，边坡竖向位移整体分布特征与之前大体相似，边坡表层发生了一定程度的向土体外侧竖向变形。坡体中未发生明显的竖向变形。对比发现，膨胀土边坡强度在吸湿降低后，竖向变形明显增大。

对比边坡各处纵向、竖向位移的大小，边坡表层竖向变形最大，沿深度方向，竖向位移越来越小，达到一定深度后位移值基本为 0。比较边坡不同部位竖向位移的大小，渠底竖向位移最大，斜坡面上各点竖向位移在不同时刻具有一定的差异性，但总体相差不明显。

图 12.33 为考虑吸水软化效应后在降雨不同阶段的边坡竖向位移场分布。

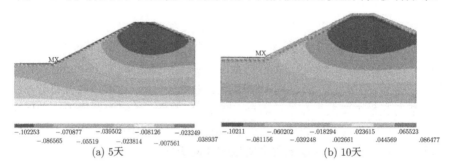

(a) 5天　　　　　　　　　　　(b) 10天

图 12.23　强度软化时降雨不同时刻边坡竖向位移图 (详见书后彩图)

12.3.3　边坡表层变形发展规律

分别取边坡表层不同位置的点，研究该部位土体变形随水分入渗过程的发展演化规律。所取的特征点均位于斜坡面表层，分别为坡脚处、距坡脚 1/3 高度处、坡中部、距坡顶 1/3 高度处、坡肩处。

1. 考虑土体抗剪强度一致

图 12.24 和图 12.25 给出了各特征点在降雨过程中水平方向位移与竖直方向位移的变化特征，以及分别按 1:100 和 1:20 的比例放大后边坡表层水平与竖向变形

的发展形态，认为入渗过程中边坡抗剪强度不随土体含水率而变化。

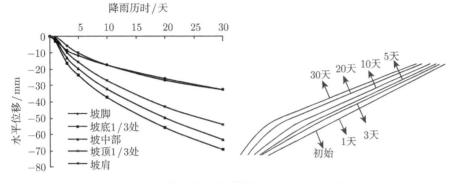

图 12.24　土体强度不变时边坡表层水平变形特征

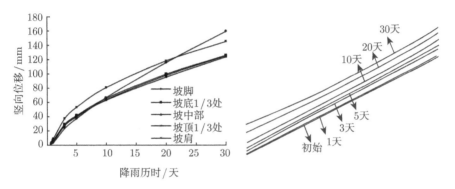

图 12.25　土体强度不变时边坡表层竖向变形特征

可以看出，随着降雨的进行，水分入渗深度逐渐增加，土体水平变形与竖向变形均在不断发展，水平变形方向与竖直变形方向均指向斜坡外侧。在入渗进行的初始阶段，土体吸水膨胀变形，变形速率较快，随着时间的推移，表层土体含水率提高并逐渐接近饱和状态，浸润线之上的土体含水率增量梯度逐渐减小，膨胀变形速率有所减缓。

从水平方向的位移曲线来看，坡脚处由于受到坡底与坡体内土体的侧向约束，变形量一直较小。斜坡面上其他各点在降雨进行的不同时刻，由顶部至底部水平变形量逐渐增大，在靠近坡脚处，水平变形量最大。以降雨 30 天为例，坡脚与坡肩水平位移约为 33mm，沿坡面向下的坡顶 1/3 处、坡中部、坡脚 1/3 处水平位移值分别为 54mm、63mm、70mm，靠近坡脚处的变形量约为坡脚与坡肩处的 2 倍。

从竖直方向的位移曲线来看，坡脚处竖向变形在初始阶段较其他部位处小，但其处于一直增大的状态，且发展趋势并未表现出明显的放缓迹象，在后期竖向变形量增至最大。坡肩处竖向位移一直大于斜坡面上其他各处的竖向位移值，坡面上各点竖向变形在降雨过程中相差不大。

2. 考虑土体抗剪强度吸湿软化

图 12.26 和图 12.27 给出了考虑膨胀土吸水强度降低后，各特征点在降雨过程中水平方向位移与竖直方向位移的变化特征，以及分别按 1:100 和 1:20 的比例放大后边坡表层水平与竖向变形的发展形态。

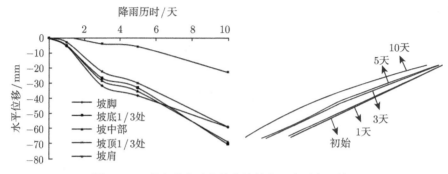

图 12.26　考虑强度吸水软化边坡表层水平变形特征

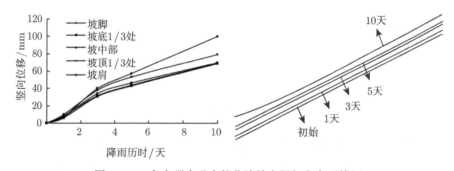

图 12.27　考虑强度吸水软化边坡表层竖向变形特征

可以看出，随着水分入渗深度的增加，土体水平变形与竖向变形均在不断发展，水平变形方向与竖直变形方向均指向斜坡外侧。在入渗进行的初始阶段，土体吸水膨胀变形，变形速率较快，随着时间的推移，表层土体含水率提高并逐渐接近饱和状态，浸润线之上的土体含水率增量梯度逐渐减小，膨胀变形速率有所减缓。

从水平方向的位移曲线来看，坡肩处水平变形一直较小，坡脚处水平变形在后期有所减缓，坡面其他部位水平变形值未见减慢的趋势。除了坡脚处，斜坡面上其他各点在降雨进行的不同时刻，由顶部至底部水平变形量逐渐增大，在靠近坡脚处水平变形量最大。

从竖直方向的位移曲线来看，坡脚处竖向变形增长迅速，且增长速率比较稳定。坡肩与坡面上各点随着时间的推移，表层土体含水率提高，含水率增量梯度逐渐减小，膨胀变形速率有所减缓。坡脚竖向变形最大，坡肩次之，坡面上其他点竖向变形在降雨过程中相差不大。

表 12.4 以降雨 50mm 为例，对比土体强度吸水变化前后边坡表层水平与竖向位移值。在考虑膨胀土吸湿膨胀，强度发生变化前后，边坡土体变形差异较大。在水平变形方面，降雨一段时间后，抗剪强度降低，坡脚水平变形变化程度最大，由17mm 增加至 59mm，除了坡肩与坡脚，坡面上其他各处水平变形比强度不变时增大了约 2 倍，而坡肩处水平变形略有增加。在竖向变形方面，其变化趋势不同于水平变形，坡脚处在土体抗剪强度降低后，竖向变形明显增大，坡面上其他各点竖向变形略有增加，坡肩处竖向变形基本不变。

表 12.4 不同情况下边坡表层变形对比

对比	位移/mm				
	坡脚	坡底 1/3	坡中	坡顶 1/3	坡肩
水平变形 (强度不变)	−17.50	−37.38	−32.25	−27.01	−17.43
水平变形 (强度软化)	−58.90	−70.32	−68.71	−58.81	−22.74
竖向变形 (强度不变)	66.65	65.56	63.58	62.97	80.75
竖向变形 (强度软化)	100.19	69.44	68.71	69.82	79.33

因此，在考虑了膨胀土吸湿软化效应后，对边坡水平变形的影响较大，水平变形值整体有了较大幅度的提高，而对于边坡大部分区域的竖向变形影响不大。由于水分易在坡脚处汇聚，其入渗深度最大，内部土体含水率增量也最大，所以抗剪强度衰减最大，相应坡脚处的水平变形与竖向变形受抗剪强度降低的影响最大。

12.4 边坡剪应力分布演化特征

图 12.28 给出了在降雨过程中边坡附加剪应力的分布状态，即在当前时刻边坡剪应力场的基础上，消除初始剪应力场的影响后得到的剪应力分布状态。

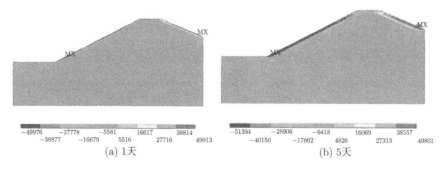

(a) 1天   (b) 5天

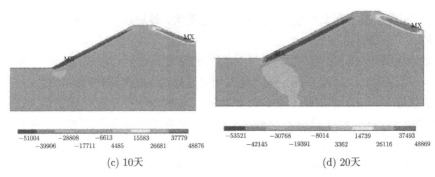

(c) 10天　　　　　　　　　　(d) 20天

图 12.28　入渗不同时刻边坡附加剪应力分布 (详见书后彩图)

从计算结果可以看出,边坡中剪应力较大的区域集中在斜坡面的表层,随着水分的入渗,剪应力集中区域范围逐渐变大,深度沿坡面向下加深。剪应力集中区由边坡表层开始发展,但表层区域并非一直为剪应力最大的区域,而在水分入渗最快、含水率梯度变化最大的区域,相应也是剪应力集中区。渠底以及坡体内部整体剪应力较小,远低于土体抗剪强度。

12.5　边坡塑性应变演化规律

图 12.29 和图 12.30 分别为边坡土体强度一致时与考虑土体吸湿软化效应后,降雨过程中边坡塑性应变分布情况。

从强膨胀土边坡塑性应变的分布情况来看,渠底、斜坡面、坡顶均发生塑性变形,且各处塑性变形均发生在边坡表层,在坡体内部未见发生。

在考虑了膨胀土吸湿强度降低后,塑性变形的开展范围与形式没有明显的不同,但塑性应变值显著增大。由于在强度折减前后某一时刻水分入渗深度一致,塑

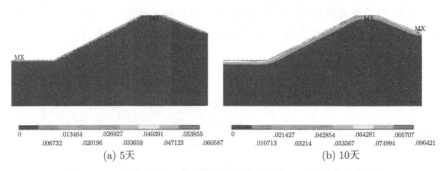

(a) 5天　　　　　　　　　　(b) 10天

图 12.29　土体强度一致时塑性变形开展情况 (详见书后彩图)

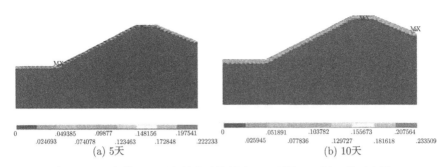

(a) 5天   (b) 10天

图 12.30 土体吸湿强度软化时塑性变形开展情况 (详见书后彩图)

性变形开展范围相似, 并与入渗深度相关, 而强度软化后塑性应变明显增大, 在降雨 10 天时, 边坡表层塑性应变值超过了强度一致时降雨 20 天时的同一值。

一般情况下, 当边坡达到临界状态时, 坡内的塑性区由坡底贯通至坡顶, 位于塑性区内的临界滑面上的点是塑性应变在垂直方向的局部极大点。而膨胀土边坡在破坏模式与机理上均不同于一般黏性土边坡, 其失稳破坏时往往没有贯通的弧状滑面, 本书以塑性应变达到 5% 为破坏准则, 图 12.31 为入渗过程中边坡塑性破坏范围的发展情况。从塑性破坏区域来看, 随着土体吸水变形, 坡脚、渠底的塑性破坏范围迅速扩大, 并沿坡面向上发展, 呈现由坡底至坡顶的渐进牵引式破坏特征, 同时塑性破坏范围不断向土体深部发展, 在入渗稳定时边坡破坏深度一般在 1~2m 内, 发生典型的浅层破坏。

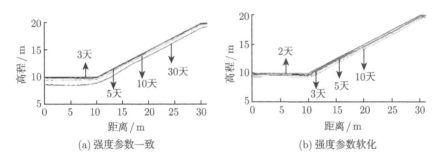

(a) 强度参数一致   (b) 强度参数软化

图 12.31 边坡塑性破坏范围

12.6 膨胀土浅层边坡破坏模式

综合考虑边坡变形场特征、应力场特征与应变场特征, 分析边坡在吸水膨胀变形作用下的破坏模式最先发生破坏部位以及破坏特征及演化规律, 得到以下结论:

(1) 从水平方向的位移变化特征分析, 边坡表层在水分入渗范围内发生了较大的水平变形, 坡体内部水平变形很小。随着水分的入渗, 坡脚处变形量一直较小。

在斜坡面上，由顶部至底部水平变形量逐渐增大，在靠近坡脚处水平变形量最大。因此，在斜坡下部靠近坡脚的地方最易发生浅层的变形破坏。

(2) 从竖直方向的位移变化特征分析，边坡表层 (包括斜坡面、坡顶与渠底) 在水分入渗范围内发生了较大的竖向变形。坡脚处竖向变形处于一直增大的状态，且增长趋势未表现出明显的减缓迹象。坡肩处竖向位移一直较大，坡面上各点竖向变形在降雨过程中相差不大，其在后期均有变形减缓的趋势。因此，边坡易发生表层破坏，斜坡坡脚处变形最不稳定，是潜在的破坏点。

(3) 从剪应力增量的角度分析，水分入渗后，边坡斜面表层剪应力增加较快，且剪应力增量仅在斜面上不断向深部发展，在靠近坡脚的位置增量最大。因此，斜坡面最不稳定，特别是斜坡靠下部位易发生剪切破坏。

(4) 从塑性变形的角度分析，塑性区完全分布在渠底、斜坡面、坡顶表层，在坡体内部没有塑性区分布。水分入渗的初始阶段，塑性区迅速形成，随着水分入渗的逐渐深入，塑性区逐渐向土体深部开展。一段时间后，坡脚及渠底的塑性区发展较快，塑性应变显著增大，并有沿坡面向上发展的趋势。因此，边坡的破坏主要发生在边坡表层较浅的深度范围内，破坏将由坡脚开始并逐步向上发展。

总体说来，膨胀土边坡破坏具有以下两个明显特征。

(1) 浅层性：发育深度同裂隙发育深度以及大气风化影响深度基本一致。

(2) 逐级牵引性：坡脚处首先发生局部破坏，继而沿坡面向上牵引发展，形成多层次的渐进式滑动面。

因此，在水分作用条件下，膨胀土边坡以浅层破坏为主，具体表现为浅层的冲刷、崩塌，并且在降雨过程中，坡脚处最易发生浅层塌落，或形成小滑坡，进而形成临空面，造成上部土体逐渐崩塌，从而边坡滑动就表现为浅表层牵引式滑坡的形式。

12.7　膨胀土边坡变形失稳控制因素分析

12.7.1　土体膨胀性

膨胀系数与膨胀土吸水后的膨胀量有关，膨胀系数越大，膨胀率越大，相应的膨胀土具有较高的膨胀潜势。为了探讨不同膨胀潜势膨胀土边坡失稳规律，针对不同土质分别选取不同的膨胀系数 (表 12.5)，考虑膨胀土吸水强度软化效应，进行数值计算，分析不同膨胀性边坡的位移场与应力场特征。

不同工况下降雨入渗规律相同，即在水分入渗进行的不同时刻，所研究的边坡渗流场是一致的。分别选取坡脚、坡中部、坡肩表层点，图 12.32 为膨胀土边坡吸湿过程中水平位移和竖向位移的变化情况。

表 12.5 不同膨胀性边坡计算工况

工况	膨胀系数	等效膨胀系数
1	0.1	0.001
2	0.2	0.002
3	0.3	0.003

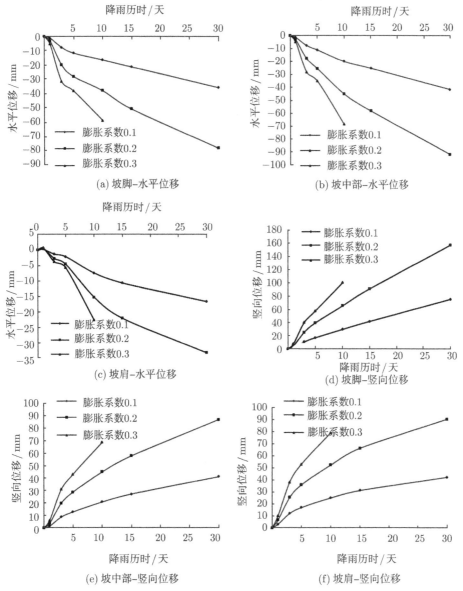

图 12.32 不同膨胀性土边坡表层位移变化曲线

　　由图可见，不同膨胀性边坡发生水分入渗后，坡脚、坡中、坡肩的水平变形与竖向变形发展规律比较相似。坡体中部处水平变形较大，坡脚处竖向变形较大。土体的膨胀性对吸水变形影响较大，膨胀系数越大，边坡变形越大。在降雨历时 10 天时，土体膨胀系数为 0.1、0.2、0.3 的边坡坡中部的水平变形分别为 20.09mm、45.22mm、68.71mm，坡脚的竖向变形分别为 29.87mm、65.28mm、100.19mm，边坡最大水平变形和竖向变形与膨胀系数基本成正比，其线性关系如图 12.33 所示。

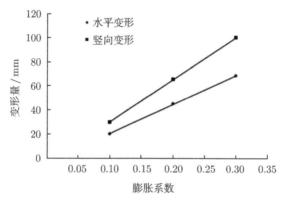

图 12.33　边坡最大变形与膨胀系数相关关系

　　图 12.34 为降雨历时 10 天后，土体膨胀系数为 0.1、0.2、0.3 的边坡塑性变形分布情况。

　　可见，膨胀系数对边坡塑性应变范围影响不大，塑性应变均发生在边坡表层，坡脚处塑性应变较大。但随着膨胀系数的提高，边坡各处塑性应变值显著增大。

　　因此，膨胀系数越大，边坡土体膨胀性越强，坡体水平变形与竖向变形均呈线性增大，同时边坡各处塑性应变也明显增大，越容易发生失稳破坏。

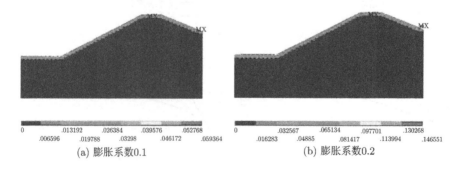

(a) 膨胀系数0.1　　　　　　　　　　　(b) 膨胀系数0.2

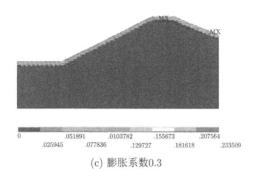

(c) 膨胀系数0.3

图 12.34　不同膨胀性边坡塑性应变分布 (详见书后彩图)

12.7.2　土体抗剪强度

为了探讨不同抗剪强度膨胀土边坡失稳规律，针对不同土质分别选取不同的黏聚力与内摩擦角 (表 12.6)，假设边坡在吸湿过程中强度保持一致，进行数值计算，分析不同强度边坡的位移场与应力场特征。

表 12.6　不同抗剪强度膨胀土边坡计算工况

工况	黏聚力/kPa	内摩擦角/(°)
1	15.0	10
2	20.5	15
3	25.2	20

在考虑抗剪强度的变化时，设定不同工况下降雨入渗规律是相同的，即在水分入渗进行的不同时刻所研究的边坡渗流场是一致的。分别选取坡脚、坡中部、坡肩表层点，图 12.55 为膨胀土边坡吸湿过程中 3 种工况边坡水平位移和竖向位移的变化情况。

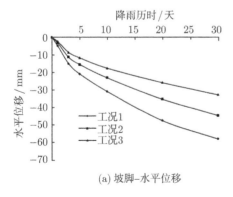

(a) 坡脚–水平位移

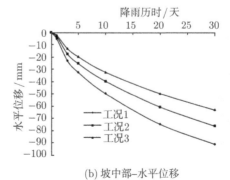

(b) 坡中部–水平位移

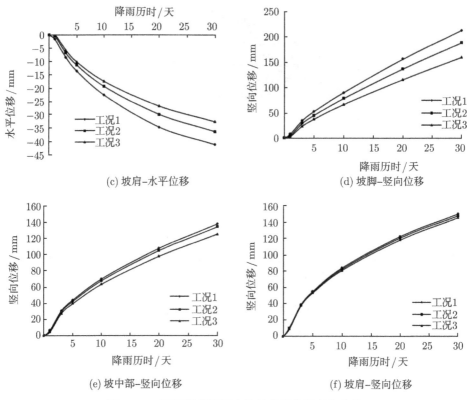

图 12.35 不同强度膨胀土边坡表层位移变化曲线

可以看出，土体抗剪强度对边坡各处水平变形的影响程度大于对竖向变形的影响。随着黏聚力和内摩擦角的提高，土体抗剪强度增大，吸水膨胀后，边坡水平变形与竖向变形均随着抗剪强度的提高而减小，沿坡面向上，抗剪强度的变化对变形的影响逐渐减弱。

坡中部处发生较大的水平变形，而坡脚处发生较大的竖向变形，在水分入渗 20天后，坡面上最大水平变形与竖向变形与黏聚力和内摩擦角的关系如图 12.36 所示。可见，边坡最大水平变形与竖向变形均随着黏聚力和内摩擦角的增大而呈线性减小。图 12.37 为降雨历时 20 天后不同抗剪强度膨胀土边坡塑性应变分布情况。

可见，抗剪强度的变化对边坡塑性变形范围的开展影响不大，不同抗剪强度的边坡，其塑性应变均在边坡表层开展，坡脚处塑性应变较大。但随着抗剪强度的提高，边坡各处塑性应变值显著减小。

因此，黏聚力与内摩擦角越大，边坡土体抗剪强度越高，坡体水平变形与竖向变形均呈线性减小，同时边坡各处塑性应变也明显减小，边坡越趋于稳定。

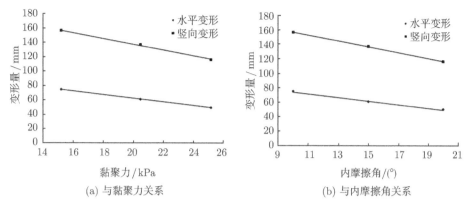

(a) 与黏聚力关系   (b) 与内摩擦角关系

图 12.36　边坡最大变形与强度参数相关关系

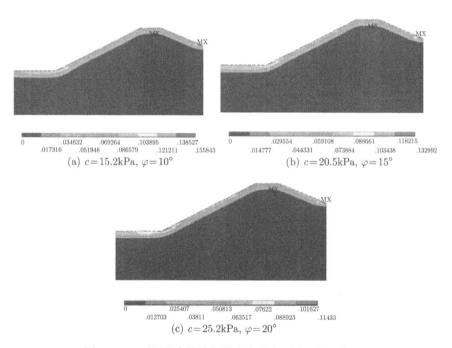

(a) $c=15.2\text{kPa}$, $\varphi=10°$ (b) $c=20.5\text{kPa}$, $\varphi=15°$

(c) $c=25.2\text{kPa}$, $\varphi=20°$

图 12.37　不同强度边坡塑性应变分布 (详见书后彩图)

12.7.3　初始孔隙水压力

在水分入渗之前, 边坡土体的初始基质吸力大小关系到边坡的初始含水率, 初始基质吸力大, 含水率低, 在水分入渗的过程中, 不同初始含水率的边坡水分入渗速率与入渗总量也不同, 因此将对膨胀土吸水变形产生一定的影响, 从而导致边坡稳定性的差异。

分别设定边坡表层最大基质吸力为 40kPa、60kPa、80kPa,进行膨胀土吸水变形后边坡位移与应力场的计算 (表 12.7)。在连续降雨 10 天后,边坡各处水平变形及竖向变形情况如图 12.38 所示。

表 12.7   不同初始基质吸力计算工况

工况	降雨历时/天	初始基质吸力最大值/kPa
1	10	40
2	10	60
3	10	80

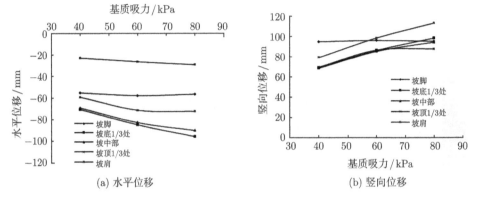

图 12.38   不同初始基质吸力边坡表层变形曲线

从边坡水平变形情况可知,初始基质吸力对坡肩与坡脚的水平变形影响不大,基质吸力与靠近坡脚区域的水平变形基本成正比关系,在靠近坡顶处,较高的初始基质吸力对水平变形的影响较小。

从边坡竖向变形情况可知,初始基质吸力对坡脚的竖向变形影响不大,而对坡肩的竖向变形影响最大,基本成比例关系。在边坡其他部分,随着初始基质吸力的增加,竖向变形也相应增大,且竖向变形的变化在低基质吸力时表现较为明显。

在不同初始基质吸力条件下,降雨入渗后,边坡最大水平变形发生在坡体下部,而最大竖向变形的位置则发生在坡肩或坡脚处。图 12.39 为边坡最大水平变形和最大竖向变形与边坡最大初始基质吸力的关系。由图可见,虽然最大竖向变形随着基质吸力的不同所发生部位不同,但总体上,边坡最大水平变形与竖向变形均随着初始最大基质吸力的增大而呈线性增大。

图 12.40 为降雨 10 天后不同最大初始基质吸力强度膨胀土边坡塑性应变分布情况。由图可见,塑性应变均发生在边坡表层,深度范围基本一致,坡脚处塑性应变较大。随着最大初始基质吸力的提高,边坡各处塑性应变值略有提高,但差异表现不明显。

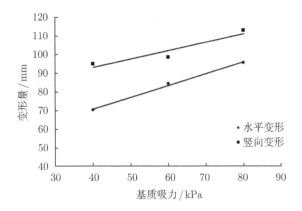

图 12.39 边坡最大变形与最大初始基质吸力相关关系

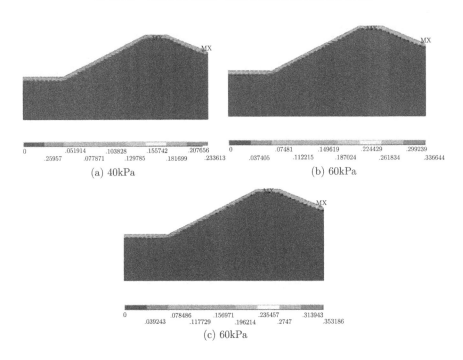

图 12.40 不同最大初始基质吸力下边坡塑性变形分布 (详见书后彩图)

因此，最大初始基质吸力越大，边坡土体整体含水率越低，在入渗过程中将吸收更多的水分，含水率变化梯度较大。受此影响，坡体水平变形与竖向变形均呈线性增大，同时边坡各处塑性应变也有所增大，但是变形与塑性应变的变化幅度均较小，所以最大初始基质吸力对边坡稳定性有着一定的影响，最大初始基质吸力越大，边坡越不稳定，但总体影响程度不大。

12.7.4　降雨强度与历时

为了研究不同降雨类型对边坡变形及应力–应变状态的影响，考虑了降雨量相同条件下不同降雨强度与降雨历时的降雨模型。考虑降雨事件的降雨总量均为480mm 下的 4 种降雨类型 (暴雨、大雨、中雨、小雨)，如表 12.8 所示。强膨胀土边坡在经历降雨事件后，边坡各处水平变形及竖向变形情况如图 12.41 所示。

表 12.8　降雨模型

工况	降雨类型	降雨历时/天	降雨强度/(mm/天)
1	小雨	96	5
2	中雨	32	15
3	大雨	16	30
4	暴雨	8	60

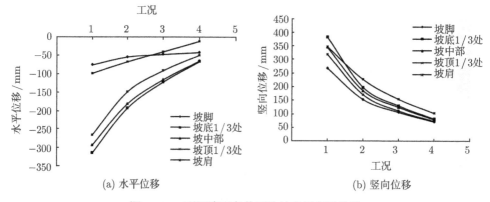

图 12.41　不同降雨条件下边坡表层变形曲线

从边坡水平变形情况可以看出，边坡各点在经历不同降雨事件后，变形规律各不相同。降雨类型对坡脚的水平变形影响不大，对坡肩的影响次之，对坡面上其他各处的水平变形影响较大。小雨结束后，边坡各点的水平位移在各降雨事件中均为最大，斜坡中部区间各点发生了较大的水平位移，达到 250mm 以上，而坡肩与坡脚的水平位移均不到 100mm。随着降雨强度的增大与降雨历时的缩短，在降雨结束后，边坡各处水平变形的差异性越来越小，暴雨结束后，各个特征点的水平位移均小于 70mm。各降雨事件后，边坡水平变形最大处均为边坡中部以下。

从边坡竖向变形情况可以看出，边坡各点在经历不同降雨事件后，变形规律基本相同。降雨类型对边坡各处的竖向变形均有较大影响。小雨结束后，边坡上各点都发生了较大的竖向位移，达到 250mm 以上，最大变形发生在坡脚 1/3 坡高处；暴雨结束后，边坡上各点的竖向位移均较小，且相差不大。随着降雨强度的增大与降雨历时的缩短，边坡各处竖向变形均逐渐减小，且差异性也越来越小。

由于强膨胀土渗透性很差, 导水率低, 各工况下的降雨强度均大于土体的渗透能力, 因此, 降雨历时对水分的入渗影响更为显著。图 12.42 为边坡最大水平变形和最大竖向变形与降雨历时的关系。

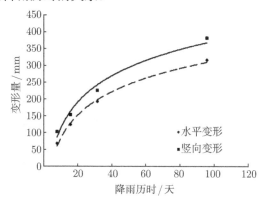

图 12.42 边坡最大变形与降雨历时相关关系

可以看出, 边坡最大水平变形和竖向变形基本与降雨历时成对数关系, 降雨历时较短的降雨事件, 水分入渗时间对边坡变形的影响较大, 随着降雨历时的延长, 边坡变形增长趋势减慢。

图 12.43 为各种降雨事件结束后强度膨胀土边坡塑性应变分布情况。

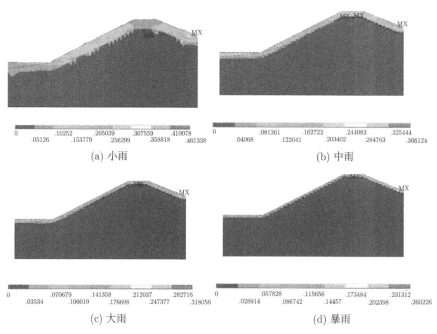

图 12.43 不同降雨事件结束后边坡塑性变形分布 (详见书后彩图)

由上可见，各类降雨事件结束后，边坡塑性变形开展范围差异很大。小雨结束后，边坡塑性变形范围最大，深度最深，边坡各处的塑性应变值也最大。随着降雨强度的增大，降雨历时逐渐减短，塑性变形范围越来越小，在历时 8 天的暴雨结束后，塑性变形深度很浅，约为小雨结束时该深度的 1/3，塑性应变值也越来越小。这说明降雨历时越短，水分入渗深度越浅，边坡发生吸水膨胀的范围越小，膨胀力作用范围也越小。

因此，对于渗透性较差的强膨胀土边坡，降雨强度易达到和超过土体的渗透能力，降雨历时决定了边坡的稳定。降雨历时越长，坡体水平变形与竖向变形越大，但增长趋势逐渐变慢，同时边坡塑性变形范围越深，边坡越容易发生破坏，边坡中部以下为变形最大部位，最易发生失稳破坏。

第13章 考虑裂隙空间分布和裂隙面强度的强膨胀土边坡深层滑动稳定性分析

13.1 强膨胀土中裂隙与充填物特性及其力学特性

13.1.1 含夹层三轴试样制样装置

土体的强度参数是决定岩土工程的安全与设计的关键参数，三轴试验是获取土体力学性质的重要方法，可以较为接近地模拟土体实际环境的受力情况，取得土体的抗剪强度参数，对工程实践和科学研究具有重要意义。

常规三轴试验通常用 4~5 个圆柱形试样分别在不同的围压下施加轴向压力进行剪切直至破坏，然后根据摩尔-库仑理论，求得总抗剪强度参数和有效抗剪强度参数。三轴试样的制样是将土体制成一定规格的圆柱形试样，通常为 39.1mm×80mm。现有的制样方式一般采用单一土样压实或利用原状土样切削，形成柱状体，前者只能制作材料均匀的样品，而后者虽能够利用原状土体的不均匀性，切削出含有裂隙的原状试样，但很难控制裂隙的厚度、倾角以及位置。

针对以上制样方式在试样裂隙控制上的不足，作者自主研发了采用分段压制、构造一定倾角 (倾角范围为 0~45°) 的截面模具提出了一种能够最多采用三种不同土样、控制夹层的厚度、倾角及位置的三轴试验制样装置。该装置采用模块化思路设计，包括通用的底座、螺杆、扳手、模具以及含有特定倾角截面的圆柱形模具，可依靠螺杆控制夹层的厚度及位置，仅更换中间的特定倾角模具块实现对夹层倾角的控制，装置简捷易于操作。

该装置的工作原理如下，见图 13.1。

(1) 通过上、下倾斜截面制样模具所具有的倾斜截面作为圆柱土体的切割边界，切割形成斜截面，其中模具倾斜截面的倾角范围为 0~45°。

(2) 通过制样模具组合填筑不同的制样原料形成试样主体和夹层。

(3) 通过试样推动装置的推动作用移动试样，改变切割截面与试样的相对位置，切割试样主体和试样夹层达到制样目的。

(4) 试样底座为工作平台，为精确确定试样夹层的厚度和空间位置提供标尺。

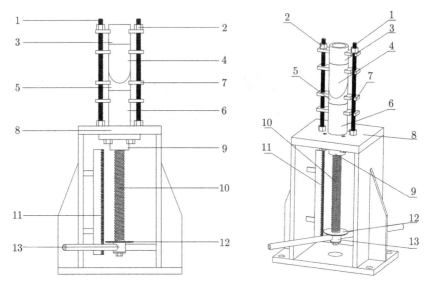

图 13.1 夹层实验制样装置示意图

13.1.2 含夹层三轴试样制样方法

依托以上装置实现含夹层的三轴试样的制样步骤如下:

(1) 将试样顶杆扭至 0 刻度位置, 如有必要, 向模具内侧面涂脱模剂, 向制样器底座一次装入通用下制样模具、下倾斜截面制样模具, 并将试样推动顶板置于通用下制样模具内, 通过制样器固定支架与制样器固定螺杆连接并扭紧制样器固定螺母, 形成内径为 39.1mm, 顶面倾斜并有特定高度的圆筒形模具。

(2) 在装好的制样模具中填充主体土样 A 并冲击击实, 形成顶面水平的下部试样主体, 此时试样的高度应为制作土样夹层以下土体高度的最大值。

(3) 扭动推动杆, 将制样模具中的压实土体顶出至土样顶面, 与下倾斜截面制样模具的最高点平齐, 沿下倾斜截面制样模具顶面切削土体, 形成带下倾斜截面制样模具倾斜截面倾角的试样 (图 13.2)。

(4) 松开制样模具固定螺母, 装入上倾斜截面制样模具和通用上制样模具, 并在装好的制样模具中填充夹层土样 B 并冲击击实, 使得此时试样的顶面高度应为计划制作土样的夹层高度的最大值。

(5) 扭动顶杆, 使试样顶杆向下移动预期的夹层厚度, 用冲击装置从顶口缓慢地人工将试样向下压至与试样推动顶板接触, 卸下上倾斜截面制样模具和通用上制样模具, 并固定通用下制样模具、下倾斜截面制样模具, 此时试样的顶面正好和下倾斜截面制样模具的顶面平齐, 沿下倾斜截面制样模具顶面切削土体形成倾斜截面倾角的夹层, 此时已完成试样下部主体及夹层的试样工作。

(6) 松开制样器螺杆顶端螺母，装入上倾斜截面制样模具和通用上制样模具，并在装好的制样模具中填充主体土样 C 并冲击击实，使试样的顶面正好达到试样高度即 80mm，形成最终试样，土样 C 可根据实际的需要选用与土样 A 相同 (或不同) 的土。

(7) 扭动试样推动螺杆将试样推出，完成制样操作 (图 13.3)。

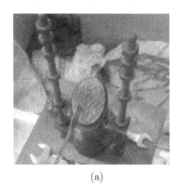

(a)   (b)

图 13.2   截面切割及抛毛

图 13.3   试样及装样效果图

提出含夹层三轴试验试样制样方法，能够制作出不同夹层倾角、位置以及夹层厚度的三轴试验试样 (试样尺寸：39.1mm×80mm)，其中夹层倾角范围为 0～45°，夹层厚度范围为 0～20mm，夹层位置可以按照实际要求进行变化，本方法沿用目前广泛采用的冲击压实工艺，仅需要按特定的顺序组合制样模具，分层压实、切削即可实现对夹层厚度、倾角以及位置的控制。

13.1.3   含裂隙充填物的膨胀土三轴试验方案

以含水率、厚度、倾角为控制因素，制定含强膨胀土夹层膨胀土力学试验，研究控制因素对膨胀土力学特性的影响规律。

(1) 土样采用两种类型的膨胀土，强膨胀土夹层为取自 TS95+300 试验段灰白色夹层的强膨胀土充填物,中膨胀土为取自 TS106 试验段的黄褐色中膨胀土,见图 13.4 和图 13.5,两种土样性质见表 13.1。

(2) 以夹层的倾角分别为 15°、30°、45°,夹层的厚度为 7mm 进行人工制备试样,在三轴仪进行固结不排水试验 (CU),获得不同倾角的夹层土体的强度参数,探讨夹层倾角对中膨胀土体力学特性的影响规律,实验计划见表 13.2。

图 13.4 强膨胀土取样点照片 　　　图 13.5 中膨胀土取样点照片

(3) 以相同的中膨胀土制备对应含水率的无夹层三轴试样进行对比试验。

表 13.1　强、中膨胀土基本参数表

岩土类型	平均天然含水量/%	平均天然密度/(g/cm³)	相对密度	颗粒组成/%			液限/%	塑限/%	塑性指数	阳离子交换量/(cmol/kg)	自由膨胀率/%
				粉粒	黏粒	胶粒					
强膨胀夹层土	31.56	1.93	2.70	93	30	12	90.11	29.46	60.65	21.736	110
中膨胀土	22.12	1.92	2.71	81	30	16	57.32	23.05	34.26	14.857	70

表 13.2　夹层实验条件

倾角/(°)		15		30	45	围压/kPa
含水率/%		密度/(g/cm³)		夹层厚度/mm		
夹层土	主体土	夹层土	主体土	7		100, 150, 200, 250
32	28	1.93	1.92			

13.1.4　含裂隙充填物的膨胀土力学特性

针对以上试验方法,本书采用以下三轴试验数据整理方法:

(1) 根据试验成果的应力–应变关系曲线得到试样破坏时的峰值应力 ($\sigma_{1f} \sim \sigma_{3f}$)。

(2) 根据静力平衡条件,采用式 (13.1) 和式 (13.2) 计算试样破坏时裂隙面上的正应力 σ_n 和剪应力 τ_f。

(3) 根据摩尔–库仑定律整理正应力 σ_n 和剪应力 τ_f 的关系曲线, 即可得到裂隙面的抗剪强度参数 C 和 φ。

$$\sigma_n = \frac{\sigma_{1f} + \sigma_{3f}}{2} + \frac{\sigma_{1f} + \sigma_{3f}}{2} \cos 2\alpha \tag{13.1}$$

$$\tau_f = \frac{\sigma_{1f} + \sigma_{3f}}{2} \sin 2\alpha \tag{13.2}$$

式中, σ_n 为剪切破坏面上的正应力; τ_f 为剪切破坏面上的剪应力; σ_{1f} 为峰值大主应力; σ_{3f} 为峰值小主应力; α 为剪切破坏面与水平面之间的夹角。

图 13.6 分别对应没有夹层、含 15° 倾角夹层、含 30° 倾角夹层及含 45° 倾角夹层的三轴试验典型破坏形态照片。

从图 13.6 可以看出, 无夹层的纯主体土三轴试验, 其破坏形态为典型的三轴试验破坏形态, 大概沿与试样水平方向夹角为 $(45° - \varphi/2)$ 的角度发生剪切破坏, 见图 13.7。

(a) 无夹层　　　(b) 15°　　　(c) 30°　　　(d) 45°

图 13.6　三轴试验破坏形态 (详见书后彩图)

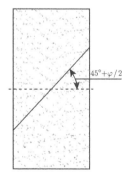

图 13.7　典型三轴试验剪切面示意图

其应力–应变曲线见图 13.8, 图 13.9 为其实验结果依照前述的数据处理方式得出的拟合曲线。可见,在没有夹层存在的情况下,该中膨胀土的变形特性表现为应变硬化型,得出的黏聚力为 $C=17.73\text{kPa}$,内摩擦角为 $\varphi = 8.12°$。

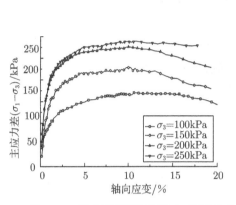

图 13.8 无夹层试样实验应力-应变曲线   图 13.9 无夹层试样实验结果拟合

含有 15° 倾角夹层的试样,其破坏与无夹层试样破坏形态较为相似,在夹层附近出现鼓胀变形,其原因可能为夹层材料较主体材料软,当试样受到轴向施加的偏应力作用后先在软弱部位出现较大变形,当这种变形发展到一定程度后,即出现常规三轴试验的破坏规律,剪切面并不会沿着 15° 的缓倾夹层面发展,而是保持布理论上的 $(45° \pm \dfrac{\varphi}{2})$ 附近,进而出现剪切面切割夹层的破坏特征。其应力-应变曲线如图 13.10 所示,图 13.11 为其实验结果依照前述的数据处理方式得出的拟合曲线。

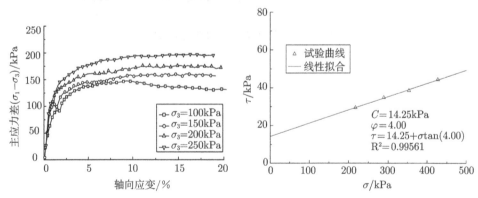

图 13.10 含 15° 夹层试样实验应力-应变曲线 图 13.11 含 15° 夹层试样实验结果拟合

可见,当实验试样中置入 15° 夹层后,其应力-应变曲线产生了一定程度的下滑,在低围压状态下,下滑幅度较小,基本和无夹层情况相当,随着围压等级的增大,下滑幅度越来越大,无夹层情况下 250kPa 荷载等级的极限强度接近 300kPa,

而对应的含 15° 夹层试样的强度刚接近 200kPa, 但该试样的变形特性仍表现为应变硬化型, 得出的黏聚力为 $C = 14.25$kPa, 内摩擦角为 $\varphi = 4.00°$。其中黏聚力有小幅减小, 而内摩擦角削弱显著。

含 30° 夹层试样实验破坏后, 其剪切面完全发育于预先设置的厚度为 7mm 夹层中, 出现图 13.12 所示的沿着夹层横截面对角线破坏的特征。

图 13.12   对角线破坏示意图

仔细观察可以发现, 试样的破坏亦没有严格地与 30° 倾斜面平行, 而是在夹层的一端 (图 13.21), 自夹层的上截面开始发展, 逐渐切入夹层, 至下端在自夹层的下截面剪出, 此种情况下的倾角略大于 30°, 和理论分析的剪切面倾角更为接近。其应力–应变曲线见图 13.13, 图 13.14 为其实验结果依照前述的数据处理方式得出的拟合曲线.

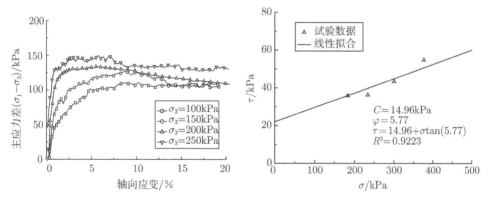

图 13.13   含 30° 夹层试样实验应力–应变曲线   图 13.14   含 30° 夹层试样实验结果拟合

与含 15° 夹层试样的实验结果相比, 当实验试样中置入 30° 夹层后, 其应力–应变曲线产生全线下滑, 但依然表现出在低围压状态下, 下滑幅度较小, 随着围压等级的增大, 下滑幅度越来越大, 含 15° 夹层情况下 250kPa 荷载等级的极限强度接近 300kPa, 而对应的含 30° 夹层试样的强度则刚刚接近 150kPa, 但该试样的变形特性仍表现为应变硬化型,得出的黏聚力为 $C = 14.96\text{kPa}$,内摩擦角为 $\varphi = 5.77°$。其中黏聚力及内摩擦角都仅有小幅减小。

对于含有 45° 夹层的试样,可见其破坏时形成的剪切面仍然保持了 30° 倾角情况下试样的破坏特征,但此时由于夹层倾角已经较大,剪切面基本与夹层面平行,从照片可知实际的剪切面倾角大于 45°。其应力–应变曲线见图 13.15,图 13.16 为其实验结果依照前述的数据处理方式得出的拟合曲线。

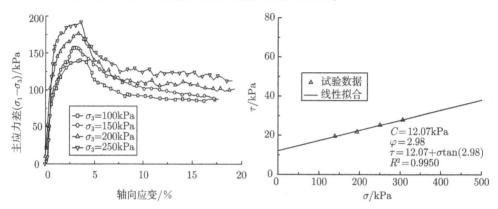

图 13.15 含 45° 夹层试样实验应力–应变曲线 图 13.16 含 45° 夹层试样实验结果拟合

与含 30° 夹层试样的实验结果相比,当实验试样中置入 45° 夹层后,其应力–应变曲线在形式上产生了显著的变化,由原来的应变硬化型转变为图 13.15 中所示的应变软化型,表现出了一定的脆性。此外,在峰值强度上则出现了加大的反弹,几乎接近于含 15° 倾角夹层的实验结果,但在变形的后期,相较于前几组实验依然表现出了衰减的趋势,基本和 30° 的结果持平,后期强度稳定在 100~150kPa 范围内。拟合得出的黏聚力为 $C = 12.07\text{kPa}$,内摩擦角为 $\varphi = 2.98°$。其中黏聚力及内摩擦角都仅有小幅减小。

图 13.17 为以上四组实验的应力–应变曲线及拟合强度结果汇总,从图中可以得到以下几点结论:

采用 TS106 取得的中膨胀土进行三轴试验,获取其强度参数为:黏聚力 $C = 17.73\text{kPa}$,内摩擦角 $\varphi = 8.12°$。

当在中膨胀土实验中置入灰白色强膨胀土夹层后,该夹层的存在对膨胀土三轴试样的力学性质存在较大的影响,导致三轴试验各个荷载登记均出现不同程度的强度衰减,且衰减的剧烈程度与倾角存在正相关关系。

采用将三轴试验试样破坏时的峰值应力 $(\sigma_{1\text{f}} - \sigma_{3\text{f}})$,根据静力平衡条件,将该力向垂直夹层方向和平行夹层方向分解,采用公式计算试样破坏时的裂隙面上的正应力 σ_{n} 和剪应力 τ_{n}。根据摩尔–库仑定律整理正应力 σ_{n} 和剪应力 τ_{n} 的关系曲线，拟合得到裂隙面的抗剪强度参数 C 和 φ 的数据处理方法所得到的夹层的强度参数在考虑实验误差及其他不可控因素的情况下基本稳定，其中黏聚力 C 约为 14kPa，内摩擦角 φ 约为 $4°$。

在变形特性方面，在加入夹层后，试样的变形特性有从应变硬化向应变软化发展的趋势，并在 $45°$ 情况下表现最为显著。

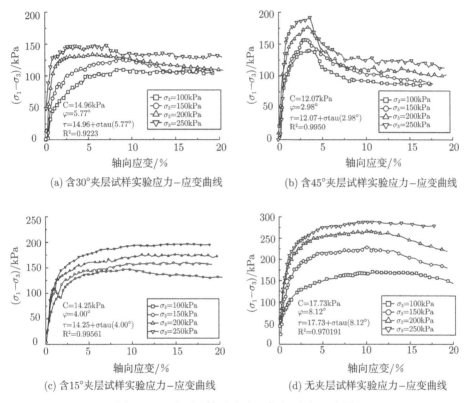

(a) 含30°夹层试样实验应力–应变曲线

(b) 含45°夹层试样实验应力–应变曲线

(c) 含15°夹层试样实验应力–应变曲线

(d) 无夹层试样实验应力–应变曲线

图 13.17 夹层三轴试验结果应力–应变汇总图

13.2 考虑裂隙的极限平衡分析方法

目前，在膨胀土边坡的稳定分析中，通常将含有裂隙结构的膨胀土边坡土体视为分层均值的边坡。采用现场取样或者原位实验获取膨胀土的强度参数，认为这些获取的强度指标兼顾了裂隙的存在对土体强度的影响，即通过选取的强度指标反映裂隙的存在及其对边坡稳定的影响。通过前面的论述，对于裂隙充分发育的强膨胀土，裂隙的存在使得膨胀土的力学特性有很大影响，单一获取土体的强度参数无法在边坡的稳定分析中考虑裂隙特性，这种常规边坡分析忽略了强膨胀土中裂隙的空间分布特征,其获取的结果必然存在失真,针对南阳段已发生滑坡的分析可以发现,裂隙特别是含充填物裂隙对边坡的稳定性起控制作用。基于以上认识,选择Janbu 修正法、Spencer 法和 Morgenstern 法三种满足条块间作用力和力矩平衡且适合于折线滑动面边坡的极限平衡方法,提出一种考虑裂隙空间分布及裂隙面强度的边坡稳定性计算方法。

考虑裂隙强度的极限平衡分析方法,首先是对拟分析边坡进行裂隙倾向、密度及连通程度的调查,初步找出影响边坡稳定范围内裂隙的分布状态;计算中将土的强度分为土体的强度和裂隙面的强度;在边坡稳定分析建模中,对拟分析的边坡将裂隙的分布范围、分布密度、倾斜角度、排列方式等空间分布因素纳入考虑。

1. 裂隙面空间信息的概化

常规的土坡分析中,多将边坡土体处理为分层均质土体,不考虑土体中裂隙的空间分布特征,对于强膨胀土,由于其裂隙密布且往往存在对边坡稳定影响显著的长大裂隙,必须纳入考虑。在本方法中,首先在现场开挖地质窗,对边坡土体中的裂隙进行详细的编录,获取裂隙的高程、倾向、倾角及充填物的初步信息。在内业中通过玫瑰图,极射投影对获取的裂隙空间分布特征与渠道倾向、走向进行联合处理,选出倾向与渠坡同向、缓倾的高危裂隙。通过现场测得的裂隙面的高程、充填物情况及倾角,对裂隙进行均质薄层土概化,采用基于解析几何的计算程序生成长条形裂隙的顶点参数并置入边坡模型。

2. 土体参数的获取

本计算方法同时考虑地表一定范围内的垂直裂隙、地下水等因素,强度参数由土体强度参数及裂隙面强度参数构成。其中土体参数采用现场取样进行室内常规直剪或三轴试验或者原位实验获取膨胀土的强度参数,裂隙面强度参数为前面论述的含充填物裂隙的膨胀土常规三轴试验获取的裂隙面强度参数。在计算中应综合考虑已完成的现场原位直剪实验数据、室内含夹层充填物膨胀土的三轴试验资料。

3. 边坡模型的建立

在几何形状方面,综合考虑边坡采用 2D 模型,选取典型的渠道断面按照开挖形成的实际几何形状建立模型。模型范围原则上按照开挖活动所引起的土体应力重新分布的显著影响范围确定。本方法中计算范围向上取至地表,向下取开挖空间较小尺寸的 0.5~1.0 倍即可,水平方向的影响范围自开挖边界向外推至最大开挖深度的距离。在边界条件方面,在本次边坡工程稳定性计算分析中,计算范围取至开挖影响范围之外,除地表为应力边界外,下边界取为全约束边界。左右边界因考虑土体自重作用,取为垂直于边界平面方向上约束。本次计算不考虑初始地应力的影响。在初始状态方面,主要力求体现现场调查资料中所获取的裂隙空间分布信息

(如土层层面、软弱夹层、裂隙等)、地下水以及土体强度参数。

13.3 滑坡实例分析

13.3.1 滑坡模型概化

建立一个能充分符合原型几何特征和物理性质的计算模型至关重要。建立的模型与实际原型越接近，则计算结果越能代表原型的实际情况。但是，实际工程的几何形状及土体的物理力学性质是极其复杂的，要使建立的计算模型与工程原型在几何和物理性质上完全相同，几乎是不可能的，因此，应根据工程的实际情况和研究目的对原型进行适当的工程处理，以便进行计算分析。采用 13.2 节提出的受裂隙控制的膨胀土渠道边坡稳定分析方法，本章采用上述的极限平衡分析方法，以 Rocscience 公司的 Slide 为平台对实际发生的滑坡进行稳定分析。

本次计算的水平方向和垂直方向分别向外延伸一倍的渠坡高度，此处即 10m，计算简图见图 13.18。

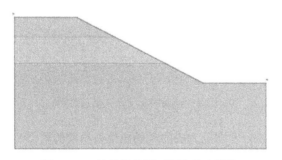

图 13.18　边坡概化图 (详见书后彩图)

根据提供的裂隙资料选取典型裂隙，见表 13.3。

对于上述选定的裂隙，由于实际的地质调查探槽仅反映了部分的裂隙空间位置信息，对裂隙的倾向、倾角、高程、厚度等信息的描述通常都较为准确，但对于裂隙的延伸范围、贯通情况通常很难获取，本次计算借鉴第 4 章 TS105 滑坡所揭露的滑坡内部结构信息，对裂隙进行一定假设：对于裂隙的厚度，统一采用 5cm。此外，在地表以下 5m 范围内分布垂直发育裂隙，在 Slide 计算软件中以 Tension Crack 处理；地下水方面，由于左岸滑坡地下水丰富，且地形向渠道倾斜存在汇水现象，原地面地下水埋深 1m，且在设计坡脚以上 2m 出露。根据以上条件建立的模型见图 13.19。

表 13.3 典型裂隙空间特征表

编号	倾向/(°)	倾角/(°)	长度/m	高程/m	充填物	备注
L6	238	23	2.1	134.6	灰绿色黏土	逆坡向
L14	203	46	2.3	135.8	灰绿色黏土	逆坡向
L20	225	44	2.5	136.3	灰绿色黏土	逆坡向
L22	220	36	2.3	136.5	灰绿色黏土	逆坡向
L28	210	36	2.0	138.3	灰绿色黏土	逆坡向
L11	121	15	2.0	135.4	灰绿色黏土	顺坡向
L19	168	42	2.3	136.3	灰绿色黏土	顺坡向
L23	163	81	2.1	136.9	灰绿色黏土	顺坡向
L26	164	81	2.2	136.9	灰绿色黏土	顺坡向
L31	128	44	2.0	137.7	灰绿色黏土	顺坡向
L38	125	17	2.0	140.8	灰绿色黏土	顺坡向

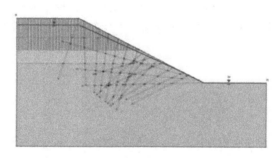

图 13.19 边坡模型 (详见书后彩图)

土体参数取值: 综合考虑已完成的现场原位直剪实验数据、室内含夹层充填物膨胀土的三轴试验资料, 计算中土体参数取值见表 13.4。

表 13.4 土体强度参数取值表

项目	黏聚力/kPa	内摩擦角/(°)
0~3m 残余抗剪强度	16	14
3~7m 饱和固结抗剪强度	23	16
7m 以下天然快剪强度	23	17
裂隙面抗剪强度	14	4

13.3.2 稳定分析结果讨论

对此边坡的稳定分析分 4 种情况进行, 从最简单最理想的情况逐渐向边坡的实际工况逼近。仅考虑边坡土体为三层均质土层的情况, 此情况下的模型见图 13.20。模型中只考虑边坡的土体分层, 其计算结果见表 13.5。

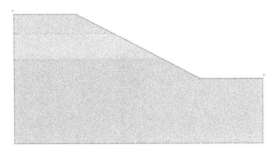

图 13.20 均质边坡模型 (详见书后彩图)

表 13.5 边坡安全系数

方法	janbu simplified	janbu corrected	spencer	gle/morgenstern-price
安全系数	1.59	1.72	1.75	1.75

从表中可以发现,按照选取的强度参数,在仅将边坡土体的成层分布特性纳入考虑时,边坡的安全系数均大于 1,按方法的不同在 1.59~1.75 范围浮动,边坡是安全的且边坡稳定性存在较大安全储备,此时最危险滑面见图 13.21。

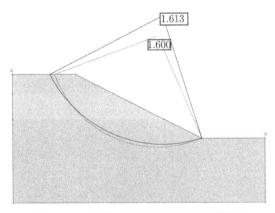

图 13.21 边坡破坏情况 (详见书后彩图)

考虑边坡土体为三层均质土层且将土体表层垂直裂隙纳入考虑,此次分析采用 Tension Crack 模拟地表以下一定范围广泛发育的垂直土层情况,计算中 Tension Crack 设置深度 5m,并使用 Filled 属性,该属性下认为裂隙被水完全填充,此情况下的模型见图 13.22。

模型中只考虑边坡的土体分层,其计算结果见表 13.6。

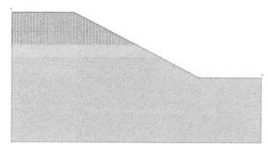

图 13.22　考虑坡顶垂直裂隙模型 (详见书后彩图)

表 13.6　边坡安全系数表

方法	janbu simplified	janbu corrected	spencer	gle/morgenstern-price
安全系数	1.46	1.57	1.67	1.67

　　从表中可以发现, 按照选取的强度参数, 同时考虑边坡土体的成层分布特性以及表层土体中所发育的垂直裂隙时, 边坡的安全系数均大于 1, 按方法的不同在 1.46~1.67 范围浮动, 但相较于仅考虑边坡土体的成层分布特性情况, 均出现了一定程度的下降, 下降幅度约为 4%, 这说明地表以下一定范围发育的垂直裂隙对整个边坡的稳定性存在一定的影响。边坡是安全的且边坡稳定性存在一定安全储备, 此时最危险滑面见图 13.23。从图 13.23 中可以发现, 此情况下的滑动面由坡顶的垂直裂隙及从垂直裂隙底部开始发展的弧形滑面组合而成, 剪出面在坡脚, 这种滑动面特性已经出边, 表现出了膨胀土渠道边坡滑动面的特性。

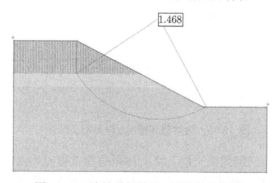

图 13.23　边坡破坏情况 (详见书后彩图)

　　考虑边坡土体为三层均质土层并将土体表层垂直裂隙及地下水的作用纳入模型, 此次分析在上一步分析的基础上, 进一步将该边坡的地下水情况纳入模型, 在坡顶处认为地下水埋深 1m, 且在坡脚以上 2m 位置出露, 此情况下的模型见图 13.24。模型考虑边坡土体分层、坡顶垂直发育裂隙及地下水等因素时, 其计算结果见表 13.7。

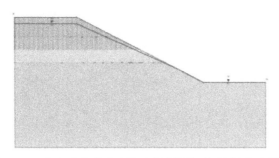

图 13.24　考虑垂直裂隙及地下水边坡模型 (详见书后彩图)

表 13.7　边坡安全系数表

方法	janbu simplified	janbu corrected	spencer	gle/morgenstern-price
安全系数	1.03	1.11	1.24	1.23

　　从表中可以发现，按照选取的强度参数，同时考虑边坡土体的成层分布特性、表层土体中所发育的垂直裂隙及地下水时，边坡的安全系数均大于 1，按方法的不同在 1.03~1.24 范围浮动，相对于上一次计算，即考虑边坡土体成层分布特性及坡顶垂直裂隙情况，又出现了一定程度的下降，下降幅度约为 25%，这说明地下水的存在对整个边坡的稳定性存在较大的影响。边坡是安全的，但个别方法的计算结果已经接近于 1，即极限平衡状态，此时最危险滑面见图 13.25。从图中可以发现，此情况下的滑动面与上上步计算基本相似，均由坡顶的垂直裂隙及从垂直裂隙底部开始发展的弧形滑面组合而成，剪出面在坡脚。

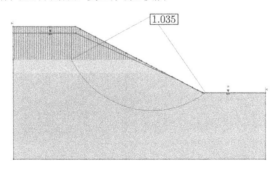

图 13.25　边坡破坏情况 (详见书后彩图)

　　考虑边坡土体为三层均质土层并将土体表层垂直裂隙及地下水的作用纳入模型。此外，此次分析在上一步分析的基础上，进一步将 13.2 节选取的典型裂隙以软弱夹层的形式纳入模型考虑，将裂隙概化为厚度 5cm，自坡面向坡体延伸的土层考虑，此情况下的模型见图 13.26。该模型考虑边坡土体分层、坡顶垂直发育裂隙及地下水等因素时，其计算结果见表 13.8。

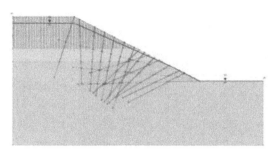

图 13.26　考虑垂直裂隙地下水及结构面边坡模型 (详见书后彩图)

表 13.8　边坡安全系数表

方法	janbu simplified	janbu corrected	spencer	gle/morgenstern-price
安全系数	0.90	0.90	0.93	0.91

从表中可以发现, 按照选取的强度参数, 同时考虑边坡土体的成层分布特性、表层土体中所发育的垂直裂隙、地下水及边坡中发育的裂隙时, 边坡的安全系数均小于 1, 按方法的不同在 0.90~1.01 范围浮动, 相对于上一次计算, 即考虑边坡土体成层分布特性、坡顶垂直裂隙地下水情况, 又出现了一定程度的下降, 下降幅度约为 26%, 这说明软弱夹层的存在对整个边坡的稳定性存在较大影响。边坡失稳, 此时最危险滑面见图 13.27。从图中可以发现, 此情况下的滑动面为由坡顶的垂直裂隙及从垂直裂隙底部开始发展的弧形滑面组合而成, 剪出面在坡脚, 符合现场破坏特征。

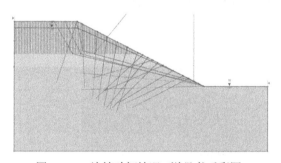

图 13.27　边坡破坏情况 (详见书后彩图)

第14章　强膨胀土渠坡滑动破坏机理

14.1　强膨胀土渠坡滑动破坏过程分析

14.1.1　典型滑坡概况及地质条件

TS105+400 右岸滑坡位于南阳盆地中心，地形地貌为岗地，滑坡位于岗地边缘，地形呈近南北向扇形展布，地势东高西低，高程由 146.1m 向西至温凉河逐渐降至 137m 左右，岗顶面较平缓宽阔，岗坡舒缓，滑坡处地面向西南温凉河河谷倾斜 4°～5°，岗顶自然坡度 2°～3°。

本渠段为深挖方渠段，滑坡处原地面高程为 146.1m 左右，渠道设计开挖高程 130.7m，开挖深度 16m 左右，过水断面坡比 1:2，一级马道高程 141.4m，一级马道以上渠坡坡比 1:2，本渠段主体开挖完成后，进行了坡脚改性土键槽开挖，渠底向上 5.6m 边坡被削坡至 1:1，未立即开挖一级马道及以上土体，本书所述滑坡位于渠道右岸。

滑坡处为垄岗地形，系山前冲洪积扇与冲洪积倾斜平原被冲沟、河流切割而形成，由第四系中更新统 (Q_2^{al-pl}) 黏土组成，作者在滑坡地区开展了大量的调研取样工作，进行土层厚度、高程测量，并采用自由膨胀率实验对土体膨胀性进行了判别。图 14.1 为紧邻滑坡上游边坡土层照片。可见该处边坡土体分为三层，如图 14.27 所示。

第一层：黏土，褐黄色，硬塑状态，含少量铁锰质结核，底界高程 134.03～140.68m，厚 9.7～12.3m。自由膨胀率 42%，具弱膨胀性，微裂隙较发育。

第二层：黏土，褐黄色夹灰绿色，硬塑状态，含少量黑色铁锰质结核及钙质团块，厚 2.4～9.0m。自由膨胀率 56%，具弱偏中等膨胀性，垂直裂隙发育，长度多大于 0.2m，线密度 8～10 条/m，裂隙面较平直光滑，面附灰绿色黏土薄膜。

第三层：黏土，棕黄夹灰绿色，硬塑状态，含少量黑色铁锰质结核。最大厚度约为 2.3m。自由膨胀率 93%，具强膨胀性，裂隙极发育，纵横交错，主要为大裂隙及长大裂隙，裂隙面较平直光滑，充填灰绿色黏土。

现场调查发现，该渠段地下水水位 137.0m 左右，埋深 3～5m。地下水高于渠底板 4～6m，根据施工开挖情况，高程 136m 以上出现少许地下水出露，水量较小属上层滞水，基本分布在大气影响带内，因网状裂隙分布的随机性及粉质黏土孔隙小等原因，水量较小且分布不均匀，此处地下水多随开挖的继续逐渐消失，坡脚即高程 131m 左右出现稳定的地下水，存在排水问题。

图 14.1　边坡土体分层照片

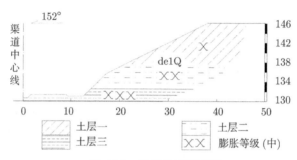

图 14.2　边坡地质断面图

14.1.2　滑坡过程及形态

滑坡发生后，调查员在现场作了详细调查工作，搜集了现场施工员的口述滑坡经过及相关照片资料。

本渠段自 2012 年 5 月中旬开挖，6 月初开挖完成，持续半个多月，开挖揭露土体结构性较强，挖坡稍陡即出现土体沿光滑界面垮塌现象；至 6 月中旬，即开挖完成后 15 天左右，桩号 105+326~105+416 段右岸，高程 144m 至坡顶施工便道间渠坡出现张拉裂缝，裂缝大体呈弧形，径向与边坡倾向大体一致，两端向坡下延伸，近直立，张开 1~2cm，深度 20~30cm，延伸长 20~40m，见图 14.3。

图 14.3　边坡后缘裂隙

2012 年 6 月底，降雨晴天交替，该段渠坡变形加剧。渠坡坡顶下错，张拉裂缝向两侧进一步发育，渠坡中上部下坐，坡度变缓，中前部 Q_2^{al-pl} 褐黄色及褐黄色夹灰绿色黏土层土体逐渐出现鼓胀。

2012 年 7 月初，该区出现强降雨，渠坡变形加剧，并出现明显位移，滑体坡面破碎，结构疏松，局部积水，前缘一带土体呈饱水状，剪出口多见地下水渗出。

2012 年 7 月底，调查人员采用 GPS 对滑坡范围进行了测绘，测得滑坡平面投影形态，见图 14.4。滑坡总体呈不规则多边形，纵长 90m，最大宽度 30.4m。前缘位于坡脚处，高程 131.3m；后缘位于施工便道旁，高程 146.1m。滑坡前缘挤出较远，接近渠道中心线，形态平缓，前缘泡水，坡脚处土体成软塑状态挤出，剪出口明显，基本沿开挖底面向坡内延伸；边坡中部发育顺渠深切裂隙，裂隙间隔 80~100cm，长度 20~40m，倾角 80° ~ 90°，切割边坡土体，成块状，成叠瓦状，并向坡下发生倒伏；中后部表现为下坐变形，坡面变缓，倾角约 23°，滑坡后壁陡倾，错落高度 1m 左右。初步估算滑坡投影面积约为 2100m²，滑坡体体积为 7000m³。

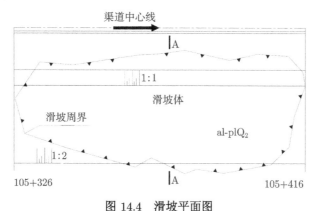

图 14.4   滑坡平面图

14.1.3   滑坡揭露内部特征及分析

2012 年 7 月底，排尽渠道积水后，调查人员在滑坡体中开挖探槽，以查明滑坡深度，确定滑动面。滑坡体前缘清除后，揭露出两条不同埋深的界面，见图 14.5 和图 14.6。

图 14.5 中干湿界面埋深 1~2m，是土体含水量发生急剧变化的上界限，此面以上土体含水量低，强度大，此面以下土体含水量较高，土质软，强度低。本界面为层状松散破碎颗粒，未见明显滑动面及擦痕，界面以上为砖红色、红褐色含少量铁锰质结核黏土，埋深较浅处还可偶见钙质结核出露。土体含水量 10% 左右，系开挖完成后水分散失，沿开挖面形成的一层坚硬板状土体，因土体垂直裂隙发育、深部支撑土体泡水软化及滑坡中前部土体运动等因素，致使其原生垂直节理张开，

切割土层形成土块，又失去底部支撑，从而向坡下倒伏，该层土体顶面基本保持开挖形成的坡面形态，多发生刚体平移及转动。

图 14.5　干湿界面及滑动面示意图　　　图 14.6　滑动面照片 (详见书后彩图)
(详见书后彩图)

　　图 14.5、图 14.6 还反映边坡清方时在边坡下部揭露的滑动面，该面由滑坡的两侧逐渐深入滑坡体，空间上类似椭球面，除边缘部分外，大部分埋深 4~6m，倾向 330°，倾角 17° ~ 28°，基本为底部第三层黏土中发育的长大裂隙，灰白色，具蜡状光泽。本滑动面明显，滑动面上下各分布有一层 20~30cm 黄色夹灰白色黏土，土体很软，可见明显的擦痕。干湿界面与滑动面之间土体为黄褐色黏土，边坡中部垂直节理多发育切入此层，并在此层与原生缓倾长大裂隙贯通。多数垂直节理张开并充填坡上冲蚀而下的表层细土。

　　图 14.7 为 GPS 测量的探槽处的滑坡断面形态。边坡此处的滑动面，分布于131.6~145.5m 高程，滑动面后缘陡倾，为后缘张拉裂隙向边坡深部的自然延伸，在高程约 140m 处，向坡下发生弯折，此处土体含水量较高，处于软塑状态；滑动面转折段向下延伸至 134m 高程，转化为边坡中下部原生长大裂隙。

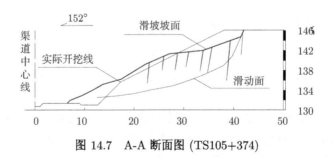

图 14.7　A-A 断面图 (TS105+374)

　　滑坡后缘边界由多条顺渠陡立张拉裂隙组合而成，后缘错落高度 1m 左右，裂隙倾角 80~90°，裂隙垂直方向上多沿先存垂直节理发育，水平方向上平整度较低，呈些许锯齿状。滑坡后部表层土体硬塑，坡面下坐变缓，约 24°，在高程 142m 左右出现平台，边坡中、上部开挖揭露顺渠深切裂隙，裂隙间隔 80~100cm，倾角 80°~90°。后期边坡清方在滑坡两翼变形较小处均发现张开，并充填碎土的垂直裂隙，这些裂隙深度都在 3m 以上，深切坡体，见图 14.8。

图 14.8 深切裂隙照片 (详见书后彩图)   图 14.9 取样位置示意图 (详见书后彩图)

滑动面剪出口，位于高程 131m 左右，此处有稳定地下水出露，土体处于饱和状态，浅表层应长期浸泡呈泥浆状，具一定流动性。此层土体水量相对稳定，处于饱和状态，裂隙多不明显，系边坡滑动中倒伏拉伸发生很大塑性变形所致。

分别在滑动面以上 A 点、滑动面 B 点及滑动面以下 C 点取样 (图 14.9)，并进行了含水率、密度及自由膨胀率试验，得到了滑坡处膨胀土强度参数，见表 14.1 和表 14.2。由此可见，滑动面土体含水量明显高于两侧土体，且具有膨胀性，整个边坡土体的膨胀性随深度逐渐由中变为强。裂隙面的抗剪强度亦远小于周围土体，是膨胀土边坡中天然的弱面。

表 14.1   土体试验结果一览表

位置	含水率 ω/%	密度 ρ/(g/cm³)	自由膨胀率 ω_f/%
滑动面上部 A	18.87	1.93	67.6
滑动面 B	22.27	2.00	99.3
滑动面下部 C	16.93	2.07	91.3

表 14.2   土体强度参数推荐值

项目	黏聚力/kPa	内摩擦角/(°)
0~3m 残余剪强度	18	18
3~7m 饱和固结抗剪强度	26	16
7m 以下天然快剪强度	30	18
裂隙面抗剪强度	10	9

　　膨胀土的结构性是导致膨胀土边坡滑动的重要因素，现场探槽亦揭露出了大量裂隙，从现场揭露情况看，主要有两组影响显著的裂隙分布，一条是中后部顺渠陡倾裂隙，另一条是滑坡前部的强膨胀土裂隙，清方过程共揭露出 3 条长大裂隙，构成了该滑坡的滑动面。裂隙调查统计结果见表 14.3。

表 14-3　边坡结构面参数统计

组别	倾向/(°)	倾角/(°)	高程/m	位置	备注
渠坡	28	27			
JGM1	270	24	133.5	105+410	剪出口
JGM2	268	37	133.1	105+408	剪出口
JGM3	293	7	132.6	105+380	
JGM4	230	23	133.2	105+380	剪出口
JGM5	263	17	139.5	105+330	
JGM6	257	20	136.2	105+332	
JGM7	275	80~90	136~142		广泛分布于渠坡

　　渠道中上部发育近垂直裂隙可分为两类。一类为原生垂直节理张开所致。在边坡开挖完成后，渠坡中上部土体暴露空气，土体含水量出现较大波动，产生胀缩循环作用。此外，开挖形成临空面，土体失去侧向支撑，产生卸荷回弹，导致垂直裂隙张开并发展。现场开挖可见多条该组裂隙深切入土体 2~3m，基本穿透边坡中部第二层土，与下部强膨胀层联通，成为水分向下层缓倾结构面渗透的主要通道。图 14.10(b) 所示为现场清方过程中暴露的张开垂直裂隙，其宽度为 1~3cm，深度为 4m 以上。另一类为渠坡变形及土体失水等因素造成的次生裂隙。这类裂隙位于滑坡中部，高程 132.0~136.0m 范围表层倾角 80° ~ 90°，裂隙深度一般为 1m 左右，裂隙面较平直粗糙，基本无充填，为先存垂直节理，揭露初期处于闭合状态，一旦土体失水立即张开，并向深部发展，多终止于干湿界面。

　　边坡中下部强膨胀土裂隙。该组裂隙位于第三层土中，极其发育，多充填灰绿色、具蜡状光泽，见图 14.10(a)。充填物以亲水矿物蒙脱石、伊利石为主，且揭露出多组长大裂隙。坡脚处揭露顺坡向缓倾角裂隙长大裂隙，倾角 7° ~ 27°，裂隙面平直光滑，有镜面光泽，充填灰白色黏土矿物泥膜，呈软塑状，具有强膨胀性，构成滑坡的滑动面，清方发现靠近渠底的 JGM1、JGM2 及 JGM3 构成了本滑坡的前缘剪出口，图 14.10(c) 和 (d) 为 JGM1、JGM2 照片。

(a) JGM1特写　　　　(b) JGM2特写　　　　(c) JGM1　　　　(d) JGM2

图 14.10　结构面照片 (详见书后彩图)

14.1.4 膨胀土渠坡变形破坏过程

调查员在现场做了大量的调查了解工作，搜集了大量现场施工及地质人员口述的滑坡经过及相关照片资料。滑坡发生后的变形迹象表明，膨胀土滑坡发生过程大致可分为 3 个阶段，见图 14.11。

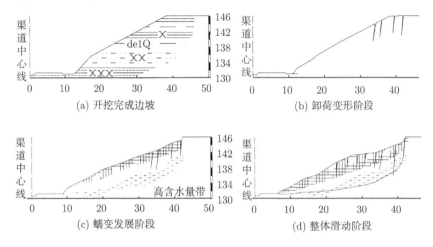

图 14.11　滑动过程示意图

卸荷变形阶段：边坡开挖施工及完成后，边坡开挖完成，土体形成临空面，下部土体失去上覆荷载作用，边坡由于卸荷作用向临空方向发生变形，导致临近坡肩处的垂直节理张开，在坡肩形成张拉裂缝。调查结果显示，多数滑坡在开挖完成后 1～2 个月，坡顶即产生张拉裂缝，裂缝大体呈弧形，径向与边坡倾向大体一致，两端向坡下延伸，近直立，张开 1～2cm，深度 20～30cm，延伸长 20～40m，见图 14.12。

图 14.12　坡顶张拉裂隙

蠕变发展阶段：边坡土体经历干湿循环，坡肩垂直裂隙向深部发展，边坡土体丧失整体性，雨水入渗，深部土体含水量增大，导致土体强度降低并产生渗透压力，构成了本层土体发生蠕变的两大因素。由于上部土体水分蒸发较快，深部水分蒸发缓慢，往往几场雨过后，表层土体水分很快蒸发，而内部土体依然保持较高含水量，产生"表硬内软"现象，表层肢解土块基础支撑减弱，向坡下发生倒伏，坡脚受挤鼓胀，同时致使后缘张拉应力加大，后缘裂隙发展变宽，边坡上部下坐。2012年 6 月底，降雨晴天交替，该段渠坡变形加剧。渠坡坡顶下错，张拉裂缝向两侧进一步发育，渠坡中上部下坐，坡度变缓，中前部 Q_2^{al-pl} 褐黄色及褐黄色夹灰绿色黏土层土体逐渐出现鼓胀。后期边坡清方在滑坡两翼变形较小处均发现张开，并充填碎土的垂直裂隙，这些裂隙深度都在 3m 以上，深切坡体。

整体滑动阶段：边坡"表硬内软"现象继续发展，在坡面以下一定深度形成高含水量带。此界面以下一定深度的高含水条带即为潜在的滑动面，也是蠕变发生的主要部位，当蠕变变形带逐渐向下发展到达坡脚软化土体时，形成连贯的滑动面，便沿坡脚顺坡缓倾夹层剪出，发生大规模的整体滑动。

2012 年 7 月初，该区出现强降雨，渠坡变形加剧，并出现明显位移，渠坡中部土体产生大范围数量众多的拉裂缝，裂缝大体顺渠道方向展布，平直或弯曲，近直立，略倾渠道，宽度为 5~30cm 不等，延伸长 10~20m。滑体坡面破碎，结构疏松，局部积水，前缘一带土体呈饱水状，剪出口多见地下水渗出。

14.2　强膨胀土渠坡滑动破坏模式

14.2.1　浅层强膨胀土 (岩) 渠坡滑动破坏模式

总体说来，强膨胀土 (岩) 边坡浅层破坏具有以下两个明显特征。

(1) 浅层性：发育深度同裂隙发育深度以及大气风化影响深度基本一致。

(2) 逐级牵引性：坡脚处首先发生局部破坏，继而沿坡面向上牵引发展，形成多层次的渐进式滑动面。

因此，在水分作用条件下，膨胀土边坡以浅层破坏为主，具体表现为浅层的冲刷、崩塌，并且在降雨过程中，坡脚处最易发生浅层塌落或形成小滑坡，进而形成临空面，造成上部土体逐渐崩塌，从而边坡滑动就表现为浅表层牵引式滑坡的形式。

14.2.2　深层强膨胀土渠坡滑动破坏模式

通过对典型滑坡采用开挖探槽、跟踪清方工作等方式，详细地考察了滑坡的内部结果，揭示了一些滑坡的特性，特别是边坡土体中裂隙及结构面的分布情况，发现滑动面在坡脚位置基本由含充填物夹层构成，上部则由广泛发育的地表垂直裂隙组成，构成了强膨胀土渠道边坡的深层滑坡模式，即同时受坡脚缓倾充填黏土矿物裂隙及地表垂直裂隙控制的滑动模式。

14.3 强膨胀土渠坡滑动机理

14.3.1 强膨胀土浅层滑坡机理

综合考虑边坡变形场特征、应力场特征与应变场特征，分析边坡在吸水膨胀变形作用下的破坏模式、最先发生破坏部位以及破坏特征及演化规律，强膨胀土浅层机理为：

(1) 从水平方向的位移变化特征分析，边坡表层在水分入渗范围内发生了较大的水平变形，坡体内部水平变形很小。随着水分的入渗，坡脚处变形量一直较小。在斜坡面上，由顶部至底部水平变形量逐渐增大，在靠近坡脚处水平变形量最大。因此，在斜坡下部靠近坡脚的地方最易发生浅层的变形破坏。

(2) 从竖直方向的位移变化特征分析，边坡表层 (包括斜坡面、坡顶与渠底) 在水分入渗范围内发生了较大的竖向变形。坡脚处竖向变形处于一直增大的状态，且增长趋势未表现出明显的减缓迹象。坡肩处竖向位移一直较大，坡面上各点竖向变形在降雨过程中相差不大，其在后期均有变形减缓的趋势。因此，边坡易发生表层破坏，斜坡坡脚处变形最不稳定，是潜在的破坏点。

(3) 从剪应力增量的角度分析，水分入渗后，边坡斜面表层剪应力增加较快，且剪应力增量仅在斜面上不断向深部发展，在靠近坡脚的位置增量最大。因此，斜坡面最不稳定，特别是斜坡靠下部位，易发生剪切破坏。

(4) 从塑性变形的角度分析，塑性区完全分布在渠底、斜坡面、坡顶表层，在坡体内部没有塑性区分布。水分入渗的初始阶段，塑性区迅速形成，随着水分入渗的逐渐深入，塑性区逐渐向土体深部开展。一段时间后，坡脚及渠底的塑性区发展较快，塑性应变显著增大，并有沿坡面向上发展的趋势。因此，边坡的破坏主要发生在边坡表层较浅深度范围内，破坏将由坡脚开始，并逐步向上发展。

14.3.2 强膨胀土深层滑坡机理

由滑坡统计资料及典型滑坡探槽开挖及现场清方揭露出的滑坡情况，可以发现，南阳强膨胀土渠道滑坡主要受边坡中上部垂直节理及坡脚缓倾充填强膨胀土裂隙共同控制，其滑坡机理如下：

(1) 边坡中上部 Q_2^{al-pl} 中膨胀土层，垂直节理广泛发育，渠坡开挖形成临空面、开挖扰动，加之膨胀土自身的超固结性，使得土体产生向外回弹，导致临近坡肩处的垂直节理张开，在坡肩形成密集分布的垂直裂缝。

(2) 坡肩裂隙张开，为土体干湿循环创造了水分运移通道，成为雨水渗入及水分蒸发的天然通道。这些裂隙的存在将土体的渗透性提升 6~7 个数量级，使得深部土体含水量随气候发生剧烈波动，土体经历干湿循环，强度发生衰减，并趋于稳定，裂隙的存在破坏了边坡的整体性，使得一定范围的土体成为一定程度上的孤立土柱或土墙。这部分土墙丧失了侧壁的摩擦强度，重量基本转移至深部土层，在变相增加边坡的下滑力的同时削弱了抗滑力。

(3) 坡肩张拉裂隙张开后，遇见强降雨，势必成为雨水的储存空间，现场开挖可见延伸深度 3m 以上此类裂隙，此类裂隙充满水后将产生很大的静水压力，对边坡的失稳起到重要作用。

(4) 中后部垂直裂隙随干湿循环及边坡蠕变的发展，继续扩张，最终会如前文所述切入底部先存充填强膨胀土缓倾长大裂隙，为水分进入充当了通道。由于上部土体水分散失较快，深部水分蒸发缓慢，水分的进入和散失存在速度差异，往往几场雨过后，表层土体水分很快蒸发，而内部土体依然保持较高含水量，产生 "表硬内软" 必然会在坡内深度 3 ~ 4m 形成高湿度带，也就形成了低强度带。上部土体支撑进一步减弱，向坡下发生倒伏，坡脚受挤鼓胀，同时致使后缘张拉应力加大，后缘裂隙发展变宽，边坡上部下坐。

边坡 "表硬内软" 现象继续发展，高含水量带逐渐向下发展，并与坡脚先存缓倾强膨胀土裂隙贯通，遇到强降雨等不利工况，即形成连贯的滑动面，便沿坡脚顺坡缓倾夹层剪出，形成前缘由充填强膨胀土缓倾裂隙，后部由深切垂直节理构成的连续滑动面，发生大规模的整体滑动。

14.4　中强膨胀土渠道滑坡机理对比分析

14.4.1　中膨胀土渠道滑坡机理

中膨胀土渠坡中各层的黏粒含量较高，黏土矿物中又以亲水性强的蒙托石含量为主，且各层均夹较多灰白色黏土条带，有的聚集成块，白色黏土对水的作用反应非常敏感。季节性的气候变化产生的渠坡中膨胀土往复湿胀干缩效应非常强烈，由于每次胀缩循环都不能恢复原位，产生胀缩残余变形，渠坡土体在原生裂隙的基础上又形成了众多风化裂隙。在多年往复湿胀干缩效应作用下，渠坡不可逆的蠕变变形逐渐增大，裂隙逐年增多、规模逐年增大，为水的渗入与蒸发创造了良好条件，促进了水在土体中的循环。水的渗入与蒸发，一方面加剧了土体的湿胀干缩效应，引起土体强度削弱；另一方面有限的淋溶进一步促使化学风化，有利于裂隙面上蒙托石的形成、聚集，加速了土体破坏。这两种因素互相叠加影响，循环往复，导致渠坡中软弱面逐渐增多，继而连续、贯通，在持续降雨时，连续软弱结构面含水量迅速增大并达到临界含水量,土体强度大幅度衰减,同时雨水快速下渗,产生动水压力,形成中膨胀土渠道滑坡。

14.4.2 中强膨胀土 (岩) 渠道滑坡机理的差异性

通过调查、模型试验和数值模拟分析,强膨胀土渠坡浅层滑坡机理与中膨胀土浅层滑坡机理是相同的,但有所差别的是强膨胀土的膨胀性比中膨胀土更强,受大气影响的深度比中膨胀土深,因而浅层滑坡的厚度比中膨胀土要厚,且在相同条件下,强膨胀土比中膨胀土更容易发生滑坡。

中膨胀土和强膨胀土深层滑坡机理也是相同的,都是受长大裂隙控制,但强膨胀土中裂隙的膨胀性比中膨胀土中裂隙的膨胀性强,吸水后产生的湿胀效应也不一样;下部强膨胀土与上部中膨胀土由于膨胀性不一致,吸水后产生不同的膨胀变形,更容易导致渠坡内部产生较大的剪应力和应力不平衡。因此,在相同条件下,强膨胀土渠坡也更容易发生深层滑坡。

第三篇　强膨胀土渠坡处理技术

第15章　强膨胀土渠坡处治技术

15.1　膨胀土渠坡处治技术的发展

边坡工程问题主要是滑坡，其与地震、火山、泥石流并称为自然界四大地质灾害，滑坡的危害仅次于地震与火山，比泥石流严重。虽然在 19 世纪以前就有对滑坡灾害的相关记录，但真正对滑坡进行研究则始于 19 世纪中叶，随着科学技术的发展，直至 20 世纪 50 年代以后对滑坡的认识有了巨大进步，在边坡处治技术方面积累了丰富的实践经验。但是随着经济的发展，人类活动范围不断扩大，对自然界的改造不断深化，不同地质条件、不同用途的工程边坡也不断涌现。膨胀土地层边坡处治技术，尤其是涉水膨胀土地层边坡的处治技术，随着我国一批跨流域长距离调水工程项目的开展，越来越受到工程和学术界的重视。

杨国录 (2006 年) 提出了膨胀土地区渠系 "防渗截流、分箱减荷" 的综合治防设计方略，该方略解决问题的方法主体是采取物理处理，通过合理有效的结构设计来解决 "水" 与 "土" 这对对立统一矛盾，解决好 "水" 诱导 "荷" 的根本问题，并通过结构设计与材料技术的综合应用来实现膨胀土地区渠系治、防并举的综合设计理念。

李青云 (2006 年) 结合南水北调中线工程的实际，重点研究了膨胀土渠坡破坏模式和破坏机理，提出了适合膨胀土渠坡的稳定分析方法；研究了不同膨胀性等级渠坡的处理措施，并通过现场试验进行了措施效果的评价，提出了各种措施的施工工艺和质量控制标准。

桂树强 (2007 年) 结合南水北调中线工程输水干渠膨胀土的工程特性，深入论证了进行渠坡柔性衬砌的必要性，并提出了系统的设计思路，重点论证膨胀土防水毯作为防渗垫层的技术可行性和优越性；对于衬砌面层，重点探讨了混凝土模袋，特别是新型带种植孔混凝土模袋的技术可行性以及使用方法。

王钊 (2007 年) 采用玻璃钢螺旋锚锚固河南省邓州市引丹灌区北干渠膨胀土渠道水面线以上渠坡的混凝土框架架梁节点和水面线以下渠坡的混凝土板，联合土工格栅、土工泡沫 (EPS) 用于修复该渠道滑坡试验段 (长 50m) 的锚杆现场拉拔试验，分析了锚固参数 (如上覆土层厚度、锚杆钻进长度以及锚固后至拉拔前的时间间隔、灌浆锚杆拉拔时锚具附近锚筋的劈裂破坏等) 对玻璃钢螺旋锚抗拔力和拉拔位移的影响，以及锚固的土类对玻璃钢螺旋锚最大拉拔力的影响，总结了玻璃钢锚筋常见破坏形式。

孔令伟等 (2007 年) 在广西南宁地区建立了缓坡、陡坡与坡面种草 3 种类型膨胀土边坡的原位监测系统，采用小型气象站、土壤含水率 TDR 系统、烘干法、温度传感器、测斜管和沉降板跟踪测试了边坡含水率、温度、变形等随气候变化的演化规律。由此认为，降雨是膨胀土边坡发生灾变的最直接的外在因素，蒸发效应是边坡灾变的重要前提条件，而风速、净辐射量、气温和相对湿度是间接影响因素；土温变化可间接反映边坡不同位置的含水率变化性状；边坡变形主要集中在表层土体，坡中变形最大，其次是坡顶，坡脚处变形最小，陡坡在大气作用下发生了渐进性破坏；草皮覆盖有利于保持边坡表层土体水分、降低坡面冲刷和径流量、抑制边坡变形，且对土温有很好的削峰填谷作用。

吴顺川等 (2008 年) 针对膨胀土吸水膨胀的特点，提出膨胀土边坡自平衡预应力锚杆加固方法。该方法结合黏结型锚杆和预应力锚杆的优点，使用预应力锚杆结构，但在锚杆施工时仅施加少量预应力或不加预应力，利用膨胀土吸水膨胀特性在边坡中形成自平衡的预应力锚杆加固体系。根据锚杆与土体变形协调关系，推导自平衡预应力锚杆初始应力计算公式，并探讨该方法的有限元计算过程。理论分析、数值计算和工程应用结果表明，自平衡预应力锚固结构在保证边坡稳定和锚固结构安全的前提下，边坡变形较小，同时经济上较为合理，对于类似工程具有广泛的推广应用价值。

蔡剑韬等 (2008 年) 以正在设计中的南水北调中线工程渠段膨胀土 (岩) 为研究对象，拟采用土工格栅加筋膨胀土开挖料处理膨胀土 (岩) 渠坡。为研究吸湿条件下土工格栅加筋的效果，基于土工格栅与压实膨胀土间相互作用的试验结果以及提出的膨胀土吸湿变形的模拟方法，对土工格栅加筋膨胀土边坡的应力与变形进行了数值分析。采用摩尔-库仑模型模拟膨胀土，线弹性模型模拟土工格栅，并采用理想弹塑性模型模拟土工格栅与压实膨胀土间的界面，研究了土工格栅与膨胀土的界面和压实膨胀土的强度参数以及土工格栅的弹性模量等因素对加筋效果的影响。研究结果表明：土工格栅与压实膨胀土间界面的强度参数对加筋效果的影响较大；而采用相同的加筋参数，填土的强度参数对坡体的水平变形影响不大；土工格栅的弹性模量越大，对边坡变形的约束作用越明显。

张家发 (2009 年) 基于饱和-非饱和渗流理论，提出了兼有排水功能的双层结构防护方案，并充分利用非饱和粗、细粒土之间渗透性随着吸力的变化可以转变的规律，从多种途径实现控制膨胀土边坡含水量变化的目标，从而保证防护方案的长期有效性。

刘斯宏 (2009 年) 提出了一种土工袋支护方法。该法能有效地抑制膨胀土的浸水膨胀变形，土工袋组合体处理膨胀土边坡，不仅具有压坡作用，提高边坡整体稳定性，而且对下层膨胀土起到有效的保护作用，阻隔了大气降雨和蒸发对下层膨胀土的影响。

殷宗泽 (2010 年) 指出，由于天气的影响，随着土体干湿的交替变化，使裂缝深度随时间而不断发展，进入坡体裂缝中的雨水还会形成渗流，这些均导致边坡稳定性降低。研究表明，膨胀土边坡易于失稳的机理是裂缝的开展。从失稳机理出发，提出了采用土工膜覆盖避免裂缝开展的膨胀土边坡加固方法。两年的现场试验及一年的工程实际应用表明，这种加固方法简便、有效。

蔡耀军 (2011 年) 结合国内外大量工程实例分析，特别是南水北调中线南阳段膨胀土试验成果，指出应针对膨胀土渠坡不同的破坏机理与地质环境条件，采取坡面防护、工程抗滑、坡顶防渗等综合治理措施以及加强观测与反馈分析，深入进行工程研究的建议。

江学辉等 (2013 年) 为提高膨胀土边坡的稳定性，采用了土袋技术加固方法：利用 FLAC3D 软件，基于强度折减法，对边坡稳定性进行分析。结果表明，未经处理的膨胀土边坡，安全系数很低，滑移量大，边坡处于失稳状态，若采用土袋技术加固膨胀土边坡，边坡整体稳定性得到较大提高，滑移量大大减小，滑弧形态由浅层滑动过渡到深层滑动，边坡处于稳定状态；考虑土袋与土袋之间的接触，与不考虑土袋之间的接触效果相比，最大水平位移明显减小，安全系数增大，处理前与处理后膨胀土边坡滑动破坏位置没有发生变化，就在坡脚附近，说明土袋技术可用于加固膨胀土边坡。

郑健龙 (2013 年) 等针对公路膨胀土路堑边坡浅层性破坏的特点，提出土工格栅加筋的柔性支护处治新技术。

膨胀土渠坡处治措施设计，根据膨胀土的工程性状，一般从防水、防风化、防反复胀缩循环和防强度衰减等角度出发。从发展过程来看，一开始大家就认识到"水"是膨胀土渠坡 (边坡) 破坏的重要诱因，"治坡先治水"这一观点已深入人心。但是，目前膨胀土渠坡的治理多是针对浅表层滑动、中、弱膨胀土低矮边坡，对于强膨胀土深挖方渠坡的治理措施研究较少。

强膨胀土深挖方边坡处治措施设计，从解决的工程问题角度划分，可以分为防治膨胀土渠坡浅表层破坏的处治措施和防治膨胀土渠坡深层滑动的处治措施。

15.2 强膨胀土渠坡浅表层破坏处治技术

强膨胀土渠坡的浅表层破坏是指因膨胀土受外部环境影响、干湿循环、土体强度降低，造成的雨淋沟、脱坡、土溜等深度不大的浅表层变形破坏。目前工程上采用的处治技术主要有：解决地表水问题的防渗截排措施和解决土体强度降低的换填保护措施。

15.2.1　防渗截排措施

自然坡体和工程边坡上形成的各种病害几乎都与水有关，尤其是强膨胀土这种对水十分敏感的地层，其边坡病害更是与水有着密切的关系，因此防渗截排措施是膨胀土边坡处治措施中不可或缺的部分。

膨胀土边坡的截排措施主要有：布置在坡顶的截流沟和挡水土埂，疏导和阻挡地表水；布置在渠坡表层的拱形骨架加植草护坡，保护坡面和疏导坡面水；布置在坡顶和坡面的导流盲沟，疏导入渗的地表水和地下水；布置在坡面土体内的排水花管，降低地下水位，减小渠坡孔隙水压力；布置在坡顶和坡面的防渗措施 (如土工膜、黏性土等)，减少地表水入渗，维持膨胀土相对稳定的干湿环境。同时还有工程边坡中常用的渗沟和截水的天沟、吊沟、侧沟、排水沟，支挡和疏导相结合的支撑渗沟、渗水井、渗水暗沟，挡墙后盲沟和排水隧洞等。

15.2.2　换填保护措施

换填保护措施是指采用非膨胀黏性土置换坡面表层强膨胀土。其作用为：一是隔离膨胀土与外部环境直接作用；二是吸收膨胀潜能；三是置换掉表层容易受大气环境影响导致强度降低的浅表层土体。换填土料一般采用环境敏感性差的黏性土或改性土。

1. 非膨胀黏性土

通过采用一定厚度的非膨胀性黏土进行换填坡体表层膨胀土，使下部膨胀土体的含水量不至于发生剧烈的变化，该法在国内外均有较广泛的应用，施工简单，容易操作，效果好。从国内外已建工程看，换填厚度一般为 1.0~1.5m。例如，印度 Purna 强膨胀土渠道换土 1.0~1.25m；南非 Zukerbosch 强膨胀土渠道换土 1.5m；河南刁南中膨胀土渠道换土 1.5m。Katti 采用具强膨胀性的黑棉土进行了换填厚度与膨胀土侧压力之间关系的研究，发现 0.6m 为一拐点，之前削减幅度较大，之后膨胀力削减幅度较小，在 2m 埋深处，削减幅度在 60% 左右，且与非膨胀土的差异不足 10%。因此处理厚度可在 0.6~1.5m 选择。

但对于大面积膨胀土分布区，非膨胀性土较为缺乏或运距较远，且渠道开挖将产生大量弃土。取土、弃土均需占用大量土地，征地移民较多，从而造成工程投资增加，且可能导致生态环境破坏。

2. 改性

1) 水泥或粉煤灰改性法

膨胀土中掺入一定数量石灰或水泥 (如矿渣、粉煤灰) 可以降低膨胀潜势，提高土体强度及水稳定性。该法在国内外渠道、公路及铁路膨胀土边坡上均有成功应用的经验, 效果较好。

根据南水北调中线南阳膨胀土试验段的经验, 弱膨胀土水泥掺量达到 2%~4%、中膨胀土掺量达到 5%~7% 以后基本成为非膨胀土 (28 天龄期自由膨胀率 40% 以下)。考虑到水泥将改性产生较大的凝聚力、胶结力, 可有效地提高改性土的强度, 但自由膨胀率不能反映这一作用, 综合考虑, 弱膨胀土现场水泥掺量不宜小于 3%, 中膨胀土现场水泥掺量不宜小于 6%。

根据南水北调中线南阳膨胀土试验段的经验, 弱膨胀土在粉煤灰掺量达 15.0% 时, 自由膨胀率降为 40% 以下; 中膨胀土在粉煤灰掺量达 40.0% 时, 自由膨胀率降为 40% 以下。

膨胀土改性后具有较高的强度, 因此改性处理厚度一般比换土厚度小。例如, 广西那板北干渠石灰土处理厚度为 0.4m, 水泥土处理厚度为 0.2m; 美国加州 Friant-kem 渠道渠坡改性处理厚度为 1.1m, 渠底改性处理厚度为 0.6m。

2) 掺砂改性法

膨胀土中掺入一定比例的砂砾料, 可以降低膨胀潜势, 提高土体强度。该法在国内膨胀土渠坡加固中有成功应用的经验。

结合南阳膨胀土试验段, 对弱、中、强膨胀土掺砂 1/3 后进行了土体的物理性试验、颗分试验、胀缩试验、力学性质试验及渗透性试验。掺砂后弱膨胀土的液限从 56% 下降到 34%, 塑性指数从 32% 下降到 16%; 中膨胀土的液限从 63% 下降到 35%, 塑性指数从 38% 下降到 17%; 强膨胀土的液限从 77% 下降到 49%, 塑性指数从 49% 下降到 28%。表明掺砂效果明显, 黏粒含量均小 30%, 按液限大于 35% 和塑性指数大于 18% 定为膨胀土的标准, 弱膨胀土、中膨胀土通过掺砂达到了改性成非膨胀土的目标, 强膨胀土则变成了弱膨胀土。

3) 纤维土法

该法是在膨胀土中加入人工合成高强度纤维, 使膨胀土体中的土块相互作用, 纤维在土体膨胀时产生拉力, 从而限制土体膨胀, 保证边坡稳定。

4) 化学改性法

在膨胀土中掺合高分子材料、粉体固化剂、化学试剂等, 可改善土质, 使土体丧失或减少膨胀潜势, 防止胀缩裂隙的产生。在工程中已经应用过的化学处理剂有电化学土壤处理剂 Condor SS、坚土酶 PZ-22X、膨胀土生态改性剂 CMA、HEC 系列高强高耐水土体固结剂及粉体固化剂 EN-1、TR、RG、TKB、SST 等。铁道部门曾在成都和南昆铁路膨胀土地区进行过改良, 从资料反映的效果来看, 随着时间的增加, 改性土体的强度逐渐提高, 土质由膨胀土转为非膨胀土, 取得了良好的改性效果。

根据南阳膨胀土试验段的试验情况, 采用 HPZT 膨胀土改性剂、活性酶和化学处理剂 Condor SS 进行室内试验, 发现当 HPZT 膨胀土改性剂在弱膨胀土中掺量为 5% 时，土体的自由膨胀率可降低至 40% 左右，在中膨胀土土体中掺量为 8% 时自由膨胀率可降低至 40% 左右，在强膨胀土中掺量为 8% 时自由膨胀率为 60%，改性效果明显。因为 HPZT 膨胀土改性剂是类水泥粉剂，价格高于同类水泥，改性效果与水泥相当。活性酶和化学处理剂 Condor SS 对膨胀土的改性效果按厂方提供的掺量比，效果不明显。

15.3　强膨胀土渠坡深层破坏处治技术

膨胀土渠坡深层破坏主要是指深层滑坡。膨胀土因其工程特性，自然边坡或人工边坡极易造成滑坡，根据滑坡形式可以分为：由于坡脚表层土体失稳引起的牵引式滑坡；由于地下水作用及开挖卸荷引起的沿结构面滑动的深层滑坡。对膨胀土深层滑动主要采用削坡减载和抗滑支挡措施。

15.3.1　削坡减载

削坡减载对于工程边坡来说主要是指合理的确定边坡的坡率，但由于膨胀土工程性质复杂，沿用常规土力学方法分析膨胀土边坡稳定性存在很多实际问题。实践证明，膨胀土边坡坡比的确定是一个比较复杂的工程地质问题。现场调查表明，无论公路、铁路或渠道膨胀土边坡坡比放缓至 1:2~1:3 时，稳定性仍较差，有的甚至放缓至 1:5~1:8，也不一定完全稳定。特别是对工程地质条件与环境地质条件比较复杂的边坡，如土体裂隙发育、地下水丰富或含有软弱夹层的边坡，边坡稳定问题更为复杂。因此，膨胀土渠坡设计目前仍以工程地质类比法为主，并辅以力学分析验算边坡稳定性。

15.3.2　抗滑支挡措施

强膨胀土边坡因开挖而产生的施工效应特别明显，挖方使原来处于稳定的强膨胀土裸露，极大地降低了浅层土体的上覆压力，坡面土体的风化和胀缩变形易引起边坡的灾变，加之强膨胀土内软弱结构面的存在，使得强膨胀土边坡比其他任何土质边坡都更易产生滑坡，因此，对强膨胀土坡面进行抗滑支挡显得特别重要。支挡结构主要应用于两方面，对于强膨胀土的开挖边坡进行预防，以便防止滑坡的发生；对于已发生滑动的边坡进行治理，使工程运行正常。关于支挡结构类型的选择，要根据剩余下滑力的计算结果和滑动面或软弱结构层的位置而定。或者说，按照地形地貌、土层结构与性质、边坡高度、滑体的大小与厚度以及受力条件和危害程度而采取相应的结构形式进行治理。支挡方法主要包括挡土墙、加筋挡土墙、土钉墙、抗滑桩、锚杆、钢筋网、喷射混凝护坡、框锚结构等方式。

第16章　强膨胀土渠坡处治技术设计

16.1　强膨胀土渠坡处治技术设计原则

(1) 强膨胀土渠坡处理设计，应综合考虑膨胀土级别、土体结构与工程特性、环境地质条件、大气影响深度等影响因素；与建筑物相关的边坡还应考虑建筑物与边坡的相互关系。

(2) 含水量变化使强膨胀土体产生湿胀干缩变形，并使土的工程性质恶化。因此，强膨胀土渠坡设计的关键是如何防水保湿，保持土体含水量相对稳定。

(3) 强膨胀土渠坡设计应充分考虑到土体强度的变化特性。在不同分带应考虑采用不同的土体力学参数进行边坡稳定计算。

(4) 强膨胀土属于超固结土，具有较大的初始水平应力。边坡开挖后，超固结应力释放产生卸荷膨胀。若边坡土体长期卸荷膨胀并风化，则强度衰减，将导致边坡破坏。

(5) 强膨胀土渠坡施工，应采取"先做排水，后开挖边坡，及时防护，必要时及时支挡"的程序原则，以防边坡土体暴露时间较长产生湿胀干缩效应及风化破坏。

(6) 所有防排水设施均应经精心设计，以使影响膨胀土渠坡稳定的地面水、地下水能顺畅排走，防止积水浸泡坡脚；所有截水沟、排水沟均应铺砌并采取防渗措施，以防冲、防渗。

(7) 渠坡最小安全系数应根据相关规范，综合考虑边坡的级别、运用条件、治理和加固费用等因素而确定。

(8) 渠坡加固措施结构设计时宜综合考虑渠坡安全系数和结构安全系数，争取做到结构安全、经济。

16.2　强膨胀土渠坡坡比拟定

由于强膨胀土工程性质复杂，沿用常规土力学方法分析膨胀土边坡稳定性存在很多实际问题。实践证明，强膨胀土边坡坡比的确定是一个比较复杂的工程地质问题。现场调查表明，无论公路、铁路或渠道膨胀土边坡放缓至 1:2～1:3 时，仍会发生失稳，有的甚至放缓至 1:5～1:8，也不一定完全稳定。特别是对工程地质条件与环境地质条件比较复杂的边坡，如土体裂隙发育、地下水丰富或含有软弱夹层的边坡,边坡稳定问题更为复杂。因此,强膨胀土渠坡设计目前仍以工程地质类比法为主,并辅以力学分析验算边坡稳定性。

1. 坡比拟定方法

(1) 工程地质类比法:以同类强膨胀土边坡在相同或相似工程地质、水文地质及环境地质条件下的稳定性为参照,对比拟设计强膨胀土渠坡的上述条件,参照稳定程度最佳的边坡进行设计的一种方法。

膨胀土渠坡设计应首先按膨胀土胀缩特性加以区分,然后再根据边坡高度确定其不同的边坡坡比。由此提出的边坡设计参数只能作为基本参考值,在具体设计时还应结合必要的边坡防护与加固措施予以综合考虑,方能保证边坡的稳定。

(2) 力学分析验算法:膨胀土边坡稳定性力学分析至今仍是一个正在研究的课题,目前各种力学分析与计算方法还不够完善,尚无成熟的理论与方法。在进行边坡稳定性分析和力学计算时,应当考虑以下几个重要问题。

①膨胀土边坡变形破坏的类型较多,但剥落、冲蚀、泥流以及溜塌均属于边坡表层变形破坏,一般不涉及边坡的整体稳定性,只需加强相应的边坡防护措施,即可防止此类病害的发生,故一般不作为边坡设计的依据。

②膨胀土边坡变形破坏类型中,影响边坡稳定性的主要是滑坡。调查表明,滑坡的破裂面形状主要受膨胀土土体结构面控制,后壁受陡倾角近垂直裂隙影响,呈陡直状。浅层滑坡一般会最大程度地迁就追踪土体中已经存在的缓倾角结构面,当结构面不完全贯通时,如果滑动力足够,会在结构面之间的土体中逐步形成厚度为 $2\sim5cm$ 的剪切带,一旦滑动面形成,便会持续而缓慢地向坡下蠕动变形。

③膨胀土边坡稳定性大多与土体的各种界面密切相关,如不同性质土层界面、软弱夹层界面等。因此,在边坡稳定性分析中应充分考虑各种界面效应的作用。

④膨胀土渠坡开挖过程中,处于超固结状态的膨胀土因应力释放而产生卸荷变形,表层土体有一个松弛过程,同时土中裂隙也会有所发展和张开,既利于土体失水,也利于雨水下渗,这是膨胀土强度可能发生衰减的一个重要环节。若开挖坡面得不到及时保护,雨水渗入将导致土体吸水膨胀,在坡内产生较大的膨胀力,加速结构面的贯通,对渠坡的稳定产生不利影响,设计中应予以高度重视。根据监测数据显示,明显的开挖卸荷影响深度可以达到 5m 左右。卸荷是不可避免的,卸荷作用对坡体稳定性的影响程度与开挖坡比有一定关系。后期的坡面保护对防止坡体性状的进一步恶化则是至关重要的。

⑤由膨胀土滑坡的形成机理可知,潜在滑动面的强度可能出现多种情形。例如,若滑动面完全追踪裂隙面时,可采用裂隙面的 c、ϕ 值作为确定型滑坡的稳定分析依据;若滑动面没有天然的裂隙面可迁就时,可选用土体在天然含水量条件下的直剪 c、ϕ 值;若滑动面只能部分追踪裂隙面时,潜在滑动面的强度就取决

于裂隙面所占比例以及裂隙面和土体的强度。若裂隙面所占比例足够、土体中的剪应力足以使裂隙面之间的"土桥"发生逐步剪切破坏时,滑动面强度仍主要取决于裂隙面强度;若土体中的剪应力不足以使裂隙面之间的"土桥"发生剪切破坏时,潜在滑动面强度为裂隙面和土体强度的综合。曾开挖过一个深 2~3m、宽 1m 的探槽,研究滑动面的形态和物理力学性质,发现"土桥"被剪切破坏后呈疏松状,含水量高达 26% 左右,具有明显的剪胀特征,强度类似松散土饱和快剪强度。

⑥强膨胀土边坡的地下水一般属于上层滞水,计算边坡稳定时应按上层滞水的特点进行考虑。

2. 坡比拟定思路

强膨胀土边坡坡比取决于土体的综合强度,土体的综合强度不仅取决于土体强度和结构面强度,还取决于土体膨胀性、结构面发育密度、结构面产状、赋水情况、开挖施工程序、坡面保护措施的及时性和有效性等。当土体中分布长大的倾向坡外或近水平的软弱结构面时,一般会在开挖期发生滑坡,这是膨胀土固有的特点,是不可回避的,因此坡比设计不能因为可能存在局部滑坡就要把整个渠段放缓边坡。强膨胀土边坡坡比选择应当在土体卸荷松弛与工程措施保护之间寻找一个平衡点,即在合适的坡比下,通过正常的施工组织程序以及后续的保护加固措施,能够阻止坡内膨胀土性状进一步发生恶化。此外,坡比设计首先要满足结构设计的需要。

采用力学分析验算法拟定膨胀土渠坡坡比时,先根据土体力学参数,采用常规方法分析渠坡的整体稳定性;再在按常规方法分析渠坡整体稳定性满足要求的条件下,根据渠坡膨胀土的特性、渠坡裂隙分布特点结合渠坡加固处理措施等,分析膨胀土深层和浅层破坏模式的稳定性,最终确定综合坡比。综合南水北调中线强膨胀土渠道的情况,强膨胀土渠道坡比建议值见表 16.1,当按表中的建议值确定的坡比不能满足强膨胀土渠坡稳定性要求时,另外增设专门的加固支挡措施。

表 16.1 膨胀土渠坡设计坡比建议值

膨胀性	边坡总高度/m	建议坡比	各级边坡高度
强	< 5	1:2.0	除过水断面由输水流量确定外,各级边坡高度不宜大于 6m
	5~10	1:2.25~1:3.5	
	10~20	1:2.5~1:3.5	
	≥ 20	1:2.75~1:3.5	

16.3　强膨胀土渠坡渗控与截排水设计

16.3.1　设计原则

1. 渗控设计原则

通过对南水北调中线总干渠陶岔渠首至鲁山南段膨胀土渠道地层统计来看,强膨胀土渠道的地层结构较为单一,主要为第四系中更新统 (Q$_2$) 黏土、粉质黏土、下更新统 (Q$_1$) 粉质黏土、黏土,部分渠段 Q$_3$ 地层粉质黏土、黏土,均为弱透水层,强透水和弱透水层交互混合在一起的结构极少见。对地下水的赋存空间、地下水渗流等进行了连续跟踪与研究,表明膨胀土中的自由水多赋存于土体的孔洞中,如图 16.1 所示,部分裂隙也是其储水空间,属于孔隙-裂隙水。膨胀土渠道地下水补给主要来源于大气降水,地下水在强膨胀土体中运移也主要是沿裂隙、结构面及孔洞。

强膨胀土膨胀性强,对水的敏感性高,吸水膨胀失水收缩,反复胀缩导致土体强度降低,影响渠坡稳定。边坡稳定与孔隙水压力及土体强度有密切的关系,渠道主要目的是输水,渠坡不仅受地下水的影响,还要受渠道内水的影响,地下水位抬升,渠内水渗漏,均会引起渠坡空隙水压力上升;尤其是当渠道水位快速下降时,孔隙水压力由于渠道防渗结构的限制,不能与渠道内水同步下降,或者在雨后地下水位高于渠道内水后,由于渠道防渗结构的限制,地下水不能及时排泄,均会影响渠坡稳定。

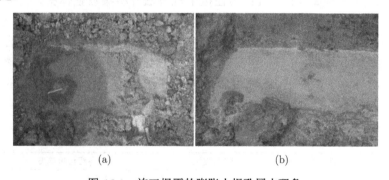

(a)　　　　　　　　　　　　　　　　　　(b)

图 16.1　施工揭露的膨胀土根孔冒水现象

为保护强膨胀土,一般设置非膨胀黏性土换填层;为防止渠水外渗,需设置防渗层;为降低渠道糙率,一般采用混凝土衬砌;非膨胀黏性土换填层、防渗层和混凝土衬砌的渗透系数均较小,因此地下水位抬升,将会带来非膨胀黏性土换填层、防渗层和混凝土衬砌的抗浮稳定问题。

综上分析,强膨胀土渠坡渗控措施的设计应包括两部分,一是防渗,二是排水;防渗要保证强膨胀土稳定的水环境和防止渠水外泄,排水要控制孔隙水压力。

2. 截排设计原则

强膨胀土截排设计的原则是:因地制宜,因势利导,以排为主,以截为辅,兼顾环境。地表水排水系统的布置以结合地形地貌及周边已有沟渠布置,根据当地材料采用合适的结构形式,以疏导为主,辅助必要的截流措施,通过计算或工程类比确定好坡顶排水沟距坡肩的距离,如有必要,排水沟应做好防渗措施,切不可使排水沟成为影响强膨胀土稳定的渗流补给水源。

16.3.2 强膨胀土渠道过水断面渗控设计

1. 强膨胀土渠道地下水类型

根据强膨胀土渠道所在区域常年地下水位与相应渠道设计水位的相对位置关系,强膨胀土渠道地下水分为以下 3 类:

A 类:常年地下水位高于渠道设计水位。

B 类:常年地下水位低于渠道设计水位,高于渠道底板高程。

C 类:常年地下水位低于渠道底板高程。

2. 强膨胀土渠坡防渗和排水措施

目前渠道常用的防渗结构形式主要有:土料防渗结构 (包括黏性土、黏砂混合土、灰土、三合土、四合土等),水泥土 (包括干硬性水泥土和塑性水泥土),石料 (包括干砌卵石、浆砌块石、浆砌卵石、浆砌料石、浆砌石板等),埋铺式膜料 (包括聚乙烯膜、聚氯乙烯膜等),沥青混凝土,混凝土等。《渠道防渗工程技术规范》(SL18-2004) 规定在强膨胀土或裂隙多的中膨胀土上的输水渠道,其迎水面和堤顶 (或戗台) 宜用石灰掺量为 4%~8% 的灰土压实处理,其厚度为 20~30cm,干密度不小于 $1.55g/cm^3$。

根据南阳市当地气候、地形、土质、地下水等自然条件,南水北调中线总干渠的结构形式、输水方式、防渗标准、耐久性等工程要求,以及工程所在地的土地利用、材料来源、劳力、能源及机械设备供应情况等社会经济和生态环境因素,南水北调中线总干渠南阳段强膨胀土渠道的防渗结构为:复合土工膜及其上面的衬砌面板和水泥改性土换填层。

排水措施按照排水的目的和作用可以分为:一类是设置在强膨胀土渠基部分的排水设施,作用为保证水泥改性土换填层的抗浮稳定,称为 I 类排水设施;另一类是设置在水泥改性土换填层上的排水设施,作用为保证土工膜和衬砌板的抗浮稳定,称为 II 类排水设施。

强膨胀土渠道根据常年地下水位的情况,防渗和排水结构形式也不同。根据研究成果,强膨胀土渠道防渗和排水结构形式可按以下类型进行选择。

1) 地下水位常年高于渠道设计水位

因地下水位常年高于渠道设计水位,不存在渠水外渗的情况,故不需要设置严格的防渗措施,保护强膨胀土的水泥改性土换填层兼做防渗层,保证强膨胀土稳定的水环境。排水措施采用Ⅰ类排水设施排泄地下水,保证水泥改性土换填层的抗浮稳定和降低孔隙水压力;采用Ⅱ类排水措施,当渠道水位下降时,保证衬砌板的抗浮稳定。

2) 常年地下水位低于渠道设计水位,高于渠道底板高程

因地下水位常年低于渠道设计水位,但高于渠道底板高程,渠坡存在渠水外渗的情况,故需要设置严格的防渗措施,在保护强膨胀土的水泥改性土换填层表层铺设复合土工膜防渗。为形成闭合的防渗措施,渠坡、渠底均铺设复合土工膜。排水措施采用Ⅰ类排水设施排泄地下水,保证水泥改性土换填层的抗浮稳定和降低孔隙水压力;复合土工膜下设置Ⅱ类排水措施,当渠道水位下降时保证复合土工膜和衬砌板的抗浮稳定。

3) 常年地下水位低于渠道底板高程

因地下水位常年低于渠道底板高程,渠坡存在渠水外渗的情况,故需要设置严格的防渗措施,在保护强膨胀土的水泥改性土换填层顶面铺设复合土工膜防渗,保证强膨胀土稳定的水环境,并防止渠水外渗。排水措施采用复合土工膜下设置Ⅱ类排水措施,当渠道水位下降时,保证复合土工膜和衬砌板的抗浮稳定。

3. 强膨胀土渠坡渗控结构设计

1) 衬砌面板

A. 衬砌面板材料

衬砌面板的主要作用:首先是保护复合土工膜和减少沿程水头损失,其次起辅助防渗作用。为便于机械化施工,衬砌面板一般采用现浇混凝土。渠道衬砌采用的混凝土标号应根据当地气候及地质条件确定,应具有一定的强度、较好的抗渗性、抗冻性。混凝土强度标号不应低于 C10,通常采用 C10~C20;抗渗标号可采用 W6;抗冻标号可根据渠道所处气候类型选择,严寒地区不低于 F200,寒冷地区不低于 F150,温和地区不低于 F50。

大型渠道所用的混凝土,其胶凝材料的最小用量应根据试验或经验确定,一般认为不宜少于 $225kg/m^3$,严寒地区不宜少于 $275kg/m^3$。胶凝材料尽量采用硅酸盐水泥,当混凝土有抗冻要求时,应优先选用普通硅酸盐水泥。

为了改善混凝土的性能,可加入适量外加剂,其掺法及掺量通过试验确定。混凝土所用的砂、石料,要求质地坚硬、洁净、不含杂质。

混凝土的水胶比是砂石料在饱和状态下的单位用水量与胶凝材料的比值,一

般情况下，在严寒地区不应大于 0.50，在寒冷地区不应大于 0.55，在温和地区不应大于 0.60。

拌制混凝土用的水，不含杂质，不含对混凝土有侵蚀性的物质。

B. 衬砌面板结构形式及尺寸

混凝土衬砌目前采用的结构形式有板形、槽形和管形等。大型混凝土衬砌渠道的断面型式一般为梯形，其衬砌结构型式多采用板型。板型结构根据其截面形状不同又可分为矩形板、楔形板、肋梁板、中部加厚板等。

矩形板亦称为等厚板，因其便于施工，质量易控制，在无特殊地基问题地区的渠道衬砌多采用此型式。对于寒冷及严寒地区，为了防止衬砌板冻胀破坏，可考虑采用楔形板、肋梁板、中部加厚板等形式。

衬砌板的厚度及尺寸与基础、气温及施工条件、渠道大小及重要性等有关。《渠道防渗工程技术规范》规定：渠道流速小于 3m/s 时，大型梯形渠道混凝土等厚板的最小厚度，温和地区不小于 8cm，寒冷地区不小于 10cm。南水北调中线一期工程总干渠渠道设计流量为 60~350m³/s，流速为 1.1~1.2m/s，采用梯形断面混凝土等厚板衬砌，考虑渠底衬砌混凝土浇筑条件和稳定性比渠坡好，因此土质渠道衬砌板的厚度采用渠底 8cm，渠坡 10cm；岩质渠段根据混凝土施工条件而定，滑模混凝土衬砌厚度为 15cm，模筑混凝土衬砌厚度为 20~25cm。

为防止衬砌板因温度变化、混凝土本身收缩引起的裂缝，需布置适当间距的纵、横向伸缩缝。伸缩缝间距应根据渠基情况、施工方式来选择，同时还应满足衬砌板抗裂要求。南水北调中线一期工程总干渠土质渠道衬砌板纵、横向伸缩缝间距一般不大于 4m，纵向伸缩缝在断面上尽量对称布置。石质渠道衬砌板厚度较大，纵、横向伸缩缝间距可适当加大，一般为 5~6m。在土、石渠段分界处增设伸缩缝。

渠道混凝土衬砌的伸缩缝形式常见的有矩形缝、梯形缝、槽形缝等。对于大型渠道，混凝土衬砌板一般采用机械施工，分缝采用切缝机切制。多采用矩形缝，缝宽 1~3cm，例如，南水北调中线一期工程总干渠渠道混凝土衬砌板伸缩缝采用矩形缝，缝宽 1cm。

伸缩缝填料性能的好坏是决定混凝土衬砌防渗效果和寿命的重要因素。填缝材料应具有耐热性、良好的抗冻性和伸缩性、与混凝土良好的黏结力以及良好的耐久性。填缝材料分沥青砂浆、焦油塑料胶泥、聚硫密封胶、高分子止水带等。南水北调中线一期工程渠道伸缩缝填缝材料临水侧采用 2cm 聚硫密封胶，下部采用聚乙烯闭孔泡沫塑料板，如图 16.2 所示。

为避免雨水冲刷掏空渠坡，导致混凝土衬砌板破坏，在边坡混凝土衬砌板顶部设置水平封顶板。封顶板宽度一般为 15~30cm，厚度与边坡混凝土衬砌板厚度相同，与边坡衬砌现浇为一体，但与路缘石分离，见图 16.3。

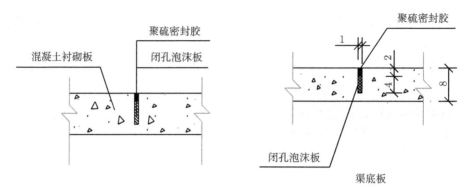

图 16.2　混凝土衬砌板填缝结构图

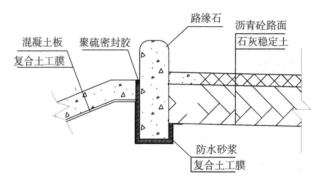

图 16.3　衬砌封顶板结构图

为方便渠道检修,沿渠道每隔 1000m 设置上下渠梯道,左右岸相错 500m。梯道从挖方渠道的一级马道或填方渠道的堤顶开始,顺坡向下布置至渠底。梯道宽 1m,梯道两侧设置宽为 0.25m 的侧板,梯道底板厚 0.1m,每级踏步高度为 0.2m,踏步宽度可根据渠道边坡系数确定。

C. 衬砌面板结构计算

a. 稳定性分析

混凝土衬砌板稳定分析包括抗滑稳定和抗浮稳定两部分。抗滑稳定主要分析混凝土衬砌板与各种材料之间、各种材料与渠基土之间的抗滑稳定;抗浮稳定主要分析地下水扬压力作用下混凝土衬砌板的稳定性。

(1) 计算条件。

①荷载。作用在混凝土衬砌板上的荷载包括自重、水压力及扬压力。

②计算工况。

正常情况

工况一:渠道正常运行,对于挖方渠段,渠内设计水深 (或加大水深),渠外地下水稳定渗流;对于填方渠段,渠内设计水深 (或加大水深),渠外无水。

工况二：渠道施工期，渠内无水，渠外采用施工期地下水位。

非常情况

工况一：渠内水位由设计水位骤降 0.3m。

工况二：检修工况，渠内无水，渠外地下水稳定渗流。

③安全系数。抗滑稳定安全系数 K_c 根据渠道的级别按照相关规范确定，以南水北调中线工程为例，正常情况不小于 1.3，非常情况不小于 1.2；抗浮稳定安全系数 K_f，正常情况不小于 1.1，非常情况不小于 1.05。

(2) 抗滑稳定计算。

抗滑稳定按以下公式计算

$$K_c = \frac{f \sum G}{\sum H} \tag{16.1}$$

式中，K_c 为沿衬砌板基底面的抗滑稳定安全系数；f 为结构层材料之间的摩擦系数；$\sum H$ 为作用在衬砌板上的全部切向力之和 (kN)；$\sum G$ 为作用在衬砌板上的全部法向力之和 (kN)。

其计算简图如图 16.4 所示。

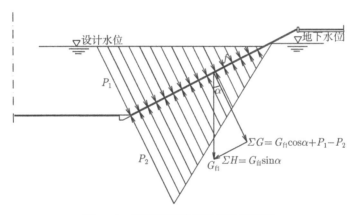

图 16.4　渠道衬砌抗滑稳定计算简图

若衬砌板内外水位一致，水压力相抵，混凝土板的下滑力及摩阻力均由混凝土板自重产生。当渠水位骤降时，渠坡地下水位来不及下降，外水压力大于内水压力，混凝土板的下滑力及摩阻力由混凝土自重减去内外水压力的差值产生。在进行抗滑稳定分析时，不同结构层 (衬砌面板、防渗材料、保温板、砂砾料、渠基土) 之间的摩擦系数应按相关试验结果选取。

若不能满足抗滑稳定要求，可根据情况采取一定的抗滑措施，例如在渠道坡脚设置抗滑齿墙，平衡衬砌板的剩余下滑力。复合土工膜、保温板、渠基土之间的相对滑动，可通过对复合土工膜表层的土工布、保温板加糙，增大摩擦系数，提高结构层材料之间的抗滑稳定性，或采用合成高分子自粘防水卷材，使防渗与保温两种材料粘合在一起，克服上述问题。

(3) 抗浮稳定计算。

抗浮稳定按以下公式计算：

$$K_f = \frac{\sum V}{\sum U} \tag{16.2}$$

式中，K_f 为抗浮稳定安全系数；$\sum V$ 为板自重在法线上的分量 (kN)；$\sum U$ 为作用在衬砌板上的内、外水压力差 (kN)。

其计算简图如图 16.5 所示。

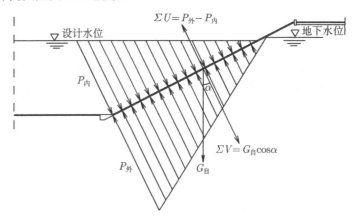

图 16.5　渠道衬砌抗浮稳定计算简图

根据抗浮稳定要求的安全系数，推算渠内、外水位差的最大值，确定渠基排水设施。根据最大限值与渗流场计算的扬压力水头，确定混凝土衬砌板的抗浮稳定性。

b. 结构分析

衬砌板强度复核主要是抗裂验算。计算模型采用半无限弹性地基上的弹性地基梁，地基梁的长度、宽度和梁高分别为渠道衬砌板的纵、横向宽度和衬砌厚度。

计算方法先采用结构有限元方法，利用 ANSYA 有限元分析软件进行衬砌板的内力计算，再利用受弯构件的抗裂公式进行衬砌板的抗裂安全验算。受弯构件抗裂验算公式按《水工混凝土结构设计规范》(SL191–2008) 选用：

$$M_k \leqslant \gamma_m \alpha_{ct} f_{tk} W_0 \tag{16.3}$$

式中，M_k 为按荷载标准值计算的弯矩值 (N·mm)；α_{ct} 为混凝土拉应力限制系数，对荷载效应的标准组合，可取 0.85；f_{tk} 为混凝土轴心抗拉强度标准值 (N/mm²)；γ_m 为截面抵抗弯矩塑性系数；W_0 为换算截面受拉边缘的弹性抵抗。

4. 防渗复合土工膜

复合土工膜防渗设计包括土工膜的厚度计算和土工膜防渗体稳定分析。

1) 土工膜厚度计算

A. 曲线交汇法

如果可以预计膜下地基可能产生的裂缝宽度，则可根据《水利水电工程土工合成材料应用技术规范》(SL/T225–98) 规范采用曲线交汇法计算防渗土工膜的厚度。计算步骤如下：

(1) 假定膜下地基裂缝宽度为 b_1、b_2，根据式 (16.4) 分别计算土工膜不同单宽应力下对应的应变，并分别绘制土工膜应力–应变关系曲线。

$$T = 0.204 \frac{pb}{\sqrt{\varepsilon}} \tag{16.4}$$

式中，T 为单宽土工膜所受拉力，kN/mm；p 为膜上作用水压力，kPa；b 为预计膜下地基可能产生的裂缝宽度，m；ε 为膜的拉应变，%。

(2) 初选土工膜，并在土工膜应力–应变关系曲线中绘出选用土工膜的单宽拉力–应变曲线，求出交点 $A(T_1, \varepsilon_1)$ 和 $B(T_2, \varepsilon_2)$。

(3) 如果选用的土工膜的极限抗拉强度为 T_f，相应应变为 ε_f，则拉力与应变的安全系数分别按照式 (16.5)、式 (16.6) 计算。

$$F_s = \frac{T_f}{T} \tag{16.5}$$

$$F_s = \frac{\varepsilon_f}{\varepsilon} \tag{16.6}$$

(4) 查看计算的安全系数是否满足规范要求，如果不满足规范要求 (F_s=4~5)，则重新选定土工膜，重复 (2)、(3) 步，直至计算的安全系数满足规范要求。

B. 有限元法

采用曲线交汇法需预计膜下地基开裂的宽度，且该法未考虑渠道通水后及膨胀土变形对复合土工膜应力–应变的影响；另外，考虑到实际施工情况，复合土工膜是在水泥改性土换填完成后再进行铺设，铺设时不要求将其绷紧，应预留一定的松弛度，这是可不考虑复合土工膜的抗拉作用。采用有限元法，计算渠道过水断面坡面表层单元应变 ε 作为复合土工膜的工作应变 ε_g，然后从初选的土工膜拉伸曲线上查得对应的拉力，即为工作拉力 T_g。根据公式计算安全系数，若安全系数不满足规范要求，则重新选定土工膜。

2) 土工膜防渗体的稳定分析

根据《水利水电工程土工合成材料应用技术规范》(SL/T225–98) 中土工膜防渗体的稳定分析计算，实际上是对土工膜上方的防护层的稳定进行分析，对于渠道工程来说，即对复合土工膜上的衬砌板的稳定进行分析。因此，当按照衬砌板的抗滑稳定分析计算公式 (式 (16.1)) 时，结构层间材料的摩擦系数 f 取值为衬砌面板与土工膜之间的摩擦系数，进行计算，且满足规范要求即可。

5. 膜下排水设施

膜下排水设施的作用有两部分，一是排泄地下水，二是排泄透过膜的渠水。因此，根据其作用分为两类，一类是设置在强膨胀土渠基部分的排水设施，作用为保证水泥改性土换填层的抗浮稳定，称为 I 类排水设施；另一类是设置在水泥改性土换填层上的排水设施，作用为保证土工膜和衬砌板的抗浮稳定，称为 II 类。

1) I 类排水设施

I 类排水设施的作用为排泄地下水，保证渠道换填层的稳定；主要布置在水泥改性土换填层下的强膨胀土基面；排水方案以自流外排为主，必要时设置强排井；结构形式主要有排水盲沟、排水孔和排水井。

A. 排水盲沟

强膨胀土渠道渠坡开挖后，坡面和渠底有渗水时，应在渗水范围内布置排水盲沟；强膨胀土坡面及渠底存在长大裂隙面、层间结合面等长大结构面以及裂隙密集带，无论开挖时有无渗水，均应在长大结构面和裂隙密集带的底层高程处布设排水盲沟，如图 16.6 所示。

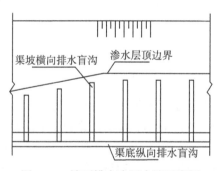

图 16.6　坡面排水沟网布置示意图

a. 布置形式

排水盲沟可根据渗水范围，采用纵、横直沟布置、Y 形等布置形式，将坡面渗水引至渠底排泄，将渠底渗水汇集以后统一排泄。

渠坡上布设的盲沟顶高程宜不高于一级马道高程以下 1.5m，亦不高于渗水地层顶板，排水沟间距 4~12m，具体根据渗水情况确定。坡面存在长大结构面和裂隙密集带的，排水盲沟纵向沿长大结构面和裂隙密集带底板高程、横向顺渠坡双向布置，具体布置要求如下：

(1) 纵向排水盲沟宜沿透水层底板出露线布置，盲沟底板宜位于渗水层出露线下方 10~30cm，盲沟内填料应直接与渗水地基连通；当渠坡揭露多个渗水地层时，宜在每个渗水层底板下方设置一条纵向排水盲沟。

(2) 横向盲沟位置根据纵向排水沟的排水条件确定，横向排水盲沟顶端宜在纵向排水盲沟较低处并与纵向排水盲沟连通，底端与渠底脚槽附近的纵向排水通道连通。

(3) 横向排水盲沟间距宜根据第 (2) 款要求确定，当间距小于 4m 时，可结合纵向排水盲沟适当调整，当间距大于 12m 时，宜按 12m 布置。

(4) 渠坡上布置有多条纵向排水盲沟时，每条纵向排水盲沟较低处宜设置横向排水盲沟，将水导入渠底脚槽附近的纵向排水通道；坡面高程较高处纵向排水盲沟较低处设置的横向排水盲沟与其他纵向排水盲沟较低处相交时可串通，否则宜采取措施防止水串流。

(5) 当渠道混凝土衬砌采用人工浇筑时，可直接在纵向排水盲沟较低处埋设排水管穿过换填层、复合土工膜、混凝土衬砌板，并在管口处安装逆止阀。

渠底存在渗水或分布有长大结构面和裂隙密集带时，若渠道复合土工膜下方设有保护膨胀土的换填层，其换填层下排水盲沟按照如下要求布置：

(1) 宜在渠底两侧脚槽和中心线附近，平行渠道轴线方向布置三条排水盲沟；当地下水较丰富且地下水位较高时，宜在三条纵向排水盲沟之间增设辅助排水盲沟，排水盲沟内宜埋设透水软管；

(2) 渠道底板以下有涵管穿过渠道时，在穿渠建筑物外边缘轮廓线以外 1.5 倍穿渠管涵结构高度 (或基坑开挖边线) 范围内纵向排水盲沟宜截断，并通过加密逆止阀等措施提高衬砌板抗浮稳定性。

(3) 纵向排水盲沟之间宜采用横向排水盲沟连通，横向排水盲沟沿渠道纵向间距宜为 20~30m。

b. 结构尺寸

排水盲沟的结构尺寸根据地下水的渗流量和渗透系数确定，因强膨胀土渗透系数一般较小，渗水主要为上层滞水，盲沟沟底宽度可为 0.4~0.6m，深度为 0.5~0.8m。为便于施工，盲沟一般采用梯形断面，坡比一般为 1:0.5~1:0.75。

c. 盲沟内填料

排水盲沟填料颗粒级配应满足盲沟地基反滤要求，当排水盲沟断面短边 (厚度或宽度) 尺寸小于 10cm 时宜采用粗砂，大于 20cm 时可采用砂砾石或级配碎石。

B. 排水孔

排水孔设置于强膨胀土挖方渠道一级马道以上的坡面，可以单独使用，也可以与排水盲沟组合使用。如果在渠坡开挖后，水泥改性土换填施工前，即发现渠坡有渗水或裂隙密集带、长大结构面，推荐首先设置排水盲沟，再通过排水孔穿透水泥改性土换填层，将水引至坡面；若水泥改性土换填层施工完成后才发现坡面有渗水，可以在坡面设置排水孔，排水孔应穿透水泥改性土，入渠道基面的深度不小于1m。排水孔内插入 PVC 排水管，排水管伸入排水盲沟或渠道基面内的部分设置成花管，与水泥改性土接触的部分为实管，实管外壁和水泥改性土之间应采用措施进行封堵，防止水流从两者之间流出，带来渗透破坏隐患，排水管内填充反滤料。

C. 集水井

当地下水不能自流外排或不能通过逆止阀排入渠道时，可采用集水井抽排方案。该方案主要由垫层、纵向集水管、集水井、斜井、移动式潜水泵组成。纵向集水管布置在渠底，材料为透水软管；集水井沿纵向集水管间隔设置，为钢筋混凝土结构，斜井管与集水井相连，通向一级马道表层，潜水泵可沿斜井管滑入集水井抽排积水。布置示意图见图 16.7。

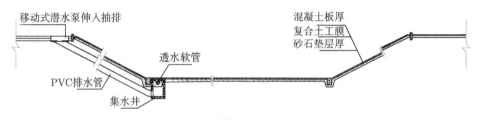

图 16.7　移动泵抽排方案布置图 (单位: mm)

若地下水位较高，为了使排水措施更安全可靠，在渠道一级马道外侧设置集水井，通过自动泵将地下水排出 (图 16.8)。本方案需要具备可靠的电源、抽水机具和自动控制设备，建设费、运行费高，可靠性还受电源可靠性的限制。

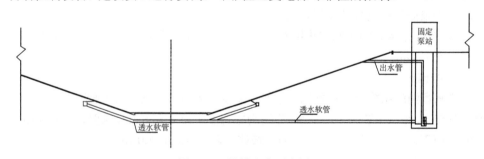

图 16.8　抽排方案示意图

当渠底分布有渗水层，并经复核在渠道运行及检修期间，保护膨胀土的换填层不满足抗浮稳定要求时，需要穿过换填层设置排水减压井 (管)，降低换填层的扬压力。排水减压井 (管) 的设计方案如下。

(1) 当渠底换填层下方设有排水盲沟时，按以下要求布置排水减压井 (管)：

①排水减压井 (管) 下端与排水盲沟连通布置；

②减压井 (管) 位置宜布置在纵横向排水盲沟交叉处，或沿纵向排水盲沟按

15~20m 间距布置;

③减压管宜采用 PVC 管, 减压井内宜布置 PVC 连通管; 减压管或连通管下端直接与排水盲沟内的透水软管相通, 上部直接连接承插式球形逆止阀。

(2) 当渠底换填层下方透水层中未设排水盲沟时, 排水减压井 (管) 应插入透水层, 减压管宜采用 PVC 管, 减压井里宜布置 PVC 连通管; 减压井 (管) 间距宜为 10~15m, 插入渗水层深度减压井宜不小于 4m, 减压管宜不小于 2m; 减压管或连通管上部直接连接承插式球形逆止阀。

(3) 排水减压井 (管) 穿过渠道防渗复合土工膜下方的换填层时, 井周或管周应采取封堵措施, 防止承压水沿减压井 (管) 外壁面直接作用于复合土工膜。

2) II 类排水设施

II 类排水设施的作用为排泄衬砌板及复合土工膜底下的渗水, 当渠道水位降低时, 保证渠道防渗土工膜和衬砌板的稳定; 主要布置在防渗复合土工膜 (衬砌板) 下的水泥改性土换填层顶面; 排泄形式为自流; 结构形式主要有坡面的塑料排水盲沟和渠底的排水粗砂垫层。

由于在渠坡上铺设中粗砂或砂砾石垫层施工较困难, 砂砾料垫层的材料质量及施工质量控制难以保证, 坡面排水推荐采用塑料排水盲沟 (排水板)。塑料排水盲沟顺渠向排水板为人字形, 厚 3cm, 宽 20cm, 间距 2m, 衬砌纵向缝与人字形排水板顶端对齐; 衬砌横向缝下设置直线形排水板, 板厚 4cm, 宽 20cm。挖方及填筑高度小于 1.5m 的半挖半填渠段, 排水板 (直线形及人字形) 顶高程为一级马道或渠顶高程以下 1.5m; 填筑高度大于 1.5m 的半挖半填渠段, 只在非填筑的渠坡上铺筑排水板。具体布置见图 16.9。渠底仍采用粗砂垫层。

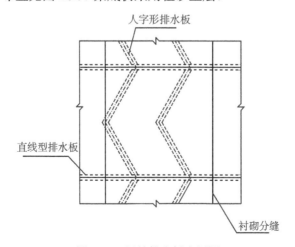

图 16.9 渠坡排水板布置图

6. 排泄出口设计

上面介绍的过水断面排水结构,最终将水汇集至渠底,水汇集到渠底后如何排出需要认真设计。

复合土工膜 (衬砌板) 下排水设施主要是排泄渠道渗水,复合土工膜 (衬砌板) 与水泥改性土换填层之间的空隙较小,储水量有限,排水量不大;然而,水泥改性土换填层下面的排水设施主要是排泄地下水,地下水的排泄量受外部环境影响较大,可变因素多,因此两部分水的排泄出口宜分开布置。

1) Ⅰ类排水设施排泄出口设计

Ⅰ类排水设施将水汇集至渠底集水井后,通过逆止阀将水排至渠道内。集水井内设置滤管,滤管可采用 PVC 花管外包滤网或采用无砂混凝土滤管,如图 16.10 所示。集水井的布置要点如下:

(1) 集水井 (管) 下端与排水盲沟连通布置。

(2) 集水井 (管) 位置宜布置在纵、横向排水盲沟交叉处,或沿纵向排水盲沟按 15~20m 间距布置。

(3) 集水井内滤管宜采用 PVC 管,减压井内宜布置 PVC 连通管;减压管或连通管下端直接与排水盲沟内的透水软管相通,上部直接连接承插式球形逆止阀。

(4) 集水井 (管) 穿过渠道防渗复合土工膜下方的水泥改性土换填层时,井周或管周应采取封堵措施,防止承压水沿减压井 (管) 外壁面直接作用于复合土工膜。

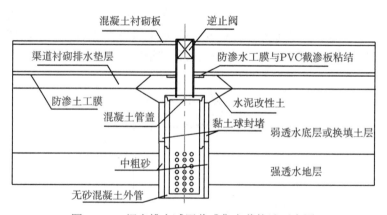

图 16.10 渠底排水减压井或集水井构造示意图

2) Ⅱ类排水设施排泄出口设计

Ⅱ类排水设施主要排泄渠道渗漏的渠水,坡面由塑料排水盲沟汇集至渠底坡脚处的排水盲沟内,从坡脚混凝土脚槽的逆止阀排至渠道。渠底由排水砂垫层汇集至渠道轴线的排水盲沟和坡脚混凝土脚槽逆止阀排出。

3) 逆止阀

Ⅰ、Ⅱ类排水设施排泄出口均设置逆止阀，只允许水排至渠道内，不允许渠水外渗，如图 16.11 所示。选用的逆止阀应是专业厂家生产的、经检验质量合格的产品，所有产品均应有出厂合格证，并应标明产品的启动与逆止水压力、压力水头与排水流量关系曲线，适用环境、安装精度要求等性能及安装说明。逆止阀的材质应满足国家水质保护的有关环保要求。排水通道出口设置的逆止阀宜选用承插式结构的逆止阀，如图 16.12 所示。

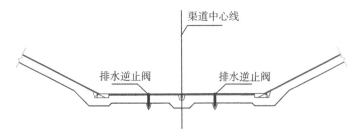

图 16.11 渠堤排泄出口设计示意图

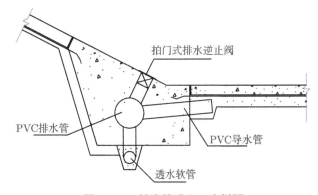

图 16.12 坡脚排泄出口大样图

7. 排水计算

地下水排水计算主要为渗出量计算和排水设施的出流量计算。

1) 自流内排排水计算

对纵向集水管集水流量和排水设施的出流量进行分析计算，依此确定纵向集水管的管径、逆止阀的规格及间距。

A. 计算条件

(1) 选择对工程最不利的水位组合，即地下水位为实测水位，渠内无水 (事故放空或完建期)，此时内外水位差最大，相应的集水管集水量最大。

(2) 纵向集水管内水深。自流内排纵向集水管集流按无压均匀流计算,水深拟定为 2/3 管径。

(3) 渠道渗漏量。对于全断面混凝土衬砌并铺设复合土工膜的渠道,可不考虑渠水外渗。若渠道渗漏量较大,还应考虑渠内水位较高、地下水位较低时的渗漏量。

B. 集水管集水流量计算

采用《供水水文地质手册》"渗渠出水量计算公式",该式适用于潜水流向不完整圆断面渠、含水层厚度无限的情况,示意图如图 16.13 所示,公式如下:

$$Q = 2k\left(\frac{H_1^2 - h_0^2}{2R} + Sq_r\right) \tag{16.7}$$

式中,Q 为集水渠每延米涌水流量 (m^3/d);H_1 为含水层内地下水位至集水渠底的高度 (m);h_0 为渗渠内水深 (m);R 为影响半径 (m),$R = 3000S\sqrt{k}$;k 为渗透系数 (m/d);$2r_w$ 为集水渠管径 (m);S 为水位降深 (m);根据 α、β 值查图,q_r 取 0.5。

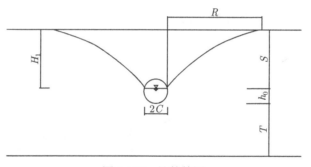

图 16.13　计算简图

C. 集水管过流能力及逆止阀数量计算

集水管过流能力按均匀流公式计算:

$$Q = \frac{\frac{2}{3}\omega R}{n}\sqrt{i} \tag{16.8}$$

式中,n 为集水管糙率,根据集水管材质选取,对于透水软管取 $n = 0.02$;ω 为过水断面面积 (m^2),管内水深以 2/3 管径计;R 为水力半径 (m),$R = \omega/x$,x 为湿周 (m);i 为集水管水力坡降。

根据目前市场逆止阀的产品技术数据,逆止阀启动条件为外水高于渠道内水 2cm;在 10cm 水位差条件下达到设计出水流量。球形逆止阀出水量为 30L/min,拍门逆止阀出水量为 11.2L/min。

按集水暗管过流能力及逆止阀出水量计算逆止阀间距,并取安全系数为 2.0。根据逆止阀间距布置确定逆止阀数量。

2) 内排＋抽水外排排水计算

A. 集水管集水量

一般以内排为先，若逆止阀失效，则考虑抽水外排，泵启动条件为外水高于渠道内水 0.5m。采用前述集水管集水量公式计算排水量，水位降深 $S=1.0$m。

B. 竖井集流量

两相邻集流井间集水管集水流量之和即为竖井集流量。

C. 泵站设计指标

(1) 设计流量。按集水井流量扩大 1.05 确定水泵的设计流量。

(2) 设计扬程。设计扬程为净扬程与管路水头损失之和。

竖井井底高程加 1.0m 作为最低控制水位，出水口高程按一级马道以下 0.5m 计。

D. 移动泵抽排计算

移动潜水泵设计流量控制在 25m³/h 以下，集水井间距即为潜水泵流量/每延米集水管集水流量。集水井最低控制水位为井底高程加 1.0m，出水口高程按一级马道计。

16.3.3 强膨胀土渠坡截排水设计

强膨胀土渠坡截排水设施的作用是截排地表水，结构类型主要有截流沟、防洪堤和坡面排水。

1. 截流沟

由于修建总干渠后会截断原地面坡水和大量汇水面积不大的排水河沟通道，并且在局部可能会形成积水洼地，使坡面水和积水不能排出，为排除总干渠外地面的坡水，疏通串流区和总干渠截断的原有排水通道，需在渠外设置截流沟 (或导流沟)，将雨水或积水引入附近有排水通道的河沟。

截流沟仅拦截一般雨水，导流沟则有汇流功能，可将各渠段外的雨水或积水汇集起来，输送到相应的排水河沟。截流沟和导流沟均布置在渠道防护林带外侧。

1) 布置原则

(1) 根据地势地形布置，对汇流面积小，坡面水少，无河沟汇入或有河沟汇入而流量比较小的坡面或地面，均设置截流沟；

(2) 根据原有河道、沟渠分布情况，若渠道未修建前即有沟、渠汇流和导流，修建渠道后应设置导流沟疏导地表水。

(3) 对于邻近大型河渠交叉或排水建筑物的渠段，根据实际的汇流流量设置导流沟，有数条河沟并入的，导流沟按分段累计流量计算；

(4) 根据沿线村镇、工厂分布情况，人类活动较密集的区域应布置截流沟或导流沟；

(5) 截流沟或导流沟的起点一般为河渠交叉或排水建筑物所在河沟的分水岭，终点则是根据地形高程顺水流方向确定的最近的具有排水通道的河道或自然沟；

(6) 截流沟穿越道路、灌溉渠道时，均设置副桥 (涵)。

2) 截流沟布置与设计

一般按构造设计，采用深 1m、底宽 1m、边坡 1:1 的梯形断面。为保证水流顺畅，局部截流沟断面根据地形加深，对于纵坡大于 2.5% 的截流沟及膨胀土挖方渠段截流沟，采用混凝土衬砌 (混凝土标号 C15)，衬砌厚度不小于 0.05m，断面为梯形断面，底宽 1m。

截流沟穿越道路、灌溉渠道时，采用钢筋混凝土圆涵管或方涵，圆管涵管径为 1.5m，方涵尺寸为 1.5m×1.5m。

3) 导流沟布置与设计

导流沟流量根据相应合并的河沟流量确定，对于沿途有沟道并入的按分段流量设计，其断面按明渠均匀流公式确定。

2. 防护堤

在挖方渠段，为了避免渠外地表水漫流入渠道，两岸均需设置防护堤。防护堤断面一般为堤顶宽 1m，边坡 1:1，布置在渠道开口线以外 1.0m。防护堤堤顶高程根据渠外洪水加必要的超高确定。

受外水控制的渠段，防护堤顶部高程取下列计算值的大值：

$$Z = H_{设} + 1.0 \tag{16.9}$$

$$Z = H_{校} + 0.5 \tag{16.10}$$

式中，$H_{设}$ 为渠外设计洪水位 (m)；$H_{校}$ 为渠外校核洪水位 (m)。

不受外水控制的渠段，防护堤高度可按 1m 设计。

3. 护坡

1) 坡面防护原则

(1) 坡面防护应按照设计、施工与养护相结合的原则，深入调查研究，根据当地气候环境、工程地质和材料等情况，因地制宜，就地取材，选用适当的工程类型或采取综合措施，以保证渠坡的稳固。

(2) 对于水流、波浪、风力、降水以及其他因素可能引起坡面及边坡破坏的，均应设置防护工程。

(3) 对于土渠堤的坡面铺砌防护工程，最好待填土沉实或夯实后施工，并根据填料的性质及分层情况决定防护方式。铺砌的坡面应预先整平，坑洼处应填平夯实。

(4) 对于冲刷防护，一般在水流流速不大及水流破坏作用较弱地段，可在沿河渠基边坡设置砌石护坡，以抵抗水流的冲刷和淘刷。需要改变水流或提高坡脚处粗糙率，以降低流速、减缓冲刷作用时，可修筑坝类构造物。对于冲刷严重地段 (急流区、顶冲地区)，可采用加固边坡和改变水流情况的综合措施；水下部分可视水流的淘刷情况，采用砌石或混凝土预制板等护底护脚。砌石基础应置于冲刷线以下 0.5~1.0m，水上采用轻型防护即可。

(5) 坡面防护一般不考虑边坡地层的侧压力，故要求防护的边坡有足够的稳定性。

(6) 无论是工程防护还是植被防护，都有多种防护措施可以选择。而在实际工程中，往往是两者结合使用。在满足使用功能的条件下，应从环境保护、美学观感上考虑防护措施的选择与调整。条件可以达到时，优先考虑植被防护，以期取得良好的景观效果。

2) 渠坡防护范围

渠坡防护是指挖方渠段一级马道以上坡面和填方渠段背水坡面的防护。

3) 防护措施

渠道护坡防护的目的是防止渠坡浅层滑动，保护渠坡表层不受冲刷，因此所有渠段均要考虑边坡防护，其防护范围为挖方渠道过水断面以上边坡。护坡的目的主要是：尽快疏干坡面降水，减少降水的入渗；加固浅表层土体，防止出现表层土体破坏 (包括雨淋沟、土溜、水土流失等)；改善工程面貌，美化环境。目前，随着我国经济的发展，人民生活水平的提高，对审美、环境要求越来越高，工程的美观和环境效益越来越得到重视。整个坡面的封闭式防护措施，如浆砌片石防护、混凝土抹面防护、喷混等生态价值不大的工程防护措施，如无绝对必要性，不宜采用。因此，应优先采用生态、环保、美观的防护工程，以改善工程的整体形象。为此，强膨胀土一级马道以上渠坡根据坡高和地质、地貌情况采用的护坡形式主要有：植草护坡、框格加植草护坡、拱加植草护坡、生态护坡等。

A. 植草护坡

植草护坡一方面通过根系与土壤间的附着力，对坡面起到浅层加固作用，可有效防止土壤流失；另一方面，植被的茎叶覆盖坡面，能缓解雨水对坡面的直接冲击作用，以及风对坡面的吹蚀，缓解了强膨胀土坡面雨淋沟的形成，有利于坡面浅表层土体稳定。当强膨胀土渠道一级马道以上坡高不大于 2m 时，可仅采用植草进行坡面防护。植草护坡所选用的草种应结合当地气候环境选用。

B. 骨架植草护坡

骨架植草护坡是应用比较广泛的边坡防护方法。骨架植草护坡通过骨架支撑浅表层土体，骨架一般结合排水沟布置，与植草护坡相比，减少了坡面入渗面积，通过坡面排水沟能够快速疏干坡面降水；骨架框格内种草，能较好地协调周围环境，提升工程形象。骨架可以采用拱形、人字形、菱形、矩形等多种形式，骨架材料可根据当地材料选用浆砌石或混凝土，节约投资。

菱形骨架加植草护坡，骨架表层设排水槽，框格内植草。框格对渠坡表层有支撑作用，有利于防止渠坡浅层失稳；排水槽可加强渠坡表层排水，防止渠坡冲刷。框格边长 3m，骨架宽 40cm、厚 50cm，其中 40cm 埋于渠坡表层以下。骨架表层设浆砌块石排水槽，沿浆砌块石框格将坡水排入渠坡纵向排水沟。排水槽宽 20cm、深 10cm，见图 16.14。

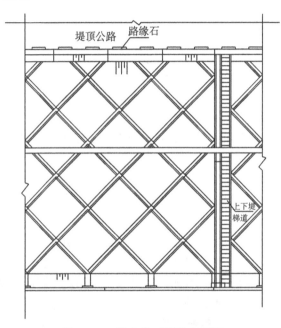

图 16.14　浆砌块石框格布置图

拱形骨架植草护坡，拱以联拱形布置，骨架表层设排水槽，拱圈内植草。拱加强渠坡表层支撑，防止渠坡浅层失稳；排水槽有利于渠坡表层排水，防止渠坡冲刷。拱宽 3m，高 3m，骨架宽 40cm、厚 50cm，均埋于渠坡以下。骨架表层设排水槽，沿拱将坡水排入渠坡纵向排水沟。排水槽宽 30cm、深 10cm，见图 16.15。

C. 生态护坡

生态护坡基于土力学、植物学等学科的基本原理，利用土工格栅的加筋作用，在生态袋中装入土，并种植草本植物，在坡面构建一个具有生长能力的立体生态工程护坡系统，借助系统的自支撑、自组织与自我修复等功能来实现边坡的抗冲刷、抗滑动和生态恢复，达到加固边坡表层土体、减少水土流失、维持生态平衡以及美化环境的目的。

强膨胀土边坡坡比一般缓于 1:2，考虑到护坡不解决深层滑动问题，因此可直接在坡面堆砌土工袋。土工袋中填土采用黏性土时，应在土中掺细砂，使其渗透系数不小于 10^{-5}cm/s，改善坡体排水。草种的选用根据当地气候、土壤环境选择，宜采用播种机大面积喷洒施工。

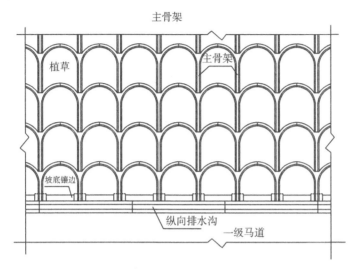

图 16.15　浆砌块石拱布置图 (单位: cm)

16.4　强膨胀土渠坡换填保护方案设计

16.4.1　换填保护材料选择

　　为了达到对被保护体进行有效保护的目的，用于保护膨胀土的保护材料在含水量发生变化时，其胀缩特性、土体结构、抗剪强度应有较好的稳定性，稳定后的指标应明显高于被保护土体。目前国内外采用的膨胀土保护材料主要分为两类，一类是非膨胀土，另一类是利用膨胀土改性后的改性土。其中改性土主要有：膨胀土加石灰改性后的石灰改性土，膨胀土加固化剂改性土，膨胀土加粉煤灰改性后的粉煤灰改性土和膨胀土加水泥改性后的水泥改性土。

　　1. 石灰改性土

膨胀土掺石灰在交通行业得到了广泛应用，掺石灰处理后减小了膨胀土的塑性，从而降低了膨胀土的胀缩性。石灰与膨胀土的作用机理主要有以下几个方面。

(1) 阳离子交换作用：膨胀土掺石灰后，土中将产生过量的 Ca^{2+}，它能置换土中其他低价阳离子。

(2) 絮凝或团聚作用：膨胀土掺石灰后使土中的小团粒变成大的团块，经击实后微结构呈团粒骨架结构，在这种结构中，单粒、微团粒和团聚体相互接触形成骨架状，微团粒多位于团聚体之间起连接作用和充填孔隙作用，而且微团粒之间常相互连接在一起在团聚体之间起"桥"、"拱"的作用，结构单元失去定向性，结构连接变为远凝聚接触型。

(3) 炭化作用：膨胀土中的石灰同空气中的二氧化碳发生作用，可形成 $CaCo_3$ 晶体。

(4) 胶结作用：适量的石灰和水，可与膨胀土中大量存在的硅、铝或两者同时作用产生强度较强的黏结物，在这种高碱环境下一般形成氢氧化钙铝。

其中阳离子交换作用和团聚作用将明显改善土的塑性，但对土体强度影响不大；炭化作用对土体的强度提高作用不大，有时甚至会使膨胀土过分钙化，呈散粒状，降低土体的整体强度；胶结作用将使膨胀土的强度有大幅提高，土体的结构也有较大变化。

膨胀土掺石灰改性的效果主要受以下几个方面的影响。

(1) 膨胀土的矿物成分：膨胀土中硅、铝、钙的含量对上述四种改性作用都会产生影响，而当膨胀土中铁硫化物和有机质含量过多时，将会破坏上述四种作用。

(2) 土颗粒的大小：土的颗粒越小，同石灰的相互作用将越充分。

(3) 石灰的用量：当石灰的掺量不足时，一般不会产生胶结作用，这时只是大幅度降低了膨胀土的塑性，降低了它的胀缩性，对其强度影响较小；随着石灰用量的增大，膨胀土改性后的强度也随之增大，直至石灰的最佳用量，改性土的强度达到最大值。

(4) 时间：膨胀土与石灰掺和后，其强度是随着时间的增加而增加的，超过三个月后强度增加趋势将变缓，一个月内强度增加趋势较快，所以一般工程使用取 28 天强度作为判断石灰处理后的效果指标。

(5) 湿度：湿度越高，石灰与膨胀土作用的过程将越快。

(6) 冻融作用：膨胀土掺石灰改性后的强度受冻融循环而降低，3 个冻融循环后，强度基本趋于不变，故工程上多采用 3 个冻融循环后的强度值。

2. 加固化剂改性土

固化改性剂选用水泥基固化改性剂，一种无机水硬性胶凝材料属粉状土壤固化剂，其主要成分包括各种具活性的金属氧化物和具活性的非金属氧化物以及成核材料。固化改性剂通过阳离子交换，改变了膨胀土的亲水性、膨胀性，改善了膨胀土的颗粒级配、强度特性、水理特性等物理力学性质。膨胀土加固化剂改性后工程特性变化如下：

(1) 膨胀性：膨胀土加固化剂改性后，膨胀性降低明显，以 5%掺量条件，7 天龄期已基本无膨胀变形。

(2) 强度：膨胀土随着改性剂掺量的增大，无侧限抗压强度显著增加。在掺量相同的条件下，随着土样龄期增大，改性土抗压强度明显提高；而固化剂的掺量增大，也使得抗压强度显著增加。

(3) 渗透性：固化剂掺量在 1.5%～5% 范围内变化时，掺量对试样渗透系数影响不大。

固化改性剂在抑制膨胀土的膨胀性方面有一定效果，但是在提高强度方面，相对同等掺量的普硅水泥而言效果较差，固化剂掺量不大于 5% 时，掺量对渗透系数影响不大。

3. 粉煤灰改性

粉煤灰是燃煤电厂排出的一种工业废料，属于富含黏土矿物的硅质材料，由多种氧化物组成，一般粉煤灰的化学成分主要为 SiO_2、Al_2O_3、Fe_2O_3、CaO、MgO，前三种成分的含量一般占 70% 以上。粉煤灰加入膨胀土中发生离子交换和团粒化作用、碳酸化作用、胶凝作用等。粉煤灰和膨胀土的胶凝反应进行较慢，早期强度不高，而粉煤灰中含有大量活性 SiO_2 和 Al_2O_3，在石灰存在的情况下，水化生成胶凝性物质，胶结膨胀土颗粒，在膨胀土颗粒间形成网状连接，提高早期强度。膨胀土加粉煤灰改性后工程性质变化如下：

(1) 随粉煤灰掺量增加，粉煤灰改性土的最优含水率减小，最大干密度受影响程度较小。

(2) 膨胀土加粉煤灰改性后，膨胀率变化如下：

①随粉煤灰掺量的增加，自由膨胀率基本呈线性降低；

②随龄期的增长，自由膨胀率减小量很小或几乎无变化；

③弱膨胀土在粉煤灰掺量达 15.0% 时，自由膨胀率降为 40% 以下；

④中膨胀土在粉煤灰掺量达 40.0% 时，自由膨胀率降为 40% 以下。

(3) 膨胀土掺粉煤灰后无荷膨胀率有如下特点：

①相同压实度的膨胀土，随着掺灰率的增大，无荷膨胀率随之增大；

②相同掺灰率的膨胀土，随着压实度的增大，无荷膨胀率随之增大；

③相同压实度的膨胀土，不掺灰的膨胀土的无荷膨胀率反而比掺灰的膨胀土的无荷膨胀率小。

(4) 粉煤灰改性土相同压实度下，随着掺灰率的增大，改性土的线缩率、收缩系数均呈减小趋势，如图 16.16 所示。

(5) 改性土在相同的掺灰率的情况下，随着压实度的增大，内摩擦角 ϕ_q 呈增大趋势，黏聚力受压实度影响较小；掺灰量提高，黏聚力与内摩擦角均增大。

(6) 粉煤灰改性土压缩性特点如下：

①相同压实度的膨胀土，随着掺灰率的增加，压缩系数逐渐变小，压缩模量逐渐增大；

②相同掺灰率的膨胀土，随着压实度的增大，压缩系数逐渐变小，压缩模量逐渐增大。

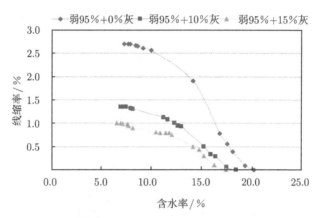

图 16.16　粉煤灰改性弱膨胀土的线缩率与含水率关系曲线

综上所述，随粉煤灰掺量增加，粉煤灰改性土的最优含水率减小，最大干密度受影响程度不大；相同压实度下，提高掺灰率，其改性土的收缩性减小，强度增大，压缩性变小；掺灰的膨胀土的无荷膨胀率比不掺灰的膨胀土的无荷膨胀率大，表明该粉煤灰活性基本丧失，不宜作膨胀土改性剂。

4. 水泥改性土

膨胀土掺水泥改性常用弱膨胀土掺水泥，采用的水泥为复合硅酸盐水泥 P.C32.5，水泥对膨胀土的改良主要有以下几个方面的作用：首先，水泥水化反应产生的 C-S-H 和 C-A-H 凝胶附着在颗粒表层，具有较强的胶结力，并形成了 $Ca(OH)_2$；其次，Ca^{2+} 与土颗粒表层吸附离子发生阳离子交换反应，使土颗粒吸水性能改进和团粒化，增加膨胀土的水稳定性；最后，Ca^{2+}、OH^- 渗透进入土颗粒内部，与黏土矿物发生物理化学反应，继续生成上述胶凝物质，可减少亲水凝黏土矿物的含量，并提高土颗粒间的连接强度。弱膨胀土掺水泥改性后的工程特性如下：

(1) 弱膨胀土的液限 48.4%～49.0%，平均为 48.7%，塑性指数 26.9～27.3，平均为 27.1，属低液限黏土；水泥掺量为 3% 的改性土的液限为 46.6%，塑性指数为 15.2；改性土的液限略小于素土，但塑性指数明显较素土小，表明弱膨胀土经改性后土弱结合水的可能含量范围显著减小。

(2) 弱膨胀改性土重型击实得到的最优含水率较轻型击实低 5.3%～6.5%，最大干密度较轻型击实大 0.20～0.21g/cm³。水泥掺量越高，改性土的最大干密度越大，且最大干密度与水泥掺量呈较好的线性增长关系；水泥掺量越高，最优含水率越小，且最优含水率与水泥掺量呈较好的线性下降关系。

(3) 弱膨胀土掺水泥改性土随水泥掺量的增加, 自由膨胀率越低; 弱膨胀素土击实水泥改性样 28 天龄期的自由膨胀率随水泥掺量的增加大致呈线性减小, 水泥掺量从 2% 提高到 5%, 自由膨胀率仅降低 3%, 如图 16.17 所示, 因此对于弱膨胀土水泥改性的掺量, 应进行施工效果优选, 以拌和工艺、造价及现场施工一定龄期后取样做校核试验等综合确定施工水泥掺量。

(4) 击实水泥改性样较水泥改性土料的自由膨胀率低, 但两者相差不大, 表明击实对改善水泥与弱膨胀土之间的水化作用效果不显著。

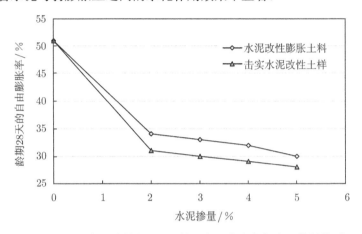

图 16.17 弱膨胀改性土 28 天龄期自由膨胀率与水泥掺量关系

(5) 水泥掺量增加, 自由膨胀率逐渐减小, 但掺量达一定程度后, 掺量的增加对膨胀改性效果并不明显;

(6) 水泥改性膨胀土的自由膨胀率比纯粹水泥置换的膨胀土 (假设水泥对膨胀土不发生水化作用) 的自由膨胀率要小, 充分表明膨胀土掺入水泥后发生了较大程度的阳离子交换作用, 膨胀土黏粒附近的水膜厚度大大减薄。

(7) 随水泥掺量的增加, 改性土的膨胀力变小; 随压实度的提高, 改性土的膨胀力变大; 随龄期的增加, 改性土的膨胀力变小。

(8) 随水泥掺量的增加, 改性土的无荷膨胀率变小; 随压实度的提高, 改性土的无荷膨胀率变大; 随龄期的增加, 改性土的无荷膨胀率变小。

(9) 弱膨胀土掺水泥后的有荷膨胀率特性:

①弱膨胀素土掺水泥后的有荷膨胀率明显降低, 尤其在低压力作用下, 膨胀率降低幅度更加显著; 素土的无荷膨胀率为 7.10%, 水泥掺量为 3% 的水泥改性土 28 天龄期的无荷膨胀率为 0.05%;

②弱膨胀素土及其水泥改性土的有荷膨胀率在压力由 0~6.25kPa 发生陡降之后素土及改性土随压力的增加, 降低幅度均变缓, 素土较改性土的降低幅度大, 可

见在荷载施加的初期,外加荷载对膨胀量的抑制作用十分显著;

③随着龄期的增加,水泥改性土的膨胀率变小;水泥掺量为 3% 的改性土 0 天龄期时的无荷膨胀率为 1.65%,而 7 天、28 天龄期的无荷膨胀率分别降低了 1.47%(差值) 和 1.60%(差值)。

(10) 弱膨胀土掺水泥改性土的胀缩特性 (图 16.18):

①随水泥掺量的增加,线缩率、收缩系数、体缩率均减小;水泥掺量为 3% 时膨胀土的收缩特性降低明显,超过 3% 掺量后其改性效果不显著,可见弱膨胀水泥改性土的最佳掺量为 3%;

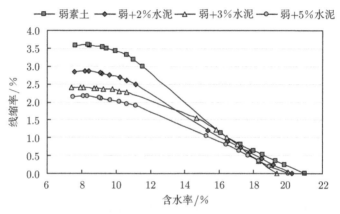

图 16.18　弱膨胀水泥改性土线缩率与含水率关系曲线 (0 天龄期)

②素土的线收缩率为 3.60%,水泥掺量为 3% 的改性土 28 天龄期的线收缩率为 0.88%,收缩特性显著降低;

③随龄期的增加,线缩率、收缩系数、体缩率均减小,水泥掺量低的膨胀土其收缩特性受龄期的影响更加显著。

(11) 弱膨胀土的饱和素土无侧限抗压强度试验应力-应变关系均呈硬化型,如图 16.9 所示,弱膨胀素土的破坏应变为 14.3%;弱膨胀土的饱和改性土无侧限抗压强度试验的应力-应变均为应变软化型,如图 16.20 所示,破坏应变小于 1%,为脆性破坏。饱和弱膨胀水泥改性土的无侧限抗压强度为 137.7kPa,初始切线模量为 46.1MPa,28 天龄期的饱和改性土的抗压强度为 370.0MPa,初始切线模量为 57.4MPa。可见膨胀程度越高,水泥改性样的饱和强度、切线模量越低,水泥的掺入对龄期 28 天后的改性土饱和强度提高非常显著,能很好地抑制强度软化。饱和弱膨胀水泥改性土的峰值破坏应变为 0.3%。弱膨胀水泥改性土的抗压强度、初始切线模量、破坏应变随龄期的增加而变大,且龄期的初始阶段对各指标的影响程度大些。

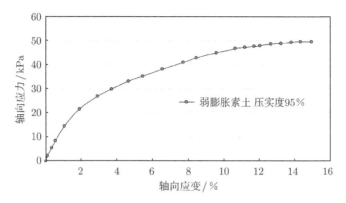

图 16.19　饱和弱膨胀素土无侧限抗压强度试验应力–应变关系

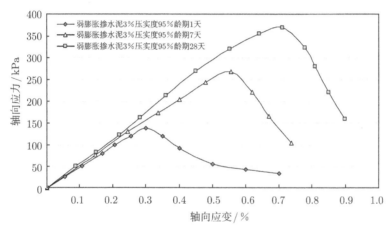

图 16.20　饱和弱膨胀水泥改性土无侧限抗压强度试验应力–应变关系

(12) 弱膨胀土掺水泥改性后快剪强度有如下特点：

①快剪强度较饱和快剪强度要高；

②养护龄期越长，直剪强度越高；

③水泥掺量越高，直剪强度越大；

④压实度越高，直剪强度越高。

(13) 弱膨胀土掺水泥改性后三轴应力–应变有如下特点 (图 16.21~ 图 16.26)：

①弱膨胀水泥改性土的应力–应变曲线在低应力状态 (100kPa) 下呈轻微的应变软化型，其破坏应变为 2.0% 左右；在中、高应力状态 (>100kPa) 下，转化为应变硬化型；

②弱膨胀水泥改性土 (水泥掺量 3%，压实度 95%，龄期 7 天) 的总应力指标：黏聚力为 88.8kPa，内摩擦角为 16.5°；有效应力指标：黏聚力为 93.8kPa，内摩擦

角为 18.8°。弱膨胀水泥改性土 (水泥掺量 3%，压实度 95%，龄期 28 天) 的总应力指标：粘聚力为 104.5Pa，内摩擦角为 20.1°；有效应力指标：黏聚力为 104.0kPa，内摩擦角为 22.6°，如表 16.2 所示；

③有效应力指标的内摩擦角较总应力指标的要大些，而黏聚力相差不大；

④随龄期的增加，弱膨胀水泥改性土的黏聚力与内摩擦角均增大。

表 16.2　弱膨胀水泥改性土三轴 CU 试验成果表

水泥掺量/%	压实度/%	龄期/天	C/kPa	Φ/(°)	C'/kPa	ϕ'/(°)
3	95	7	88.8	16.5	93.8	18.8
3	95	28	104.5	20.1	104.0	22.6

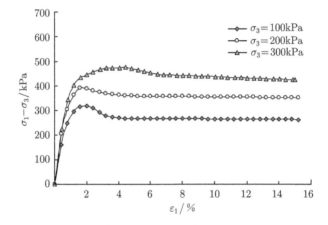

图 16.21　弱膨胀水泥改性土应力–应变曲线 (掺量 3%，压实度 95%，龄期 7 天)

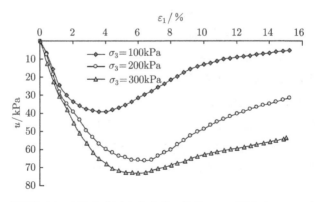

图 16.22　弱膨胀水泥改性土孔压应变曲线 (掺量 3%，压实度 95%，龄期 7 天)

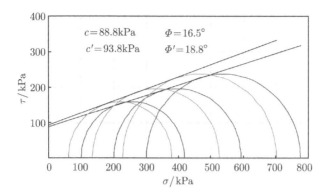

图 16.23 弱膨胀水泥改性土应力摩尔圆 (掺量 3%，压实度 95%，龄期 7 天)

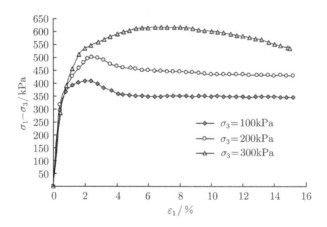

图 16.24 弱膨胀水泥改性土应力-应变曲线 (掺量 3%，压实度 95%，龄期 28 天)

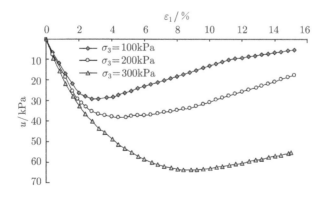

图 16.25 弱膨胀水泥改性土孔压应变曲线 (掺量 3%，压实度 95%，龄期 28 天)

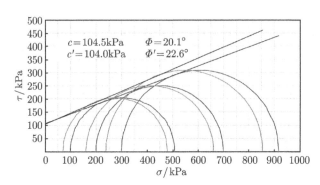

图 16.26　弱膨胀水泥改性土应力摩尔圆 (掺量 3%, 压实度 95%, 龄期 28 天)

(14) 弱膨胀土掺水泥改性后压缩性有如下特点:

①饱和弱膨胀素土的压缩系数为 $0.272\sim0.550\text{MPa}^{-1}$,属高、中压缩性土;掺 3% 水泥以后压缩系数明显小于 0.1MPa^{-1},呈低压缩性;掺入 3% 水泥改性后,28 天的饱和压缩模量增加到 63.6MPa。这充分表明弱膨胀土掺入水泥改性能很好地抑制素土的模量软化。

②随龄期的增加,饱和水泥改性土的压缩模量增大,且龄期的初始阶段对模量的影响程度大些。

(15) 弱膨胀土掺水泥改性压实后渗透系较小,一般在 10^{-6}cm/s 数量级。

综上所述,改性土的最大干密度与水泥掺量呈较好的线性增长关系,最优含水率与水泥掺量呈较好的线性减小关系。随水泥掺量的提高,其膨胀性减小,但掺量达一定程度后,掺量的增加对胀缩特性的抑制效果并不明显,掺量的拐点值可以确定水泥的最佳掺量。

水泥改性能很好地抑制膨胀土的膨胀性,抑制膨胀土软化,是一种较好的膨胀土改性剂。

16.4.2　保护层换填厚度

水泥改性土保护层的作用为:隔离膨胀土与外部环境直接作用,吸收膨胀潜能;提高渠坡表层土体抗剪强度,进而提高渠坡稳定性。因此,对于水泥改性土保护层厚度的确定,应从防渗效果、平衡膨胀力、提高渠坡稳定性三个方面确定。水泥改性土保护层的防渗效果应通过现场试验确定,此部分内容在后面章节中详细论述,下文将从平衡膨胀力和提高渠坡稳定性两个方面研究确定强膨胀土 (岩) 渠坡水泥改性土保护层厚度的方法。

1. 平衡膨胀力

膨胀土膨胀力的大小与初始含水率、膨胀性 (自由膨胀率) 和压实度 (天然密度) 有关,在 “十一五” 期间经研究得出了 K_0 应力状态下弱、中膨胀土的有荷膨

胀率模型：有荷膨胀率与荷载的对数呈较好的线性关系，表达式如下

$$\delta_{\mathrm{ep}} = a + b\ln(1 + \sigma) \tag{16.11}$$

式中，δ_{ep} 为膨胀土有荷膨胀率 (%)；σ 为上覆荷载 (kPa)；a、b 为试验参数。

通过对强、中膨胀土的化学组成分、微观结构等物理特性比较分析来看，强、中膨胀土并无本质区别，因此强膨胀土的有荷膨胀率模型同样可以采用式 (16.11) 来模拟。

为了寻找强膨胀土有荷膨胀率与初始含水率之间的关系，选取天然密度和自由膨胀率相近土样的试验数据进行拟合。不同荷载下，强膨胀土样有荷膨胀率试验成果如表 16.3 所示。

不同初始含水率的强膨胀土有荷膨胀率随荷载变化的半对数拟合曲线见图 16.27。

表 16.3　南阳强膨胀土原状样有荷膨胀率试验成果

含水率/%	不同竖向压力 (kPa) 下的膨胀率/%				
	25	50	100	150	200
31.8	−0.2	−0.7	−1.1	−1.5	−1.8
28.4	0.2	−0.4	−1	−1.7	−2.6
26.8	0.9	0	−0.9	−1.5	−2.2

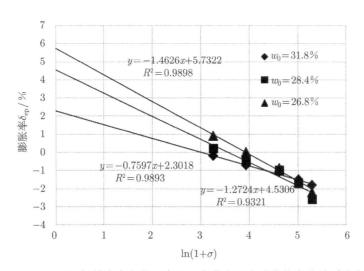

图 16.27　不同初始含水率的强膨胀土有荷膨胀率随荷载变化关系曲线

从图 16.27 可以看出，强膨胀土的有荷膨胀率与荷载的对数线性关系较好，采用表达式来模拟相同膨胀率和自然密度下的强膨胀土有荷膨胀率与初始含水率的

关系是可行的。

图 16.27 中三条曲线的线性回归分析结果见表 16.4。

以初始含水率为横坐标，a、b 为纵坐标，得到 a、b 分别随初始含水率的变化关系图，如图 16.28 所示。

表 16.4　强膨胀土不同初始含水率下线性回归系数 a、b 及 R^2

含水率	a	b	R^2
0.318	2.3018	−0.7597	0.9893
0.284	4.5306	−1.2724	0.9321
0.268	5.7322	−1.4626	0.9898

可见，参数 a、b 与初始含水率的变化呈良好的线性关系，经线性回归可得强膨胀土有荷膨胀率与初始含水率和荷载关系式。"十一五"期间经研究得出的南阳中膨胀土有荷膨胀率与初始含水率和荷载的关系式为

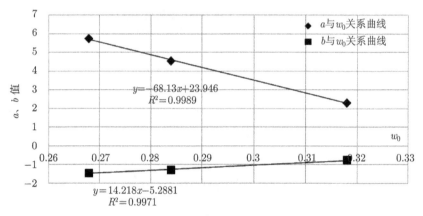

图 16.28　a、b 随初始含水率的变化关系曲线

$$\delta_{\mathrm{ep}强} = (-68.13w_0 + 23.946) + (14.218w_0 - 5.2881)\ln(1 + \sigma) \qquad (16.12)$$

$$\delta_{\mathrm{ep}中} = (-51.9w_0 + 21.047) + (0.9883w_0 - 2.5932)\ln(1 + \sigma) \qquad (16.13)$$

南阳盆地总干渠设计水深 7m 左右，过水断面深度为 9m 左右，过水断面强膨胀土层基本位于地面 7m 以下，初始含水率较高。在强、中膨胀土初始含水率（w_0=28%）、天然密度相同的情况下，通过式 (16.12) 和式 (16.13) 计算有荷膨胀率 δ_{ep}=0 时，强膨胀土的上覆荷载 $\sigma_强$=40kPa，水泥改性土（天然密度为 1.9g/cm^3）换填厚度需要 2.1m，中膨胀土的上覆荷载 $\sigma_中$=15.6kPa，水泥改性土（天然密度为 1.9g/cm^3）换填厚度需要 0.8m；当中膨胀土初始含水率 w_0=25% 时，中膨胀土的上覆荷载 $\sigma_中$=30kPa，水泥改性土（天然密度为 1.9g/cm^3）换填厚度需要 1.6m。

从上述分析可以得出：中、强膨胀土天然密度、初始含水率相同时，当体积膨胀率为 0 时，强膨胀土需要的上覆荷载 (水泥改性土换填厚度) 相对较大；中、强膨胀土初始含水率较高时，当体积膨胀率为 0 时，需要的上覆荷载小。

因此，膨胀土在开挖时应预留保护层厚度，减小膨胀土内水分与大气交换，对强膨胀土渠段，除了预留保护层厚度，坡脚宜设置保护土墩，保护土墩高度及宽度可按不小于 2m 设置，保护层厚度及保护土墩挖除后应及时进行水泥改性土换填；裸露时间较长时，水泥改性土换填之前应洒水，保证膨胀土的初始含水率不能过低。

2. 提高渠坡稳定性

为研究水泥改性土保护层厚度对强膨胀土 (岩) 渠坡稳定的影响，以挖深 6m、坡比 1:2 的渠道断面为例，分别采用刚体极限平衡法和三维有限元法进行分析，计算时水泥改性土保护层厚度选取 1m、1.5m、2m、2.5m。

1) 刚体极限平衡法计算成果

渠道挖深 6m，坡比 1:2，水泥改性土保护层厚度与完建、检修工况下渠坡的安全系数关系如表 16.5 和图 16.29～图 16.33 所示。

表 16.5 不同水泥改性土换填厚度对应的渠坡安全系数

序号	水泥改性土换填厚度/m	安全系数
1	1	1.071
2	1.5	1.118
3	2	1.198
4	2.5	1.269

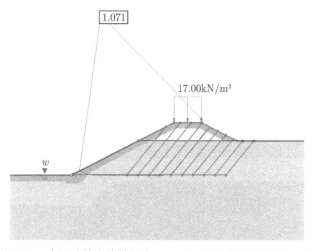

图 16.29 水泥改性土换填厚度 1m 完建工况安全系数 F=1.071

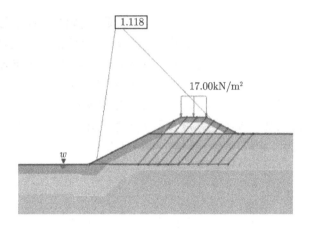

图 16.30　水泥改性土换填厚度 1.5m 完建工况安全系数 $F=1.118$

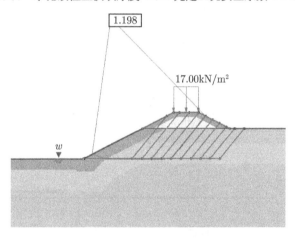

图 16.31　水泥改性土换填厚度 2m 完建工况安全系数 $F=1.198$

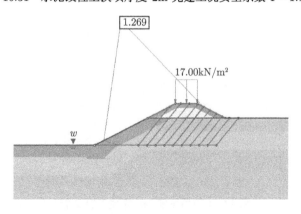

图 16.32　水泥改性土换填厚度 2.5m 完建工况安全系数 $F=1.269$

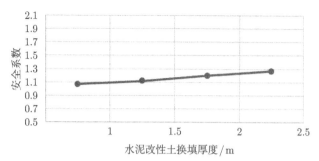

图 16.33　渠道挖深 6m 时不同水泥改性土换填厚度与渠坡安全系数关系图

2) 三维有限元法计算成果

三维有限元计算模型见图 16.34，计算成果见表 16.6 和图 16.35～ 图 16.39。

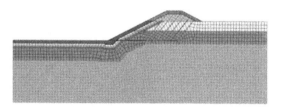

图 16.34　渠坡稳定有限元计算模型

表 16.6　不同水泥改性土换填厚度对应的渠坡安全系数

序号	水泥改性土换填厚度/m	安全系数
1	1	1.140
2	1.5	1.185
3	2	1.282
4	2.5	1.332

(a) 等效塑性应变图　　　　　　　　　　　　　　(b) 位移云图

图 16.35　水泥改性土换填厚度 1m 完建工况安全系数 $F=1.140$

(a) 等效塑性应变图　　　　　　　　　　　　　　(b) 位移云图

图 16.36　水泥改性土换填厚度 1.5m 完建工况安全系数 $F=1.185$

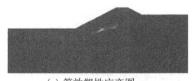
(a) 等效塑性应变图

(b) 位移云图

图 16.37　水泥改性土换填厚度 2m 完建工况安全系数 $F=1.282$

(a) 等效塑性应变图

(b) 位移云图

图 16.38　水泥改性土换填厚度 2.5m 完建工况安全系数 $F=1.332$

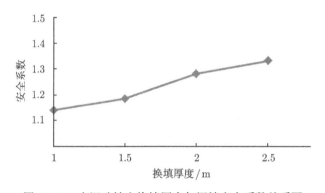

图 16.39　水泥改性土换填厚度与渠坡安全系数关系图

从上述计算分析来看, 随着渠坡膨胀土水泥改性土保护层厚度的增加, 渠坡的安全系数相应提高, 水泥改性土保护层厚度从 1.5m 增加至 2m 时, 渠坡安全系数增加幅度较大, 2m 以后安全系数增长趋势减缓, 强膨胀土渠坡过水断面水泥改性土换填厚度为 2m, 基本满足工程要求。

16.4.3　保护层换填范围

从渠道开挖施工过程来看, 开挖过程中存在三个最薄弱的部位需要做重点保护。一是坡顶, 渠道开挖时坡体一定范围产生卸荷, 坡顶容易产生拉裂缝, 且强膨胀土 (岩) 垂直渗透性较强、土体裂隙发育, 雨水容易通过坡顶渗入坡体裂隙内, 进而引发边坡变形破坏; 二是坡面, 晴朗干旱天气开挖时, 坡面容易失水干裂, 雨天则因雨水沿裂隙入渗而产生滑坡; 三是坡脚, 强膨胀土 (岩) 具有超固结性, 坡脚开挖卸荷后，土体强度会降低，土质变得疏松，受大气环境或降水影响，土体含水率升高，进一步降低土体强度，强膨胀土 (岩) 裂隙发育程度高，多存在长大裂隙和裂隙密集带，因此强膨胀土 (岩) 渠坡裸坡时间过长，坡脚土体强度降低，极易引起滑坡。所以，在膨胀土 (岩) 渠坡坡顶一定范围、坡面、坡脚均需进行换填水泥改性土保护层。

坡顶换填水泥改性土保护层的主要作用是防止雨水沿着因卸荷或渠坡变形形成的拉裂缝入渗。因此，坡顶换填水泥改性土保护层的范围可以从渠坡最小安全系数所对应的滑动面距开口线的距离和开挖卸荷引起的坡顶塑性变形区的宽度来确定。

1. 渠坡最小安全系数所对应的滑动面距开口线的距离

渠坡最小安全系数所对应的滑动面距开口线的距离与渠坡周边地形地貌、渠坡高度、渠坡水文地质条件、渠坡裂隙等因素有关，在计算时应根据上述影响因素选择具有代表性的断面，计算渠坡最小安全系数所对应的滑裂面。下文以南水北调中线工程南阳段总干渠为例进行说明。

南水北调中线总干渠南阳盆地段过水断面深度为 9m 左右，过水断面以上渠坡每隔 6m 设置一级马道，马道宽度为 2m；从施工期膨胀土渠坡发生的滑坡来看，最大厚度小于 2m 的滑坡约有 36 个，大于等于 2m、小于 6m 的滑坡约有 54 个，大于等于 6m、小于 10m 的滑坡约有 10 个，即常见滑坡的深度一般为 2~6m，规模较大滑坡的深度达 10m。因此，研究坡顶换填水泥改性土保护层范围时，选取挖深为 9m、10m、12m、14m、15m 的强膨胀土典型断面来计算滑裂面距开口线的长度。计算时，程序自动搜索安全系数最小时滑动面的位置，计算结果见图 16.40~图 16.44。

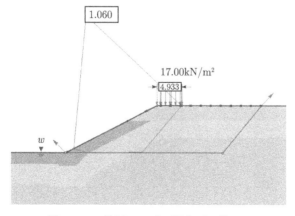

图 16.40　挖深 9m 时，距离开口线 5m

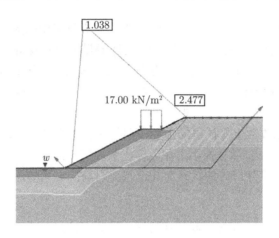

图 16.41   挖深 10m 时，距离开口线 2.5m

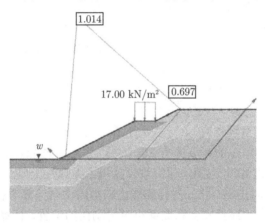

图 16.42   挖深 12m 时，距离开口线 0.7m

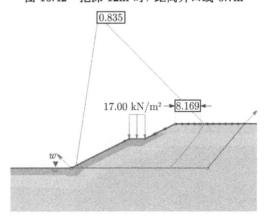

图 16.43   挖深 14m 时，距离开口线 8.2m

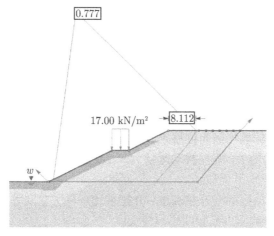

图 16.44 挖深 15m 时，距离开口线 8.2m

从上述计算分析来看，安全系数最小滑动面在坡顶出露的位置距开口线的距离，随着渠道挖深的增大而增大，同时也受到马道宽度和外荷载 (车辆荷载) 的影响，但最大距离不超过 9m。

2. 开挖卸荷引起的坡顶扰动区宽度

膨胀土的本构模型采用摩尔–库仑模型，摩尔–库仑强度准则用黏聚力和内摩擦角来表征宏观统计强度，宏观各向同性材料的摩尔–库仑模型的抗剪强度用法向应力 σ_n、黏聚力 c 和内摩擦角 φ 表示。

$$\tau_f = \sigma_n \tan \varphi + c \tag{16.14}$$

先建立初始地应力场，然后模拟开挖，再研究卸荷的影响。

初始地应力场采取相应的侧压力系数建立，并应满足下面两个条件：

1) 平衡条件

由应力场形成的等效节点荷载要和外荷载相平衡。如果平衡条件得不到满足，将不能得到一个位移为零的初始状态，此时所对应的应力场也不再是所施加的初始应力场。

2) 屈服条件

若通过直接定义高斯点上的应力状态的方式来施加初始应力场，常会出现某些高斯点的应力位于屈服面之外的情况，超出屈服面的应力会在以后的计算步中通过应力转移而调整过来。

开挖是一个地应力释放的过程。"地应力自动释放法" 在数值分析软件中的实现方式是将该被开挖掉的单元集移去，自动在开挖边界产生了新的边界条件。这种解决方式不仅物理概念明确，而且操作非常简单。

3) 计算结果

强膨胀土渠道开挖卸荷引起的坡顶扰动区宽度计算断面选取挖深 9m、10m、12m、14m、15m 的强膨胀土渠段,计算结果如图 16.45～图 16.49 所示。

4) 结果分析

(1) 从开挖引起的坡顶水平位移来看,随着开挖深度的增大,水平扰动区越大,但均向坡顶开口线收敛;整个渠坡表层水平位移最大的位置在渠坡中部附近。

(2) 从开挖引起的坡顶竖向位移来看,竖向位移发生在距离坡顶开口线一定距离,随着开挖深度的增大,竖向扰动区越大,坡底部表现为回弹;但渠道开挖引起的坡顶竖直位移小于水平位移。

(3) 坡顶开挖扰动区除受开挖深度、开挖坡比、马道宽度等影响外,还与初始应力场密切相关,受侧压力系数的影响较大。

从上述分析来看,强膨胀土渠坡换填保护范围应为渠道开挖的整个坡面,同时坡顶扰动区较大的范围也应进行换填保护, 建议坡顶换填保护范围不宜小于 15m。

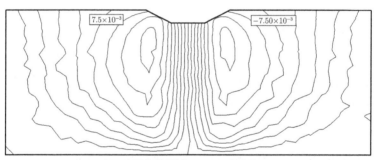

(a) 水平位移(单位:mm, 向右为正)

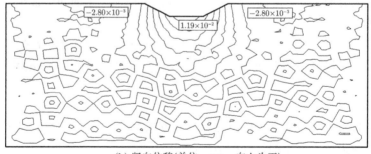

(b) 竖向位移(单位:mm, 向上为正)

图 16.45　挖深 9m 时,开挖后坡顶扰动区

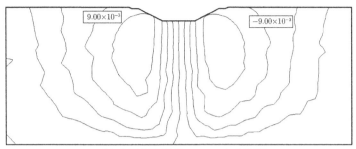

(a) 水平位移(单位：mm，向右为正)

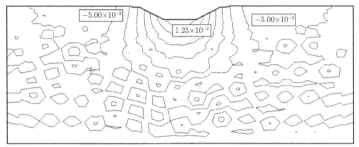

(b) 竖向位移(单位：mm，向上为正)

图 16.46 挖深 10m 时，开挖后坡顶扰动区

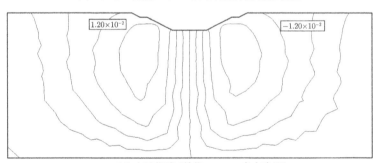

(a) 水平位移 (单位：mm，向右为正)

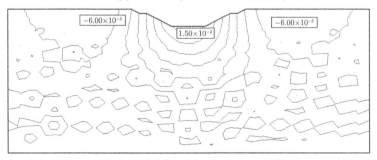

(b) 竖向位移(单位：mm，向上为正)

图 16.47 挖深 12m 时，开挖后坡顶扰动区

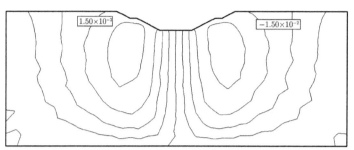

(a) 水平位移(单位：mm，向右为正)

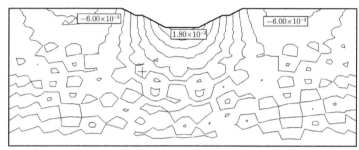

(b) 水平位移(单位：mm，向右为正)

图 16.48　挖深 14m 时，开挖后坡顶扰动区

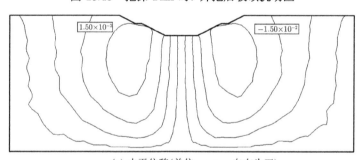

(a) 水平位移(单位：mm，向右为正)

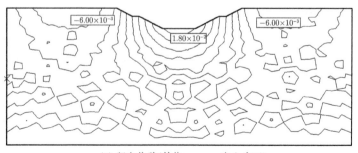

(b) 竖向位移(单位：mm，向上为正)

图 16.49　挖深 15m 时，开挖后坡顶扰动区

室内试验揭示弱膨胀土水泥掺量为 4% 时具有较好的改性效果，而且通过掺入水泥会产生较大的胶结力，具有较大的抗剪强度，可以有效地阻止膨胀土的膨胀。南阳膨胀土试验段也证明这一掺合比例可以达到预期目的。较高的水泥掺量对膨胀土的改性效果明显，但另一方面，掺量过高将明显影响改性土的压实性，因此采用水泥改性土进行渠坡处理时，需根据不同自由膨胀率的膨胀土，通过试验确定合适的水泥掺量。

为保证挖方渠道处理层与原状土之间更好地紧密结合，也为了保证填方渠道土体强度，减少固结沉降量，处理层或筑堤填土压实度以不低于 98% 进行控制，但也要防止大量出现超压；处理层与原状土之间采取开台阶的形式填筑。

16.5 强膨胀土渠坡支挡设计

16.5.1 支挡结构的设计要点

强膨胀土渠坡因其超固结性、胀缩性和多裂隙性，与其他工程地质边坡相比，滑坡概率更大。强膨胀土渠道是经人工改造的边坡，渠坡成型后暴露在自然界的时间段，其稳定性需要预测，而不能通过时间检验。渠道边坡工程一旦失稳，不仅对工程自身安全和经济效益带来影响，而且可能带来次生灾害，滑坡后再治理不现实。为此，膨胀土渠道渠坡支挡结构往往不是在已有明确滑动迹象后开展设计工作，而是需要进行超前设计，即在渠坡开挖前或开挖过程中依据揭露的地质资料进行渠坡稳定复核，若渠坡最小安全系数不满足设计要求，则进行支挡结构设计，考虑支挡结构的作用后，强膨胀土渠坡的最小安全系数应不小于设计要求，其原理可以用下式表示

$$AF_S \geqslant F_R \tag{16.15}$$

$$F_S < F_R \tag{16.16}$$

式中，A 为加固后渠坡安全系数提高的倍数因子；F_S 为渠坡未加固前的最小安全系数；F_R 为设计要求的渠坡最小安全系数。

根据上述分析，强膨胀土渠坡支挡结构设计要点有以下几点：

(1) 计算强膨胀土渠坡的最小安全系数，确定最小安全系数对应的滑裂面、剩余下滑力。

(2) 根据渠坡最小安全系数、最小安全系数对应的滑裂面及剩余下滑力，选择适宜的支挡结构。

(3) 考虑支挡结构的支挡作用以后，整个渠坡的稳定性应满足规范要求。同时，渠坡的任何部位也应满足稳定要求，即强膨胀土体不会从支挡结构的顶部、之间滑出。

(4) 保证工程安全、施工方便, 同时经济、合理。

16.5.2　强膨胀土渠坡稳定计算

强膨胀土渠道坡体中存在大量裂隙面, 不考虑裂隙存在对渠道边坡影响时, 渠坡稳定分析与通常黏性土坡一样, 采用圆弧滑动法进行计算; 当考虑渠坡中存在裂隙面时, 坡体沿裂隙形成的滑动面通常是折线形或折线与弧线连通形成的组合滑动面, 圆弧滑动法难以反映渠道边坡失稳时的实际情况, 需要按组合滑动面进行分析计算。

对于边坡稳定分析中的折线或组合滑动面, 目前边坡稳定分析计算程序大多不具备自动搜索最危险滑动面的功能。然而, 膨胀土地层中的裂隙面长度、分布、裂隙面的产状只在局部区域具有分块统计规律, 事先难以查明 (即使渠道开挖后也难以真正查明) 其地层中的裂隙面分布及产状, 计算时需要就可能存在的裂隙面对边坡稳定进行搜索, 找出最不利的裂隙组合面, 进行其稳定性评价并进行渠坡加固方案设计。对于强膨胀土 (岩) 渠坡, 建议采取如下方法寻找地层中存在裂隙面条件下的最不利滑动面。

1) 裂隙面概化

将裂隙视为具有一定厚度的薄土层 (计算中取 0.15m), 其抗剪强度参数与裂隙滑动面抗剪强度参数相同; 假定滑床由缓倾角裂隙面与后缘陡倾角裂隙面及部分曲线滑动面 (程序可以自动搜索) 构成。在分析区域内预设值一系列不同位置的缓倾角裂隙面和陡倾角裂隙面形成分析区域的网格模型 (图 16.50)。

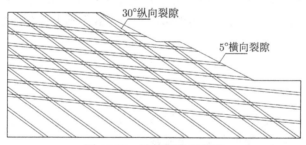

图 16.50　计算假定示意图

2) 特定裂隙最不利位置组合滑动面搜索

对网格模型中每一个节点上关联的缓倾角裂隙面和陡倾角裂隙面构成的滑动面, 采用折线滑动法进行稳定分析, 当滑裂面与裂隙面一致时, 滑裂面采用裂隙面或土 (岩) 层结合面参数, 不一致时采用土块强度参数求出其安全系数。安全系数最小者对应的节点相关联的裂隙面构成的滑动面即为最不利滑动面。

3) 计算方法

采用刚体极限平衡法时, 对于不规则任意形状滑裂面的边坡宜采用 Morgenstern-

Price 法进行计算，稳定计算中考虑了条快间相互作用力。

4) 最不利产状裂隙组合滑动面搜索

上述计算只是寻找了特定的两组裂隙面组合条件下的最不利滑动面，实际上，地层中的裂隙面产状可能有很多种。因此，需要就不同倾角的裂隙面进行组合，以寻找不同倾角裂隙组合下的最不利滑动面。工程设计时，分别对各种不同角度的裂隙面进行组合计算，求出最小安全系数，工作量将十分巨大。为便于应用，宜寻求裂隙最不利组合，以此来控制设计精度。为此，下文将采用正交试验寻求裂隙的最不利组合。

正交试验是在试验因素的全部水平组合中，挑选部分有代表性的水平组合进行试验，从而了解全面试验情况的一种试验方法。如图 16.51 所示，标有圆圈的 9 个试验点是在 27 个试验点中选择的，仅是全面试验的 1/3，这些点分布均匀，具有很强的代表性，因而能比较全面地反映试验基本情况。

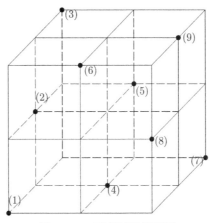

图 16.51   正交试验原理图

为研究滑动面倾角对渠坡稳定的影响，将缓倾角、中倾角、陡倾角 3 个因素作为试验指标，每个指标分别考虑 3 个水平，见表 16.7，并考虑两两因素的交互作用。3 因素 3 水平且考虑一级交互作用，选择 $L_{27}(3^{13})$ 正交表进行试验，正交表第 13 列放计算结果，剩余的 3 个空列可作为试验误差以衡量试验的可靠性 (表 16.8)。

表 16.7   正交试验指标、水平表

水平	缓倾角 $A/(°)$	中倾角 $B/(°)$	陡倾角 $C/(°)$
1	0	30	60
2	10	40	70
3	20	50	80

将表 16.8 中各因素水平值换成表 16.7 中的相应值，计算 27 种滑动面倾角组合下的渠坡稳定安全系数，见表 16.8 最右列。由表 16.8 分析可得到各因素的主次

顺序及最不利滑动面倾角组合。

以缓倾角 (因素 A) 为例，分析不同水平对渠坡稳定的影响，表 16.8 中共进行了 27 次计算，如果进行两两对比是行不通的，因为每次计算条件均不同，但是可以计算某种水平下所有计算值的和，再除以试验次数求其平均值，对平均值进行分析比较。由表 16.8 可知，因素 A 水平 1 反映在第 1~9 次计算中，其对应的 F 之和为 $K_1=7.033$，再除以试验次数 9 得到 $k_1=0.781$。同理可计算 k_2、k_3。

表 16.8　$L_{27}(3^{13})$ 正交表及实验结果分析

试验号	A	B	A_1B	A_2B	C	A_1C	A_2C	B_1C			B_2C		安全系数
	1	2	3	4	5	6	7	8	9	10	11	12	F
1	1	1	1	1	1	1	1	1	1	1	1	1	0.786
2	1	1	1	1	2	2	2	2	2	2	2	2	0.774
3	1	1	1	1	3	3	3	3	3	3	3	3	0.797
4	1	2	2	2	1	1	1	2	2	2	3	3	0.759
5	1	2	2	2	2	2	2	3	3	3	1	1	0.789
6	1	2	2	2	3	3	3	1	1	1	2	2	0.771
7	1	3	3	3	1	1	1	3	3	3	2	2	0.783
8	1	3	3	3	2	2	2	1	1	1	3	3	0.788
9	1	3	3	3	3	3	3	2	2	2	1	1	0.786
10	2	1	2	3	1	2	3	1	2	3	1	2	0.807
11	2	1	2	3	2	3	1	2	3	1	2	3	0.834
12	2	1	2	3	3	1	2	3	1	2	3	1	0.814
13	2	2	3	1	1	2	3	2	3	1	3	1	0.811
14	2	2	3	1	2	3	1	3	1	2	1	2	0.809
15	2	2	3	1	3	1	2	1	2	3	2	3	0.874
16	2	3	1	2	1	2	3	3	1	2	2	3	0.819
17	2	3	1	2	2	3	1	1	2	3	3	1	0.826
18	2	3	1	2	3	1	2	2	3	1	1	2	0.816
19	3	1	3	2	1	3	2	1	3	2	1	3	0.984
20	3	1	3	2	2	1	3	2	1	3	2	1	0.977
21	3	1	3	2	3	2	1	3	2	1	3	2	1.000
22	3	2	1	3	1	3	2	2	1	3	3	2	1.022
23	3	2	1	3	2	1	3	3	2	1	1	3	0.993
24	3	2	1	3	3	2	1	1	3	2	2	1	1.014
25	3	3	2	1	1	3	2	3	2	1	2	1	1.069
26	3	3	2	1	2	1	3	1	3	2	3	2	1.094
27	3	3	2	1	3	2	1	2	1	3	1	3	1.058
K_1	7.033	7.773	7.847	8.072	7.840	7.896	7.889	7.944	7.844	7.868	7.828	7.872	
K_2	7.410	7.842	7.995	7.741	7.884	7.860	7.930	7.837	7.888	7.853	7.915	7.876	
K_3	9.211	8.039	7.812	7.841	7.930	7.898	7.855	7.873	7.922	7.933	7.911	7.906	
k_1	0.781	0.864	0.872	0.897	0.871	0.877	0.874	0.883	0.872	0.874	0.870	0.875	
k_2	0.823	0.871	0.888	0.860	0.876	0.873	0.881	0.871	0.876	0.873	0.879	0.875	
k_3	1.023	0.893	0.868	0.871	0.881	0.878	0.873	0.875	0.880	0.881	0.879	0.878	
R	0.242	0.030	0.020	0.037	0.010	0.004	0.008	0.012	0.009	0.009	0.010	0.004	

因素极差 R 表示该因素在其取值范内 F 的变化幅度，R 越大，表示该因素水平变化对 F 的影响越大，因素就越重要。极差的计算公式为

$$R = \max(k_i) - \min(k_i), \quad (i = 1, 2, 3) \tag{16.17}$$

利用公式可计算因素 A 的极差 $R(A)=0.242$。同理，可以计算得到 $R(B)$、$R(A_1 B)$、$R(A_2 B)$ 等因素及空列的极差。

从表 16.8 的极差计算结果来看，C、AC、BC 因素极差值与空列极差值在同一水平，可以认为上述 3 因素的变化对渠坡安全影响不大。剩余因素对渠坡稳定影响的主次顺序为：$A > AB > B$。从 k_A 各水平的值计算来看，当因素 A 取水平 1 时安全系数最小，因素 B 在 $30° \sim 50°$ 取值时安全系数变化幅度不大，但相对来说，因素 B 在 $40° \sim 50°$ 取值时安全系数较小。

通过上述分析可知，滑动面缓倾角和中倾角对渠坡稳定影响较大，渠坡滑动是由缓倾角和中倾角组合滑动面控制的，其中渠底存在水平滑动面与 $40° \sim 50°$ 中倾角滑动面组合时渠坡最容易失稳。图 16.52 和图 16.53 分别是 $0°$ 和 $40°$、$0°$ 和 $50°$ 滑动面组合时渠坡稳定安全系数计算结果。

从计算来看，$0°$ 和 $40°$、$0°$ 和 $50°$ 组合滑动面对应的安全系数差别不大，在计算分析时应重点关注渠坡地质编录资料中有无接近水平的缓倾角和接近 $40° \sim 50°$ 倾向坡外的中倾角，若存在时，应以此滑动组合面进行渠坡稳定复核和加固措施设计。

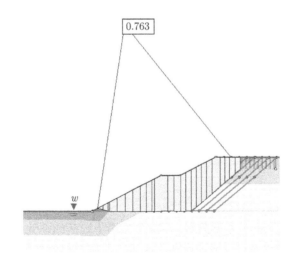

图 16.52　滑动面 $0°+40°$ 渠坡稳定安全系数 $F=0.763$

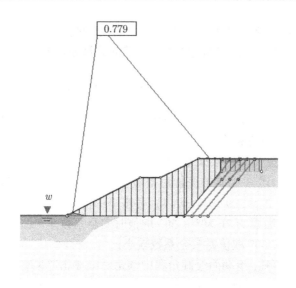

图 16.53　滑动面 0°+50° 渠坡稳定安全系数 $F=0.779$

16.5.3　抗滑桩支挡设计

1. 设计内容

抗滑桩设计内容主要有以下几方面：

(1) 桩的平面布置。包括桩位、桩间距。

(2) 桩的断面布置。包括桩顶高程、桩长、桩的截面尺寸。

(3) 桩的配筋设计。抗滑桩的钢筋图。

2. 抗滑桩设计计算步骤

(1) 通过强膨胀土渠坡稳定计算确定滑裂面、稳定层、滑动区、阻滑区、滑坡推力。

(2) 根据计算分析和预测数据确定抗滑桩的最佳设置位置。

(3) 根据滑坡推力大小和桩位，拟定抗滑桩的桩长、锚固段长度、桩截面及尺寸和桩间距。

(4) 计算抗滑桩应力及变形。

(5) 校核地基强度和应力及变形，若桩身作用于地基的弹性应力超过地层的容许值或者小于容许值过多时，应力及变形超过抗滑桩材料的极限，或不经济，或变形超出其他结构的容许值时，则应调整桩的埋深或桩的截面尺寸或桩间距，重新计算直至符合要求为止。

(6) 根据应力计算结果进行结构设计。

3. 设计荷载

作用于抗滑桩上的外力包括：滑坡推力 (包括地震区的地震力)、桩前剩余抗力 (桩前滑体稳定时考虑，可能滑走时不考虑) 和锚固段地层抗力见图 16.54。桩侧摩阻力和黏聚力及桩身重力和桩底反力可不计。

1) 滑坡推力

A. 滑坡推力大小计算

当边坡稳定分析所得的最小安全系数不满足设计要求时，需要采取工程措施，工程措施需根据满足边坡稳定安全度要求条件下的剩余下滑力进行选择，剩余下滑力计算采用传递系数法。

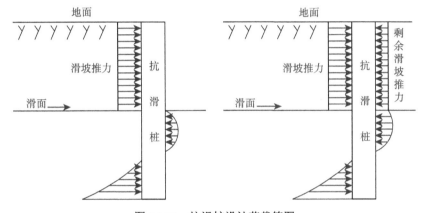

图 16.54 抗滑桩设计荷载简图

不稳定边坡不同部位的剩余下滑力针对搜索出的最不利滑动面切割的滑体进行计算，在滑体中取第 i 块土条，如图 16.55 所示，假定第 $(i-1)$ 块土条传来的推力 P_{i-1} 的方向平于第 $(i-1)$ 块土条的底滑面，而第 i 块土条传送给第 $(i+1)$ 块土条的推力 P_i 平行于第 i 块土条的底滑面。也就是说，假定每一分界上推力的方向平行于上一土条的底滑面，第 i 块土条承受的各种作用力示于图 16.55 中。将各作用力投影到底滑面上，其平衡方程如下：

$$P_i = (W_i \sin\alpha_i + Q_i \cos\alpha_i) - \left[\frac{c_i l_i}{F_s} + \frac{(W_i \cos\alpha_i - u_i l_i + Q_i \sin\alpha_i)\tan\varphi_i'}{F_s}\right] + P_{i-1}\Psi_{i-1} \tag{16.18}$$

式中

$$\Psi_{i-1} = \cos(\alpha_{i-1} - \alpha_i) - \frac{\tan\varphi'}{F_s}\sin(\alpha_{i-1} - \alpha_i) \tag{16.19}$$

W_i 为土条重力；Q_i 为地震力；u_i 为土条底部孔隙水压力；F_s 为设计要求的安全系数；P_i 为 F_s 下的剩余下滑力。

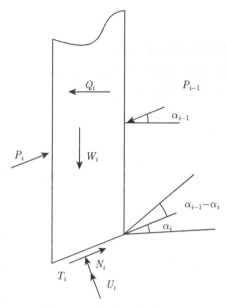

图 16.55　传递系数法图示

B. 滑坡推力的分布

桩体所受的滑坡推力，国外多按三角形分布，合力作用点为滑面以上的下三分点；国内多用矩形分布，合力作用点位于滑面以上的中分点 $0.5h(h$ 为滑面以上桩长，即受荷段长度) 处。有研究者提出，当滑体为松散介质时，推力合力作用点约在滑动面以上 0.3 倍的受荷段高度，桩前滑体抗力图形接近抛物线，抗力合力作用点在滑动面以上 0.45 倍受荷段高度左右处；当滑体为黏性土时，下滑力仍基本上按三角形分布，合力作用点在滑动面以上 0.26 倍的受荷段高度。综上所述，抗滑桩合力分布常用的为矩形、三角形和多项式分布 (图 16.56)。下文将对南水北调中线工程强膨胀土某试验段抗滑桩测斜管实测资料进行反演分析，研究膨胀土渠坡中抗滑桩合力分布规律。

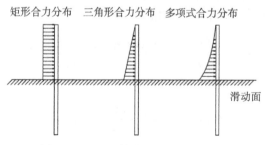

图 16.56　抗滑桩合力分布形式假定

抗滑桩中的测斜管布置，见图 16.57。测斜管监测数据显示，在 133.7~134.7m

高程范围内位移有突变 (图 16.58), 位移突变处为 Q_2/N 的分界面, 从地质描述来看, 分界面为结构软弱面。因此, 从监测资料和地质情况来看, 此高程即为渠坡的滑动面。

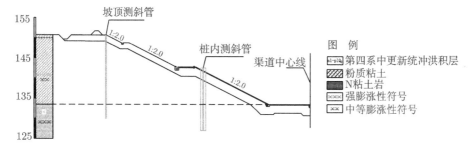

图 16.57 试验段膨胀土边坡的测斜管布置

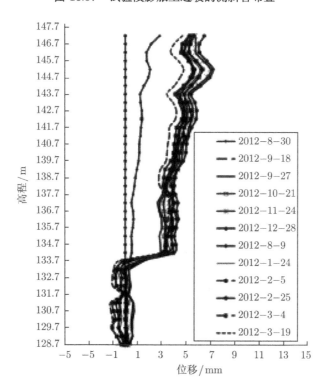

图 16.58 坡顶测斜管的监测数据

抗滑桩反演计算采用弹性地基梁方法, 锚固段以下部分采用固定的基床系数, 采用通用有限元分析程序 ANSYS 建模计算, 有限元计算模型见图 16.59。

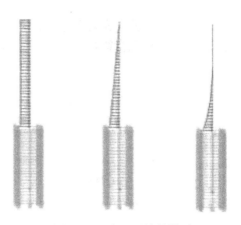

图 16.59　有限元计算模型

　　根据设置在抗滑桩桩体内的测斜管数据 (图 16.60)，考虑到该试验段是先进行抗滑桩施工后，再进行桩顶高程以下边坡开挖，因此考虑开挖卸荷影响，选择开挖至渠底板后的抗滑桩内测斜监测数据作为反演数据。

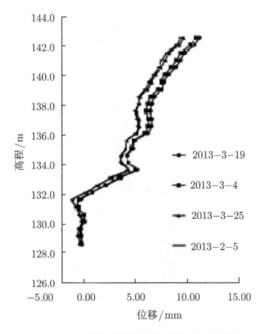

图 16.60　布置在抗滑桩桩体内的测斜观测数据

　　采用均方根误差作为反演效果指标，反演时采用合力分布假定形式拟合桩顶监测数据并反算合力值。反演计算的结果见表 16.9，计算结果与监测值的对比见图 16.61。

根据表 16.9 所示的合力的反演分析计算结果, 合力分布按高次多项式形式拟合最优, 据此合力作用点距离滑面的作用位置较低, 这与模型试验成果接近。采用有限法计算的抗滑桩结构内力见表 16.10。

表 16.9　$K=30\mathrm{MPa/m}$ 拟合监测曲线

推力形式	六次多项式	四次多项式	二次多项式	三角形	矩形
推力/kN	52.6	46.6	37.4	31	22.8
合力作用点距离滑面位置	0.13	0.17	0.25	0.33	0.50
均方根误差	4.540	4.756	5.225	5.658	6.365

结合目前抗滑桩设计的相关规程, 合力形式多建议采用矩形、三角形分布, 根据本书的反演分析结果和对应的内力计算成果, 采用三角形分布形式的弯矩计算值大于拟合最优的高次多项式分布的内力计算结果, 设计保守。因此, 采用三角形分布的合力作用形式进行抗滑桩设计是合适的。

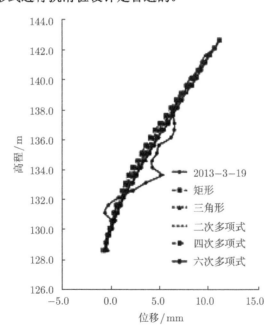

图 16.61　反演变形与监测变形对比图

表 16.10　不同合力分布形式的计算弯矩

推力形式	六次多项式	四次多项式	二次多项式	三角形	矩形
推力/kN	52.6	46.6	37.4	31	22.8
弯矩/(kN·m)	366.8	383.0	405.2	420	436.8

2) 桩前滑体抗力

桩前滑体抗力是指滑动面以上桩前滑体对桩的反力。强膨胀土因其特殊的工程特性, 桩前土体稳定性差, 可能滑走, 为此在抗滑桩设计计算时建议不考虑桩前滑体抗力。如果有桩前土体稳定, 则考虑桩前滑体抗力的作用, 但剩余抗力大于桩前的被动土压力时, 则采用被动土压力。

计算时应注意, 强膨胀土裂隙面 (结构面) 的抗剪强度远低于强膨胀土体的抗剪强度, 滑体沿着裂隙面 (结构面) 滑动, 而使得裂隙面 (结构面) 以上的滑体不能充分发挥其弹性抗力。因此, 桩前裂隙面 (结构面) 处的剩余抗力应是桩前滑体所能提供抗力的控制值。

3) 锚固段地层抗力

锚固段地层抗力分为两种情况。一种是抗滑桩锚固在完整的岩层中。这时, 把抗滑桩以下的地层当成半无限的空间弹性体, 将抗滑桩作为插入其中的一根杆件来处理较为合适。另一种是抗滑桩锚固在破碎岩层或堆积层中。这时, 把地层视为弹性介质, 采用地基系数法比较合适。强膨胀土渠坡中抗滑桩的锚固段一般属于后一种情况, 本书主要介绍地基系数法。

A. 基本公式如下:

假定地层为弹性介质, 桩为弹性构件, 作用于桩侧任一点 y 处的弹性抗力 σ_y, 用公式表示为

$$\sigma_y = kB_p x_y \tag{16.20}$$

式中, x_y 为地层 y 深度处的水平位移值; B_p 为桩的计算宽度; 当矩形桩宽度 B(或圆形桩直径 d) > 0.6m 时, 桩的计算宽度 B_p 为: 矩形桩 $B_p = B + 1$, 单位为 m; 圆形桩 $B_p = 0.9(d + 1)$, 单位为 m。

C 为地基系数, 即在弹性变形限度内, 使单位面积的岩土产生单位压缩变形所需要施加的力, 计算公式如下

$$C = \frac{\sigma}{\Delta}(\text{kN/m}^3) \tag{16.21}$$

式中, σ 为单位面积上的压力; Δ 为变形。

一般认为地基系数 C 随深度 y 按幂函数规律变化, 其表达式为

$$C = m(y_0 + y)^n \tag{16.22}$$

式中, m 为地基系数随深度变化的比例系数; n 为地基系数随岩、土类别的纯数, 若 $0, 0.5, 1, \cdots$; y_0 为与岩土类比有关的常数; y 为深度。

m、n、y_0 的值最好通过实验确定。

由于 n 的取值不同, 按式 (16.22) 绘出的地基系数 C 随深度变化的规律也不同。当 $n = 0$ 时, C 值为常数, 通常按这种规律变化的计算方法称为 "K" 法。该法

使用于较完整的硬质岩层、未扰动的硬黏土或性质相近的半岩质地层。强膨胀土为超固结黏性土，地面 7m 以下范围即为未扰动的黏性土，因此适用于 "K" 法。

另外，当 n 值为 1 时，地基系数 C 随深度呈梯形变化，通常按这种规律变化的计算方法称为 "m" 法。该法使用于一般硬塑 $\sim$ 半坚硬的砂黏土、碎石土或风化破碎成土状的软质岩层以及密实度随深度增加而增加的地层。当 n 值取 0 和 1 之间的数时，C 值随深度呈外凸的抛物线变化，我国公路部门用试桩的实测资料反算求得 $n=0.5\sim0.6$，建议采用 $n=0.5$，通常按这种规律变化的计算方法称为 "C" 法。

4. 抗滑桩内力计算

1) 受荷段长度

抗滑桩的受荷段长度很好理解，即为滑动面以上抗滑桩的长度，该部分桩体主要承受滑坡推力和滑体剩余抗力 (存在的情况下)。

2) 锚固段深度

桩的锚固段深度与稳定地层的强度、滑坡推力大小、桩的刚度、桩的截面形状及间距、是否考虑桩前滑体剩余抗力等因素有关，影响因素复杂。抗滑桩锚固过浅，稳定性差；锚固过深，造成浪费，施工困难。

抗滑桩的锚固深度主要从两个方面来确定：

(1) 抗滑桩传递到滑动面以下地层的侧壁应力不大于地层的侧向容许抗压强度。对于埋设于强膨胀土地层的抗滑桩，在滑体推力作用下，桩发生转动变位，当桩周土体达到极限状态时，桩前土产生被动抗力，桩后土产生主动压力。显然，桩身某点对地层的侧壁压应力不应大于该点被动土压力与主动土压力之差。即

$$\sigma_{\mathrm{p}} - \sigma_a \geqslant \sigma_{\max} \tag{16.23}$$

$$\sigma_{\mathrm{p}} = \gamma y \tan^2\left(45^\circ + \frac{\varphi}{2}\right) + 2c\tan\left(45^\circ + \frac{\varphi}{2}\right) \tag{16.24}$$

$$\sigma_a = \gamma y \tan^2\left(45^\circ - \frac{\varphi}{2}\right) + 2c\tan\left(45^\circ - \frac{\varphi}{2}\right) \tag{16.25}$$

式中，σ_{p} 为被动土压力；σ_a 为主动土压力；$\sigma_{\max}$ 为地层土体所允许的最大侧壁压应力；γ 为地层土体的容重；y 为地面至计算点的深度；φ 为地层土体的内摩擦角；c 为地层土体的黏聚力。

一般验算桩身最大侧壁压应力不满足上式要求时，则调整桩的锚固深度或桩的截面尺寸、桩间距，直至满足要求为止。

(2) 外部结构对抗滑桩桩顶位移有限制时，其桩顶位移不应超过外部结构要求的最大允许位移值，即应满足要求

$$\Delta x_y \leqslant \Delta x_{\max} \tag{16.26}$$

式中，Δx_y 为桩顶处的位移；$\Delta x_{\max}$ 为外部结构所允许的最大位移。

当抗滑桩设置于强膨胀土过水断面时，因过水断面需进行混凝土衬砌，因此抗滑桩桩顶所允许的最大位移由衬砌板所能承受的最大变形所决定。当抗滑桩桩顶位移不满足设计要求时，应增大锚固段深度。在同样条件下，增大锚固段深度，桩顶位移量固然减小，但锚固段达到一定深度后，再增加锚固段深度对桩顶位移减小值已很小。因此，应综合调整锚固段深度、桩间距和桩的截面尺寸，直至桩顶位移满足要求为止。

上述公式只能作为决定桩的锚固段深度及校核地基强度、桩顶位移时的参考。根据南水北调中线工程强膨胀土渠段抗滑桩支护情况，设置于强膨胀土抗滑桩锚固长度一般为桩长的 0.5~0.67 倍。

3) 桩间距

如果抗滑桩桩间距过大，则桩间土可能会发生流动，如图 16.62 所示。

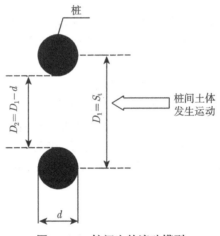

图 16.62　桩间土的流动模型

Ito(1975) 提出了桩间土发生流动时，在坡脚处能承担的剩余下滑力为

$$q = Ac\left[\frac{1}{N_\varphi \tan\varphi}(B - 2E - 1) + F\right] - c\left[D_1 F - 2D_2 N_\varphi^{-1/2}\right] + \frac{\gamma \bar{z}}{N_\varphi}(AB - D_2) \tag{16.27}$$

式中

$$N_\varphi = \tan^2\left[(\pi/4) + (\varphi/2)\right]$$
$$A = D_1 \times \left(\frac{D_1}{D_2}\right)^{N_\varphi^{1/2}\tan\varphi + N_\varphi - 1}$$
$$B = \exp\left[\frac{D_1 - D_2}{D_2} \times N_\varphi \tan\varphi \tan\left(\frac{\pi}{8} + \frac{\varphi}{4}\right)\right]$$

$$E = N_\varphi^{1/2} \tan \varphi$$

$$F = \frac{(2 \times \tan \varphi) + \left[2N_\varphi^{1/2}\right] N_\varphi^{-1/2}}{E + N_\varphi - 1}$$

在进行抗滑桩桩间距设计时，根据 Ito 公式计算复核桩间土的稳定。

4) 桩底的支撑条件

抗滑桩的底端支撑根据锚固程度和地层岩性可以分为自由支撑、铰支撑和固定支撑三种。对于设置于强膨胀土地层的抗滑桩，一般采用自有支撑进行内力计算。

5) 刚性桩与弹性桩

按桩身的变形情况，抗滑桩可分为刚性桩和弹性桩两种。刚性桩的相对刚度视为无穷大，其水平方向的极限承载力和变形大小只取决于土的性质和抗力大小；弹性桩则还需考虑桩身的变形。

当桩埋于滑动面以下深度 $h \leqslant 2.5/\alpha$ 时，按刚性桩设计；当 $h > 2.5/\alpha$ 时，按弹性桩设计。采用 "K" 法计算时，α 按下式计算。

$$\alpha = \sqrt[4]{\frac{C' B_{\mathrm{p}}}{4EI}} \tag{16.28}$$

式中，C' 为桩底侧向地基系数；B_{p} 为桩的计算宽度；E 为桩的弹性模量；I 为桩的截面惯性矩。

6) 计算步骤 (图 16.63)

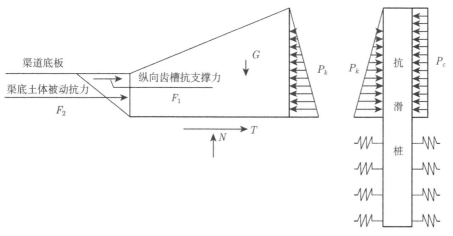

图 16.63 单桩结构计算简图

(1) 寻找存在不同裂隙组合和无支护结构条件下单位长度设计断面最危险滑动面和桩体所在部位的剩余下滑力 $(P_{\mathrm{c}} \times a)$，其中 a 为桩沿纵向分布的中心间距；

(2) 根据桩后部分滑体的刚体极限平衡条件求出该滑体能为桩体提供的抗力 $p_k \times a$;

(3) 将剩余下滑力 $(P_c \times a)$、能为桩体提供的抗力 $(p_k \times a)$ 施加在滑动面以上的桩体部分;

(4) 按最危险滑弧以下部分土体对桩体提供弹性支承的悬臂梁进行桩体结构内力计算。

A. 受荷段内力计算

a. 桩前土可能滑走时 (无剩余抗滑力)

$$Q_A = P_c \times a \tag{16.29}$$

$$M_A = P_c \times a \times h_0 \tag{16.30}$$

式中, Q_A、M_A 分别为滑动面处桩的剪力和弯矩;h_0 为滑坡推力分布图形重心至滑动面的距离;其他符号同前。

b. 桩前土基本稳定时 (有剩余抗滑力)

$$Q_A = P_c \times a - p_k \times a \tag{16.31}$$

$$M_A = P_c \times a \times h_0 - p_k \times a \times h_0' \tag{16.32}$$

式中, h_0' 为剩余抗滑力分布图形中心至滑动面的距离;其余符号同前。

B. 锚固段内力计算

采用 "K" 法计算时, 地基系数为常数, 桩前、后地基系数相等, 即 $C = A$。在滑坡推力作用下, 抗滑桩身的转动情况受地层的岩性影响。对于强膨胀土地层, 可以认为抗滑桩绕桩身某一点转动, 桩底为自由端支撑。

设在滑坡推力的作用下, 当桩身绕 O 轴旋转一个 ϕ 角时, 深度 y 处的水位位移为 Δx, 则 $\Delta x = (y_0 - y)\tan\phi, \phi$ 角一般很小, 因此 $\tan\phi \approx \phi$(单位为弧度), 即 $\Delta x = (y_0 - y) \times \phi$, 该处土的侧应力 $\sigma_y = \Delta x C_y = (y_0 - y)\varphi \times A$。在桩买着总深度 h 上的侧向土应力之和为

$$R_h = \int_0^h B_p \times (y_0 - y)\varphi A dy = \frac{1}{2}AB_p h\varphi(2y_0 - h) \tag{16.33}$$

R_h 对滑面处 a 点的力矩为

$$M_a = \int_0^h B_p \times (y_0 - y)\varphi A y dy = \frac{1}{6}AB_p \varphi h^2(3y_0 - 2h) \tag{16.34}$$

桩身的静力平衡方程为

$$\sum x = 0; \quad Q_A - R_h = 0 \tag{16.35}$$

$$\sum M = 0; \quad M_{\mathrm{a}} + M_A = 0 \tag{16.36}$$

根据平衡方程求出 y_0 和 φ，则滑动面以下桩身任意截面的侧向土应力和桩身内力为：

侧向土应力：$\sigma_y = (y_0 - y)\varphi \times A$ \hfill (16.37)

$$剪力：Q_y = Q_A - \frac{1}{2}AB_{\mathrm{p}}h\varphi(2y_0 - h) \tag{16.38}$$

$$弯矩：M_y = M_A - \frac{1}{6}AB_{\mathrm{p}}\varphi h^2(3y_0 - 2h) \tag{16.39}$$

(5) 复核锚固段长度和桩间距，若不符合，调整后重新计算直至符合要求为止。

(6) 根据桩体内力对桩体进行结构配筋。

抗滑桩的配筋计算：

根据抗滑桩 + 坡面梁框架支护体系中抗滑桩的结构受力特点，其配筋按照《水工混凝土结构设计规范》(SL191-2008) 规定的圆形截面受弯构件来计算。

规范中规定圆形截面受弯构件的正截面承载力，应按照规范 6.3.6 条的规定进行计算，但应在规范中的式 (6.3.7-1) 中取等号，并取轴向力 $N = 0$；还应将规范中的式 (6.3.7-2) 中的 $N\eta e_0$ 以弯矩 M 代替。规范中的式 (6.3.7-1)～ 式 (6.3.7-2) 如下所示。

$$KN \leqslant \alpha f_{\mathrm{c}} A \left(1 - \frac{\sin 2\pi\alpha}{2\pi\alpha} \right) + (\alpha - \alpha_{\mathrm{t}}) f_y A_{\mathrm{s}} \tag{规范6.3.7-1}$$

$$KN\eta e_0 \leqslant \frac{2}{3} f_{\mathrm{c}} A\gamma \frac{\sin^3 \pi\alpha}{\pi} + f_y A_{\mathrm{s}}\gamma_{\mathrm{s}} \frac{\sin \pi\alpha + \sin \pi\alpha_{\mathrm{t}}}{\pi} \tag{规范6.3.7-2}$$

$$\alpha_{\mathrm{t}} = 1.25 - 2\alpha \tag{规范6.3.7-3}$$

式中，A 为圆形截面面积 (mm^2)；A_{s} 为全部纵向钢筋的截面面积 (mm^2)；γ 为圆形截面的半径 (mm)；α 为对应于受压区面积的圆心角 (rad) 与 2π 的比值；α_{t} 为纵向受拉钢筋截面面积与全部纵向钢筋截面面积的比值，当 $\alpha > 0.625$ 时，取 $\alpha_{\mathrm{t}} = 0$。

16.5.4 框架组合支挡结构设计

抗滑桩受力形式为悬臂结构，这种受力形式决定了桩体尺寸较大，在一些工程中，在桩头部位施加一个锚索，从而改变了抗滑桩的受力，提高了结构的承载力，进而减小了工程治理的投资。借鉴锚拉桩的设计思路，并根据渠道在结构布置上的对称性，设置一根地基梁顶在桩头部位，将悬臂结构变为简支结构，既可以大幅提高结构承载力，又可以利用这根支撑梁将渠坡划分为框格，起到坡面防护的作用，设计见图 16.64。抗滑桩与坡面梁组合的支护形式可将抗滑桩由悬臂结构变为简支结构，既能大幅提高结构承载力，又可以利用坡面梁对桩前土进行适当的防护，并抑制膨胀土渠底后期回弹变形。

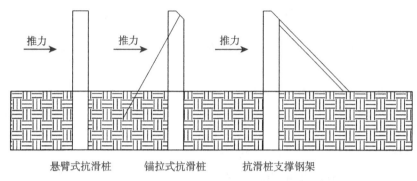

悬臂式抗滑桩   锚拉式抗滑桩   抗滑桩支撑钢架

图 16.64   组合支护结构设计构想

1. 结构组成

框架组合支护结构组成部分主要有：抗滑桩、坡面梁、渠底纵梁、渠底横梁
(图 16.65~ 图 16.66)，该支护体系的结构形式将抗滑桩的悬臂受力形式通过桩顶的
支撑梁改变为简支结构，在不改变抗滑桩结构尺寸的同时使抗滑桩能够提供更大
的抗滑力。坡面梁提供支撑的同时，利用坡面梁下传的推力在滑坡体表层施加压
力，可有效提高渠道边坡的稳定性，渠底纵梁利用衬砌结构的脚槽布置钢筋形成，
增加支护体系的纵向结构整体性。

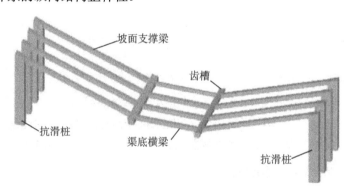

图 16.65   抗滑桩 + 坡面梁框架支护体系结构组成图

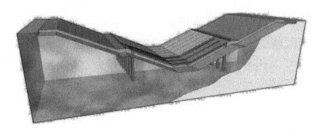

图 16.66   桩 + 坡面梁框架支护体系效果图

2. 计算步骤

组合支护结构的设计方法与抗滑桩相比,因桩顶多了梁的支撑,使剩余抗滑力的计算多了一个未知力 R,即梁所能提供的抗力。坡面梁、渠底横梁采用弹性地基梁法计算。单排桩框架结构计算需要采用迭代法或试算法,具体步骤如下:

(1) 寻找存在不同裂隙组合和无支护结构条件下单位长度设计断面最危险滑动面和桩体所在部位的剩余下滑力 $(p_c \times a)$,其中 a 为桩中沿纵向分布的心间距。

(2) 根据桩后部分滑体的刚体极限平衡条件求出该滑体能为桩体提供的抗力 $(p_k \times a)$,考虑到由于斜面支撑梁的约束作用,桩顶位移较小,土体对桩的抗力按三角形分布,参见图 16.67,图中 R 为坡面梁对坡体的弹性抗力 (初始计算时取 0)。

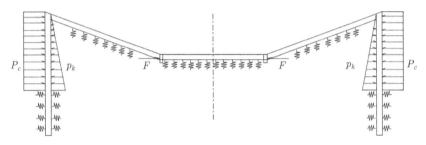

图 16.67 单排桩框架结构计算简图

(3) 按计算简图 16.68 进行支护体系结构计算,求得坡面梁与坡体图之间的弹性抗力近似值 R。

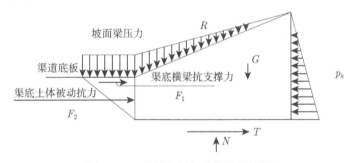

图 16.68 单排桩框架结构计算简图

(4) 回到步骤 (2)→(3),分别求桩后部分滑体在 R 下的抗力 $(p_k \times a)$、R,直到相邻两次迭代的 $(p_k \times a)$ 值近似相等为止。

(5) 复核锚固段长度和桩间距是否符合要求,若不符合,调整后重新计算,直至符合要求为止。

组合支护结构中坡面梁将桩间土分割成具有一定宽度的方块,因此对抗滑桩 + 坡面梁框架式支护体系的桩间土稳定计算,应考虑桩与土之间的摩擦力和坡面梁对土体的限制作用。由于坡面梁的限制作用，桩间土在滑坡推力的作用下剪断应服从摩尔–库仑准则。由于采用摩尔–库仑准则，需要计算正应力，桩间土稳定复核采用有限元离散的方式计算。

(6) 根据组合支护结构内力对桩体和梁进行结构配筋，其中桩的配筋同前。

根据抗滑桩加坡面支撑梁支护体系中坡面支撑梁和渠底横梁的结构受力特点，其配筋按照《水工混凝土结构设计规范》(SL191–2008) 规定的矩形截面偏心受压构件来计算。

计算公式按照规范中规定的式 (6.3.2-1)、式 (6.3.2-2) 和式 (6.3.2-3) 计算。规范中的式 (6.3.2-1)~ 式 (6.3.2-3) 如下所示。

$$KN \leqslant f_{c}bx + f_{y}'A_{s}' - \sigma_{s}A_{s} \qquad (规范6.3.2-1)$$

$$KNe \leqslant f_{c}bx\left(h_0 - \frac{x}{2}\right) + f_{y}'A_{s}'\left(h_0 - \alpha_{s}'\right) \qquad (规范6.3.2-2)$$

$$e = \eta e_0 + \frac{h}{2} - \alpha_{s} \qquad (规范6.3.2-3)$$

其中，K 为承载力安全系数，按照规范中的表 3.2.4 规定并结合本工程特点，基本荷载组合取值为 1.3；N 为轴向压力设计值 (N)；f_c 为混凝土轴心受压强度设计值 (N/mm^2)；f_{y}' 为纵向钢筋抗压强度设计值 (N/mm^2)；e 为轴向压力作用点至受拉边或受压边纵向钢筋合力点之间的距离 (mm)；e_0 为轴向压力对截面重心的偏心距 (mm)，$e_0 = M/N$；A_s、A_s' 为配置在远离或靠近轴向压力一侧的纵向钢筋截面积 (mm^2)；σ_s 为受拉边或受压较小边纵向钢筋的应力 (N/mm^2)；a_s 为受拉边或受压较小边纵向钢筋合力点至截面近边缘的距离 (mm)；a_s' 为受压区较大边纵向钢筋合力点至截面边缘的距离 (mm)；x 为受压区计算高度 (mm)，当 $x > h$ 时，在式 (规范 (6.3.2-1)、式 (6.3.2-2) 中取 $x = h$；η 为偏心受压构件考虑二阶效应的轴向压力偏心距增大系数，按照规范的 6.3.9 条规定的下列公式计算：

$$\eta = 1 + \frac{1}{1400e_0/h_0}\left(\frac{l_0}{h}\right)^2 \zeta_1\zeta_2 \qquad (规范6.3.9-1)$$

$$\zeta_1 = \frac{0.5f_cA}{KN} \qquad (规范6.3.9-2)$$

$$\zeta_2 = 1.15 - 0.01\frac{l_0}{h} \qquad (规范6.3.9-3)$$

其中，e_0 为轴向压力对截面重心的偏心距 (mm)，在式 (规范 6.3.9-1) 中，当 $e_0 < h_0/30$ 时，取 $e_0 = h_0/30$；l_0 为构件的计算长度 (mm)，本工程在设计时考虑到坡面支撑梁两端固定，按照规范中的表 5.2.2-2 取值为 $0.5l$ (l 为构件支点间长度)，但是考虑到坡面支撑梁结构的重要性，在实际计算时取 $0.5l$ 和利用 ANSYS 有限元结

构软件计算出坡面支撑梁屈曲段长度中两者的较大值；h 为截面高度 (mm)；h_0 为截面有效高度 (mm)；A 为构件的截面积 (mm²)；ξ_1 为考虑截面应变对截面曲率影响的系数，当 $\xi_1 > 1$ 时，取 $\xi_1 = 1.0$；ξ_2 为考虑构件长细比对截面曲率影响的系数，当 $l_0/h < 15$ 时，取 $\xi_2 = 1.0$。

以桩径为 1.3m 坡面梁和渠底横梁宽 × 高 =0.6m×0.5m 的抗滑桩 + 坡面梁框架式支护体系为例进行配筋设计说明。根据内力计算成果，该支护体系在布桩断面处所能承担的最大下滑力为 940kN/m。抗滑桩布设在渠底板以上 8.5m 渠坡断面处，假定滑动土体从渠底板处剪出，因此抗滑桩的受荷段长度为 8.5m，抗滑桩长度为 15m。

根据上述计算条件，采用 ANSYS 有限元结构计算软件，计算得到抗滑桩的内力，如图 16.69～图 16.71 所示。

根据规范中规定的公式 (6.3.7-1)、(6.3.7-2) 和 (6.3.7-3) 计算得桩径为 1.3m 的抗滑桩在布桩断面处承受 940kN/m 下滑力时主筋需配置 19 组 (每组两根) 直径为 28mm 的三级钢筋。配筋后抗滑桩所能承受的设计弯矩为 3082kN/m，结构满足规范要求。

采用 ANSYS 有限元结构计算软件，计算得到坡面支撑梁的内力，如图 16.72～图 16.74 所示。

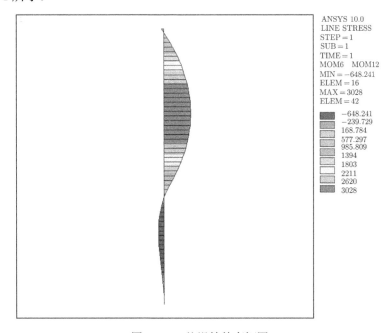

图 16.69 抗滑桩的弯矩图

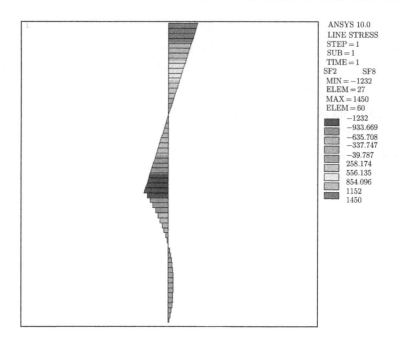

图 16.70　抗滑桩的剪力图

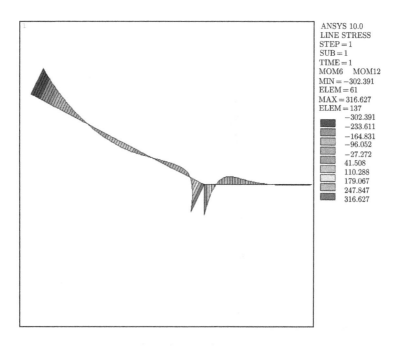

图 16.71　坡面支撑梁和渠底横梁的弯矩图

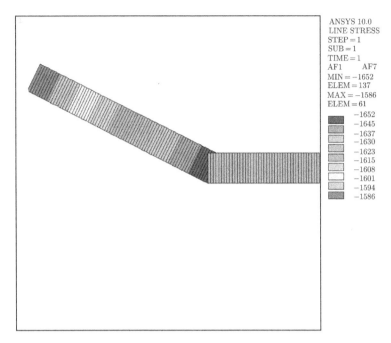

图 16.72 坡面支撑梁和渠底横梁的轴力图

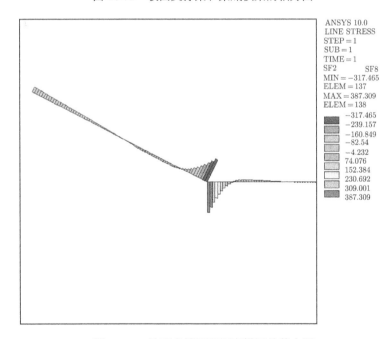

图 16.73 坡面支撑梁和渠底横梁的剪力图

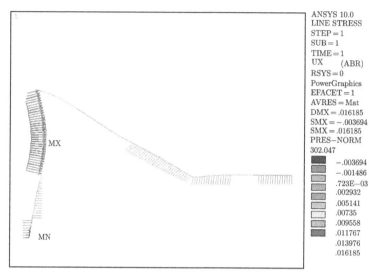

图 16.74　坡面支撑梁和渠底横梁的变形图

当坡比为 1:2 时，$0.5×L=9.2$m，通过 ANSYS 有限元软件计算的坡面支撑梁屈曲段长度为 11m。因此，在计算时取 $l_0=11$m。

当坡面梁截面尺寸高 × 宽 $=0.5$m×0.6m，承受弯矩为 303kN/m，轴力为 1600kN，混凝土保护层厚度为 50mm 时，根据规范规定的公式 (6.3.2-1)、(6.3.2-2) 和 (6.3.2-3)，受拉区计算配筋面积为 3118.25mm²。截面受拉区实际配筋为 5 根直径为 28mm 的 3 级钢筋，实际配筋面积为 3075mm²，满足规范要求。

16.5.5　微型桩支挡结构设计

抗滑桩方案主要用于滑体规模较大的滑坡体支挡，需要较为宽敞的施工作业面，但由于强膨胀土渠坡坡体土中的裂隙分布具有随机性，裂隙的规模、产状、是否存在在边坡开挖前无法预知，需要针对具体的裂隙面采取支挡措施时，大多渠道边坡已经开挖成型，施工作业面受到限制，而且由裂隙面控制的滑坡体规模各不相同。因此，边坡支挡方案需要研究适用于小型施工机械施工、不同规模的支挡措施。目前强膨胀土渠坡采用的微型桩支挡方案主要有以下几种。

1. 树根桩

对于开挖过程中揭露的长度大于 7~5m 缓倾角裂隙面，当其坡面出露高程位于一级马道以上时，可采用树根桩 (直径为 200~300mm) 支挡方案，树根根据深度可在坡面局部填筑形成小范围施工作业平台或采用洛阳铲、地质钻、麻花钻等小型钻机挖孔现浇成桩。

树根桩支挡方案由两根或多根竖直和倾斜的小直径桩构成，桩体采用小型机械钻孔，灌注水泥砂浆或细石混凝土形成，桩径为 200~300mm，每根桩中插入 2~3 根直径为 25~32mm 的钢筋；竖直桩与倾斜桩在坡面通过现浇混凝土与坡面支撑框架连接成三角支撑框架。桩顶到缓倾角滑动底面垂直深度一般为 1.5~4m。三角支撑框架沿渠道纵轴线方向的间距为 1~1.5m(图 16.75)。

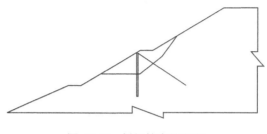

图 16.75　树根桩支挡方案

2. 坡面梁加土锚

对于开挖过程中揭露的长度大于 15m 缓倾角裂隙面，当其坡面出露高程位于一级马道以上时，由于抗滑桩施工受到施工条件限制，可采用坡面梁加土锚支护方案。

坡面梁加土锚支护方案由坡面梁与土钉构成，坡面梁在开挖形成的坡面通过抽槽现浇钢筋混凝土形成，坡面梁下端支撑在裂隙面下方的马道里侧，底部采用直径为 400mm 的树根桩支撑，土锚在坡面梁上锚固，锚固力通过坡面梁传递到坡体，实现对滑坡体支护 (参见示意图 16.76)。坡面梁沿渠道纵轴线方向的间距按 3m 布置。

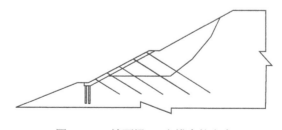

图 16.76　坡面梁 + 土锚支护方案

该支护方案剩余下滑力主要依靠土锚锚固力的水平分量承担，参考同类工程经验，锚杆直径为 25~30mm，土锚锚固段长度一般为 16~20m 时，每根土锚的设计锚固力一般在 20t 左右，坡面梁长度与土锚数量根据边坡剩余下滑力及缓倾角裂隙面的位置具体情况确定。

3. 注浆钢管桩

注浆钢管桩是钻孔后下入钢花管进行压力注浆，用以加固钢管周围的强膨胀土裂隙、裂隙密集带及其土体，使密排的钢花管微型桩及其建的土体形成一个坚固的连续体，共同起抗滑作用，见图 16.77。此种支挡体系的优点为：

(1) 支挡作用，钢管及其周围的水泥浆体形成一个微型桩，微型桩穿过滑动带伸入稳定土层，从而对渠坡起到支撑作用。

(2) 增阻作用，劈裂注浆形成树根桩，部分浆液更是通过强膨胀土中的裂隙扩散，浆液凝固时具有黏聚性，使强膨胀土的性质得以改善，提高黏聚力、内摩擦角，降低膨胀性，从而改善强膨胀土的物理性质，增大土体的阻滑作用。

(3) 便于施工，施工机械简单，适应性强，对已建工程破坏小，在工程后期抢险加固中具有广阔的应用前景。

通过现场试验情况，强膨胀土体的可灌性较差，但裂隙密集带及裂隙面部位可灌性稍好，能够提高裂隙面的抗剪强度。浆液的存在提高了钢管的刚度和抗剪指标，对钢管桩的受力性能。

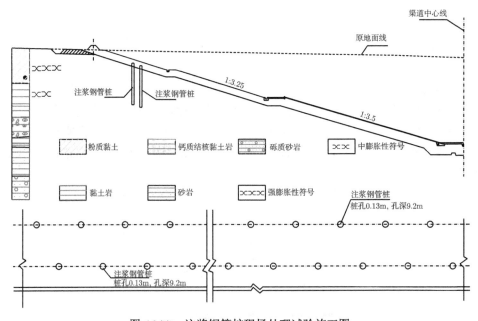

图 16.77   注浆钢管桩现场处理试验施工图

4. 张拉自锁伞型锚

张拉自锁伞型锚为新型锚固技术，可应用于边坡滑坡、垮塌等应急抢险工程，是无需注浆的锚固技术，能及时提供加固边坡所需锚固力。张拉自锁伞型锚由可收紧和张开的伞型锚头、自由连接段和张拉固定端三部分组成。其工作原理：钻进机具钻孔后将伞型锚的锚头放至孔底，锚头带有伞型锚板，通过张拉设备在顶部施加张拉力对锚杆进行张拉；锚板与钻孔侧壁土体斜交并有一定的倒角，在张拉力作用下，锚板向两侧呈伞型打开并嵌入两侧土体，达到张开角度要求后通过限位装置使得锚头与两侧土体形成整体，以提供所需的抗拔力，如图 16.78～ 图 16.80 所示。

图 16.78 伞型锚锚固原理图

伞型锚的主要主要功能和特点：

(1) 锚固力大：伞型锚与传统注浆型锚杆最显著的区别在于两者锚固形式的差异，传统锚杆是依靠锚固段与周围土体的黏聚力和摩擦效应来承受荷载，所以锚固力的大小取决于有效锚固段的黏聚力和摩擦力；而伞型锚则依靠张开锚板传递荷载，土体受压，锚固力的大小主要取决于土体的抗压性能。因土体抗压强度远大于其黏聚力和摩擦力，因此同一条件下伞型锚加固方式所提供的锚固力更大。

(2) 工艺简单：仅通过将伞型锚锚头放至孔底，在顶部进行张拉，即可使锚板刺入土体，发挥工程所需的抗拔力 (即锚固力)，而无需再进行注浆，因此施工工艺更简单。

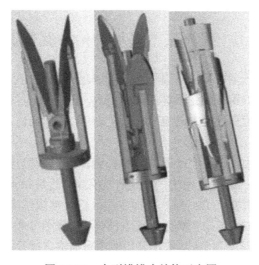

图 16.79 伞型锚锚头结构示意图

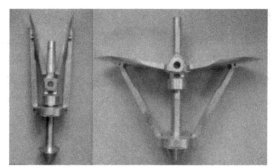

(a) 伞型锚锚板未张开时　　　(b) 伞型锚锚板张开后

图 16.80　典型伞型锚锚头实物图

(3) 工效快：传统锚杆需现场制作，注浆凝结时间长，张拉锁定施工较慢；而伞型锚乃提前在工厂预制，运至工地后直接下锚，无需注浆及凝结时间，下锚至预定位置后即可进行张拉、锁定，因此其工效更高。对于滑坡、垮塌等应急抢险工程，工效尤为重要，伞型锚的优势更为突出。

(4) 造价低：伞型锚具有锚固力大的特点，因此同一条件下工程所需伞型锚的数量较常规注浆型锚杆会大幅减少，且伞型锚不需注浆，工效更快，不仅节约了锚杆的数量和相应的造价，而且降低了人力成本，因此工程造价会大幅降低。

(5) 环境影响小：传统锚杆注浆对土体、周边环境的影响较大，而伞型锚加固技术不需注浆，基本不存在环境影响。

(6) 施工质量可控、可靠：传统锚杆注浆体质量较难控制，易存在工程安全隐患，而伞型锚施工质量可控、可靠。

16.6　强膨胀土渠坡处治方案优选

从南水北调中线一期工程总干渠南阳段膨胀土渠坡的情况来看，坡面和渠底分布有强膨胀土地层的渠坡发生滑坡的概率更大，强膨胀土对外界环境更敏感，因此对于强膨胀土渠坡应引起足够的重视，采取妥善的处治措施，保证强膨胀土渠坡稳定。

在工程设计时，为了能够有针对性地选择强膨胀土 (岩) 渠坡的处理方案，采用刚体极限平衡法和三维有限元法，研究渠道挖深与边坡稳定安全系数之间的关系。计算模型统一采用坡比 1:2，过水断面水泥改性土换填厚度为 2m，过水断面以上渠坡换填厚度为 1.5m(半挖半填渠段挖方部分水泥改性土换填厚度为 2m，填方部分外包水泥改性土厚度为 1m)，坡顶开口线至截流沟之间换填水泥改性土，土体强度参数相同，计算结果如下。

1. 刚体极限平衡法

1) 挖深 4m(图 16.81)

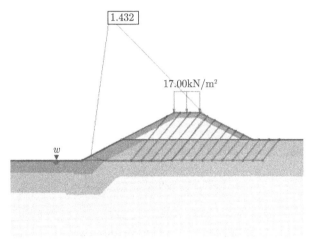

图 16.81 渠道挖深 4m 完建工况渠坡安全系数 $F=1.432$

2) 挖深 5m(图 16.82)

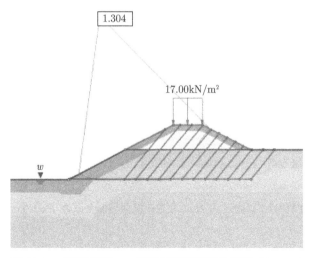

图 16.82 渠道挖深 5m 完建工况渠坡安全系数 $F=1.304$

3) 挖深 6m(图 16.83)

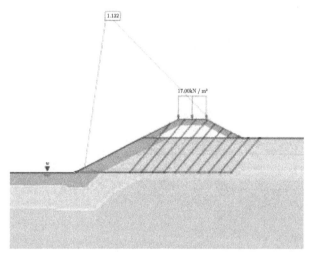

图 16.83　渠道挖深 6m 完建工况渠坡安全系数 $F=1.198$

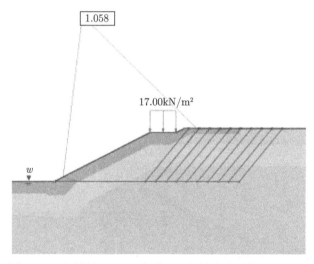

图 16.84　渠道挖深 10m 完建工况渠坡安全系数 $F=1.058$

5) 挖深 12m(图 16.85)

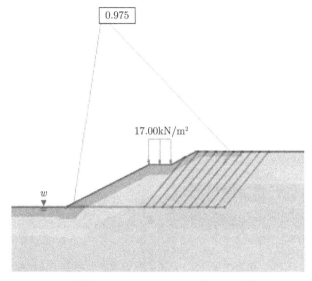

图 16.85 渠道挖深 12m 完建工况渠坡安全系数 $F=0.979$

2. 三维有限元法

1) 挖深 4m(图 16.86)

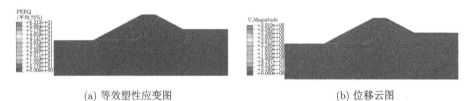

(a) 等效塑性应变图   (b) 位移云图

图 16.86 渠道挖深 4m 完建工况渠坡安全系数 $F=1.397$

2) 挖深 5m(图 16.87)

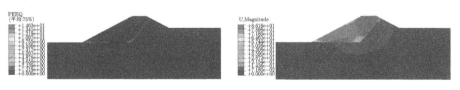

(a) 等效塑性应变图   (b) 位移云图

图 16.87 渠道挖深 5m 完建工况渠坡安全系数 $F=1.315$

3) 挖深 6m(图 16.88)

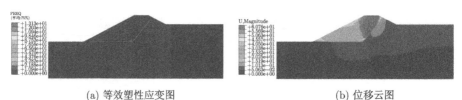

　　　　(a) 等效塑性应变图　　　　　　　　　　　　　(b) 位移云图

图 16.88　渠道挖深 5m 完建工况渠坡安全系数 $F=1.211$

4) 挖深 10m(图 16.89)

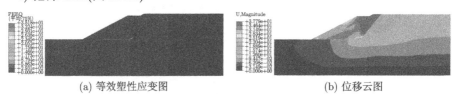

　　　　(a) 等效塑性应变图　　　　　　　　　　　　　(b) 位移云图

图 16.89　渠道挖深 10m 完建工况渠坡安全系数 $F=1.062$

5) 挖深 12m(图 16.90)

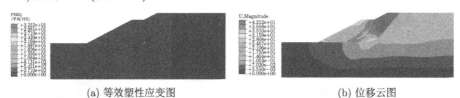

　　　　(a) 等效塑性应变图　　　　　　　　　　　　　(b) 位移云图

图 16.90　渠道挖深 12m 完建工况渠坡安全系数 $F=1.047$

渠道挖深与渠坡安全稳定安全系数关系如表 16.11 所示。

表 16.11　不同渠道挖深正常运行工况下渠坡安全系数

挖深/m	水泥改性土换填	安全系数	
		刚体极限平衡法	三维有限元法
4	过水断面开挖部分 2m，填筑部分外包 1m	1.432	1.397
5	过水断面开挖部分 2m，填筑部分外包 1m	1.304	1.315
6	过水断面开挖部分 2m，填筑部分外包 1m	1.198	1.211
10	过水断面换填厚度 2m，过水断面以上渠坡厚度 1.5m	1.058	1.062
12	过水断面换填厚度 2m，过水断面以上渠坡厚度 1.5m	0.979	1.047

　　通过上述数值模拟分析可以看出，强膨胀土渠道挖深小于 6m 时仅进行换填水泥改性土保护层，渠坡稳定安全系数已满足相关规范要求；当渠道挖深大于 6m 时，在渠坡进行换填水泥改性土保护层的基础上，需进行其他加固措施。

对于渠坡加固, 无论采用抗滑桩方案还是抗滑桩 + 坡面梁框架式支护体系, 只要设置合适的抗滑桩数目, 均能使边坡安全系数满足设计要求。但是, 采用抗滑桩或抗滑桩 + 坡面梁框架式支护体系的投资不一样, 因此从经济角度考虑, 应选择合理的支护方案。

4) 挖深 10m(图 16.84)

渠坡采用刚性支护的落脚点最终都是采用附加措施平衡剩余下滑力, 使得渠坡安全系数满足设计要求。因此, 下文将结合本工程特点, 以剩余下滑力为研究对象, 以工程投资为评价指标, 研究刚性支护方案的选择条件。

当坡脚处的剩余下滑力为 350kN/m 时 (采用抗滑桩 + 坡面梁框架式支护体系, 设桩处的滑坡推力为 650kN/m), 需采用直径为 120cm 的抗滑桩 + 坡面梁支护体系 (桩中心距为 450cm, 桩长 15m) 或采用直径为 160cm 的圆桩抗滑桩 (桩长为 15m, 桩中心距为 400cm), 两种支护方案每 36m 的工程量比较如表 16.12 所示。

表 16.12　1.2m 圆桩 + 坡面梁和 1.6m 圆桩工程量比较表

| 支护方案 | 支护长度/m | 抗滑桩工程量 | | 水泥改性土抽槽开挖量/m³ | 造价/元 |
		混凝土/m³	钢筋/t		
B-120	36	464	65.888	192	580343
单桩 -160	36	602	62.496	0	633943

注: 混凝土 530 元/m³, 钢筋 5031 元/吨, 改性土开挖 15 元/m³

根据表 16.10 所示, 当坡脚处剩余下滑力为 350kN/m 时, 抗滑桩 + 坡面梁框架式支护体系比抗滑桩投资要少, 节约投资约 9%。

对于深挖方渠段, 坡脚剩余下滑力更大, 抗滑桩加坡面梁框架式支护体系结构受力特点好、承担下滑力大的优势更明显, 抗滑桩 + 坡面梁框架式支护体系投资省的优点更明显。

从上述分析可以得出以下结论:

(1) 挖深小于 5m 的强膨胀土 (岩) 渠坡可仅采用水泥改性土换填方案进行处理, 水泥改性土换填厚度建议不小于 2m, 渠坡坡比建议不陡于 1:2。

(2) 挖深为 5~12m 的强膨胀土 (岩) 渠坡采用水泥改性土换填 + 抗滑桩支护措施进行处理, 水泥改性土换填厚度建议不小于 2m, 渠坡坡比建议不陡于 1:2.25。

(3) 挖深大于 12m 的强膨胀土 (岩) 渠坡或剩余下滑力超过 350kN 时, 从经济角度分析, 宜采用抗滑桩 + 坡面梁框架式支护体系。

第17章 强膨胀土渠坡处治技术施工

17.1 防渗截排措施施工

17.1.1 防渗措施施工

复合土工膜下垫层、排水设施及膜上保护层 (衬砌板) 共同组成了强膨胀土渠道过水断面的防渗体系，整个防渗体系在施工上有密切的联系，在渠道施工过程中也将复合土工膜、膜下永久排水设施、衬砌面板施工作为一个单位工程编制施工方案，因此本书也将合并论述。

施工流程：削坡及渠床整理 → 膜下永久排水设施施工 → 复合土工膜铺设及焊接 → 混凝土衬砌面板 (先渠坡后渠底)→ 混凝土面板切缝 → 闭孔泡沫板填缝 → 聚硫密封胶填缝。

1. 削坡及渠床整理

削坡前，由现场施工技术人员配合测量人员定出渠肩处、坡脚处、坡上各控制桩的位置、高程，在各控制桩上做出明显的标记。

先采用挖掘机，自上而下分段粗削坡，并预留 5~10cm 保护层；然后采用削坡机或由人工用平头锹等手工工具自上而下精削坡。

精削坡完成后由人工按照设计平整度的要求对渠床进行整理，对欠削的位置人工削坡到位，超削位置按照设计要求采用水泥砂浆或水泥改性土进行回填。

为便于开挖土料清理，渠坡排水沟槽开挖结合坡面清理施工同时进行，排水沟槽及坡脚齿槽开挖尺寸严格按设计要求进行控制，沟槽走向顺直，底部平整。

削坡工序完成后，当下道工序不能及时施工时，用彩条布对新鲜面进行覆盖，防风保水、防止雨水冲刷，以达到坡面不开裂、不变形、不出现雨淋沟的目的。

2. 膜下永久排水设施施工

渠坡：渠坡排水沟槽开挖完成后及时进行排水设施施工。排水沟槽内人工埋设人字形排水板和直线形排水板，并用土工布包裹，局部采用粗砂填充、找平。坡脚齿槽内人工架空安装一纵向 PVC 排水主管 (Φ250mm)，并合理布置横向 PVC 排水管 (Φ110mm) 四通、五通位置，管道间采用胶黏剂连接，渠坡拍门逆止阀设置在齿墙内与 PVC 管连接。齿槽底部排水盲沟内人工充填碎石，并用土工布包裹。渠坡渗水通过排水盲沟汇流至坡脚齿墙底部的碎石排水盲沟内。

渠底：渠道轴线底板下部粗砂垫层中设置纵向透水软管（Φ250mm），人工铺装，并合理布置竖向 PVC 管（Φ200mm），连接球形逆止阀与透水软管。

渠坡拍门逆止阀与渠底球形逆止阀均宜采用承插式。

3. 复合土工膜铺设及焊接

复合土工膜施工工程序为：基础面清理 → 对缝和拼接 → 复合土工膜铺设 → 底层土工布缝合 → 中间土工膜焊接 → 充气检测 → 修补 → 复检 → 上层土工布缝合 → 验收。

1) 复合土工膜铺设

复合土工膜幅宽一般为 3m、3.5m、4m、6m、7m 等规格，使用时需搭接。南水北调中线工程土工膜搭接采用焊接技术，即上、下层土工布采用自动缝合机缝合，中间的土工膜采用热熔焊接机双缝焊接，焊缝搭接宽度不小于 10cm，焊缝的检验采取充气检验。

在膜下永久排水设施施工完成，各项指标验收合格后可进行土工膜的铺设，铺设前需按设计要求及招标技术条款的各项指标进行核查，确保将合格的土工膜用于本工程。复合土工膜施工质量的好坏，如接头的平顺度、中间褶皱的多少和大小，将对混凝土面板厚度及其均匀性产生较大影响，同时土工膜的严密性和完整性对主渠的防水起重要作用。因此，认真做好土工膜的铺设、焊接和保护工作十分重要。

复合土工膜铺设时注意事项：

(1) 铺设前要检查外观质量，检查土工膜的外观有无机械损伤和生产创伤、孔眼等缺陷。搬动时应轻搬轻放，严禁放在有尖锐的东西上面，防止损伤土工膜。

(2) 土工膜铺设应在干燥、暖和天气进行，以确保其焊接和摊铺的质量。

(3) 铺设土工膜时，应适当放松、避免应力集中，并避免人为硬折和损伤。

(4) 铺设面上应清除杂物，保证铺设面平整，不允许出现凸出凹陷的部位，如发现膜面有孔眼等缺陷或损伤，应及时用新鲜母材修补，补疤每边应超过破损部位 15~20cm。

(5) 铺设过程中，作业人员不得穿硬底皮鞋及带钉的鞋，不准用带尖头的钢筋作为撬动工具。

(6) 在铺设过程中，为了防止大风吹损，在铺设期间所有的土工膜应用砂袋或轻柔性重物压住，直至混凝土面板施工完为止，当天铺设的土工膜应在当天全部拼接完成。

(7) 铺设时必须铺好一幅再铺另一幅，并与缝合同步进行。

(8) 铺设时如发现土工膜有损伤等缺陷，应作好标记，以便识别和修补。

(9) 施工过程中应注意对外露土工膜的覆盖保护，以防暴晒后老化降低了使用寿命；对已经遭受损坏的土工膜，应及时按监理人的指示进行修补，在修补土工膜前，应将保护层破坏部位下不符合要求的料物清理干净，补充填入合格料物，并予以整平，对损坏的土工膜，应按监理人指示进行拼接处理。

2) 复合土工膜的拼接

采用两布一膜的复合土工膜时，复合土工膜的拼接分 3 个程序进行，即下层无纺织布的缝合、中层土工膜的焊接、上层无纺织布的缝合。无纺织布的缝接用手提缝纫机、尼龙线进行双道缝接；中层土工膜采用焊接工艺搭结，焊接宽度 10cm。

A. 下层土工布缝合

a. 缝合程序

复合土工膜布的缝合程序：对搭 → 折叠底布 → 缝合 → 检查 → 拉平 → 折边 → 验收。

b. 缝合方法

缝合使用手提式自动缝包机，缝线用 3×3 尼龙线，两人配合，边折叠边缝合。缝合时针距控制在 6mm 左右，连接面要求松紧适度，自然平顺，确保土工膜与土工布联合受力。

c. 缝合注意事项

土工布在缝合时不许空缝、跳线，若发生，则应检查修复设备，重新缝合。

d. 缝合检查

复合土工膜缝合结束后应仔细检查，看有无空缝、漏缝、跳线，若有不合格，应重新缝合。

B. 中层土工膜焊接

a. 焊接程序

复合土工膜焊接程序：摊铺、剪裁 → 对正、搭齐 → 压膜定型 → 擦拭尘土 → 焊接试验 → 焊接 → 焊接质量检查 → 对破损部位修复 → 复检修复部分 → 验收。

b. 焊接方法和步骤

(1) 土工膜焊接方法采用双焊缝焊接，搭接宽度不小于 10cm；

(2) 用干净纱布擦拭焊缝搭接处，做到无水、无尘、无垢，土工膜应平行对正，适量搭接；

(3) 根据当时当地气候条件，调节焊接设备至最佳工作状态；

(4) 在调节好的工作状态下做小样焊接试验；

(5) 采用现场撕拉检验试验，焊接不被撕拉破坏，母材被撕裂认为合格；

(6) 现场撕拉试验合格后，用已调节好工作状态的热合焊机逐幅进行正式焊接。

C. 土工膜焊接质量检测

土工膜焊接完成后，立即对焊接进行检查验收，主要采用目测法进行检查，以充气法进行抽检控制。

a. 目测法

土工膜焊接完成后，随即进行外观检查，观查有无漏接，接缝是否无烫伤损、无褶皱，是否拼接均匀，两条焊缝是否清晰、透明、顺直，无加渣、气泡、熔点或焊缝跑边等现象。如有漏焊、熔点等现象，立即采用热风焊枪进行补焊。

b. 充气法

用自制充气试验装置以 0.18~0.2MPa 压力向双焊缝间充气，5min 内压力无明显下降为质量合格。对所发现的漏焊、熔点等现象，立即用热风焊枪进行补焊。

c. 焊接注意事项

(1) 土工膜搭接应平行对正，搭接适量，缝合要求松劲适度、自然平顺，确保膜、布同受力。

(2) 焊机操作人员应严格按照复合土工膜施工工艺试验所确定的施工参数进行焊接，并随时观察焊接质量，根据环境温度的变化调整焊接温度和行走速度。

(3) 焊缝处复合土工膜应结为一个整体，不得出现虚焊、漏焊或超量焊。

(4) 焊缝双缝宽度皆采用 2×10mm。

(5) 覆盖时，不得损坏土工膜，如果万一损坏，应立即报告并及时修复。

(6) 焊接中，必须及时将已发现破损的土工膜裁掉，并用热风焊枪焊牢。

(7) 连接的两层复合土工膜必须搭接平展、舒缓。

(8) 焊接前用电吹风吹去膜面上的砂子、泥土等脏物，再用干净毛巾擦净，保证膜面干净，在焊接部分的底下垫一条长木板，以便焊机在平整的基面上行走，保证焊接质量。

D. 上层土工布缝合

土工膜焊接检测合格后，即可进行上层土工布缝合，施工方法同下层土工布，但应注意上层缝合好后的土工布接头侧倒方向应与下层土工布的相反，以减少接头处复合土工膜的叠合厚度。

E. 土工膜粘接

对于土工膜施工中的 T 型接头部位及局部破损部位，可采用粘接法。在土工膜粘接前应将上下层土工膜粘接面上的尘土、泥土、油污等杂物清理干净，用吹风机吹干水汽，保持粘接面清洁干燥。将下层土工膜铺平，在下层土工膜粘接面与上层土工膜均匀涂满已热熔的胶液，涂抹均匀，无漏涂点，然后将上层土工膜与粘接面对齐、挤压，使粘接面充分结合。在粘结过程和粘结后 2h 内，粘结面不得承受任何拉力，防止粘接面发生错动。土工膜粘接在施工中温度控制在 170~180°C，KS 胶涂上下两层无漏涂，厚薄均匀。在土工膜粘接工艺试验中，粘接试样 (0.5m×1m)

送实验室检测粘结强度是否符合设计要求,粘接膜的拉伸强度要求不低于母材的80%,且断裂不在接缝处为合格。

4. 衬砌混凝土施工

1) 混凝土运输

混凝土拌和物均采用罐车运输,防止发生离析现象。每次装混凝土前,必须将车罐内清洗干净,保持罐内湿润、无存水。混凝土搅拌运输车在装、运、卸过程中杜绝加水。每次施工完成后,停车时必须仔细清洗罐内的残留物。

2) 开仓前的各项检查与记录

(1) 检查和校对原材料的规格和混凝土配料单是否与设计配合比相符合,各项指标是否合格,并报监理工程师签发。

(2) 检查拌和系统运转是否正常,运输车辆是否准备就绪。

(3) 校核衬砌机轨道高程和基准线位置。

(4) 依照设计边线立模板并加固牢靠,将坡面上、下部多出的复合土工膜卷好并用彩条布进行覆盖保护。衬砌段左右铺设防滑梯板,便于人员上下作业。

(5) 衬砌机在仓面起始位置调整好坡比,并设定好衬砌机上下液压升降机构,调节衬砌板衬砌板厚度的位置,板厚与设计值的偏差为 $-5\% \sim +10\%$,空载试运行正常。

(6) 检查抹面桁架机和振捣棒、平板振捣器等其他工器具准备情况及运行状态正常。

上述各项内容准备齐备、具备验收条件后,报送开仓报审表,待监理工程师批复后,开始混凝土浇筑。

3) 混凝土布料

开始布料前,首先在现场及时检测罐车出口混凝土的坍落度,布料机入口处坍落度宜控制在 70~85mm。这样既能保证正常布料,又能保证混凝土能稳定在坡面上,不出现滑移现象。

施工现场安排专人指挥布料。布料时,先向料斗及皮带上面洒水使其湿润(且无水流)。混凝土罐车将混凝土卸在料斗内,由皮带上料机将混凝土输送至皮带机上,由皮带机将料物运送至导料管,混凝土经导料管流入临时储料仓,混凝土经布料系统自带的振捣器振捣密实后,最终由螺旋布料器将混凝土均匀摊铺于工作面。落料仓由专人看料,齿槽处落料仓要布满混凝土,其余上部落料仓以布满落料仓2/3 为宜。

4) 摊铺压实、振捣提浆

根据衬砌机特性,齿槽处、坡面、渠肩平台以及侧模处需人工配合衬砌机坡面施工,故分为四部位:齿槽处、坡面、侧模处、渠肩平台处。

齿槽部位：由衬砌机将混凝土分层摊铺于齿槽中，布料时开启振捣棒，由人工振捣齿槽部位混凝至表层返浆不出现气泡。

坡面：在临时储料仓布料达到 2/3 后，先开动高频低幅振捣棒 10~15s，再开动衬砌作业机械进行坡面混凝土衬砌施工，以保证混凝土拌合物振捣均匀、密实。

专用衬砌机集摊铺、振捣、提浆与压实施工于一体，只有铺料、振捣与行走速度相适应，才能保证坡面混凝土均匀、密实。根据试验，以混凝土表层浆液丰富、无漏石且能满足收面为准，上下行走速度以 2.2m/min 为宜。

侧模处：坡面布料后，及时用 50 型振捣棒振捣并填补适量混凝土，至表层泛浆，混凝土拌合物不再明显下沉为止。

渠肩平台处: 该部位混凝土落料以 1/2 布料仓为宜，衬砌机行走过后，专人将该部位多余混凝土清走，沿基准线整平后用平板振捣器振实。

齿槽处和渠肩平台处安排专人施工，需保证混凝土密实、上下内侧棱线顺直。

5) 混凝土施工各道工序的操作要点

(1) 侧模：所有侧模均采用双道 10# 槽钢制作，槽钢与槽钢之间垂直连接，以确保模板顺直不变形，连接处可压砂袋进行固定模板。坡面与底面及上面边模交接处的模板需进行认真加工，保证与坡面的混凝土截面相同，并用螺栓与主边模相连接。经过混凝土浇筑前后对比，无跑模现象，模板固定方式可靠。

下部齿槽部位及上部的边模需用沙袋或木支撑牢牢加固，并保证与设计边线相吻合。

上部和下部土工模的防护：上部及下部所预留的土工膜是为后续施工所设，为保护其不受伤害，在施工过程中均将其卷成束，并用彩条布包裹后在上面覆土进行保护。

(2) 施工缝设置：混凝土的浇筑施工缝设置在通缝处。当下仓混凝土开始施工时，可先在上仓的混凝土侧面上用双面胶将泡沫板粘牢，通缝板高度与混凝土板相同 (10cm)，在上部 2cm 处用美工刀划开，并预留 2mm 不切透，在进行密封胶填缝施工时再撕开。

(3) 轨道校正：在混凝土浇筑前，测量人员配合现场施工人员及时校正轨道的平面位置及高程，并将衬砌机来回在轨道上走 1~3 次，确保将基础压实、垫平。

混凝土衬砌机高度及坡比的调整：在渠底及渠肩钉设高程控制桩，根据设计图纸结合衬砌机的结构尺寸在桩顶安装高程控制钢线，将衬砌机开至基准高程点上，通过高程自动控制系统保证混凝土板的厚度和坡度符合设计要求。衬砌机宜匀速工作，禁止在衬砌施工时人为调整主机桁架的高度。

(4) 坡面上漏石的人工填补：坡面上出现漏石现象，人工及时填补原浆收面。

(5) 出仓面：因衬砌机所衬砌的板厚已定，出仓面时恐拖伤前方已衬砌成品面，出仓面前留取 10cm 人工修整振压整平，此时落料仓内应适当留有少量富裕混凝土。调整衬砌机油缸高度上升 1.5cm，不开振动将剩余砼料拖平，最后用人工沿坡面自下而上用平板振捣器振实整平。

6) 混凝土面板抹面及压光

抹面机的适易高度以抹盘刚好接触到混凝土表层为宜。抹面机横向自下往上行走，抹面宜为 3 遍为宜，行走速度控制在 3.5～4.5m/min 为宜，纵向每次移动间距为 1/2 圆盘直径，在连续作业时以保证不发生漏抹、表层均匀一致为宜。

混凝土初凝前，再用抹盘面连续抹面一遍，以表层平整、提出的浆面均匀为宜。下一道工序用专用收光刀片进行收光。机械收光作业完成后，再由人工进行精细收面 3 遍为宜，人工收面作业由 9～12 人在专用抹面桁架上完成，行走速度由人工控制桁架梁下部行走电机进行调节。

坡顶及坡底抹面机不能到的位置全部由人工进行抹面和收光，两侧有边模的位置虽然抹面机能到达，因有边模及施工分缝板的影响，抹面效果不太理想，用人工及时进行修整。

用抹盘对混凝土表层进行磨平后，当表层有些硬化，初凝前用手轻压，表层发硬、但稍有痕印时，便可及时进行压光处理，消除表层气泡，使混凝土表层平整、光滑无抹痕。

抹面过早不易抹平和压光，还会有划痕，过迟会因局部的不平出现有抹不到的地方，并且表层发白，整体显示为花斑面。严格控制收光时间，最终力求混凝土表层平整光洁。

7) 混凝土养护

完成抹面及收光后的混凝土要及时进行养护。养护方式可采用直接喷涂养护剂的方式，养护期不少于 28 天。

5. 混凝土面板切缝

1) 混凝土切缝

切缝时间应根据气温适当调整，一般宜在 20～24h 后开始进行，48h 内切完较好，保证伸缩缝缝宽均匀，边缘顺直、不掉角。为保证不断板，先切割诱导缝和纵向分缝，然后再切割横向分缝，宜交叉切割。

2) 纵缝切割

在边坡上进行混凝土面板切缝有一定的难度，购置的切缝机在坡面上应不会侧翻，重心应偏低，静止在坡面时，重心线不能超过下方侧的轮缘 (若重心不能满足要求，可采取在上侧增加配重的方式解决)，坡面纵缝切割采用简易支撑架支撑切割机进行切割。轨道搭设时，应从坡脚最下部开始，方法为：

(1) 先放线，定出要切缝的位置；

(2) 在最下部钉木桩,沿坡面支撑带有丝顶托的架管,沿架管顶部铺设水平方向的方管轨道或角钢轨道,调整丝杠的长度,使其轨道与纵缝平行;

(3) 用绳子牵引切缝机沿坡面缓慢放到轨道位置,注意摆正位置,再次调整丝杠的长度,使刀片在与坡面垂直方向刚好与要切的缝相吻合;

(4) 在预切缝的正前方固定一台专用的手动慢速卷扬机,卷扬机的牵引绳用直径以 4mm 的钢丝绳为宜;

(5) 在一级马道以上放置容量为 3m³ 的水箱,用塑料软管向切割机供水;

(6) 移动配电箱应按国家用电安全标准购置或单独安装,漏电保护系统应经现场检测,必须灵敏有效;

(7) 各项准备工作做好后,可进行试切。观察行走时,所切的缝是否平顺且行走是否方便省力。若行走困难,缝宽明显不够 1cm,可能是所制作的下边线前后导轮外切线与切割片平面不平行所致,应及时进行校验。另外,在切割时,应注意观查水路是否畅通,以免切割片受热变形。

3) 横缝切割

横缝的切割应从坡下开始向上进行,总体程序相对于纵缝的施工比较容易,只需将卷扬机固定在坡面顶部 (需高出坡面线)。另外,在底部开始部位需用槽钢及其他材料搭投起步平台,再安放切割机进行切割。

适当调整刀片入缝深度,便可进行横缝切割,因在坡角处是折面,此时千万不可只看标尺来定深度,要观看切割片入混凝土深度,否则易伤到土工膜。一人扶切割机,一人在上面摇卷扬机便可正常施工,卷扬机的速度及手摇力度由操作人灵活掌握。

6. 闭孔泡沫板填缝

清缝前应检查伸缩缝的深度和宽度,提前用扁铲铲除切割时所留下的混凝土夹片,使伸缩缝底部平坦、宽度均匀一致,同时对深度不符合设计要求的及时做补切缝处理。

对缝内的浮浆、碎碴等杂质采用水枪进行清除,若缝壁干净、干燥时,便可进行聚乙烯闭孔泡沫填缝板的施工,施工时采用专用工具压入缝内,并使上层填充密封胶达到设计深度。

7. 聚硫密封胶填缝

南水北调中线工程衬砌板采用的封缝材料为双组分聚硫密封胶,注胶前先在清理干净的基面上均匀刷界面剂,待界面完全固化后才能注胶。

为保证线条均匀美观,注胶前在已清理好的基面上,先用纸质胶带在缝两侧贴出两条线,以防污染基面,胶带间净距以 3cm 控制,注胶完成后再将胶带揭除。

注胶应饱满,用刮刀压紧刮平。压力注胶后应及时检查,如有凹凸不平、气泡、粗糙外溢、表层脱胶、下垂等现象,应及时修补整齐;密封胶表层干燥及固化期间,加强保护,避免雨水等侵入缝内。

17.1.2　排水垫层

1. 材料

(1) 砂垫层应采用级配良好、质地坚硬的中粗砂或砂砾石。采用的垫层材料中不得含有杂草、树根等有机杂质。

(2) 中粗砂垫层材料的细度模数应控制在 2.8~4.5 范围内。

(3) 采用砂砾石混合料作为排水垫层时,砂砾石中粗砂含量宜控制在 35%~50% 范围。砾石最大粒径不应大于垫层厚度 1/3,砂砾石混合料应级配良好,曲率系数满足下式的要求。

$$C_v = \frac{D_{30} \times D_{30}}{D_{60} \times D_{10}} = 1.5 \sim 2.5$$

(4) 无论粗砂或砂砾石作为垫层材料,总含泥 (粒径小于 0.075mm) 量不得超过 3%,粒径小于 0.075~0.2mm 颗粒,含量不应大于 10%。

(5) 垫层料的渗透系数应满足表 17.1 所示的要求。

表 17.1　垫层材料渗透性要求

垫层地基渗透系数 k_s/(cm/s)	垫层料渗透系数	备注
$k_s \leqslant 1 \times 10^{-4}$	$\geqslant 100 \times k_s$	
$k_s = 1 \times 10^{-3} \sim 1 \times 10^{-4}$	$\geqslant 50 \times k_s$	
$k_s \geqslant 1 \times 10^{-3}$	$\geqslant 10 \times k_s$	

(6) 当垫层厚度 ≥20cm 时,建议优先采用满足要求的砂砾石混合料作为排水垫层。

2. 垫层基础

(1) 垫层基础平整度应满足设计要求,垫层基础面总体轮廓应满足设计图纸相关文件要求,不应欠挖。

(2) 渠段基础面局部起伏度 (任意 100cm×100cm 范围) 不大于 2cm。

(3) 垫层平均厚度不小于设计厚度。最小厚度不小于 0.7 倍设计厚度;单块衬砌板区域内垫层厚度不小于设计厚度,垫层区域的面积应不小于衬砌板面积的 70%,且厚度较小区域不应沿渠道纵向形成条带分布。

(4) 排水垫层的建基面应采用平碾压实,并清除表层杂土。当局部表层存在表层泡水软化现象时,应在垫层料敷设前清除表层软化层,并快速采用垫层材料回填。

3. 施工要求

(1) 垫层敷设时, 下卧层面应平整, 坚硬无浮土、无积水, 当局部区域存在积水软化现象时, 应清除软化区域并以垫层料回填。

(2) 严禁施工过程中扰动垫层的下卧层及侧壁的软弱土层, 防止由于践踏或其他作业将下卧层土或其他泥土混入垫层料中污染垫层。

(3) 垫层料敷设后, 应采用合适的碾压或振捣器使其密实, 压实过程中可适当洒水湿润, 但应防止洒水过量造成施工作业面积水, 合格的垫层相对密度应不小于0.7。

(4) 垫层表层轮廓尺寸应满足设计要求, 表层平整度误差不大于 2cm, 不得超填。

(5) 不同施工段垫层分段铺筑时, 必须做好接合部位衔接处理, 防止出现垫层错位现象, 对于纵向排水暗沟结合部结合坡度不陡于 1:2.5, 后施工者应保证结合部排水垫层的排水通道通畅, 且要满足垫层材料密实度要求。

17.1.3 排水盲沟

1. 天然材料排水盲沟

天然材料排水盲沟是指盲沟中回填料为粗砂、砂砾石等天然透水材料的排水盲沟, 其施工应满足如下要求:

(1) 天然材料排水盲沟断面尺寸和走向应满足设计要求, 开挖成形的沟槽应顺直、底部平整, 盲沟内按设计图纸要求铺设粗砂或砂砾石、碎石料。

(2) 当盲沟顶部为现浇混凝土时, 盲沟顶面与混凝土之间应敷设土工膜, 并固定牢靠, 防止混凝土浇筑过程中水泥浆流入排水盲沟中。

(3) 排水盲沟填料颗粒级配应满足盲沟地基反滤要求, 当排水盲沟断面短边(厚度或宽度) 尺寸小于 10cm 时宜采用粗砂, 大于 20cm 可采用砂砾石或级配碎石。

(4) 排水盲沟填筑材料的渗透系数应不小于 1×10^{-3}cm/s。

(5) 排水盲沟填料施工时, 可适当洒水, 并采用平板夯或局部人工夯击方式使其密实, 填料相对密实度应不小于 0.70。

2. 塑料盲沟

1) 材料
塑料盲沟采用由热塑性合成树脂加热溶化后通过喷嘴挤压出纤维丝状多孔材料叠置而成。纤维丝外表层包裹 150g/m² 土工布, 土工布必须满足《土工合成材料长丝纺粘针刺非织造土工布》(GB/T 17639-1998) 的规定。塑料盲沟主要性能技术参数如表 17.2 所示。

表 17.2　塑料盲沟主要性能技术参数

规格型号		长方形断面		
		200-3	200-4	200-8
外形尺寸	宽度 mm ±4	200	200	200
	厚度 mm ± 2	30	40	80
单位面积质量 (g/m)≥		550	750	1500
空隙率 (%)≥		82	82	82
抗压强度/kPa	压缩量 10%时 ≥	60	60	60
	压缩量 20%时 ≥	100	100	100

2) 施工要求

(1) 塑料排水盲沟布置、断面尺寸应满足设计要求。排水盲沟顶面应与渠道坡面平齐。

(2) 塑料排水盲沟应外包土工布使其满足坡面土渗流反滤要求，土工布包裹方式根据渠道衬砌结构形式分两种情况：

① 渠道混凝土衬砌板下设有防渗土工膜时可采用全包裹和部分包裹方式，分别参见图 17.1 和图 17.2。

② 渠道混凝土衬砌板下不设防渗土工膜时应采用图 17.3 所示的全包裹方式。

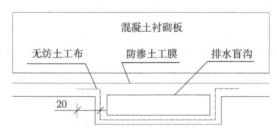

图 17.1　排水盲沟部分包裹构造示意图

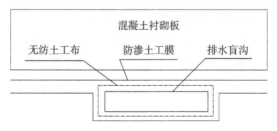

图 17.2　排水盲沟全包裹构造示意图

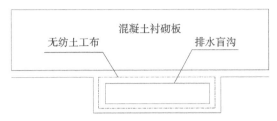

图 17.3　无防渗土工膜条件下排水盲沟包裹构造示意图

(3) 塑料排水盲沟之间的结合部位以及纵向接头处塑料排水板应直接接触，不应留有空隙或有土工布隔开，如图 17.4 所示。

(4) 塑料排水盲沟与天然材料排水盲沟连接时，塑料排水板应插入天然排水料内不小于 5cm，参见图 17.5。

图 17.4　塑料排水盲沟之间连接示意图

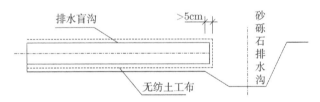

图 17.5　排水盲沟与砂砾石盲沟连接纵断面

(5) 在塑料排水盲沟接头处及端部，应采用土丁固定牢靠，防止施工扰动使其发生位移。

(6) 在坡面上开槽后铺设塑料排水盲沟，如排水盲沟和沟槽两侧留有空隙，应采用粗砂填实。

17.1.4　透水软管

1. 材料

(1) 透水软管质量与性能要求应满足《软式透水管 (Jc 931—2004)》要求。

(2) 除非结构要求，不同规格、不同部位的透水软管单根长度应连续，中间不能有接头。

(3) 透水软管技术指标见表 17.3。

表 17.3　透水软管性能指标

项目		性能要求		备注
		$\Phi300$	$\Phi250$	
钢丝	钢丝直径/mm	$\geqslant 5.5$	$\geqslant 5.0$	
	间距/圈/m	$\geqslant 17$	$\geqslant 19$	
	保护层厚度/mm	$\geqslant 0.60$	$\geqslant 0.60$	
滤布	纵向抗拉强度/kN/5cm		> 1.3	GB/T3923.1-97
	纵向伸长率/%		$\geqslant 12$	GB/T3923.1-97
	横向抗拉强度/kN/5cm		$\geqslant 1.0$	GB/T3923.1-97
	横向伸长率/%		$\geqslant 12$	GB/T3923.1-97
	CBR 顶破强度/kN		$\geqslant 2.8$	SL/T235-1999
	渗透系数 K_{20}/cm/s		$\geqslant 0.1$	SL/T235-1999
	等效孔径 O_{95}/mm		$0.06\sim0.25$	GB/T14799-93
管	耐压扁平率 1%/N/m	$\geqslant 5600$	$\geqslant 4800$	SL/T235-1999
	耐压扁平率 2%/N/m	$\geqslant 6400$	$\geqslant 5600$	SL/T235-1999
	耐压扁平率 3%/N/m	$\geqslant 7600$	$\geqslant 7200$	SL/T235-1999
	耐压扁平率 4%/N/m	$\geqslant 9600$	$\geqslant 8800$	SL/T235-1999
	耐压扁平率 5%/N/m	$\geqslant 14000$	$\geqslant 12000$	SL/T235-1999
	管糙率		0.014	曼宁公式
	管通水量/$(\times 10^{-3}\text{cm}^3/\text{s})$	$\geqslant 0.13$	$\geqslant 0.18$	$J=1/250$

2. 施工要求

(1) 不同渠段透水软管连接必须平顺，防止发生错位。接头处透水软管钢丝应焊接牢靠，并进行防腐处理、在焊接部位外包土工布。

(2) 透水软管在垫层材料填筑到软管顶高程并压实到满足设计要求后，采用人工挖槽沟埋，开挖沟槽断面为梯形断面，沟槽底宽等于透水软管直径，断面边坡为1:1，沟槽深度等于 1.5 倍软管直径，透水软管铺设后，管周采用粗砂整平和填塞。

(3) 安装好的透水软管轴线应顺直，纵坡与设计坡度起伏误差任意每延米不大于 3mm，起点至排水口总体误差不大于 10mm。

(4) 透水软管与 PVC 岔管接头采用 PVC 三通管连接，三通管主管内径应略大于透水软管外径，使其能穿过，支管内径与 PVC 岔管外径相匹配，采用丝扣连接。施工时将与支管对应的部位软管的外包反滤布剥除。

17.1.5　PVC 排水管

1. 材料

(1) PVC 管的质量与性能要求应满足《建筑排水用硬聚氯乙烯 (PVC-U) 管材 (GB/T5836.1—2006)》，同时应满足国家水质保护的有关环保要求。

(2) 管材内外壁应光滑，不允许有气泡、裂口和明显的痕纹、凹陷、色泽不均及分解变色线。管材两端面应切割平整并与轴线垂直，管材直径厚度应满足设计文件要求。

(3) PVC 管材的主要物理性能参见表 17.4。

表 17.4 PVC 管材的主要物理性能

项目	指标
密度/(kg/m^2)	1350~1550
维卡软化温度 (VST)/°C	⩾ 79
纵向缩率/%	⩽ 5
二氯甲烷浸渍试验	表层变化不劣于 4L
拉伸屈服强度/MPa	⩾ 40
落锤冲击试验/TIR	⩽ 10%

2. 施工要求

(1) PVC 管连接 (包括对接、弯管、变径、分叉) 应采用接头管或岔管丝扣连接，连接时丝扣面应涂刷 PVC 胶合剂。

(2) 埋在混凝土内的 PVC 管安装时，应按设计图纸要求就位，管轴线应顺直，纵坡应满足设计要求，应固定牢靠，避免混凝土施工时发生移位。

(3) 水平敷设埋在填土中的 PVC 管，宜采用沟埋式，管周采用填土人工夯实或细石塑性混凝土填塞。

① 采用人工夯实时，沟槽断面为梯形断面，PVC 埋管两侧填筑区宽度应不小于 20cm，沟侧坡 1:2，人工夯实分层厚度为 12~15cm，压实度与填土相同。

② 采用细石塑性混凝土填塞时，沟槽断面为梯形断面，底宽为 PVC 管直径，边坡 1:1，沟深 1.5 倍软管直径。

(4) 垂直穿过填筑区的 PVC 埋管，填筑时管周应人工分层夯实，夯实分层厚度取 0.5 倍填筑厚度，压实度要求与填筑土相同，人工夯实与机械碾压区搭接应满足机械碾压相关要求。

(5) 钻孔穿过土层的 PVC 管，钻孔直径应满足设计要求，穿过砂性土层的管段按排水管的构造要求处理，穿过黏性土层管段采用塑性水泥浆或塑性砂浆或黏土球填塞。

(6) 当设计要求 PVC 管安装截渗环时，截渗环基础应埋置在压实作业完成的黏土层上，截渗环上下方与地基土之间采用塑性砂浆包裹。

(7) PVC 管作为排水盲沟的排水通道时，PVC 管埋入盲沟部分应做成花管段，且埋入盲沟内的花管段长度不小于 50cm，不满足要求时可将排水盲沟尺寸局部扩大或采用 "T" 型管 (图 17.6) 或 "L" 型管 (图 17.7) 将花管段沿盲沟纵向布设。

(8) PVC 花管段开孔率为 30%，花管段及花管端部应外包 150g/m^2 土工布，土工布必须满足《土工合成材料长丝纺粘针刺非织造土工布》(GB/T 17639—1998) 的规定。

(9) 在浇筑混凝土、管道周边土石方填筑时，应对管道采取妥善的保护措施，防止混凝土或填土进入堵塞管道。

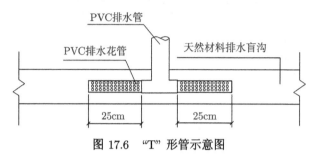

图 17.6　"T" 形管示意图

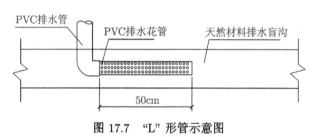

图 17.7　"L" 形管示意图

17.1.6　逆止阀

1. 材料

(1) 逆止阀技术参数应满足以下要求：

开启压力：≤30mm 水柱；

返渗密封：≥15mm 水柱时无泄漏；

排水能力：稳定水头差为 5cm 时，排水流量不小于 100mL/s；稳定水头差为 10cm 时，排水流量不小于 180mL/s。

(2) 拍门式逆止阀不应安装在竖向布置的排水减压管中，球形逆止阀不应安装在水平布置的排水管中。

(3) 选用的逆止阀均应是专业厂家生产的、经检验质量合格的产品，所有产品均应有出厂合格证，并应标明产品的启动与逆止水压力、压力水头与排水流量关系曲线、适用环境、安装精度要求等性能及安装要求数据。逆止阀的材质应满足国家水质保护的有关环保要求。

(4) 产品运达现场后应进行抽样检验，抽样原则应选择每批产品中外观质量相对较差、止水盖板转动阻力相对较大、止水球容重偏差较大、外观质量较差的进行现场试验。抽样检验比例为 1%。

(5) 运抵现场安装的逆止阀，所有逆止阀在安装时应有专人逐个进行外观质量检查确认。

2. 施工要求

(1) 逆止阀阀体外形应为圆柱形，可整体拆卸，直接嵌入排水减压管排水口处。阀体通过阀体与排水减压管之间的止水环及排水口上的防淤堵顶盖固定。阀体与排水减压管之间的截水环应能保证在 1.0kg 水压力作用下无渗漏。

(2) 不同部位的排水出口安装满足设计要求的逆止阀。

(3) 按照逆止阀的说明书要求进行逆止阀的安装；应认真检查安装方向与水流方向的关系是否正确。

(4) 逆止阀安装完成后在渠道通水前应做好保护。

17.1.7 施工要点

1. 施工顺序

防渗截排措施的施工应与强膨胀土渠道的施工工艺相结合，永久排水措施与临时施工措施相结合。

(1) 强膨胀土渠道开完前做好坡顶截流沟 (导流沟) 的施工，疏导地表水系。

(2) 渠坡开挖后根据坡面渗水点的高程布置排水盲沟，并做好渗水的汇集和临时抽排。

(3) 渠坡开挖成型后进行水泥改性土换填层的施工，施工过程中应注意对排水盲沟保护，确保排水盲沟排水畅通。

(4) 水泥改性土换填层施工完成后，进行削坡；基面满足要求后，进行塑料排水盲沟、渠底粗砂垫层及各种排水管道的施工。

(5) 按照设计要求铺设复合土工膜，并进行衬砌面板的施工。

(6) 做好衬砌面板养护工作，强度满足设计要求后应及时进行衬砌面板的切缝工作。

(7) 渠道通水前进行逆止阀的安装工作。

2. 注意事项

(1) 施工过程中应注意检查截水沟是否畅通，堵塞的应及时疏导，特别是在雨季，避免坡顶积水入渗或降水冲刷渠坡，导致渠坡破坏。

(2) 施工过程中应认真、仔细做好排水盲沟的施工，避免施工完成后坡面出现渗水或阴湿，尤其要避免造成渠坡失稳。

(3) 水泥改性土换填是应做好换填土与原状土结合，避免形成软弱结合面。

(4) 水泥改性土铺设富余量应满足设计要求，碾压应到位，避免出现漏压、欠压。

(5) 各种排水盲沟搭接应满足设计要求，确保排水通畅。

(6) 土工膜的铺设应符合设计要求，可能存在沉降差的地方应预留富裕。

(7) 衬砌面板厚度小，分块面积大，应做好养护工作，满足要求后及时切缝。

17.2   水泥改性土换填层施工

1. 材料

水泥改性土即利用弱、中膨胀土经破碎、筛分、拌制水泥而成。

水泥改性土所利用的土料在拌合水泥前需破碎至满足设计要求 (土料粒径应不大于 10cm，其中 10~5cm 粒径含量不大于 5%，5cm~5mm 粒径含量不大于 50%)。碎土工艺试验成果表明，液压碎土机、路拌机碎土均能满足设计要求，但液压碎土机碎土施工工效为 $50\sim70 \ m^3/h$，明显优于路拌机碎土的工效 $15\sim20 \ m^3/h$，且占地小，其破碎效果虽然不及路拌机碎土三遍效果，但从现场工程实施情况来看，其碎土后填筑压实度可以达到要求，且成本较低，故建议采用液压碎土机碎土方案。

水泥改性土拌合的常用方法有稳定土拌合机拌合法和场拌法拌合两种方式。现场实验结果表明：采用稳定土拌和机拌和水泥改性土，出料流畅，效率高，对环境影响小，现场测算其生产率可达 $250\sim300m^3/h$，经过调试后，其拌和均匀度应比路拌机效果好，建议采用稳定土拌和机拌和水泥土。水泥改性土拌和前，首先测定土料、水泥改性出料速度，分别绘制出料速度与水泥含量关系曲线，根据此关系曲线，按预定的水泥掺量，利用内插法确定出料速度。

由于水泥改性土在拌和过程中发生水化反应，改性土的含水量会发生较大变化。

研究水泥改性土含水量随时间变化规律的试验数据成果 (图 17.8) 发现：拌和过程中含水量损失约 0.7 个百分点。弱膨胀水泥改性土在拌和 2h 后，土体含水量趋于稳定，水泥改性土拌和 2h 含水量较拌和前含水量降低 3.5~4.0 个百分点。再考虑水泥改性土运输过程中会损失含水量，故建议弱膨胀水泥改性土拌和过程中加水 3~4 个百分点。

水泥土的拌和需要均匀，才能保证水泥改性的效果。因此，需控制改性土中水泥掺量检测的标准差，以保证水泥改性土拌和的均匀性。结合稳定土拌和机和路拌机拌和水泥改性土的试验数据，无论是路拌机还是稳定土拌和机拌和水泥改性土至 6 遍基本拌和均匀，含灰量标准差基本在 0.57~0.63 范围。初步建议水泥改性土的水泥含量均匀度用标准差控制，弱膨胀水泥改性土不大于标准差 0.7。

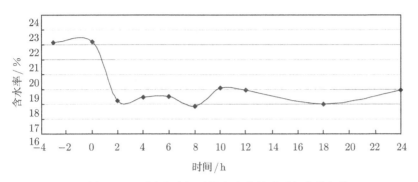

图 17.8 弱膨胀水泥改性土含水量随时间变化规律

注: -3 小时对应的是拌和前含水率, 0, 2, ···, 24 对应的是拌和后含水率

2. 施工

拌和合格后的土料及时上堤填筑。水泥改性土在分层填筑上升过程中,应及时对填筑边坡进行洒水养护,以防止水泥改性土砂化。

膨胀土料试验中,从加水拌合到碾压终了的延续时间,不宜超过 4h。碾压过程中如有弹簧土、松散土、起皮现象,应及时翻开重新碾压。摊铺时水泥改性土的含水率宜高于最佳含水率 0.5%~1.0%,以补偿摊铺及碾压过程中的水分损失。雨季施工应特别注意天气变化,勿使水泥和混合料受雨淋。降雨时应停止施工,但已摊铺的水泥改性土应尽快碾压密实。

17.3 微型桩施工

17.3.1 注浆钢管桩

1. 支护时机

注浆钢管桩施工采用的机械轻,且适应能力强,对施工场地的要求低。因此,既可以当渠坡开挖至桩顶高程时先进行注浆钢管桩的施工,再进行渠坡开挖、换填等其他作业;也可以等渠坡换填施工完成后,再进行渠坡注浆钢管桩的施工。对于前者来说,先进行注浆钢管桩的施工再进行渠坡开挖,能在渠坡开挖过程中发挥注浆钢管桩的支护作用,提高施工期渠坡的安全系数,但是施工干扰大,影响施工进度。后者在渠坡换填工作结束后再进行钢管桩的施工,此种方案有利于施工工序安排,对工期影响小,但渠坡开挖过程中不能发挥注浆钢管桩的支护作用。对于地质条件差、渠坡稳定性差的渠段,宜采用第一种施工方案;对于工期紧,地质条件相对较好,采取临时措施即可保证渠坡施工期稳定的渠段,宜采用第二种施工方案。根据该试验段的施工进度要求和地质情况,以及考虑到该支护方案的试验目的 (寻求渠道运行期渠坡加固措施和抢险措施),注浆钢管桩采用第二种施工方案,即在渠坡换填工作结束后进行注浆钢管桩的施工。

2. 施工工艺

1) 钢管桩加工

(1) 钢管规格:注浆钢管桩钻孔孔径为 0.13m,孔长为 9.2m,钢管长度为 9m,采用牌号为 20 的结构用热轧无缝钢管,钢管外径为 89mm,壁厚为 5.5mm,力学性能应满足《结构用无缝钢管》(GB/T8162—2008) 规范要求。

(2) 管壁注浆眼:在钢管距离底端 1m 至距离顶端 1m 的范围内管壁开设注浆眼,为尽量减小对管壁的损伤,采用钻孔的方式开设直径为 4~5mm 的注浆眼。注浆眼螺旋布置,间距为 0.3m,每个断面只开设一孔。

(3) 对中架:为保证钢花管安放在钻孔中心,确保钢花管周围保护层厚度均匀,钢管外壁每隔 3m 安装一组对中架,对中架采用直径为 10mm 的一级钢筋,绑扎于管壁上,不能采用焊接方式,每组三个。

(4) 钢管底盖与底托架:为保证一次注浆时浆液不进入钢管内,钢管底部焊接铁板封盖,盖中心开孔穿过一次注浆管,为防止浆液从一次注浆管与底盖空隙中漏入钢管内,应用胶带密封上述空隙。钢管底盖下部采用直径为 12mm 的二级钢筋焊接 “U” 形托架。

(5) 管顶密封压盖:用厚度为 5mm 的钢板,加工成直径为 13cm 的圆盘状压盖,对径开两个直径为 12mm 的孔,可穿过直径为 12mm 的螺杆与钢管连接在一起。钢管上螺母焊接于距离钢管顶端 5cm 的位置对径焊接,且应与压盖螺孔配套。压盖中间开一个可穿过 22mm 钢管的孔,并将一根长度为 20cm、直径为 22mm 钢管穿过该孔焊接于盖板上,盖板位于直径为 22mm 钢管的中部,钢管两端车丝口以便连接注浆管。在盖板位于钢管桩范围内任意部位开一个直径为 6mm 的螺丝孔,配好螺栓,先做注浆时排气通道,排气后用螺栓拧紧密封。将厚度为 3mm 的硬橡胶皮切割成圆环状密封,垫在盖板下做密封用。

2) 钻孔

钻孔孔位应准确定位,允许偏差不大于 5cm,钻孔垂直度偏差允许值为 1%,孔深应达到设计深度。

3) 钢管桩入孔

(1) 钢管入孔前先将钢管表层除锈,再用专用胶带螺旋缠绕封堵注浆孔,使胶带与钢管粘牢,防止一次注浆时水泥浆漏入管内。钢管入孔时应保护好管壁的胶带,若胶带出现损伤或破洞,应重新封闭好后再入孔。

(2) 钢管桩应采用 9m 长钢管,若长度不足,需要按规范要求搭接。

4) 注浆

注浆分为一次常压注浆和二次劈裂注浆。

A. 一次常压注浆

(1) 洗孔：钢管桩入孔后，先泵送少量清水，通过注浆管注入孔底，稀释孔底残渣，将泥渣托出，然后进行一次注浆。

(2) 注入水泥浆：一次注浆水灰比 0.5，水泥采用 42.5R 水泥，水泥浆从孔底向上灌注，利用水泥浆的浮力将钻孔泥浆压出孔外，当空口流出的浆液为纯水泥浆时即停止注浆，注浆压力不超过 0.1MPa。

(3) 封孔：封孔是将管顶上部一定深度，管壁与孔壁之间的空隙进行密封，防止二次注浆时浆液从缝隙中冒出。封孔方法为先将钢管外围 0.5m 深的土层清除，清理半径比管径大 15~20cm；清理好后用水泥袋或面纱围着钢花管填塞至孔口以下 2m，并用钢钎沿钢管四周插捣密实。配置水玻璃溶液 (水玻璃: 水 =1: 0.5) 和水泥浆液 (水灰比 0.45)，然后按水泥浆液: 水玻璃 =1: 0.5~0.6 的体积比混合搅拌均匀倒入孔内 1.5m 深，待凝固后，上部采用 1: 2 水泥砂浆封孔，厚度为 15cm。

B. 二次分段劈裂注浆

一次注浆 10~12h 开始进行二次劈裂注浆，水灰比为 0.7~0.8，注浆压力不超过 0.3MPa。

(1) 劈裂注浆管制作：取壁厚 2~2.5mm、直径为 22mm 镀锌钢管，长度宜结合出浆位置设置，用管接头连接，最下一节距离端头 0.5m 范围内梅花形布置出浆眼，出浆眼孔径为 5mm。出浆口位置布置在自孔口以下 3m、5m、7m、8m 的位置。

(2) 劈裂注浆：劈裂注浆从孔底向上进行，先将注浆管深入最低端出浆位置，安装密封盖，连接高压注浆管，打开排气阀，逐渐加压注浆，排除管内气体或残留水。当排气孔流出水泥浆液时，将排气孔封堵，继续加压注浆。注意观察、记录注浆量和孔口压力表压力变化，当出现如下情况之一时即停止注浆。

① 空口周围或边坡地表出现冒浆；

② 压力持续过大，注浆量不增加或增加很少；

③ 注浆时间超过 45min(注浆初凝)；

④ 孔口密封冲开。

做好注浆记录即结束第一段劈裂。

(3) 依次提升注浆管进行另一段劈裂注浆。

(4) 注浆完毕后，立即用清水冲洗注浆泵和管路，以防管内浆液凝固，保证管路畅通。

17.3.2　伞型锚

1. 施工工序

(1) 钻孔：根据不同的岩土条件和加固方案确定的孔径、深度和倾角，选用合适的钻孔机具，采用适宜的钻孔方法确保成孔精度，以保证在锚头下到预定位置前孔壁不致坍塌，孔径符合要求，且不过分扰动孔壁。对于滑坡应急抢险工程，最好采用无水钻孔法。成孔后检查孔径、深度和倾角是否满足要求。

钻孔过程中对锚固区段的位置和岩土分层厚度进行验证，如计划的锚固地层过于软弱，则需要变更锚固渠段。

(2) 下锚：钻机成孔后即可将工厂预制好的伞型锚锚头 (锚头规格、型号满足工程需要) 和连接杆连接起来，将锚头下至孔内预定深度。

(3) 张拉：锚杆下至预定位置后即在孔口采用液压千斤顶对锚杆进行张拉，张拉过程中记录拉拔力、锚杆上拔位移，且荷载分级、每级持续时间均应符合相关规程规范要求。张拉至预定荷载且位移稳定后即可停止张拉。

(4) 锁定：当拉拔过程中锚板已张开并提供工程所需锚固力且位移稳定后即可在孔口对锚杆进行锁定，以保证伞型锚提供工程所需锚固力。

2. 施工设备

伞型锚施工需要的施工设备主要有：

(1) 钻机：用于形成钻孔，下放伞型锚，并验证土层性质。

(2) 伞型锚锚头、连接杆及接头等配件：将工厂预制的伞型锚锚头 (本工程所需型号)、连接杆及接头等配件运送至现场。

(3) 张拉设备：包括液压油泵、千斤顶、油管、油压表、拉力传感器、百分表等，用于下锚后对伞型锚进行张拉，使锚板张开以提供工程所需锚固力。

(4) 锁定设备：当锚板已张开并提供工程所需锚固力后即可在孔口对锚杆进行锁定，以保证伞型锚提供工程所需锚固力。

17.4　抗滑桩施工

17.4.1　成孔方法及施工机械

抗滑桩的成孔是抗滑桩施工的关键技术之一，抗滑桩成孔方式和机械的选择应充分考虑土层物理性质、地下水位、工期和成本等因素。根据强膨胀土 (岩) 的物理力学性质，膨胀土地下水位线的真正意义，抗滑桩成孔宜尽量选择干法施工，施工机械选择旋挖钻。旋挖钻干法成孔具有如下优点：

(1) 成孔速度快、质量高。旋挖钻与目前常用的传统的循环钻机或冲击钻机相比，生产效率更高；同样的土层和相同直径，旋挖钻机成孔的效率是循环钻机的 20 倍，是冲击钻机的 30 倍。

(2) 环境友好。由于旋挖钻机是通过钻头旋挖取土，再通过升缩钻杆将钻头提出孔外卸土，不像循环钻机那样通过泵抽吸泥浆循环排土，可大幅度减小泥浆污染。另外，施工过程中噪音小，振动低，对周边环境影响小。

(3) 行走方便，机动性强。旋挖钻机具有履带，可以自行移位。

17.4.2　施工工艺

根据试验段抗滑桩施工情况，对抗滑桩施工工艺进行了总结和推广。抗滑桩施工流程如图 17.9 所示。

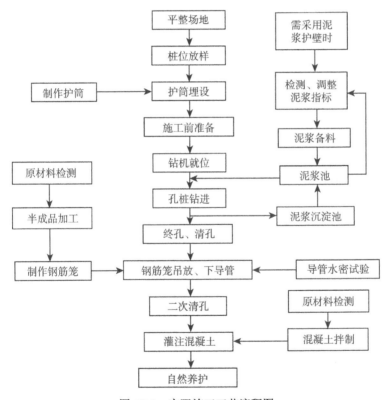

图 17.9　实际施工工艺流程图

1. 施工时机及桩位放样

施工时机：该工程为新开挖渠道支护，因此抗滑桩施工时机较为灵活，即可当渠坡开挖至施工桩顶高程时施工，也可当渠坡开挖至某一高程(一般高于施工桩顶高程) 时进行抗滑桩施工, 但此时势必增加抗滑桩空钻长度。根据试验段施工经验, 抗滑桩的施工时机 (施工场地平整) 应遵循以下原则:

(1) 抗滑桩施工时机应结合渠道开挖, 从弃土堆放、转运等方面考虑, 根据实际情况进行投资比较, 选择最佳时机。

(2) 抗滑桩应尽量在渠坡开挖至施工桩顶高程前安排施工, 这样可以提高桩顶高程以下渠坡开挖的安全系数, 也不必填筑施工平台。

(3) 抗滑桩施工的最佳时机为渠坡开挖至施工桩顶高程时。

桩位放样: 为保证桩基位置的准确性, 施工前要进行精确放线, 并在精确测量的桩位处设置保护桩。

2. 埋设护筒

护筒采用壁厚不小于 3mm 钢板卷制而成, 内径大于桩基直径 20~40cm。在已平整好的场地上精确放样出桩位中心点, 并且精准设置保护桩, 然后用十字线准确引出该点并作好稳固明显的标志, 以便在埋设护筒时校核护筒中心是否与桩中心重合, 且所引十字线应防止被埋设护筒的机械设备所干扰和破坏 (图 17.10)。

在桩位处用挖掘机挖出一个比该桩位护筒直径大 60~100cm, 深度约为 2m 的深坑, 在坑底填筑约 50cm 黏土并夯实。吊放钢护筒时人工辅助稳固, 并用所引出的桩位中心线检核护筒中心与桩位中心, 并使其两者偏位误差不能超过 5cm, 且护筒顶口宜高于地面 30~50cm。钢护筒定位后, 在其周围对称填筑黏土并夯实, 以防在钻孔过程中泥浆渗漏, 造成护筒沉落或偏斜。

图 17.10　护筒吊装定位

3. 旋挖钻机就位 (图 17.11)

首先在护筒周边放样出桩位中心十字线, 并用红油漆标识。旋挖钻机成孔前,用全站仪再次校核十字线中心。旋挖钻机底盘为伸缩式自动整平装置，并在操作室内有仪表准确显示电子读数，当钻头对准桩位中心十字线时，各项数据即可锁定，勿需再作调整，钻机就位后钻头中心和桩中心对正准确；桩位四周挖设排水沟，并在桩位附近挖设泥浆池。

图 17.11　旋挖钻机就位

4. 泥浆制备

若采用泥浆护壁法钻孔施工，则需在钻孔施工附近设泥浆池制备泥浆。

首先根据现场地形条件，用挖掘机在孔位附近挖设泥浆池；采用膨润土、火碱等调配泥浆，泥浆性能控制指标为：相对密度为 1.20~1.40，黏度为 22~30(Pa·s)，含沙率 ≤4%，胶体率 ≥95%，失水率 ≤20(mL/30min)。

5. 钻孔施工

旋挖钻钻孔施工的具体步骤如下：

(1) 钻机准确就位后，钻机操作手对现场施工员提交的有关参数复核确认后，放松钻机主卷扬，在钻头及钻杆自重作用下钻头随伸缩式钻杆的伸出下落至护筒内的土体表层。

(2) 启动全液压动力头，使其旋转，同时动力头锁定钻杆，并在安装在钻架上的液压油缸提供的钻压力作用下，使钻头旋入土体，钻下的钻渣充入筒式钻头空腔。

(3) 关闭动力头，同时钻杆自动脱锁，提升主卷扬，伸缩式钻杆回缩，带动钻头拔出孔外。

(4) 转动钻架，使钻头移至卸渣区，并继续提升钻头至钻头底板自动打开，钻渣在自重作用下由钻头中落下。

(5) 回转钻架,钻头回至桩位处钻架自动停转,然后进入下一次的钻进过程。

(6) 在钻进过程中需泥浆护壁时,及时向孔内注入制备好的泥浆,并确保水头高度。

(7) 升降钻杆时应平稳,提钻时应防止碰撞护筒或钩挂护筒底部。

(8) 堆于孔口处的钻渣应及时用装载车运弃至堆渣区,以保证钻孔连续进行,并确保现场整洁。

(9) 钻进过程中,现场施工员应经常注意地层变化,判明渣样并认真记录钻孔施工记录。

钻孔施工完成的抗滑桩孔如图 17.12 所示。

图 17.12　施工完成的抗滑桩孔

6. 清孔

旋挖钻机钻进至设计孔底高程后,将钻斗留在原处、机械旋转数圈,将孔底虚土尽量装入斗内,起钻后仍需对孔底虚土进行清理,若沉淀与设计不符,则采用换浆法。

采用反循环钻机钻孔,直接采用换浆法进行清孔。清孔时保持钻孔内泥浆面高于地下水位 1.5~2.0m,防止塌孔。严禁采用增加钻进深度的方法清孔。经监理工程师确认后即可进行下一道工序,否则针对具体情况进行处理,直至达到规范要求。

7. 终孔检查

利用设置于孔口的临时水准点为基点,用经检校合格的测绳测出孔深,再反算出桩基的基底标高,用卷扬机钢绳通过孔口中心位置吊下标准检孔器检孔。以上各项均满足规范要求后,报请监理工程师验收。监理工程师检查合格签字后即可进行下一道工序。

8. 钢筋笼制作和安装

钢筋骨架采用场内制作,如图 17.13 所示,由平板车运输至施工现场,现场用 25t 汽车吊装入孔的方法施工。

在吊放过程中,为减少钢筋笼变形并确保其垂直度,在起吊点增设起吊筋以增加吊点受力面积,在增设的起吊箍筋(同钢筋笼一致并焊接在主筋上)上对称设置起吊点来调整起吊时钢筋笼的垂直度(骨架倾斜度满足 ±0.5%)。同时检查钢筋笼的连接焊缝质量,不合格的焊缝、焊口要进行补焊。

对于存在空钻的抗滑桩,首先通过桩顶高程和地面高程计算出虚桩长度,以此来控制钢筋笼吊筋长度,使吊筋长度与虚桩长度一致,从而确保钢筋笼就位高程。

图 17.13　加工完成的抗滑桩钢筋笼

放钢筋骨架前,先在孔口加设四根导向钢管,以保证钢筋骨架在吊装过程中尽量对中,不伤孔壁及控制保护层厚度。钢筋骨架就位后,采取四点固定,以防止掉笼和混凝土浇注时骨架上浮现象发生。支撑系统对准中线,防止钢筋骨架倾斜和移动。

在钢筋骨架上每间隔 2m 在钢筋笼四周对称焊接钢筋耳朵,保证钢筋笼有足够的保护层。同时,要注意钢筋笼能否顺利下放,沉放时不能碰撞孔壁;当吊放受阻时,不能加压强行下放,容易造成坍孔、钢筋笼变形等现象。

如因钢筋笼没有垂直吊放而造成钢筋笼下放困难,必须提出后重新垂直吊放。

若桩位在高压线下,钢筋笼吊装就位时,吊装高度不满足安全距离要求,则在钢筋笼制作时,采用分节的方式加工。钢筋笼就位采用分节吊装就位的方式,节与节之间采用直螺纹套筒连接,且满足同一截面内接头数量不超过该截面钢筋数量的 50%。

9. 混凝土浇筑

混凝土浇筑分采用泥浆护壁施工的水下混凝土浇筑和采用干法施工桩的混凝土浇筑，抗滑桩混凝土浇筑现场如图 17.14 所示。

图 17.14　抗滑桩混凝土浇筑现场

1) 采用泥浆护壁法钻孔施工桩水下混凝土施工

在混凝土灌注前利用导管进行第二次清孔。当孔口返浆比重及沉渣厚度均符合规范要求后，立即进行水下混凝土的灌注工作。

采用常规导管法灌注混凝土，导管是由直径为 30cm 的无缝钢管加工而成，导管接头采用螺纹加密封圈连接。导管使用前和使用一定时间后要进行拼接、过球和水密、承压、接头、抗拉等试验。料斗和储料斗的加工以其容量之和必须保证封底，并满足导管在首批混凝土的埋深不小于 1m 为依据。

灌注混凝土前，再次检查孔底情况，如无异常，即利用导管并打开球阀灌注桩基水下混凝土。浇筑混凝土的机具、设备准备完好后，检查导管口距孔底的高度是否在允许范围 25~40cm 之内。用沙袋作隔水阀，将导管上口堵塞严密并用钢丝吊起，再继续用混凝土将料斗和储料斗装满，将装满混凝土的料斗提升到储料斗上方以后，剪断吊沙袋的钢丝开始首批混凝土的浇筑，并打开料斗下放混凝土。

首批混凝土浇筑后对导管的埋深进行量测，确定导管底部是否被封闭，并保证一次性封底混凝土埋深在 1.0m 以上。用测绳随时测量导管的埋深，使其控在 2~6m 范围之内。若发现钢筋笼上浮的情况，应及时采用调整混凝土的浇筑速度等方法使其下落到设计位置。

浇筑过程中连续进行，拆导管的时间尽量缩短，严禁歪拉斜吊、盲目蛮干，导管的拆除要及时，以免由于混凝土的埋深过大，导致导管难以提升。混凝土坍落度宜控制在 18~22cm。

混凝土浇筑过程中，要随时用测绳测量浇筑面距地面高差，待混凝土灌注面高出设计桩顶 0.5~1m 后，停止混凝土灌注。浇筑完毕后，在混凝土初凝前拔掉孔口护筒，钻机移位至下一桩位。

为确保桩基混凝土浇筑质量，灌注水下混凝土不得中断。

首批砼计算依据：

$$V \geqslant 0.25 \times \pi D^2 \times (H_1 + H_2) + 0.25 \times \pi d^2 \times h_1 \tag{17.2}$$

其中，V 为灌注首批砼所需数量 (m^3)；D 为桩孔直径 (m)；H_1 为桩孔底至导管底端间距，一般为 0.4m；H_2 为导管初次埋置深度 (m)；d 为导管内径 (m)；h_1 为桩孔内砼达到埋置深度 H_2 时导管内砼柱平衡导管外或泥浆压力所需高度，则

$$h_1 = (L - H_1 - H_2)\gamma_{\text{w}}/\gamma_{\text{c}}$$

式中，γ_{w}=1.20t/m^3，γ_{c}=2.40 t/m^3，L 为桩长。

由以上公式计算出不同桩径、桩长、首批砼灌注量，并以此控制施工。

2) 干法成孔桩混凝土浇筑

干法成孔桩混凝土制备、运输与水下混凝土施工方法一致。

同样采用常规导管法灌注混凝土，导管是由直径为 30cm 的无缝钢管加工而成，导管接头采用螺纹加密封圈连接。导管使用前和使用一定时间后要进行拼接、过球、承压、接头、抗拉等试验。

干孔法施工灌注混凝土时，混凝土直接通过料斗、导管入仓，不使用储料斗。

混凝土灌注过程中，要保证导管的埋深满足在 2~6m 范围之内，并用测绳随时测量。若发现钢筋笼上浮的情况，及时调整混凝土的浇筑速度等方法使其下落到设计位置。

浇筑过程中连续进行，拆导管的时间尽量缩短，严禁歪拉斜吊、盲目蛮干，导管的拆除要及时，以免由于混凝土的埋深过大导致导管难以提升。混凝土坍落度宜控制在 18~22cm。

混凝土浇筑过程中，要随时用测绳测量浇筑面距地面高差，待混凝土灌注面高出设计桩顶 0.5~1m 后停止混凝土灌注。浇筑完毕后，在混凝土初凝前拔掉孔口护筒，钻机移位至下一桩位。

17.4.3　施工要点

根据试验段抗滑桩施工经验，旋挖钻成孔灌注桩在施工时应注意以下要点：

(1) 钻孔连续进行，不得中断。

(2) 软土地段的钻孔，首先进行地基加固，保证钻孔设备的稳定和钻孔孔位准确，再行钻孔。

(3) 钻孔时需及时填写钻孔记录,在土层变化处捞取渣样,判明土层,以便与地质断面图相核对。当与地质断面图严重不符时,应及时向监理工程师汇报。

(4) 钢筋骨架制作:骨架螺旋筋在最顶层和最底层焊接封闭;主筋接头采用焊接,同一截面内,钢筋接头数量不得超过钢筋总数的 1/2,接头相互间距离不得小于 100cm,焊接长度双面焊为 5d,单面焊为 10d。

(5) 灌注水下砼的搅拌站生产能力,能满足桩孔在规定的时间内灌注完毕。灌注时间不得长于首批砼初凝时间。

(6) 灌注砼时,溢出的泥浆应引流至适当地点处理,以防止污染环境。

17.4.4　施工中常见问题的原因及处理措施

1. 坍孔

1) 主要原因

(1) 泥浆相对密度不够及其他泥浆性能指标不符合要求,使孔壁未形成坚实泥皮。

(2) 由于出渣后未及时补充泥浆,或孔内出现承压水,或钻孔通过砂砾等强透水层,孔内水流失等而造成孔内水头高度不够。

(3) 护筒埋置太浅,下端孔口漏水、坍塌或孔口附近地面受水浸湿泡软,或钻机直接接触在护筒上,由于振动使孔口坍塌,扩展成较大坍孔。

(4) 在松软砂层中钻进进尺太快。

(5) 提出钻锥钻进,回转速度过快,空转时间太长。

(6) 水头太高,使孔壁渗浆或护筒底形成反穿孔。

(7) 清孔后泥浆相对密度、黏度等指标降低,用空气吸泥机清孔,泥浆吸走后未及时补浆,使孔内水位低于地下水位。

(8) 清孔操作不当,供水管嘴直接冲刷孔壁、清孔时间过久或清孔停顿时间过长。

(9) 吊入钢筋骨架时碰撞孔壁。

2) 坍孔的预防和处理

(1) 发生孔口坍塌时,可立即拆除护筒并回填钻孔,重新埋设护筒再钻。

(2) 如发生孔内坍塌,判明坍塌位置,回填砂和黏质土 (或砂砾和黄土) 混合物到坍孔处以上 1~2m,如坍孔严重时全部回填,待回填物沉积密实后再行钻进。

(3) 清孔时应指定专人补浆,保证孔内必要的水头高度。

(4) 吊入钢筋骨架时应对准钻孔中心竖直插入,严防触及孔壁。

2. 钻孔偏斜

1) 偏斜原因

(1) 在有倾斜的软硬地层交界处,岩面倾斜钻进。

(2) 扩孔较大处,钻头摆动偏向一方。

(3) 钻机底座未安置水平或产生不均匀沉陷、位移。

(4) 钻杆弯曲,接头不正。

2) 预防和处理

(1) 安装钻机时要使转盘、底座水平,起重滑轮缘、固定钻杆的卡孔和护筒中心三者应在一条竖直线上,并经常检查校正。

(2) 由于主动钻杆较长,转动时上部摆动过大,必须在钻架上增设导向架,控制杆上的提引水龙头,使其沿导向架对中钻进。

(3) 钻杆接头逐个检查,及时调正,当主动钻杆弯曲时,要用千斤顶及时调直。

3. 掉钻落物

1) 掉钻落物原因

(1) 卡钻时强提强扭,操作不当,使钻杆或钢丝绳超负荷或疲劳断裂。

(2) 钻杆接头不良或滑丝。

(3) 电动机接线错误,钻机反向旋转,钻杆松脱。

(4) 转向环、转向套等焊接处断开。

(5) 操作不慎,落入扳手、撬棍等物。

2) 预防措施

(1) 开钻前应清除孔内落物零星铁件,可用电磁铁吸取,较大落物和钻具也可用冲抓锥打捞,然后在护筒口加盖。

(2) 经常检查钻具、钻杆、钢丝绳和连接装置。

3) 处理方法

掉钻后应及时摸清情况,若钻锥被沉淀物或坍孔土石埋住,应首先清孔,使打捞工具能接触钻杆和钻锥。

17.5 坡面梁施工

17.5.1 施工工艺

1. 渠坡、渠底挖槽 (图 17.15~图 17.16)

(1) 将已削坡成型的渠道边坡与相应渠底位置的浮土、杂物清扫干净。

(2) 在渠底齿槽处已经开挖成型后,用全站仪在渠坡与渠底上分别放出渠道坡面梁和渠底横梁的结构边线,用线绳标出边线位置。

(3) 采用人工配合切缝机施工的方法挖出坡面梁与渠底横梁地模槽。挖槽时,不得破坏地模槽棱角部分。

(4) 将挖好的地模槽内浮土、废渣等垃圾清理干净。

2. 钢筋制作及安装 (图 17.17)

(1) 渠道坡面梁与渠底横梁钢筋笼骨架在钢筋加工厂制作，由平板车拉到现场进行安装。

(2) 把已制作完成的坡面梁和渠底横梁钢筋骨架安装到相应地模槽内，采用人工配合汽车吊施工。为确保钢筋保护层厚度，在钢筋骨架与地模槽接触的底面和侧面布置一定数量的混凝土预制块。

(3) 按照施工图纸，将抗滑桩、坡面梁、渠底横梁钢筋骨架接头位置钢筋安装到相应位置，注意钢筋搭接长度满足规范要求。

钢筋安装完成后，进行坡面梁与渠道横梁混凝土浇筑施工。浇筑施工时，采用混凝土泵车或吊车吊罐的方式入仓。

图 17.15　按照坡面梁结构尺寸切割水泥改性土

图 17.16　坡面梁抽槽开挖

3. 混凝土浇筑 (图 17.18)

(1) 首先进行渠底横梁混凝土浇筑。采用 $\Phi50$ 振捣棒进行振捣，应均匀振捣，避免出现少振、漏振现场。浇筑齿槽位置时控制振捣棒插入位置与振捣时间，避免损坏 PVC 排水管。

图 17.17　坡面梁钢筋安装

图 17.18　坡面梁混凝土浇筑与振捣

(2) 渠底横梁混凝土浇筑完成后,进行坡面梁混凝土浇筑。浇筑坡面梁时,混凝土坍落度不得过大。混凝土入仓时,按照先下后上的顺序进行。

(3) 混凝土初凝前,用木抹子将坡面梁和渠底横梁混凝土面抹平。

(4) 混凝土浇筑完成 12~24h 内,进行覆盖洒水养护,养护时间不少于 28 天。

17.5.2　施工技术要求

(1) 坡面梁施工应在抗滑桩施工及桩头按设计要求处理,渠道改性土换填层削坡处理等工作完成后实施。

(2) 坡面梁采用地模施工,地模应在土工膜敷设前,与削坡处理同时采用人工或开槽机开挖成型。

(3) 坡面梁断面尺寸应符合施工图要求,不应欠挖。成型后的地模侧壁面沿坡面梁纵向应顺直、平整,且与渠道中心线垂直;坡面梁底面纵向可适当下凹,跨中下凹矢拱高度宜控制在 10cm 以内,不应上拱 (图 17.19)。抗滑桩桩顶应为凿毛后的新鲜混凝土面,且不应残留松动的混凝土或石块。

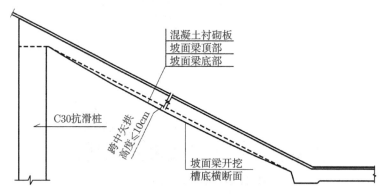

图 17.19　坡面梁开挖断面示意图

(4) 坡面梁地模开挖施工成型后,应及时对开挖断面、开挖标高和中心轴线进行验收,在坡面梁混凝土浇筑前 (包括钢筋笼绑扎和拼接过程中) 应妥善保护,防止浮土落入地模内,并保持抗滑桩桩顶清洁无污染。

(5) 抗滑桩外伸直筋整理工作应在抗滑桩桩头处理后,坡面梁地模浮土清理前实施,插入坡面梁内的抗滑桩纵向钢筋应基本顺直,插入坡面梁内的钢筋与铅直方向的夹角不小于 80°。

(6) 坡面梁与抗滑桩接节点处外包钢筋,应按设计图纸要求调直成型,在该钢筋拐弯处,弯曲半径可控制在 15~20cm 范围内;当由于某种原因导致钢筋折断时,根据折断后钢筋在抗滑桩顶部外露长度,可采用以下两种方式进行处理:

① 外露长度大于 25cm 时,可采取焊接 L 型钢筋方式进行处理,L 型钢筋弯

曲角根据渠道边坡坡面线与铅直方向夹角确定；焊接部位一律控制在抗滑桩设计截桩顶面以上 5~20cm 区间；L 型钢筋位于坡面梁范围内长度与原设计长度一致 (图 17.20)。

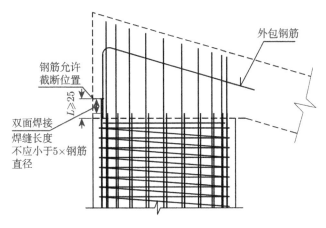

图 17.20　桩梁连接段

② 外露长度小于 25cm 时，可采取在抗滑桩顶部植入 L 型钢筋方式进行处理，L 型钢筋弯曲角根据渠道边坡坡面线与铅直方向夹角确定；钢筋植入抗滑桩设计截桩顶以下深度为 200cm；L 型钢筋位于坡面梁范围内长度与原设计长度一致；植筋孔直径不小于 45mm，植筋孔位于原设计钢筋内侧，在原钢筋保护层面法线上并沿法线方向内移 10cm；植筋孔深度应大于植筋深度 5~10cm，植筋孔采用砂浆或纯水泥浆填充，砂浆或纯水泥浆强度等级不低于抗滑桩强度等级；植筋时应先用灌浆管自植筋孔底部注入砂浆或水泥浆达植筋孔全孔注浆量的 2/5，然后插入钢筋至设计位置固定；其他相关施工技术要求按相关技术要求执行 (植筋孔布置参见图 17.21)。

(7) 坡面梁钢筋可采用现场绑扎或加工厂分段成型后现场拼接方式植入地模内，考虑到加快施工进度和防止钢筋绑扎期间破坏地模轮廓边界，建议优先考虑采用加工厂分段成型现场拼接方式。

(8) 采用工厂分段成型现场拼接方式连接坡面梁钢筋笼时，钢筋笼长度可按 5m 考虑，坡面梁两端 5m 范围内不应设置接头。纵向受力钢筋的接头应相互错开，钢筋连接接头连接区段的长度为 $35d$(d 为纵向受力钢筋的较大直径) 且不小于 500mm，凡接头中点位于该连接区段长度内的接头均属于同一连接区段。同一连接区段内纵向钢筋接头面积百分率为该区段内有接头的纵向受力钢筋截面面积与全部纵向受力钢筋截面面积比值。位于同一连接区段内纵向受力钢筋的接头面积不应大于 50%。纵向受力钢筋接头若采用焊接的方式宜采用双面焊，焊缝长度不应小于 5d，当施焊条件困难采用单面焊时，焊缝长度不小于 10d(d 为纵向受力钢筋的直径)。纵向受力钢筋连接区的箍筋可预先放置，或采用焊接连接的方式 (图 17.22)，焊接焊缝长度单面焊不小于 10d，双面焊不小于 5d(d 为箍筋的直径)。

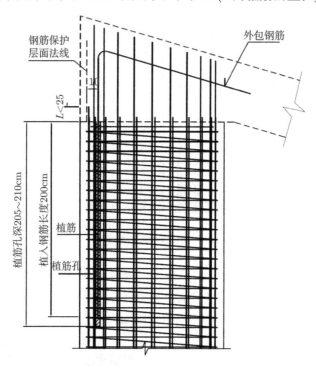

图 17.21 植筋示意图

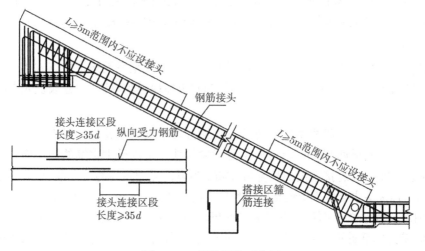

图 17.22 钢筋焊接示意图

(9) 钢筋笼绑扎或拼装期间应保持干地施工,防止泥土污染钢筋。

(10) 钢筋笼绑扎成型或拼装就位后,应在钢筋笼与地模之间按保护层要求置于垫块,并检查钢筋笼与地模侧壁及地面之间的间隙,确保坡面梁钢筋保护层厚度满足设计要求 (坡面梁设计保护层厚度 5cm)。

(11) 钢筋笼绑扎或拼装就位后,应立即进行混凝土浇筑,否则应采取防护措施,防止泥土和地表水进入坡面梁地模内以及地模断面轮廓崩塌。

(12) 在进行坡面梁混凝土浇筑前,应采用风枪清除抗滑桩顶面浮渣,坡面梁混凝土浇筑应自渠底端开始逐层沿坡面向坡顶连续作业;在抗滑桩顶部混凝土浇筑时,应在桩顶涂刷与新混凝土相同水灰比的水泥浆,然后开始该部位混凝土浇筑施工。坡面梁其他混凝土浇筑施工技术要求按现浇混凝土施工相关技术要求执行。

(13) 制作完成的钢筋笼固定牢靠后再进行混凝土浇筑,混凝土浇筑完成后 7 天之内不应受到扰动。

第18章 强膨胀土渠坡处治典型案例

18.1 浅挖强膨胀土渠坡处治实例

18.1.1 工程地质

南阳 1 段渠道挖深 10m 左右，强膨胀黏土分布在第四系中更新统冲洪积层 (al-plQ$_2$) 下部，呈浅黄色~浅棕黄色夹灰绿色。上覆地层为褐黄色中膨胀粉质黏土、棕黄色中膨胀粉质黏土。褐黄色中膨胀粉质黏土 (厚 0.5~1.0m) 垂直裂隙较发育，土体呈碎块状。棕黄色中膨胀粉质黏土裂隙较发育，含少量灰绿色黏土条带及铁锰质薄膜。浅黄色~浅棕黄色夹灰绿色强膨胀黏土 (厚 2.5m) 中，长大裂隙不甚发育，大裂隙发育，小裂隙极其发育，裂面光滑，多起伏，裂隙面充填灰绿色黏土，厚度为 2~5mm。渠道开挖施工期间，发现右侧渠坡发生变形，局部土体已有垮塌现象。

1. 裂隙发育情况

裂隙主要发育两组，裂隙发育程度较高，从野外量测、统计结果看，右侧渠坡内裂隙发育有以下规律：①组倾向 268°~280°，倾角 20°~52°；②组倾向 326°~350°，倾角 10°~41°。两组裂隙中以倾向 326°~350° 为主，为顺向坡斜交裂隙，多为缓倾角，少量为中倾角，线密度 6 条/m；倾向 268°~280° 为顺向坡裂隙，多为缓倾角，中倾角次之，线密度 4 条/m。土体沿顺坡向裂隙面滑动，或受裂隙切割成块体或楔形体滑动，其破坏规模受裂隙连通情况控制。根据统计，长大裂隙多分布在高程 132~135.3m 附近。强膨胀土中裂隙极发育，其中多发育有缓倾角裂隙，倾角一般在 10° 左右。

2. 裂隙特征

裂隙面多充填灰绿色黏土，厚 1~3mm，开挖后新鲜裂面充填灰绿色黏土，呈可塑状，少量裂面无充填，附铁锰质薄膜。两组裂隙多为长大裂隙，长度多大于 2.0m，最大可见长度约为 5m。裂面较平直光滑，具蜡状光泽，切深 1.5~2.0m。

3. 水文地质特征

在探坑开挖及地质编录过程中有渗水现象，水量不丰，右侧渠坡渗水点高程约为 133.9m，前期勘查阶段地下水位在 136.0m 附近。

4. 渠坡土体力学参数建议值

根据土体的膨胀性、裂隙发育及水文情况，南阳 1 段各土层物理力学参数见表 18.1。

表 18.1   南阳 1 段土体物理参数取值表

土类	膨胀性	天然密度/(g/cm³)	饱和密度/(g/cm³)	C'/kPa	Φ'/(°)	备注
水泥改性土		1.9	2	50	22.5	弱膨胀土掺 4%水泥
al-plQ₂ 粉质黏土	中	1.95	2.05	24	15	大气影响带 (0~3m)
al-plQ₂ 粉质黏土	中	1.95	2.05	22	17	过度带 (0~3m)
裂隙面	强	1.95	2.05	10	9.8	裂隙密集带
al-plQ₂ 粉质黏土	强	1.95	2.05	15	13	7m 以下

综上分析，该渠段土体内大裂隙及长大裂隙发育，多分布在 132~135.3m 高程附近，强膨胀粉质黏土中大裂隙极发育。小裂隙及微裂隙极发育，对渠坡稳定不利，可能失稳模式以沿顺向坡裂隙面或沿不利结构面组合交线滑动为主，其次为坡面土溜，建议加强抗滑稳定措施，对集中渗水点采取引排措施。地质素描图如图 18.1 所示。

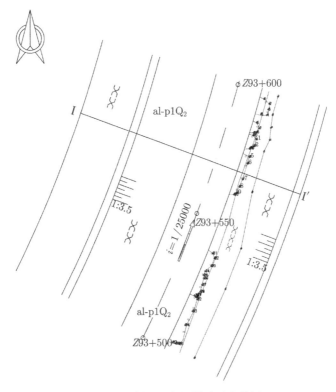

图 18.1   南阳 1 段渠道地质素描图

18.1.2 处理措施

1. 防渗截排措施

(1) 距离坡肩 10m 处设置截流沟，截流沟深 1m，底宽 1m，截排地表水。

(2) 坡肩设置挡洪堤，挡洪堤高度 1m，采用非膨胀土填筑。

(3) 坡面设置混凝土拱骨架 + 植草护坡。混凝土拱以联拱形式布置，拱净宽 3m，净高 3m，骨架宽 30cm，厚 50cm，40cm 埋于渠坡以下，拱骨架表层设宽 20cm、深 10cm 的混凝土排水槽，沿 C20 混凝土拱将坡水排入渠坡纵向排水沟。

(4) 坡面设置混凝土纵、横向排水沟。混凝土横向排水沟与渠道水流方向垂直，顺坡向间隔布置。横向排水沟与坡面防护措施结合布置，在布置混凝土拱护坡的渠段，排水沟间距为 47.9m；在布置植草护坡的渠段，排水沟间距为 25m。横向排水在一级马道下埋设排水管。混凝土纵向排水沟与渠道水流方向平行，设置在各级马道上靠近坡脚的一侧，并与横向排水沟相沟通。

(5) 过水断面铺设复合土工膜，坡面土工膜下设置塑料排水盲沟，渠底膜下铺设 10cm 厚粗砂垫层；坡面混凝土衬砌面板厚 10cm，渠底混凝土衬砌面板厚度为 8cm。

(6) 坡面渗水处设置排水盲沟。渠底脚槽、中心设置纵向排水盲沟，盲沟内敷设透水软管，汇集坡面、渠底渗水后通过逆止阀排入渠道，逆止阀顺水流方向间距为 12m。

2. 渠坡坡比及换填保护

南阳 1 段渠道挖深为 10m 左右，由渠底至地面设置二级渠坡，一级马道，过水断面 (一级渠坡) 坡比为 1:3.5，水泥改性土换填厚度为 2m；一级马道宽度为 5m，一级马道以上渠坡 (二级渠坡) 坡比为 1:3.25，水泥改性土换填厚度为 1.5m。坡顶截流沟至坡肩换填水泥改性土，换填厚度为 1.5m。

3. 支挡方案

南阳 1 段左岸布置桩径为 1.2m，桩间距为 4m，桩长为 15m 的抗滑桩；右岸布置桩径为 1m，桩间距为 4m，桩长为 10m 的抗滑桩。

18.2 深挖强膨胀土渠坡处治实例

18.2.1 工程地质

南阳 4 段，渠道两侧为第四系中更新统 (al-plQ$_2$) 棕黄色～棕红色粉质黏土，厚 13.7～24.5m，多呈硬塑状，土体裂隙发育，渠底黏土岩具强膨胀性。为了解坡体内裂隙发育情况及为渠坡支护设计提供必要的岩土物理力学参数，在该渠段左右岸一级马道以下各布置了一个深 5~6m、宽 2~3m 地质编录窗口，对坡体内裂隙进行了编录。

1. 左岸渠坡

坡面倾向 153°，设计坡比 1:2.5，统计坡体内长度大于 1.0m 裂隙共 47 条，线密度平均值为 1.7 条/m，面发育率 0.85 条/m²。

(1) 裂隙主要发育 3 组：裂隙发育程度较高，从野外量测、统计结果见图 18.2，左岸渠坡内裂隙发育有以下规律：①组倾向 310°~330°，倾角 11°~56°；②组倾向 150°~170°，倾角 5°~68°；③组倾向 340°~355°，倾角 9°~55°。3 组裂隙中以①组、②组为主，倾向 310°~330° 为逆向坡裂隙，多为缓倾角，少量为中倾角；倾向 150°~170° 为顺坡向裂隙，倾角以缓倾角为主，少量中倾角；倾向 340°~355° 为逆向坡斜交裂隙，多为缓倾角，中倾角次之。土体沿顺坡向裂隙面滑动，或受裂隙切割成块体或楔形体滑动，其破坏规模受裂隙连通情况控制。

(2) 裂隙面多充填灰绿色黏土，厚 1~2mm，开挖后新鲜裂面充填灰绿色黏土，呈可塑状，少量裂面无充填，附铁锰质薄膜。三组裂隙多为大裂隙，长度多大于 1.0m，裂面较平直光滑，具蜡状光泽，切深 1.5~2.0m，长度大于 2.0m 裂隙共 14 条。

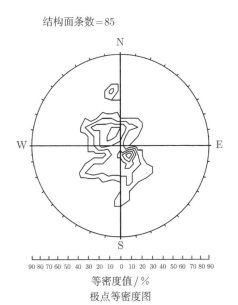

等密度值 / %

极点等密度图

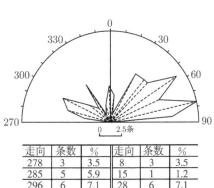

走向	条数	%	走向	条数	%
278	3	3.5	8	3	3.5
285	5	5.9	15	1	1.2
296	6	7.1	28	6	7.1
308	3	3.5	39	6	7.1
319	2	2.4	44	6	7.1
326	5	5.9	56	9	10.6
332	1	1.2	66	6	7.1
345	2	2.4	77	10	11.8
358	4	4.7	85	7	8.2

走向玫瑰花图

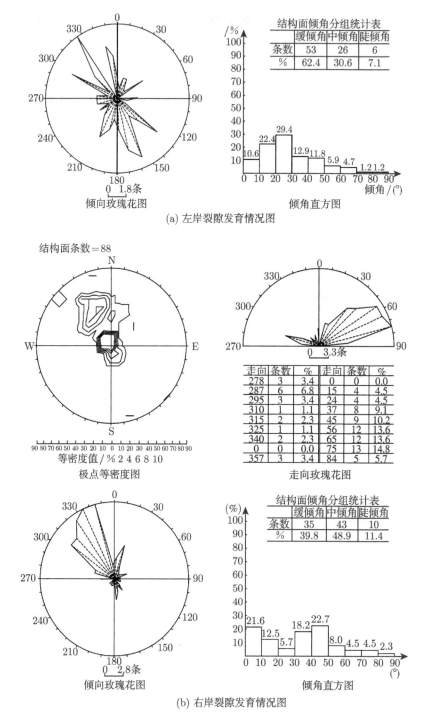

(a) 左岸裂隙发育情况图

(b) 右岸裂隙发育情况图

图 18.2　南阳 4 段渠道地质断面图

2. 右岸渠坡

坡面倾向 333°，设计坡比 1:2.5，统计坡体内长度大于 1.0m 裂隙共 58 条，线密度平均值为 2.0 条/m，面发育率为 1.0 条/m²，从野外量测、统计结果见图 18.2，左渠坡内裂隙发育有以下规律：

(1) 裂隙主要发育 2 组：①组倾向 335°～345°，倾角 4°～55°，为顺坡向裂隙，多为缓倾角，中倾角次之；②组倾向 310°～330°，倾角 15°～77°，为顺坡向斜交裂隙，以中、缓倾角为主，少量陡倾角。土体受地下水及地表水影响沿组合裂隙面滑动，其破坏规模受裂隙连通情况控制。

(2) 裂隙面的特征与左岸渠内裂隙基本一致，量测长度大于 2.0m 裂隙共 25 条。

根据土体的膨胀性、裂隙的发育情况以及水文情况，南阳 4 段各地层土体物理参数见表 18.2。

表 18.2 南阳 4 段土体物理参数取值表

土类	膨胀性	天然密度/(g/cm³)	饱和密度/(g/cm³)	C'/kPa	Φ'/(°)	备注
水泥改性土		1.9	2	50	22.5	弱膨胀土掺 4%水泥
Q_2 粉质黏土	中	1.95	2.05	18	18	大气影响带 (0～3m)
Q_2 粉质黏土	中	1.95	2.05	26	18	过度带 (0～3m)
Q_2 粉质黏土	中	1.95	2.05	32	19	7m 以下
裂隙面	强	1.95	2.05	10	9.8	裂隙密集带
黏土岩	强	1.95	2.05	18	17	7m 以下
Q/N				15	16	土岩分界面

18.2.2 处理措施

1. 防渗截排措施

(1) 距离坡肩 10m 处设置截流沟，截流沟深 1m，底宽 1m，截排地表水。

(2) 坡肩设置挡洪堤，挡洪堤高度为 1m，采用非膨胀土填筑。

(3) 坡面设置混凝土拱骨架 + 植草护坡。混凝土拱以联拱形式布置，拱净宽 3m，净高 3m，骨架宽 30cm，厚 50cm，40cm 埋于渠坡以下，拱骨架表层设宽 20cm、深 10cm 的混凝土排水槽，沿 C20 混凝土拱将坡水排入渠坡纵向排水沟。

(4) 坡面设置混凝土纵、横向排水沟。混凝土横向排水沟与渠道水流方向垂直，顺坡向间隔布置。横向排水沟与坡面防护措施结合布置，在布置混凝土拱护坡的渠段，排水沟间距为 47.9m，在布置植草护坡的渠段，排水沟间距为 25m。横向排水在一级马道下埋设排水管。混凝土纵向排水沟与渠道水流方向平行，设置在各级马道上靠近坡脚的一侧，并与横向排水沟相沟通。

(5) 过水断面铺设复合土工膜, 坡面土工膜下设置塑料排水盲沟, 坡底膜下铺设 10cm 厚粗砂垫层; 坡面混凝土衬砌面板厚 10cm, 渠底混凝土衬砌面板厚度为 8cm。

(6) 坡面渗水处设置排水盲沟。渠底脚槽、中心设置纵向排水盲沟, 盲沟内敷设透水软管, 汇集坡面、渠底渗水后通过逆止阀排入渠道, 逆止阀顺水流方向间距为 12m。

2. 渠坡比及换填保护

南阳 4 段渠道挖深约为 20m, 由渠底至地面设置三级渠坡、二级马道, 过水断面 (一级渠坡) 坡比为 1:2.5, 水泥改性土换填厚度为 2m; 一级马道宽度为 5m, 一级马道以上渠坡 (二、三级渠坡) 坡比为 1:2.25, 水泥改性土换填厚度为 1.5m, 二级马道宽度为 2m。坡顶截流沟至坡肩换填水泥改性土, 换填厚度为 1.5m。

3. 支挡方案

南阳 4 段布置桩径为 1.5m 的抗滑桩, 宽 × 高 = 0.8m×0.7m 的坡面梁和渠底横梁及相应监测设施进行现场试验, 具体布置如图 18.3。

组合支护结构现场实施情况如图 18.4 所示。

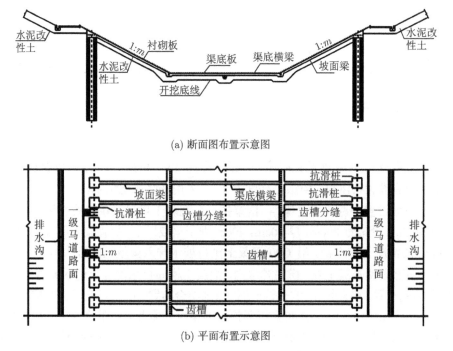

(a) 断面图布置示意图

(b) 平面布置示意图

图 18.3　抗滑桩 ＋ 坡面梁框架式支护体系施工图

图 18.4　抗滑桩 + 坡面梁框架式支护体系现场照片

18.3　处理效果

18.3.1　坡面防护

强膨胀土的膨胀性高，遇水膨胀、失水收缩，表层土体形成无强度的块状体，若不采取防护措施，极易受到降雨冲蚀，形成雨淋沟。图 18.5 为 2012 年南阳 4 段渠坡开挖成形后，在未进行水泥改性土换填前，经历一个雨季后渠坡出现多条雨淋沟的情况。从图 18.5 的照片中可以看出，经过一个雨季后坡体已经被雨水冲刷出了一道道深约 20cm 的冲沟。

(a)　　　　　　　　　　　(b)

图 18.5　南阳 4 段坡面雨淋沟

膨胀土渠坡仅采用植草防护对雨淋沟的防护作用并不理想，图 18.6 即为仅采用植草护坡的引丹干渠形成的雨淋沟。

为解决强膨胀土坡面雨淋沟问题，设计方案采用了换填水泥改性土和坡面防护处理措施。为研究渠坡防护方案的防护效果，在试验段进行了雨淋沟观测、雨后换填层开挖验证、坡体含水量监测等相关实验。从目前的观测成果和监测资料来看，换填和防护方案对膨胀土渠坡表层的保护效果较为理想。

图 18.6 引丹总干渠膨胀土渠坡雨淋沟

图 18.7 为采用上述方案后,南阳 4 段经历 2014 年雨季后的渠坡外观面貌。从图中可以看出,虽然该试验段尚未植草,但是经历了一个雨季后坡面并未形成雨淋沟,换填和防护措施对防止雨淋沟的形成作用较为明显。

强膨胀土渠坡浅表层采用水泥改性土换填后,对某段 1:2.75 坡比的渠坡雨后(降雨持续时间约 24h,降雨强度为中雨)开挖检查雨水渗入水泥改性土的厚度。检查结果显示:雨水沿水泥改性土垂直坡面的入渗深度仅为 15cm(图 18.8)。

(a)   (b)

图 18.7 采取防护措施后坡面情况

图 18.8 雨后水泥改性土开挖验证结果

为进一步验证膨胀土渠坡采用水泥改性土换填后，膨胀土体内含水量的变化情况，在各试验段埋设了水分温度传感器，对水泥改性土和膨胀土的水分变化情况进行监测。各实验段水分温度传感器的埋深和布置情况如表 18.3 和图 18.9 所示，观测结果见图 18.10。

表 18.3　传感器布置情况表

传感器编号	南阳 1 段左岸一级马道				南阳 4 段右岸一级马道				备注
	埋深/m	一级马道高程/m	地下水位高程/m	水泥改性土厚度/m	埋深/m	一级马道高程/m	地下水位高程/m	水泥改性土厚度/m	
CW01	0.5				0.5				埋深是指距离一级马道顶面的埋置深度
CW02	1				1				
CW03	2				2				
CW04	3	143.71	136.0附近	1.8	3	143.32	141.3附近	1.8	
CW05	4				4				
CW06	5				5				
CW07	6				6				
CW08	7				7				

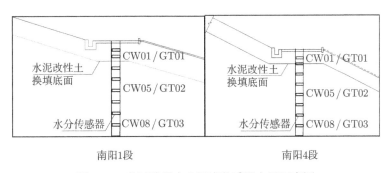

图 18.9　各试验段水分温度传感器布置示意图

根据上述各试验段水分温度传感器的监测结果，并结合水分温度传感器的布置情况分析可得出如下结论：

(1) 地下水位较高的渠段水泥改性土和膨胀土内水分含量相对较高。

(2) 表层 0.5m 以内水泥改性土含水量受大气影响发生变化，但到一定深度后，水泥改性土的含水量基本不受大气影响。

(3) 地下水位较低的渠段 (南阳 1 段)，水泥改性土换填层下的膨胀土含水量较低，且常年较稳定。

(4) 地下水位较高的渠段 (南阳 4 段)，水泥改性土换填层下的膨胀土含水量虽然相对较高，但是常年较稳定。

(5) 南阳 4 段中 CW03 水分传感器显示前期水分变化较大，后期处于稳定，结

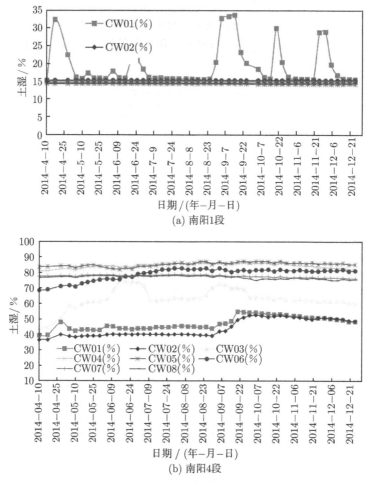

(a) 南阳1段

(b) 南阳4段

图 18.10　各试验段土体含水量监测结果

合埋深位置和工程施工分析, 因为该传感器位于水泥改性土换填层与膨胀土原状土的结合面部位, 该部位若施工处理不好, 则会成为一薄弱层, 压实度不足, 渗透系数较大, 孔隙率高, 含水量变化大。

(6) 水泥改性土碾压密实后竖直方向渗透系数较小, 水分入渗和散失困难, 起到了维持膨胀土稳定水分含量的作用, 但在施工过程应注意膨胀土与原状土 (膨胀土) 结合面的处理。

18.3.2　抗滑桩支护效果

为了验证抗滑桩的计算模型和加固效果, 在南阳 1 段某桩号左、右岸设置测斜孔、渗压计进行监测。

1. 地下水监测结果分析

渠坡稳定分析计算中，考虑暴雨时最不利条件，地下水位线与地面或坡面等高，如图 18.11 所示。

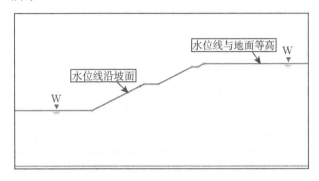

图 18.11 渠坡稳定分析计算时地下水位的具体位置

为验证水位线的实际情况，分别在南阳 1 段和南阳 4 段某桩号左右岸各布置了 P01~P04 四个渗压计监测地下水位情况 (图 18.12)，渗压计实测结果如图 18.13 和图 18.14 所示，水位最大实测值与计算值比较情况如表 18.4 和表 18.5 所示。

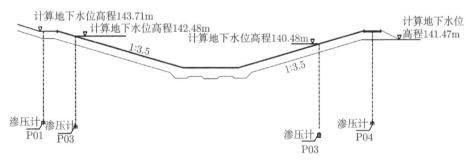

(a) 南阳1段渗压计布置示意图

(b) 南阳4段渗压计布置示意图

图 18.12 南阳 1、4 段渗压计布置示意图

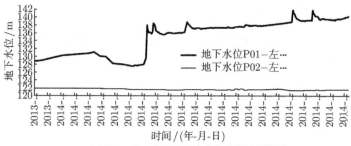

(a) P01、P02实测地下水位和渗压过程线图

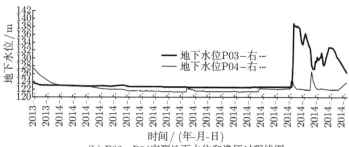

(b) P03、P04实测地下水位和渗压过程线图

图 18.13　南阳 1 段 P01~P04 水位实测结果

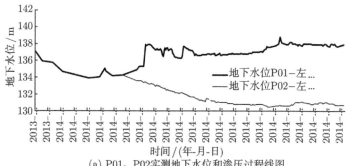

(a) P01、P02实测地下水位和渗压过程线图

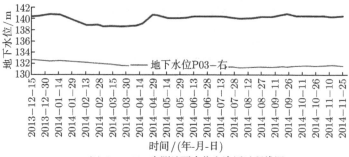

(b) P03、P04实测地下水位和渗压过程线图

图 18.14　南阳 4 段 P01~P04 水位实测结果

表 18.4　南阳 1 段 P01~P04 水位最大实测值与计算值比较

渗压计编号	实测水位最大值及出现的时间		实测水位最小值及出现的时间		计算水位	备注
P01	142.2	2014-9-28	127.6	2014-4-2	143.71	实测水位有变化
P02	122	2013-12-23	121.5	2014-9-26	142.48	实测水位较稳定
P03	138.4	2013-10-1	122.2	2014-6-5	140.48	实测水位有变化
P04	127.1	2013-12-15	121.0	2014-5-20	141.47	实测水位较稳定

表 18.5　南阳 4 段 P01~P04 水位最大实测值与计算值比较

渗压计编号	实测水位最大值及出现的时间		实测水位最小值及出现的时间		计算水位	备注
P01	138.8	2014-9-18	134	2014-3-15	149.32	实测水位有变化
P02	134.74	2014-3-5	130.5	2014-9-4	148.4	实测水位较稳定
P03	132.5	2013-12-15	131.25	2014-7-28	148.4	实测水位较稳定
P04	140.8	2014-5-3	138.53	2014-3-25	149.32	实测水位有变化

南阳 1 段和南阳 4 段地下水位开始监测时渠道衬砌均已经施工完成 (水泥改性土换填施工完成)，渠道尚未通水，试验段气象概况见表 18.6。根据上述地下水监测结果、试验段施工情况及天气情况，目前可得出如下结论：

(1) 计算采用的地下水位高于实际监测的地下水位，计算模型对地下水位的假定偏于保守。

(2) 挖方渠道抗滑桩底部埋设的渗压计测得的地下水位远低于渠坡埋设的渗压计测得地下水位，因为抗滑桩底部渗压计是通过在抗滑桩内钻孔埋设，抗滑桩周边土层的水无法渗入测斜孔内，测得水位即为渗压计埋设高程处的水位，而渠坡钻孔埋设的渗压计，周边土层的水可以汇集到测斜管内。结合两个渗压计埋设的位置可以得出以下结论：

① 膨胀土的水平渗透系数小于垂直渗透系数。

② 膨胀土层中的地下水位多为上层滞水。

③ 抗滑施工后，桩壁和周围土层之间未形成渗水通道。

(3) 半挖半填渠段，受渠道充水的影响，地下水位有所变化，但是地下水位远低于渠道水位，从目前来看渠道防渗体系防渗效果较好。

(4) 上述结论的正确性需要更长期的监测资料进行验证。

表 18.6　南阳 1、4 段气象概况

时间	气温/℃			降雨量/mm	
	最高温度/时间	最低温度/时间	平均温度	日最大降雨量/时间	月降雨量
2014 年 1 月	14.7/2 日	−4.9/22 日	5.1	0	0
2014 年 2 月	15.7/26 日	−6.7/11 日	3.5	0.2/2~7 日	11.8
2014 年 3 月	28.7/27 日	0.8/14 日	13.5	0.2/25 日	0.6
2014 年 4 月	28.6/9 日	8.1/10 日	17.2	1.0/15 日	90.8

时间	气温/℃			降雨量/mm	
	最高温度/时间	最低温度/时间	平均温度	日最大降雨量/时间	月降雨量
2014 年 5 月	36.5/27 日	10.7/5 日	22.1	1.4/9 日	69.6
2014 年 6 月	37.9/10 日	18.9/5 日	26.1	0.2/14 日	33.2
2014 年 7 月	38.5/22 日	21.1/1 日	27.5	1.0/20 日	28.4
2014 年 8 月	38.8/4 日	18.3/9 日	26.4	1.4/26 日	52.8
2014 年 9 月	30.4/6 日	15.9/20 日	26.4	13.6/8 日	153.6
2014 年 10 月	29.7/3 日	10.2/14 日	19.5	27.8/20 日	58.7

2. 变形监测结果分析

为对刚性支护结构设计进行评价, 对支护效果进行验证。在南阳 1 段某桩号左、右岸一级马道和抗滑桩内设置测斜管; 在南阳 4 段选取某桩号左岸一级马道和抗滑桩内布置侧斜孔, 右岸一级马道和抗滑桩内设置测斜管。具体布置见图 18.15 和图 18.16。

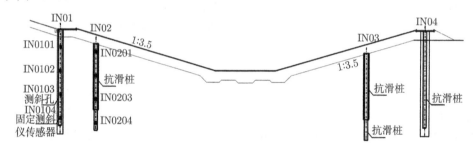

图 18.15   南阳 1 段侧斜孔 (管) 布置示意图

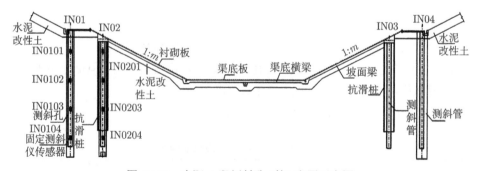

图 18.16   南阳 4 段侧斜孔 (管) 布置示意图

南阳 1 段某桩号左岸渠坡加固设计时, 根据渠坡裂隙发育情况, 搜索最不利滑动面位于渠底以下 3m, 完建检修工况渠坡最小安全系数为 1.2 时, 抗滑桩需承受 210kN/m 的下滑力。据此计算抗滑桩桩径 1.2m, 桩长 15m, 桩中心距为 4m, 受荷段长度为 9m。抗滑桩弯矩和变形如图 18.17～图 18.19 所示。

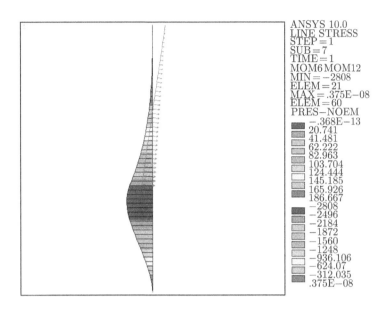

图 18.17　抗滑桩弯矩图最大弯矩 2808kN·m

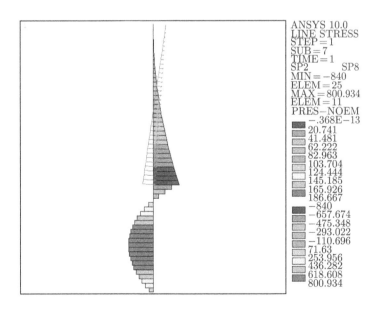

图 18.18　抗滑桩剪力图最大剪力 801kN

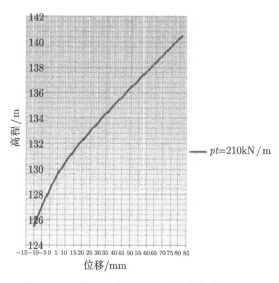

图 18.19 抗滑桩变形图桩顶最大位移 82mm

通过图 18.20 抗滑桩变形监测资料可以看出，左岸渠坡滑动面位于渠底附近，与计算假定吻合；抗滑桩限制土坡变形作用明显，实测抗滑桩与计算的位移图基本吻合，实测桩顶位移为 30mm，未超过允许的最大桩顶变形。

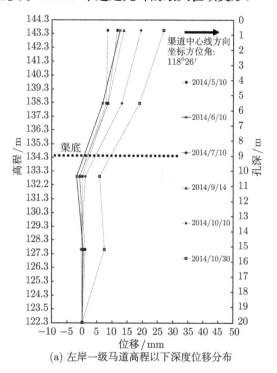

(a) 左岸一级马道高程以下深度位移分布

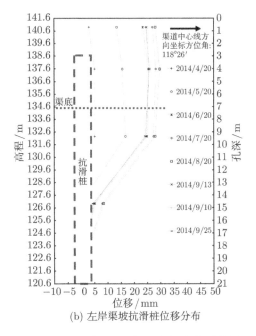

(b) 左岸渠坡抗滑桩位移分布

图 18.20　渠坡与抗滑桩深部位移监测结果

南阳 1 段某桩号右岸渠坡加固设计时，根据渠坡裂隙发育情况，搜索最不利滑动面位于渠底以下 2m，完建检修工况渠坡最小安全系数为 1.2 时，抗滑桩需承受 90kN/m 的下滑力。据此计算抗滑桩桩径 1m，桩长 10m，桩中心距为 4m，受荷段长度为 6m。抗滑桩弯矩和变形见图 18.21~图 18.23。

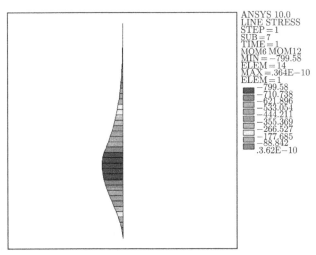

图 18.21　抗滑桩弯矩图最大弯矩 800kN·m

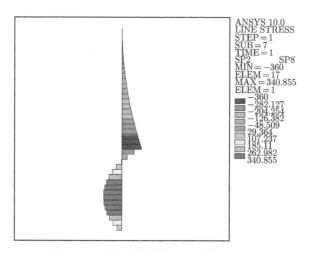

图 18.22　抗滑桩剪力图最大剪力 360kN

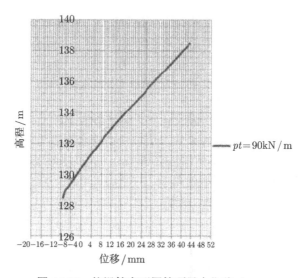

图 18.23　抗滑桩变形图桩顶最大位移 45mm

抗滑桩位移及渠坡监测结果见图 18.23。

从图 18.24 可以看出，渠坡未发生变形，抗滑桩渠底附近桩身变形可能是受渠底施工扰动所致。

南阳 4 段某桩号左右岸渠坡加固设计时，根据渠坡裂隙发育情况，搜索最不利滑动面位于渠底附近，完建检修工况渠坡最小安全系数为 1.2 时，抗滑桩需承受 1250kN/m 的下滑力。据此计算抗滑桩 + 坡面梁框架支护体系中抗滑桩桩径 1.5m，桩长 15m，桩中心距为 4m，受荷段长度为 8.5m。抗滑桩弯矩和变形见图 18.25～图 18.27。

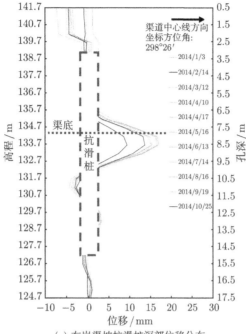

(a) 右岸渠坡抗滑桩深部位移分布

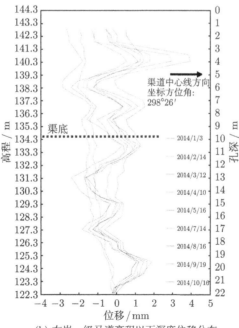

(b) 右岸一级马道高程以下深度位移分布

图 18.24　抗滑桩与渠坡深部位移监测结果

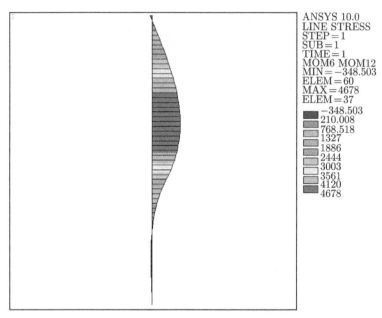

图 18.25　抗滑桩弯矩图最大弯矩 800kN·m

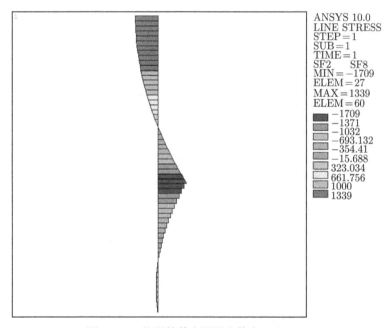

图 18.26　抗滑桩剪力图最大剪力 1709kN

抗滑桩位移及渠坡监测结果见图 18.28。

左右岸抗滑桩内的测斜管显示桩顶向渠坡内移动 (远离渠道轴线的方向移动)，因为坡面梁与桩顶位置固结，坡面梁受自重和温度荷载影响产生挠曲，给桩顶施加向坡内的推力；从变形来看，该力不大，且改力对抗滑桩阻滑有益。左岸渠坡有变形，但抗滑桩未发生向渠道轴线方向的变形，与南阳 1 段左岸渠坡和抗滑桩变形情况对比来看，抗滑桩 + 坡面梁框架式支护体系受结构受力更好，抗滑桩 + 坡面梁框架式支护体系中的抗滑桩发生向渠道轴线的位移，需要更大的下滑力。

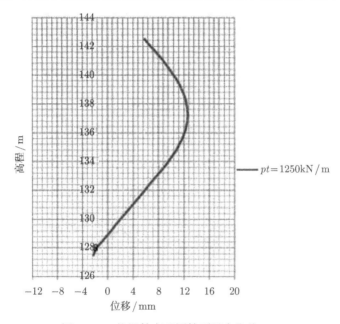

图 18.27 抗滑桩变形图桩顶最大位移 13mm

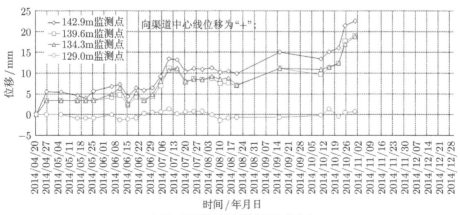

左岸一级马道高程以下深度位移分布

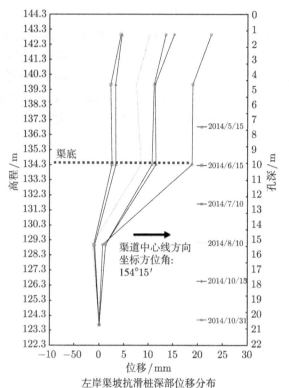

左岸渠坡抗滑桩深部位移分布

(a) 左岸渠坡及抗滑桩变形检测结果

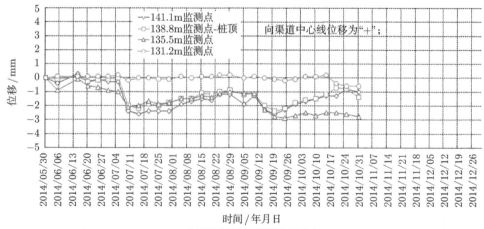

右岸渠坡抗滑桩深部位移分布

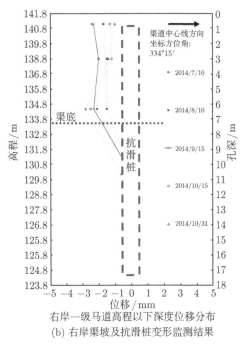

右岸一级马道高程以下深度位移分布

(b) 右岸渠坡及抗滑桩变形监测结果

图 18.28　抗滑桩及渠坡位移监测结果

18.3.3　坡面梁钢筋应力分析

为研究抗滑桩 + 坡面梁框架支护体系中坡面梁的结构应力,并验证计算模型与坡面梁应力实际分布是否一致,在南阳 4 段某桩号坡面梁与渠底横梁中设置了钢筋应力计,监测坡面梁的受力情况,钢筋计的布置位置见图 18.29。

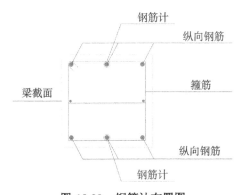

图 18.29　钢筋计布置图

根据假定的计算模型,抗滑桩在承受 1250kN/m 的下滑力时坡面梁的弯矩情况如图 18.30 所示,抗滑桩在不受力情况下坡面梁的弯矩情况如图 18.31 所示。

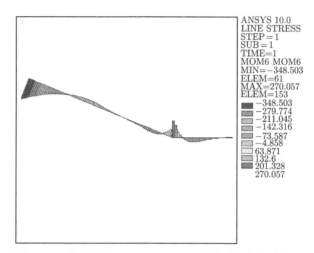

图 18.30　滑坡推力 $F=1240\text{kN/m}$ 时坡面梁应力分布图

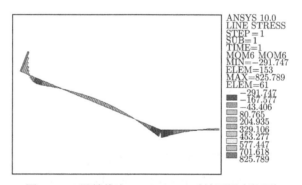

图 18.31　滑坡推力 $F=0\text{kN/m}$ 时坡面梁弯矩图

钢筋计实测表明: 除了测点 R02 和 R06 测点处 2014 年 3 月 5 日的观测值反映钢筋计受拉外, 其余所有钢筋计均表现出受压状态。钢筋应力在 $-67.4 \sim 2.42\text{MPa}$ 变化。最大压应力 (R14) 在坡面梁中下部。

从图 18.30、图 18.31 及实测资料可以看出, 坡面梁弯矩有如下特点:

(1) 当抗滑桩受到较大的滑坡推力时, 坡面梁和渠底横梁为偏心受压构件, 梁将对坡面 (渠底) 施加一压力, 该压力对桩前土的稳定和膨胀力的消除有益。

(2) 当抗滑桩不受力或滑坡推力较小时, 因采用弹性地基梁模型计算, 坡面梁将在自重作用下产生弯矩。但是, 考虑到实际坡面的限制作用, 实际变形情况应小于计算值。

(3) 坡面梁结构尺寸宽 $\times$ 高 $= 0.6\text{m} \times 0.6\text{m}$, C30 钢筋混凝土结构, 且设置于 1:2.5 的斜坡面上, 当抗滑桩承受较小的滑坡推力或不受力时, 坡面梁更有可能为受压构件, 与实际监测资料相符。

(4) 总上分析, 从结构角度来看, 坡面梁采用偏心受压构件设计是安全的。

第四篇　强膨胀土渠坡变形监测

第19章 渠坡变形监测设计

渠坡变形监测是一项集地质学、测量学、岩土力学、数学、物理学、水文气象学为一体的综合性和交叉性学科，它是为了解和掌握膨胀土渠坡变形演变过程，为评价、预测、预报以及治理提供可靠资料和科学依据，监测结果也是对渠坡地质灾害治理效果的反映。由于膨胀土渠坡地质灾害多具有时间上的突发性、空间上的随机性、种类上的多样性、条件上的恶劣性及后果上的严重性，因而要求监测技术方法必须具有快速、机动、准确和集成等相应的特点。

渠坡滑动变形等地质灾害是在一定环境下渠坡土体在重力的作用下，由于内、外因素的影响，使其沿着坡体内一个 (或几个) 软弱面 (带) 而发生的剪切下滑现象。因此，在整个滑坡体设立地表变形监测和深部位移等，可以了解整个滑坡体的变化趋势。

渠坡变形监测的基本方法是以地表位移监测为主，并结合宏观地质巡查。主要监测内容为：地表变形监测 (测量机器人监测、裂缝张合监测等)；深部位移监测 (钻孔测斜仪监测、多点位移计监测等)；地下水位观测 (测压孔、渗压计等)；大气降雨与气温观测；相关人类活动监测以及宏观地质巡查监测等。对于膨胀土渠坡，还应开展土体含水率、吸力和大气蒸发量等变形原因量的监测。

对选定的典型渠段强膨胀土渠坡进行变形监测工作，其主要作用表现在以下两个方面。

(1) 工程安全上的作用：监测渠坡以及与工程建设有关的地质构造的变形，及时发现异常变化，对其稳定性、安全性做出判断，以便采取措施处理，防止事故发生。

(2) 科学研究上的作用：通过变形监测资料分析能更好地解释渠坡变形的机理，验证变形的假说，为研究强膨胀土渠坡变形机理、渠坡处理技术设计以及滑坡治理设计提供基础资料，并为滑坡等地质灾害治理工程效果和施工质量评价等提供技术检验资料。

19.1 监测布置

19.1.1 监测布置原则及要求

对选定的渠段通常按断面来布设监测仪器设备，监测断面可分为主要监测断面和一般监测断面，监测断面监测仪器设备布设原则如下：

1. 主要监测断面

(1) 主要监测断面为监测工作的重点,依据地质情况选定;

(2) 监测点宜分布在两岸渠顶、马道、渠坡和渠基等部位。

(3) 主要监测断面上宜布置成拥有绝对变形监测、钻孔倾斜监测、土体含水率监测等多手段、多参数、多层次的综合立体监测断面,达到互相验证、补充和进行综合评判的目的。

(4) 监测数据采集以人工观测和自动化观测相结合。

2. 一般监测断面

(1) 一般监测断面宜平行重要监测断面,分布在其上游或下游或上、下游两侧;

(2) 对于一般监测断面,只进行渠坡水平位移和垂直位移监测,测点宜分布在两岸渠顶、马道、渠坡等部位。

(3) 监测数据采集以人工观测方法为主。

19.1.2　监测项目及精度指标

1. 监测项目及监测方法

常规监测项目主要包括渠坡表层水平位移监测、垂直位移监测、渠坡深部水平位移监测、渠基分层回弹监测。与变形相关的原因量有土体含水率、吸力、土温、大气温度、降雨量、蒸发量以及渠道开挖量等的监测。

1) 渠坡表层水平和垂直位移监测——常规大地测量方法

典型渠段渠坡表层水平位移监测:由渠段两岸各 2 个监测网点构成大地四边形监测网,再由渠坡上的监测点与监测网点构成的交会网,共同组成典型渠段渠坡表层的水平位移监测体系。观测采用瑞士进口 Leica TCA2003 测量机器人 (智能全站仪),周期性地测量角度、距离、高差等量,通过内外业一体化的数据处理系统,可获取渠坡上监测点的水平位移,进而确定变形的方向、速度和加速度等量。

典型渠段渠坡表层垂直位移监测:由渠段两岸各 2 个监测网点基础埋设的水准测量基准点构成垂直位移监测网,再由渠坡上的监测点与基准点构成的几何水准网共同组成典型渠段渠坡表层的垂直位移监测体系。观测采用美国进口 Trimble DINI03 电子水准仪,周期性地测量高差等量,通过内外业一体化的数据处理系统,可获取渠坡上监测点的垂直位移,进而确定垂直位移速度和加速度等量。

常规测量的优点是技术成熟、精度高、资料可靠、信息量大,便于确定渠坡位移方向及速率,适用于不同变形阶段的水平位移和垂直位移监测;缺点是效率较低、所需的人力多、时间长,受到地形、通视和气候等条件影响,不能连续观测。

2) 渠坡深部水平位移监测——测斜管法

在两岸渠坡用地质钻机钻孔,孔深穿过渠基面以下 5m 左右的深度后,安装专用测斜套管,通过测斜仪测量的套管的变形来监测渠坡深部土体的水平位移情况。

观测方式有固定式和移动式测量两种，固定式测量是把测斜仪传感器按不同高程固定埋设在地质钻孔内，可实现远程遥测，但造价较高，目前大多采用移动式测量方法。

3) 渠基分层回弹监测——电磁沉降环方法

在渠道开挖前，在渠道中心线附近位置，用地质钻机钻孔，孔深穿过渠基面以下 20m 左右的深度后，安装专用电磁沉降环和套管。采用改进的 CFC-40 型分层沉降仪配磁感应探头进行观测，为确保测量精度，除替换原测尺为标准钢尺外，观测时还需要记录孔内温度，用于钢尺的温度和尺长等各项改正计算，改进后的测量精度优于 ±1mm。

4) 与变形相关的原因量监测

与变形相关的原因量的监测有土体含水率、吸力、土温、大气温度、降雨量、蒸发量以及渠道开挖量等。除土体含水率、吸力、土温需要在渠坡体内埋设专用传感器监测外，大气温度、降雨量、蒸发量以及渠道开挖量等原因量资料也可在相关部门收集整理。

2. 主要精度指标

(1) 水平监测点位移量中误差不大于 ±3mm；

(2) 垂直位移监测网平差后，每千米水准测量的偶然中误差不大于 1mm；

(3) 钻孔测斜仪系统精度为:±2mm/30m；

(4) 固定测斜仪系统精度为:±1.5mm/15m；

(5) 电磁沉降环精度为:±1mm；

(6) 土体含水率系统精度为:±3%。

19.1.3 强膨胀土渠坡监测布置——淅川段

该渠段为上强膨胀土、下中膨胀岩段，渠坡主要由 plQ$_1$ 粉质黏土、钙质结核粉质黏土，N 黏土岩、泥灰质黏土岩 (含钙质团块黏土岩)、砂质黏土岩、局部砂岩组成。plQ$_1$ 粉质黏土厚 2~7m，含钙质结核，小裂隙极其发育，长大、大裂隙较少见，具强膨胀性，且膨胀性不均一；N 黏土岩、泥灰质黏土岩具中等膨胀性，开挖后易快速风化。渠段设计流量 350m^3/s，设计渠水位 146.842~146.829m，设计渠水深 8m，渠底高程 138.842~138.829m，坡高 13~18m，渠底宽 10.5m，两侧渠坡设计坡比 1:3.25~1:3.5，设有二级马道，高程分别为 148.324~148.812m、154.624~154.112m。

在淅川段 (项目实施时，渠道已开挖至渠低附近) 主要监测渠坡强膨胀土 (图 19.1 中 XXX 符号) 的表层和深部的变形、土体含水率、土体吸力和温度。选定主要监测断面和一般监测断面各 1 条，两监测断面相距 130m。其监测布置如下。

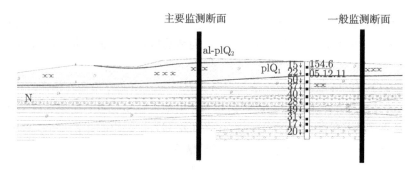

图 19.1　淅川段地质断面图

1. 主要监测断面布置

1) 表层水平位移和垂直位移监测

(1) 在两岸渠坡顶部和一级马道 (指开挖面，下同) 各埋设 1 个表层水平位移监测点，共埋设 4 个观测墩，测点编号为 TP01~TP04。

(2) 在两岸渠坡顶部、一级马道和渠坡上共埋设 6 个垂直位移监测点，其中 4 点与表层水平位移监测点同体埋设，测点编号为 BM01~BM04，渠坡上 2 点编号为 BM11 和 BM12。

(3) 在该渠段外围稳定的地方埋设 4 个监测基准网点，构成监测基准网。

2) 深部位移监测

在左岸二级马道、右岸渠坡顶部和一级马道上各埋设 1 个活动测斜仪 (按 0.5m 一个测点考虑)，监测渠顶和渠坡强膨胀土的深层水平位移情况。共埋设 3 个测斜孔，编号为 IN01~IN03。另外，在主要监测断面附近的左、右岸抗滑桩体内各埋设 1 孔测斜管，监测桩体不同部位的水平位移，编号为 IN04~IN05。

3) 含水率量测

在右岸渠坡顶部的 4 个钻孔内布设 1 组含水率监测点，测点分布在换填层以下 0.5m、1.5m、3m、5m 各埋设 1 支，共埋设 4 支水分传感器，测点编号为 CW01~CW04。

4) 吸力量测

在右岸渠坡顶部的 4 个钻孔内布设 1 组水势监测点，测点分布在渠坡换填层以下 0.5m、1.5m、3m、5m 各埋设 1 支，共埋设 4 支含水势传感器，测点编号为 MS01~MS04。

5) 温度量测

在右岸渠坡顶部的钻孔内埋设 1 组温度监测点，监测土体温度，测点与水分传感器同部位埋设，共埋设 4 支含温度传感器，测点编号为 GT01~GT04。

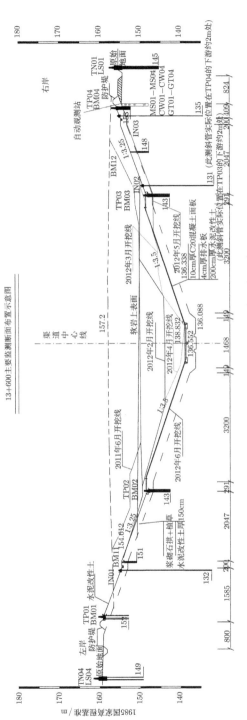

图 19.2　浙川段主要监测断面布置图

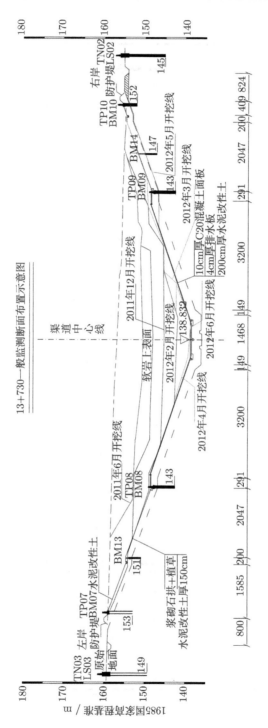

图 19.3　渐川段一般监测断面布置图

6) 观测站

在右岸渠坡顶部建造一组自动观测站，主要用于采集 4 支水分传感器、4 支水势传感器、4 支温度传感器、1 支气温、1 支降雨传感器。

主要监测断面布置情况见图 19.2。

2. 一般监测断面布置

(1) 在两岸渠坡顶部和一级马道各埋设 1 个表层水平位移监测点，共埋设 4 个观测墩，测点编号为 TP07~TP10。

(2) 在两岸渠坡顶部、二级马道、一级马道上共埋设 6 个垂直位移监测点，其中 4 点与表层水平位移监测点同体埋设，测点编号为 BM07~BM10，渠坡上 2 点编号为 BM13 和 BM14。

一般监测断面布置况见图 19.3。

19.1.4 强膨胀岩渠基段监测布置——南阳 3 段

该段属于渠基强膨胀岩段，渠段地层为上中膨胀土 (al-plQ$_2$ 黏土) 为主，下强膨胀岩 (N 黏土岩) 段，上部由中更新统冲洪积含钙质结核 (姜石)、铁锰质结核棕黄色粉质黏土、黏土，部分棕黄、棕红色粉质黏土、黏土组成，含少量钙质结核，具有弱 ～ 中等膨胀性，垄岗下部为上第三系灰白色砂砾岩、砂岩、灰白色、灰绿色黏土岩等，黏土岩具强膨胀性，大裂隙及长大裂隙极发育。该段长 750m，系垄岗地貌，渠道挖深 12~18m。该渠段设计流量 330m^3/s，渠底宽 21m，一级马道以下边坡系数为 2.0，以上为 1.75，设计渠水深 7.5m，加大设计渠水深 8.24m。

在南阳 3 段 (项目实施时，渠道清表基本完成，局部开挖约 3~4m 或至一级马道) 主要监测渠底强膨胀岩 (图 19.4 中 XXX 符号) 的分层回弹、含水率、吸力和温度以及渠坡的表层和深部的变形。选定主要监测断面和一般监测断面各 1 条，两监测断面相距 120m。其监测布置如下。

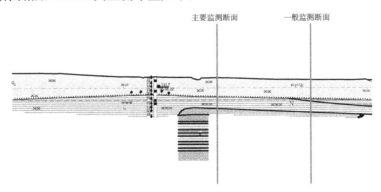

图 19.4 南阳 3 段地质断面图

1. 主要监测断面布置

1) 表层水平位移和垂直位移监测

(1) 在两岸渠坡顶部和一级马道各埋设 1 个表层水平位移监测点，共埋设 4 个观测墩，测点编号为 TP01~TP04。

(2) 在两岸渠坡顶部、一级马道和渠坡上共埋设 4 个垂直位移监测点，其中 4 点与表层水平位移监测点同体埋设，测点编号为 BM01~BM04。

(3) 在该渠段外围稳定地方埋设 4 个监测基准网点，构成监测基准网。

2) 深部位移监测

(1) 在左岸一级马道上埋设 1 组垂直固定测斜仪，监测该段渠坡强膨胀土的深层水平挤压情况。每孔分别按一级马道开挖竣工面以下 1m、4.4m 和 8.8m 安装 3 支传感器，测点编号为 IN01~IN03。

(2) 在左岸渠坡顶部和右岸渠坡顶部、一级马道上各埋设 1 个垂直活动测斜仪 (按 0.5m 一个测点考虑)，监测渠顶和渠坡强膨胀土的内部水平位移情况。共埋设 3 个测斜孔，测斜孔编号为 IN04~IN06。

(3) 在主要监测断面附近的左、右岸抗滑桩体内埋设 2 孔测斜管，测孔编号为 IN07 和 IN08。由于右岸滑坡处理增加一排抗滑桩，在同一断面对应抗滑桩体增埋 1 个测斜管，编号为 IN09。

3) 渠基回弹监测

(1) 在渠道中线位置和左、右侧渠底角的位置的 3 个钻孔内，采用变位式分层沉降仪方式测定渠底膨胀岩的分层回弹量，分别按渠底开挖竣工面以下 0.5m、1.5m、3m、5m、10m 和 20m 设置 6 个分层回弹监测点，测点编号分别为 SG01~SG06、SG07~SG12 和 SG13~SG18。

(2) 在变位式分层沉降仪对应位置 (上下游方向不超过 2m) 的 3 个钻孔内，采用电磁沉降环方式测定渠底膨胀岩的分层回弹量，分别按孔口以下 0.5m、1.5m、3m、5m、10m 和 20m 设置 6 个分层回弹监测点，测点编号分别为 HS01~HS06。

4) 含水率量测

(1) 在左岸一级马道的 4 个钻孔内布设 1 组含水率监测点，测点分布在马道换填层内 1 支，换填层以下 0.5m、1.5m、3m 各 1 支，共埋设 4 支含水分传感器，测点编号分别为 CW01~CW04。

(2) 在渠底中线位置的 5 个钻孔内布设 1 组含水率监测点，测点分布在渠底换填层内 1 支，换填层以下 0.5m、1.5m、3m、5m 各 1 支，共埋设 5 支水分传感器，测点编号分别为 CW05~CW09。

5) 吸力量测

在渠底中线位置的 5 个钻孔内埋设 1 组吸力监测点，分布在渠底换填层内 1 支，换填层以下 0.5m、1.5m、3m、5m 各 1 支，共埋设 5 支水势传感器，测点编号分别为 MS01~MS05。

6) 温度量测

在左岸一级马道和渠基各埋设 1 组温度监测点，与水分传感器同部位埋设，共埋设 9 支含温度传感器，测点编号为 GT01~GT09。

7) 观测站

在左岸一级马道建造一组观测站 (3 个)，主要用于采集 3 支固定测斜仪传感器、18 支分层沉降仪传感器、5 支水势传感器、9 支水分传感器、9 支温度传感器和气温、降雨传感器数据。

主要断面监测布置情况见图 19.5。

2. 一般监测断面布置

(1) 在两岸渠坡顶部和一级马道各埋设 1 个表层水平位移监测点，共埋设 4 个观测墩，测点编号为 TP07~TP10。

(2) 在两岸渠坡顶部和一级马道，与表层水平位移监测点同体埋设 1 个表层垂直位移监测点，共埋设 4 个监测点，编号为 BM07~BM10。

一般监测断面布置情况见图 19.6。

19.1.5 强膨胀岩渠坡监测布置——鲁山段

该渠段属于渠坡强膨胀岩渠段，该段地层为上部弱~中膨胀 dl-plQ$_2$ 粉质黏土，下部为强膨胀 N 黏土岩，dl-plQ$_2$ 粉质黏土厚 1~2m，厚薄不一，呈黄褐、棕黄、棕红色，含少量铁锰质结核，局部含钙质结核，裂隙较发育，粉质黏土自由膨胀率 δ_{ef}=49%~66%。N 层黏土岩，厚 12m 左右，分布于渠坡，含少量铁锰质结核及风化物，局部含砾石，自由膨胀率 δ_{ef}=41%~118%，平均自由膨胀率 δ_{ef}=77%。渠段地貌属伏牛山脉东麓山前岗丘，地势开阔较平坦，地面高程 139~141m，渠道挖深 12~14m，该渠段设计流量 330m^3/s，渠底宽 17m，一级马道以下边坡系数为 3.5，以上为 3.25，设计渠底高程 126.87m 左右，设计渠水深 7.0m，加大设计渠水深 7.71m。

在鲁山段 (项目实施时，已开挖至渠底) 主要监测渠坡强膨胀岩 (图 19.7 中 XXX 符号) 的变形和岩土含水率与岩土吸力等。选定主要监测断面和一般监测断面各 1 条，两监测断面相距 120m。其监测布置如下。

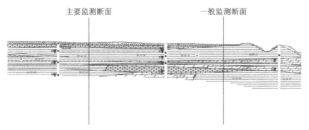

图 19.7 鲁山段地质断面图

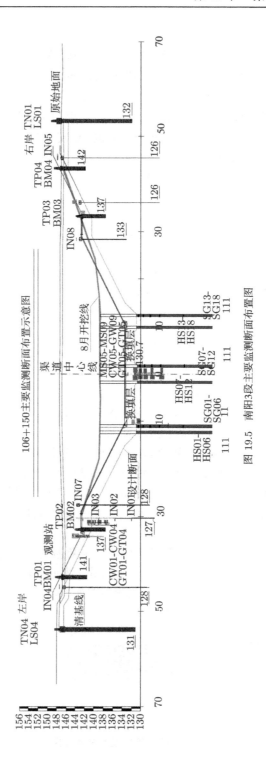

图 19.5　南阳 3 段主要监测断面布置图

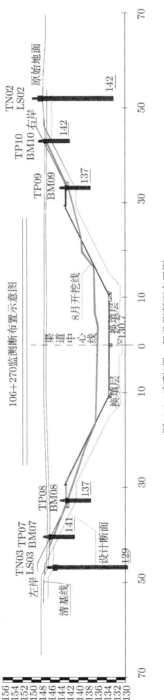

图19.6 南阳3段一般监测断面布置图

1. 主要监测断面布置

1) 表层水平位移和垂直位移监测

(1) 在两岸渠坡顶部和一级马道各埋设 1 个表层水平位移监测点，共埋设 4 个观测墩，测点编号为 TP01～TP04。

(2) 在两岸渠坡顶部、一级马道和渠坡上共埋设 4 个垂直位移监测点，其中 4 点与表层水平位移监测点同体埋设，测点编号为 BM01～BM04。

(3) 在该渠段外围稳定地方埋设 4 个监测基准网点，构成监测基准网。

2) 深部位移监测

(1) 在左岸一级马道上埋设 1 组垂直固定测斜仪，监测该段渠坡强膨胀岩的深层水平挤压情况。每孔分别按一级马道开挖竣工面以下 1m、4.4m 和 8.8m 安装 3 支传感器，测点编号为 IN01～IN03。

(2) 在左岸渠坡顶部和右岸渠坡顶部、一级马道上各埋设 1 个垂直活动测斜仪 (按 0.5m 一个测点考虑)，监测渠顶和渠坡强膨胀岩的内部水平位移情况。共埋设 3 个测斜孔，测斜孔编号为 IN04～IN06。

3) 含水率量测

(1) 在左岸渠坡顶部的 4 个钻孔内布设 1 组含水率监测点，测点分布在渠顶换填层内 1 支，换填层以下 0.5m、1.5m、3m 各 1 支，共埋设 4 支水分传感器，测点编号为 CW01～CW04。

(2) 在左岸一级马道的 4 个钻孔内布设 1 组含水率监测点，测点分布在马道换填层内 1 支，换填层以下 0.5m、1.5m、3m 各 1 支，共埋设 4 支含水分传感器，测点编号分别为 CW05～CW08。

(3) 在渠底中线位置的 5 个钻孔内布设 1 组水分监测点，分布在渠底换填层内 1 支，换填层以下 0.5m、1.5m、3m、5m 各 1 支，共埋设 5 支水分传感器，测点编号分别为 CW09～CW13。

4) 吸力量测

(1) 在左岸渠坡顶部的 4 个钻孔内布设 1 组水势监测点，测点分布在渠顶换填层内 1 支，换填层以下 0.5m、1.5m、3m 各 1 支，共埋设 4 支含水势传感器，测点编号为 MS01～MS04。

(2) 在渠底中线位置的 5 个钻孔内布设 1 组水势监测点，测点分布在渠底换填层内 1 支，换填层以下 0.5m、1.5m、3m、5m 各 1 支，共埋设 5 支水势传感器，测点编号分别为 MS05～MS09。

5) 温度量测

在左岸渠顶、一级马道和渠基各埋设 1 组温度监测点，与水分传感器同部位埋设，共埋设 13 支含温度传感器，测点编号为 GT01～GT13。

6) 观测站

在左岸渠顶建造一组观测站 (3 个),主要用于采集 3 支固定测斜仪传感器、9 支水势传感器、13 支水分传感器、13 支温度传感器和气温、降雨传感器数据。

主要监测断面布置情况见图 19.8。

2. 一般监测断面布置

(1) 在两岸渠坡顶部和一级马道各埋设 1 个表层水平位移监测点,共埋设 4 个观测墩,测点编号为 TP07~TP10。

(2) 在两岸渠坡顶部和一级马道,与表层水平位移监测点同体埋设 1 个表层垂直位移监测点,共埋设 4 个监测点,编号为:BM07~BM10。

一般监测断面布置情况见图 19.9。

19.2 监测仪器设备埋设技术

19.2.1 监测网和监测点观测墩

1. 监测网点

监测网点采用带强制对中基盘的混凝土观测墩,观测墩布设在渠道两岸的施工范围线内,为保证观测墩的稳定性,其基础采用旋挖钻机 $\phi 800$mm 钻孔 + 灌注桩方式施工。其结构形式见图 19.10。

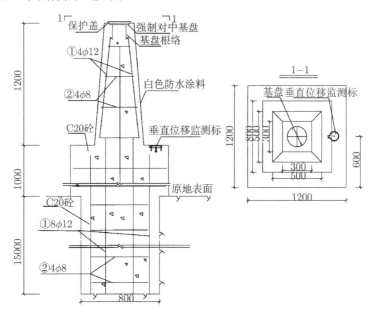

图 19.10 监测网点结构图

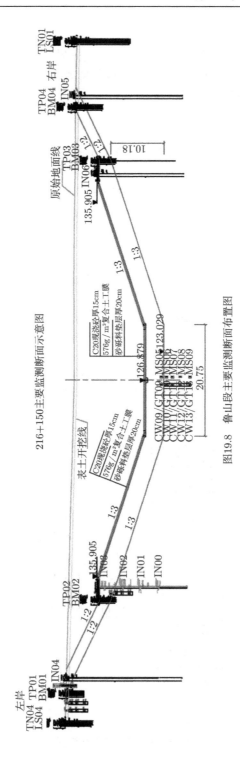

图19.8　鲁山段主要监测断面布置图

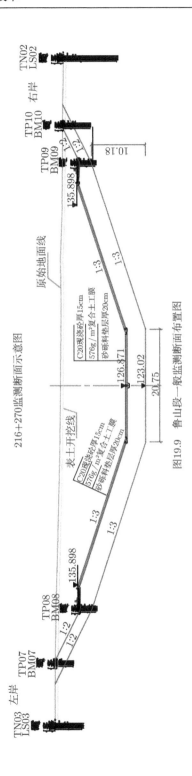

图19.9 鲁山段一般监测断面布置图

2. 渠顶监测点

在渠道两岸顶部埋设的监测点采用带强制对中基座的混凝土观测墩,为了在换填层施工时不被毁掉,观测墩基础用旋挖钻机 $\phi800\text{mm}$ 钻孔 + 灌注桩方式施工。其结构图形式见图 19.11。

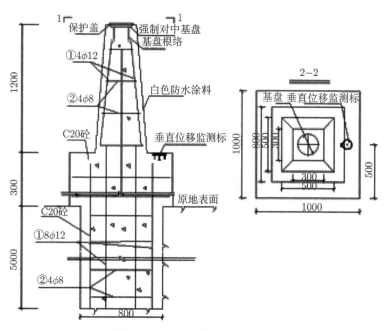

图 19.11　渠顶监测点结构图

3. 一级马道监测点

在渠坡一级马道上埋设的监测点采用带强制对中基盘的混凝土观测墩,为了在换填层施工时不被毁掉,观测墩基础采用旋挖钻机 $\phi800\text{mm}$ 钻孔 + 灌注桩方式施工。其结构形式见图 19.12。

4. 抗滑桩顶监测点

在抗滑桩顶上埋设监测点采用带强制对中基盘的混凝土观测墩,其基础结构形式见图 19.13。

5. 建造要求

观测墩及基础建造要求如下:

观测墩的建造应严格按照规定的尺寸、材料规格施工,观测墩及其基础钢筋混凝土强度不低于 C20。

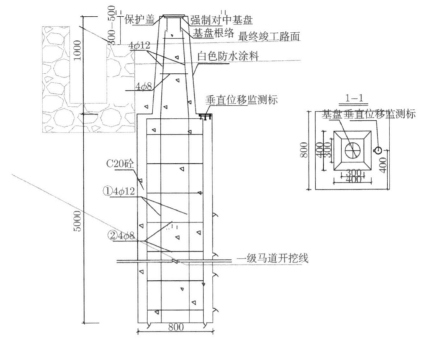

图 19.12　一级马道监测点结构图

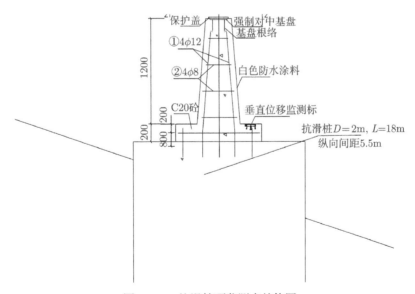

图 19.13　抗滑桩顶监测点结构图

各观测墩顶均安置强制对中基盘,基盘表层需用长水准气泡置平,倾斜角小于 4′。

　　监测网点基础灌注桩应深入强膨胀岩体下 1m，观测墩站台高度 0.5~2m(视通视条件定)，需设置台阶。渠坡顶部监测点站台高度 0.2~0.5m。一级马道监测点顶部高程高于点位所在部位竣工高程面 0.3~0.5m。

　　在观测墩站台和基础桩顶埋设一个水准标志。观测墩施工过程中必须注意混凝土的养护，防止出现裂缝。观测墩标身朝向统一 (标身一侧朝向流水方向)、整饰美观。各个观测墩标身用白水泥抹面，涂白色防水涂料两遍。

　　在观测墩柱体的侧面分别用红漆喷涂点号、监测标志、严禁破坏等字样。在观测墩站台上用字模刻印点号，并用红色油漆填写清楚。

19.2.2　垂直位移监测点

　　垂直位移监测点结构图见图 19.14。孔口设置保护盖。

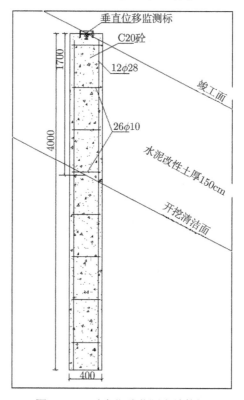

图 19.14　垂直位移监测点结构图

19.2.3　测斜管钻孔及埋设

　　(1) 钻孔技术要求: 测斜孔钻孔孔径不小于 ⌀110mm，钻孔位置、孔深和倾角按设计要求施钻，偏斜度不大于 1%孔深，并绘制钻孔柱状图。

(2) 测斜管连接及安装: ①测斜管采用ø70mm 的 ABS 管。安装前对各导管进行检查, 不符合要求的严禁使用。②各导管在连接时要使导槽对齐, 准确无误后用橡皮泥或土工布、防水胶带和铆钉固定各导管接头, 导管底部有塞头。③为使各接头的连接完好无损, 在下导管过程中用软绳将管底部塞头和导管系紧, 以便分段安装。管口段按设计图要求预留一定长度。④在导管分段安装过程中, 用模拟探头在各个测量方向反复试测, 确定无误后再进行上一段连接。当导管全部安装完后, 用同样的方法在全孔测试, 确定无误后才能进行封孔。⑤测斜管内两对导槽垂直和平行于所在部位位移方向, 并不得偏扭。

(3) 灌浆固结: ①将每根注浆管沿测斜管外侧下入孔内, 一直下到距孔底 1m处为止。②按照预先要求的水灰比浆液由下而上进行灌浆, 待灌浆完毕拔出注浆管后, 测斜管内要用清水冲洗干净, 并做好孔口保护, 防止碎石或其他异物掉入管内。③待水泥浆凝固后, 量测测斜管导槽的方位、孔口坐标及高程。

(4) 孔口保护装置: ①孔口保护装置用ø152, $L = 1.2$m 的无缝钢管加工, 孔口带防盗管帽。②无缝钢管埋入孔口段后四周回填水泥砂浆, 使其与基岩结合紧密。③各孔口保护装置用红漆醒目标出监测设施的名称和编号。④在后期施工时, 需用测斜管接至孔位所在部位的竣工高程面, 孔口需二次建造保护装置 (图 19.15)。

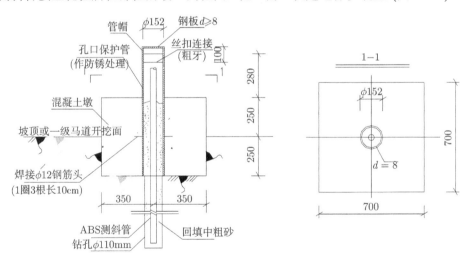

图 19.15　测斜管孔口保护装置结构图

19.2.4　倾斜传感器

(1) 倾斜传感器安装前, 应使测斜管的垂直度不要超出传感器的极限。对测斜管的导槽应标注永久标记以确定测斜管的正方向, 传感器的固定轮即放入该导向槽内。

(2) 依照安装次序，准备支承管和传感器，并把各传感器与其标记管连接，然后测试各传感器极性的正反向和稳定性。

(3) 把倾斜传感器和支承管一起放入测斜管，并使传感器的正向对准测斜管的正向导槽。下放时使用接在测斜仪底部的钢缆绳，安装过程中钢缆绳需固定在防绞棒，以免与电缆绞缠。

(4) 当将倾斜传感器的第二组导向轮放入测斜管时，由于该轮备有万向节，故要用一个专用校直工具。

(5) 倾斜传感器电缆牵引至左岸坡顶观测站内，电缆用 $\phi500mm$ PVC 管保护，PVC 管应埋入开挖渠坡面的土中。

19.2.5　电磁沉降环

(1) 沉降环孔钻孔孔径不小于 $\phi110mm$，钻孔位置、孔深和倾角按设计要求施钻，偏斜度不大于 1%孔深，并绘制钻孔柱状图。

(2) 按设计要求预连接，根据沉降环的位置确定沉降环的上下接头的位置。

(3) 初安装时通过 HS01 沉降环上接头把 HS01 沉降环压到开挖竣工面以下 0.4m 的位置，然后提起沉降管 30~40cm，应保证沉降环不动。

(4) 用沉降仪探测一下沉降环的实际位置，若沉降环被提起，应重新下压沉降管，然后再提起，反复几次，直至满足要求。

(5) 孔内回填中砂加水密实。孔口修建保护墩进行保护。

(6) 沉降管口用锯子锯出一个小标记，每次测量时都以该标记作为标准。

(7) 测试完毕，沉降尺一定要用软布擦干净，缓慢收回放入仪器箱中。注意探头与测尺接头部位不要弯曲过大，以免折断钢尺。

19.2.6　水分传感器

(1) 水分监测孔的钻孔采用地质钻机，孔径 $\phi110mm$。

(2) 水分传感器下入钻孔后，孔内用原状土填实。

(3) 水分传感器电缆牵引至坡顶观测站内，电缆用 $\phi50mm$ PVC 管保护，PVC 管应埋入开挖渠坡面的土中。

(4) 在施工过程中可能会因为设备未到位而采用钢管保护管临时保护钻孔。

19.2.7　水势传感器

(1) 水势监测孔的钻孔采用地质钻机，孔径 $\phi110mm$。

(2) 水势传感器下入钻孔后，孔内用原状土填实。

(3) 水势传感器电缆牵引至右岸坡顶观测站内，电缆用 $\phi50mm$ PVC 管保护，PVC 管应埋入开挖渠坡面的土中。

(4) 在施工过程中可能会因为设备未到位而采用钢管保护管临时保护钻孔。

19.2.8 温度传感器

(1) 温度传感器对应埋在水势监测孔钻孔中，孔内用原状土填实。

(2) 温度传感器电缆与水势电缆共用一根 $\phi500$mm PVC 管保护，其要求相同。

19.2.9 自动观测站建造

1. 土建及安装要求

(1) 地基墩尺寸为 0.8m×0.8m×1.0m，地基墩高出地面 20cm，预埋件露出墩面为 8cm。

(2) 支架安装要充分考虑风向传感器定向因素；太阳能支架与主体支架夹角要成 45°，太阳能板朝向正南。

(3) 雨量传感器要求安装在支架上部，雨量传感器的上口不能超过支架顶部。

2. 数据采集系统

(1) 处理器。内核：ARM 32 位 Cortex-M3 CPU；系统时钟：高可达 72MHz；指令执行速度：1.25Dmips/MHz。

(2) 存储功能。FLASH 存储容量：4M bits(每小时存储一次，可存储 1.6 年)，同时可扩展至 32Mbit，并可扩展 USB 存储接口 1 个，实现 U 盘存储。

(3) 传感器通道。模拟/计数通道：16 路，可再扩展 16 路数字 I/O 通道，用于各种外接扩展功能；模拟量 A/D 转换精度：12 位，频率量采用 16 位高速计数器进行采集，输入信号频率高达 1MHz。

(4) 通信功能：具有四路 RS232/RS485/USB 通信接口，可同时进行四路 RS232/RS485/USB 通信，彼此之间互不干扰，并可扩展 CAN 总线通信接口 1 个。

3. 数据无线传输系统

(1) GPRS 数据：GPRS Class 10；编码方案：CS1 - CS4，符合 SMG31bis 技术规范。

(2) CDMA 1x 数据：支持 IS 707 数据业务，支持 153kbps 的包数据速率，支持 Class 2.0 Group 3 传真，CDMA 2000 扩频机制符合 IS-95A、IS-95B CDMA 空中接口标准。

(3) 功耗。待机：80mA@+5VDC，30mA@+12VDC；数传：120~350mA@+5VDC，50~140mA@+12VDC，支持双频 GSM/GPRS，支持使用 STK 卡，符合 ETSI GSM Phase 2+ 标准。

(4) CDMA 部分，支持 800MHz 双频，支持使用 UIM 卡，符合 FCC/SAR 和 CDG 1/2&3 标准，支持 RS-232/422/485 接口或 TTL 电平接口，使用方便、灵活、可靠，数据终端永远在线，透明数据传输与协议转换，支持虚拟数据专用网，支持动态数据中心域名和 IP 地址，自诊断与告警输出，支持图形界面远程配置与维护（由数据中心集中管理），通过 Xmodem 协议进行软件升级，优化电磁兼容设计，适合电磁环境恶劣和要求较高的应用需求，采用先进电源技术，供电电源适范围宽，提高设备的稳定性，采用可插拔式接线端子，适合工控行业应用，支持外部电源控制。

4. 太阳能供电系统

(1) 太阳能控制器，支持过度冲电保护功能；支持深度放电保护、负载过载、短路保护功能；支持放电保护功能，低电压自动切断功能，自动调节充电电压：根据蓄电池充电特性，自动调节蓄电池充电电压。

(2) 太阳能板。输出功率：30W；开路电压：21.5V；短路电流：1.97A；最大功率点电压：17V；最大功率点电流：1.76A；最大系统电压：50V。

(3) 蓄电池。容量：40AH；最大放电量：440A(5ec)；最短周期放电电流：1100A(0.1s)；内阻：(25°C，77°F): 10m；最大充电电流：16.5A；循环使用：(2.45±0.025)V/CELL；待机使用：(2.275±0.025)V/CELL。

(4) 避雷：支架的顶端要安装避雷针，避雷针接地端的角钢长度为 1.5m，避雷针在土里距地面 0.3m。

19.3　观　　测

19.3.1　监测网和监测点观测

各项变形监测设施埋设安装就位后，应进行系统调试，经验收合格和观测墩稳定 15~30 天后进行首次观测。首次观测应连续、独立观测 2 次，取其平均值作为首测值。各项变形观测资料均应严格检查，并及时换算成相对于基准点的水平位移和垂直位移量。

1. 监测网观测

(1) 监测网含水平位移监测网和垂直位移监测网。在建网后每年复测 1 次。施测时间可根据当地气候条件而定，一般在雨季前施测。

(2) 水平位移监测网为渠坡表层位移监测的工作基点。采用一等边角网方式施测。观测平差后，点位中误差不大于 ±3.0mm；三角形闭合差不大于 2.5″；按菲列罗公式计算的测角中误差不大于 0.7″；测边中误差不大于 1mm+1ppm。

(3) 垂直位移监测网采用二等水准测量方式施测。后期渠道形成后，采用与三角高程测量结合的方式施测。监测网点高程精度按高程中误差不大于 ±0.5mm 控制。

2. 监测点观测

表层变形监测点含水平位移监测点和垂直位移监测点。水平位移观测通过水平位移监测网作为工作基准点，采用二等边角交会网法施测。垂直位移观测采用二等水准测量和二等三角高程测量方法进行施测。平差后表层位移监测点中误差限值为 ±3.0mm，表层垂直位移监测点中误差限值为 ±1.0mm。

19.3.2　钻孔测斜管观测

(1) 钻孔测斜管埋设安装完成并经验收合格后，即可进行首次测读获得初值。初始值确定后，每月观测 1~2 次；但在异常情况和特殊情况 (如暴雨、强开挖等) 时应加密观测。

(2) 观测前应对测斜仪、探头、测斜管等进行检查，确定其处于正常工作状态。探头从管底自下而上，一般每隔 0.5m 一个测点，逐次测定，平行测读两次，正测完毕后进行反测。正反两次测值的平均值作为常数进行计算。将探头放入另一对导槽中，重复上述步骤进行观测。

19.3.3　电磁沉降环观测

(1) 测试前，打开仪器电源开关，用一沉降环套住探头移动，当沉降环遇到探头的感应点时发出声光报警，同时仪表有指示，说明仪器工作正常。

(2) 以孔底为标高，顺孔放入探头，当探头敏感中心与沉降环相交时，仪器发出 “嘟” 的响声，并伴有灯光指示，电表指示值同时变大。此时钢尺在参照点上的指示值即是沉降环所在深度值。

(3) 每个点埋入后应测出稳定的初始值，一般测 2~3 次，取其均值作为初值。以后每次测试值与初值之差即为该点的沉降或回弹值 Δh。

19.3.4　各类传感器观测

1) 倾斜传感器观测

测斜管倾斜传感器安装完成并经验收合格后，接入附近自动观测站自动观测，按每小时采集 1 次 (可视情况调整) 设置，数据实时传入预警系统。人工每季度用读数仪采集 1 次。

2) 水分传感器、水势传感器和温度传感器观测

水分传感器、水势传感器和温度传感器安装完成并经验收合格后，接入附近自动观测站自动观测，按每小时采集 1 次 (可视情况调整) 设置，数据实时传入预警系统。人工每季度用读数仪采集 1 次。

3) 大气降雨和气温观测

大气降雨与气温传感器安装完成并经验收合格后，接入附近自动观测站自动观测，按每小时采集 1 次 (大气降雨实时采集) 设置，数据实时传入预警系统。

19.3.5　观测周期

变形监测网观测每年 1~2 次，外部变形观测每月 1 次，内部仪器观测每月 2 次，见表 19.1，遇特殊情况可适当加密测次。

表 19.1　监测项目观测监周期一览表

项目名称	观测周期	备注
监测网观测	1~2 次/年	
监测点观测	1~2 次/月	
测斜管观测	1~3 次/月	
电磁沉降环观测	1~3 次/月	
各类传感器	自动采集，时间间隔 1h	
	人工检测每季度一次	

第20章　渠坡自动化综合监测系统

由于膨胀土是一种在自然地质过程中形成的多裂隙性、胀缩性地质体,其黏粒成分具有强亲水性,导致膨胀土体反复变形、裂隙发育,对渠道工程具有严重破坏作用。因此,在对膨胀土渠坡监测过程中,除传统的渠坡变形等监测项目外,与变形相关的土体含水率、吸力等原因量是一个新的重要监测量。此外,膨胀土渠坡受含水率反复变化产生的反复胀缩变形以及开挖和降雨等因素引起的变形规律的研究,都是传统监测方法和手段无法完成的任务。因此,必须采用现代基于传感器、物联网、土木工程和计算机科学等技术的渠坡位移、水位、水分、水势、土温、气温、降雨量以及坡面梁结构钢筋计等多传感器的自动化综合监测系统,实现对膨胀土渠坡进行实时在线自动化监测、无线数传、数据的电脑和手机客户端管理与浏览以及预警等功能,为研究膨胀土渠坡变形破坏等提供详实的基础信息。

20.1　系　统　设　计

20.1.1　系统设计原则和目标

1. 设计原则

(1) 兼容性原则。系统提供灵活的设置,可兼容国内外各种传感设备,进行数据采集与处理,在保证功能的前提下可以最大限度地降低系统成本。

(2) 易用性原则。系统使用人员范围广,使用人员的计算机水平层次不一,很多地方缺少计算机专业人员,该系统做到操作简便,维护简单,易学易懂。

(3) 可靠性原则。硬件设计时具备操作与安全保护机制,最大限度减小用户误操作导致的错误或损失。采用可靠稳定的数据传输系统,采集中心以查询方式主动调取采集器数据,具备心跳机制、断线重连机制等,保证无线通信可以长时间稳定运行。

(4) 安全性原则。系统的用户根据业务的需要,具有不同的安全级别及操作权限,系统能充分发挥操作系统、数据库、应用软件三层安全保证措施,以保证数据的安全性。

(5) 易二次开发、易维护性原则。采用封装技巧,建立稳定的底层工具,核心技术文档随系统发布等手段,使具有技术水平的系统维护人员在一定程度上对系统进行较复杂的维护及一般性扩充。

(6) 优化的电源管理策略,可控的系统功耗。高效节能,以较小的太阳能蓄电池即可实现功能。

2. 设计目标

综合监测系统的目标是通过计算机与 GPRS 远程通信实现强膨胀土 (岩) 的各种要素的远程实时在线数据采集与分析处理,方便日常操作与维护,并为强膨胀土 (岩) 变形规律分析提供可靠的、实时在线的监测数据。

20.1.2　系统关键技术

系统涉及智能数据采集、软件监管平台两种关键技术。

(1) 智能数据采集:系统研制的智能数据采集仪采用高性能 32 位 ARM 微处理器,设计的先进的调理电路可以接国内外不同类型的传感器 (如钢筋计、渗压计、测斜仪等) 数量最多可达 16 种。与国内传统采集仪相比,具有技术先进、通用性强、测量精度高、稳定性强、价格低廉等优势。

(2) 软件监管平台:渠坡综合监管平台通过建立强大的网络 IP 架构,实现对现场设备数据的实时查看、传输,并通过互联网技术,在互联网任意 PC 端和手机端进行访问和操作,使得整个系统成本更低、操作更方便。

20.1.3　系统传感器布设

渠坡自动化综合监测系统在淅川段、南阳 3 段和鲁山段共选择了三个断面进行自动化监测,传感器布设情况如下:

(1) 淅川段传感器布设。在主要监测断面共布设 14 路传感器数据采集通道,传感器分布在:右岸渠坡深部强膨胀土内的 3 路水势、3 路水分、3 路土温;右岸渠顶换填层内的 1 路水势、1 路水分、1 路土温;右岸渠顶上埋设的 1 路大气温度和 1 路降雨量等。

(2) 南阳 3 段传感器布设。在主要监测断面共布设 46 路传感器数据采集通道,需要 3 台智能数据采集仪并联工作。传感器分布在:左岸一级马道上的 1 路大气温度和 1 路降雨;左岸一级马道换填层内的 1 路土温、1 路水分;左岸一级马道深部强膨胀土的 3 路位移、3 路土温、3 路水分;渠底换填层内的 1 路水势、1 路水分、1 路土温;渠基强膨胀岩的 4 路水势、4 路水分、4 路土温、18 路分层沉降等。

(3) 鲁山段传感器布设。在主要监测断面共布设 40 路传感器数据采集通道,需要 3 台智能数据采集仪并联工作。传感器分布在:左岸渠顶面的 1 路大气温度和 1 路降雨;左岸渠顶换填层内的 1 路水势、1 路水分、1 路土温;左岸渠顶深部强膨胀岩的 3 路土温、3 路水分、3 路水势;左岸一级马道换填层内的 1 路土温、1 路水分;左岸一级马道深部膨胀岩的 3 路土温、3 路水分、3 路位移;渠底换填层内的 1 路土温、1 路水分、1 路水势；渠基强膨胀岩的 4 路土温、4 路水分、4 路水势传感器等。

20.1.4 系统结构

渠坡自动化综合监测系统是一套运用先进的传感器技术、物联网技术、土木工程技术和计算机技术，实现对膨胀土 (岩) 渠坡和渠基进行全方位、智能化、集中化监管的系统，具有同时采集渠坡位移、水位、水分、水势、土温、气温、降雨量以及坡面梁结构钢筋计等多种传感器信号、无线通信传输、采集信息的电脑和手机客户端管理与浏览以及预警等功能。

监测系统采用的仪器设备包括：智能数据采集仪，监测断面各要素传感器 (包括位移传感器、拉线传感器、水势传感器、大气温度传感器、土壤湿度传感器、土壤温度传感器、雨量传感器)，综合监测系统软件，系统安装支架，系统 GPRS 无线通信模块。系统内置大容量 FLASH 存储芯片，可存储 5 万条监测断面数据；多种通信接口 (RS232/RS485/USB) 可以很方便地与计算机建立有线通信连接，通过 GPRS 无线通信模块实现断面监测设备与计算机监控中心的远程无线连接。

综合监测系统主要由传感采集层、数据传输层、系统应用层三部分组成，其总体结构见图 20.1；系统现场安装图见图 20.2；系统管理平台浏览界面见图 20.3。

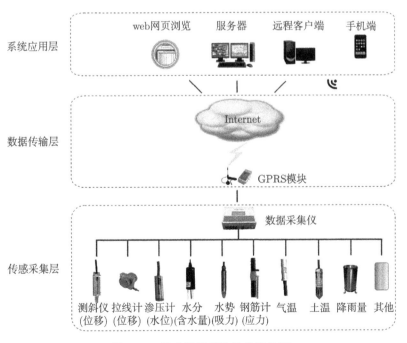

图 20.1 综合监测系统总体结构图

图 20.2   系统现场安装图

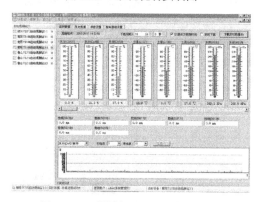

图 20.3   系统管理平台浏览界面图

20.2   传感采集层

传感采集层是前端各种智能传感器，将强膨胀土 (岩) 渠坡和渠基的各种物理量 (如位移、水分、水势等) 转化为电信号，然后智能数据采集将电信号进行处理和运行后，在数据采集仪上进行显示、存储。

传感采集层传感器包含测斜仪 (位移)、拉线位移计 (位移)、渗压计 (水位)、水分 (含水率)、水势 (吸力)、土温、气温、雨量及数据采集仪等。

20.2.1   各类传感器及其指标

1. 位移传感器 (深部水平位移监测)

位移传感器性能指标：

(1) 型号：SINCO 57804221；

(2) 测量范围: ±10°;

(3) 供电: 7.5~15V;

(4) 输出: ±2.5V;

(5) 分辨率: 9s(0.04mm/m);

(6) 精度: ±22s(±0.1mm/m);

(7) 采集时间: 1~28800min 可自由调整。

2. 拉线传感器 (分层沉降监测)

拉线传感器性能指标:

(1) 型号: TDLX-2000;

(2) 测量范围: 0~2000mm;

(3) 供电: 12V DC;

(4) 分辨率: 1 mm;

(5) 输出: 4~20mA;

(6) 精度: 优于 ±0.5%FS。

3. 土壤水分传感器

土壤水分传感器性能指标:

(1) 型号: PHTS-5V-V2;

(2) 测量范围: 0~100%RH;

(3) 分辨率: 0.1%RH;

(4) 精度: ±3%RH;

(5) 供电电压: 5V DC;

(6) 输出信号: 0~2.5V。

4. 土壤水势传感器

1) 型号 1: Tensiomark TM3
传感器性能指标:

(1) 测量范围: 0~3000hPa;

(2) 分辨率: ±1hPa;

(3) 精度: 0.05%~1%FS;

(4) 供电电压: 12~14V DC;

(5) 输出信号: 0~10V 模拟信号输出。

2) 型号 2: pF-Meter
传感器性能指标:

(1) 测量范围: pF 0~7 = 1~10.000.000 hPa / mBar; 0~1000MPa;

(2) 分辨率: 0.01;

(3) 精度：pF ± 0.05；

(4) 供电电压: 12V DC；

(5) 输出信号: 0～7V(对数关系)。

5. 土壤温度传感器

土壤温度传感器性能指标：

(1) 型号：PHTW-2.5V-V2；

(2) 测量范围：$-20 \sim 50°C$；

(3) 分辨率：0.1°C；

(4) 精度：±0.2°C；

(5) 供电电压: 5V DC；

(6) 输出信号: 0～2.5V。

6. 大气温度传感器

大气温度传感器性能指标：

(1) 型号：PHQW-2.5V-V2；

(2) 测量范围：$-50 \sim 100°C$；

(3) 分辨率：0.1°C；

(4) 精度：±0.2°C；

(5) 供电电压: 2.5V DC；

(6) 输出信号:0～2.5V。

7. 降雨量传感器

降雨量传感器性能指标：

(1) 型号：PHYL-5V-M；

(2) 测量范围：≤4.0mm/min；

(3) 分辨率：0.2mm；

(4) 精度：±4%；

(5) 供电电压: 5V DC；

(6) 输出信号: 5V 脉冲。

20.2.2　智能数据采集仪

　　研制的智能数据采集仪是一款集传感采集、存储、显示和控制于一体的高智能化的精密仪器。它具有人性化的人机界面和简单可靠的接口。其内置大容量的 Flash 存储芯片，可存储 5 万条历史数据，并具有掉电数据保持功能，提供标准的通信协议，方便实现系统集成或二次开发。

　　系统中采用的数据采集仪具有技术先进、操作简单、测量精度高、运行可靠、功能全面等特点。其还具有其他功能特点如下：

(1) 提供多达 16 路传感器的接口；

(2) 内核采用 32 位高性能 ARM 微处理器，系统时钟最高可达 72MHz，执行速度快；

(3) 可远程烧写程序，方便系统升级与维护，降低维护成本；

(4) 友好的人机界面，可直接在盘面上进行参数设定；

(5) 输入/输出采用光电隔离，抗干扰能力强；

(6) 采用 12 位 A/D 进行模数转换，转换精度高、误差小；

(7) 采集仪具有时间校准功能，可实现采集仪时间与北京时间相差仅几微秒；

(8) 与上位机软件可采用 RS232、RS485、GPRS、USB、卫星等多种通信方式；

(9) 可采用 U 盘进行外部数据存储，实现数据的海量存储。

1. 智能数据采集仪功能

1) 按键功能说明

智能数据采集仪见图 20.4，按键功能说明见表 20.1。

图 20.4 智能数据采集仪图

表 20.1 按键功能说明一览表

按键	功能	按键	功能
▲	菜单选择：向上选择	＋	修改参数：参数值增加
▼	菜单选择：向下选择	－	修改参数：参数值减小
◀	菜单选择：向左选择 界面切换：切换至上一界面	确认	功能确认键，进入菜单
▶	菜单选择：向右选择 界面切换：切换至下一界面	取消	功能取消键，退出菜单

2) 液晶显示屏

192 × 64 全点阵液晶显示，可完成图形显示，也可以显示 12 × 4 个汉字。

3) 通信接口

在综合监测系统智能数据采集仪的正面有三个通信接口：RS232、USB、RS485，选择其中任一通信接口，通过通信线缆即可与计算机建立通信连接。接口类型及接口定义如图 20.5 所示。需要注意的是，只有按照正确的方式接线才可建立通信。

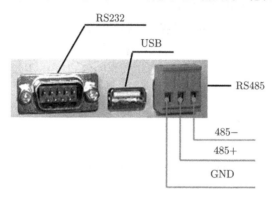

图 20.5　接口类型及接口定义图

4) 各界面说明

各界面说明见表 20.2。

表 20.2　各界面说明一览表

界面	说明
11/9 09:30:51　页1　页2　页3　设置 水势 ---------　土湿 --------- 土温 ---------　雨量 ---------	界面一：8 路传感器示值
11/9 09:30:51　页1　页2　页3　设置 水势 ---------　土湿 --------- 土温 ---------　雨量 ---------	界面二：8 路传感器示值
11/9 09:30:51　页1　页2　页3　设置 当前存储介质：　无介质　/断开/ ---:---　无存储介质	界面三：外部存储器状态

续表

界面	说明
	界面四：参数设置

5) "参数设置"菜单详细说明

"参数设置"菜单详细说明见表 20.3。

表 20.3　参数设置说明一览表

选项	功能说明
版本信息	查看采集仪的版本号
时间设置	设定采集仪的系统时钟
其他设置	电子罗盘设置
通信设置	设定串口通信地址，串口地址从 0 ~ 255(供 232 通信、485 通信和 USB 通信使用)，TCP/IP 地址为网线通信时设定 IP 地址
参数复位	手动参数复位，复位之后所有参数都需要重新设置，并且清除所有历史数据
时间间隔	设置断面监测数据的自动保存时间间隔 (1~240min)
语言设置	可供选择有中文/英文
数据保存	外部存储器选择：SD/USB/无介质 (没有使用请设置为"无介质")

2. 传感器接入

智能数据采集仪有 16 通道，可同时接 16 支不同类型的传感器。使用专用两头带航插通信电缆连接智能数据采集仪和传感器，确保智能数据采集仪和传感器连接稳固且不易松动，为系统正常进行数据通信带来保障。

3. 水分传感器测试分析

1) 测试目的

将水分传感器埋设在现场取得的强膨胀土 (岩) 样本中，在室内反复加水实验，得到水分传感器在膨胀土 (岩) 不同含水率的情况下的电压曲线。建立现场测试土壤水分传感器的标定模型，以获得更接近实际的膨胀土 (岩) 水分变化情况。

2) 测试方法

依据《土壤墒情检测规范》(SL364—2006) 采用质量含水率方法进行测试。

(1) 土样制作：用环刀取出若干土样 (不少于 20 个)，将其取回的土样放入铝盒内，经过 (105 ± 2)°C 烘干箱烘干 8h，放入干燥器中冷却至室温，然后称重，再次放入烘干箱烘干 2h 取出冷却后称重，两次称重之差不得超过 3mg，取最低一次计算。称重完成后立即往干土中加入占干土比重不同水，搅拌均匀，密封存放 (装入 PVC 管)。例如，往第一个做标准土样的干土中加入占干土重量的 5% 的水，然后以加水的 5% 的递增量以同样的方法制作 20 个左右的标准土样。

(2) 数据回归分析：以土壤水分传感器输出电压的平均值为自变量，以对应的土壤含水率 ω 为因变量，用最小二乘法拟合成三次多项式 $\omega = a_1 V^3 + a_2 V^2 + a_3 V + a_0$，求出的系数 a_0、a_1、a_2、a_3 可以在数据采集器中进行设定现场的修正值。

3) 测试结果

(1) 强膨胀土与膨胀岩相比，强膨胀岩质地较硬，两者的含水率与电压曲线也不一致，在 10% 含水率以下二者曲线接近，含水率大于 10% 后，强膨胀岩电压曲线斜率略大于强膨胀土电压曲线，差值在 10%~20%(图 20.6)。

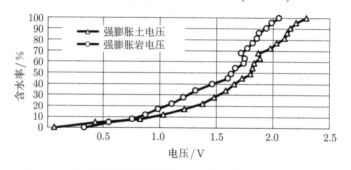

图 20.6　室内测试的强膨胀土 (岩) 含水率与电压曲线图

(2) 标定模型：经过多项式回归计算得到现场体积含水率测试计算公式。

强膨胀土：$\omega = 7.1293V^3 + 5.4846V^2 - 4.5763V + 2.1774$

　　　　$R^2 = 0.9895$

强膨胀岩：$\omega = 19.3980V^3 - 31.2100V^2 + 38.8190V - 10.2680$

　　　　$R^2 = 0.9865$

20.2.3　供电系统

由于监测站点的特殊情况，数据采集设备的供电采用太阳能 + 蓄电池的供电方式，该系统具有以下特点。

(1) 过度充电保护功能：针对太阳能电池板。

(2) 深度放电保护、负载过载、短路保护功能：针对负载。

(3) 放电保护功能：针对蓄电池，即低电压自动切断功能。

(4) 自动调节充电电压：根据蓄电池的充电特性自动调节蓄电池的充电电压。

淅川段、南阳 3 段和鲁山段供电系统采用太阳能 + 蓄电池供电方式 (图 20.7) 配置如下：

(1) 淅川段监测系统采用 1 块 12V,40AH 蓄电池和 1 套 60W 太阳能电池综合供电;

(2) 南阳 3 段监测系统采用 3 块 12V,65AH 蓄电池和 3 套 60W 太阳能电池综合供电;

(3) 鲁山段监测系统采用 3 块 12V,40AH 蓄电池和 3 套 60W 太阳能电池综合供电。

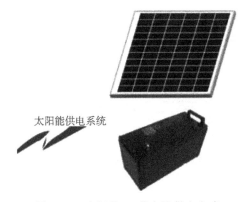

图 20.7　太阳能 + 蓄电池供电方式

20.2.4　防雷系统

监测设备在野外安装,防雷是必须考虑的要素。因此,系统采集外部防雷和内部防雷两部分。外部防雷主要是安装避雷针,并将避雷针有效接地,将直击雷引入大地。内部防雷主要是在采集仪内部的输入/输出信号端设计有防雷元器件,可有效减少感应雷对传感器和通信的影响。

20.3　数据传输层

系统根据安装现场的特点,采用无线 GPRS 方式传输。数据采集仪的数据经过 GPRS 模块转换成无线信号,发送到互联网中指定的服务器中。无线 GPRS 模块具有信号覆盖面广、无需布线、维护方便等特点。

系统主要功能部件为 GPRS 无线传输模块,需要有移动电话卡支持,并开通 GPRS 服务功能。

20.3.1　GPRS 模块应用配置

GPRS 在应用前需进行通信参数配置,应用 DTU 参数配置工具 v1.0.2 进行模块参数读取和写入,GPRS 模块需进行 DTU 设置、数据中心设置、串口设置、特殊设置的参数配置操作。其配置界面如图 20.8。

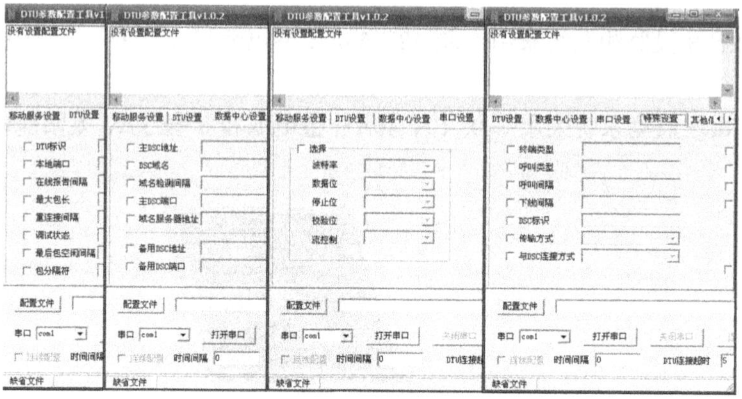

图 20.8　通信参数配置界面图

20.3.2　GPRS 模块和智能数据采集仪组网

淅川段观测站不需组网通信,可直接通过 RS-232 总线接口与 1 块 GPRS 模块 (图 20.9) 串口连接组成数据采集系统,并与远端中心控制机房计算机无线通信,形成淅川段监测数据采集及查询控制监测系统。

图 20.9　监测系统 GPRS 无线通信模块

南阳 3 段和鲁山段观测站采用三台智能数据采集仪,需通过 RS-485 总线接口与 1 块 GPRS 模块组网形成数据采集系统,并与远端中心控制机房计算机通过无线通信,形成南阳 3 段和鲁山段监测数据采集及查询控制监测系统。

20.3.3　GPRS 模块和监测系统计算机通信

监测系统软件可对 GPRS 模块远传的数据进行分析处理,能实时监测远端工程现场,监测系统数据通信见图 20.10。

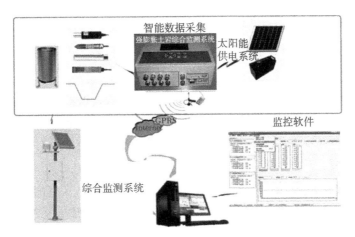

图 20.10 监测系统通信示意图

20.4 系统应用层

系统应用层包含管理平台软件、远程 PC 客户端、Web 网页三部分等。

20.4.1 管理平台软件

1. 软件特点

管理平台软件安装于个人电脑后，可以存储、下载实时、历史数据，并通过电脑分析现场观测站智能数据采集仪传递的监测断面各传感器数据。管理平台是能够对现场数据进行实时监测、预警、下载、存储、报表分析打印的综合管理平台，安装在指定的服务器中。这款软件功能强大、操作简单，主要有以下特点：

(1) 软件界面简约、美观友好、数据显示清晰、操作简单；

(2) 具有实时数据、历史数据下载、存储的功能，可以查询三年任意时间段的历史数据；

(3) 具有数据备份、数据清理、数据查询、数据统计、数据打印等人性化功能；

(4) 软件功能齐全、设置简单、可实现数据的曲线图显示和数据、报表的导成与打印；

(5) 完善的管理机制，不同用户级别可设定不同的用户权限；

(6) 支持 Access、SQL 开发数据库、具有强大的数据连接功能；

(7) 支持 TCP/IP 网络体系架构、Web 网页实时浏览监控数据，实现管理集中化；

(8) 提供报警信息实时显示功能，用户可自由设置报警参数。

2. 软件安装、运行及配置

(1) 将安装光盘放置在光驱中,选择安装菜单,开始安装,按照提示安装完成后即可运行软件。

(2) 软件配置。软件安装完成后为默认设置。用户可以根据所使用的采集仪硬件类型来设置软件,只有软件设置与硬件一致,才能够正常与采集仪进行通信。

设置软件有两种方法,一种是直接在软件上修改相关设置,另一种则是从配置文件中载入设置。下面介绍后一种方法。

(1) 启动软件,在左侧"设备列表"中选择一个需要载入配置的设备,点击"管理员配置"菜单下的"修改设备配置"子菜单(图 20.11),弹出配置窗口(图 20.12)。

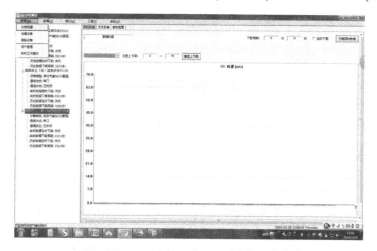

图 20.11　"修改设备配置"子菜单界面图

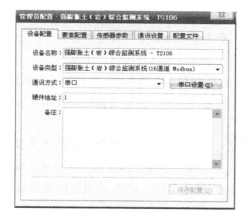

图 20.12　"设备配置"子菜单界面图

(2) 进入"配置文件"页 (图 20.13)，点击"从配置文件载入"按钮。

图 20.13 "配置文件"子菜单界面图

(3) 选择一个配置文件 (该文件后缀名为 PHF，见光盘目录)，然后点击"打开"按钮，如图 20.14 所示。

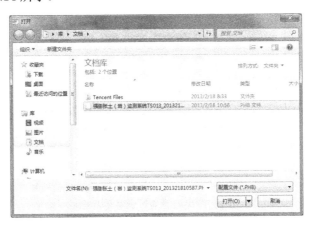

图 20.14 "选择配置文件"子菜单界面图

(4) 修改设备配置：由于每个客户实际情况不一样，需要修改某些基本配置。打开设备配置窗口，如图 20.15 所示。

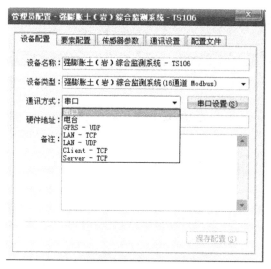

图 20.15　"设备配置"子菜单界面图

(5) 硬件地址：设置为采集仪的通信地址。串口设置窗口见图 20.16。串口号必须设置为采集仪与电脑连接使用的串口号。

图 20.16　"串口设置"子菜单界面图

(6) 保存设置：选择保存设置，设定生效。

3. 采集仪参数设定

选择设置菜单进入"采集仪设定参数"页，点击"读取参数"按钮 (图 20.17)，弹出"采集仪参数配置"窗口 (图 20.18)。

图 20.17　"参数设置"子菜单界面图

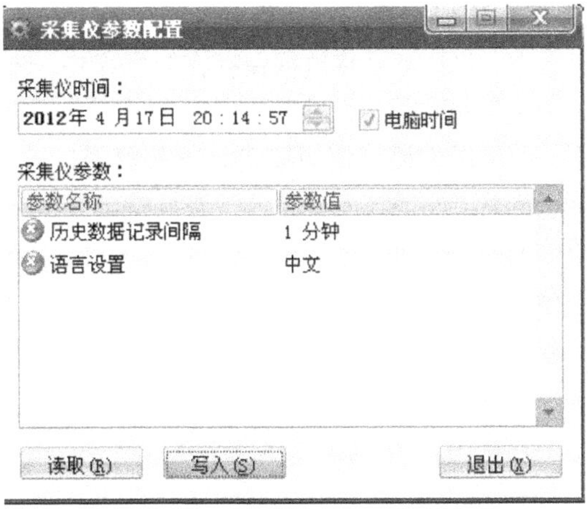

图 20.18　"采集仪参数配置"子菜单界面图

语言设定窗口：在语言设定窗口可以设定系统的语言，有中文及英文两种语言可供选择。简体中文：选择简体中文选项，软件语言设定为中文。选择英文选项，软件语言设定为英文。重启软件后生效。

保存设置：选择保存设置，设定生效。

4. 数据查询

(1) 实时数据窗口：在实时数据窗口 (图 20.19) 可以下载查看实时的监测系统智能数据采集仪数据，并且可以将数据保存在数据库中。选择刷新数据可以手动下载一条综合监测系统数据采集仪采集数据。如果需要定时自动下载数据，设定定时刷新周期并且选择定时刷新，则可以按照设定周期自动下载数据。

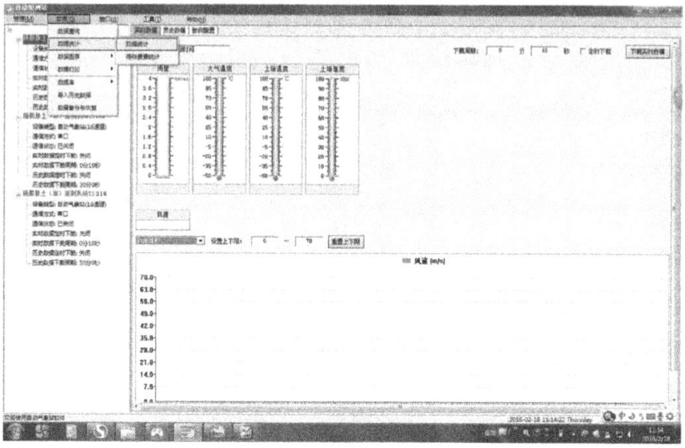

图 20.19   "实时数据查询" 窗口图

(2) 历史数据窗口：在历史数据窗口 (图 20.20) 可以下载查看监测系统智能数据采集仪存储的历史数据，并且可以将数据保存在数据库中。选择刷新数据可以手动下载一条监测断面历史记录数据。如果需要定时自动下载数据，设定定时刷新周期并且选择定时刷新，则可以按照设定周期自动下载数据。

图 20.20   "历史数据查询" 窗口图

(3) 数据查询：点击 "数据处理" 菜单下的 "数据查询" 子菜单，弹出 "数据查询" 子菜单 (图 20.21)：

设置好查询条件后，点击 "查询 (Q)" 按钮，查询结果将被显示到下侧列表中；

点击 "删除 (D)" 按钮，列表中所显示的数据将被从数据库中删除；

点击 "导出 (E)" 按钮，将列表中的数据保存为文件；

点击"打印 (P)"按钮，打印列表中所显示的数据；

点击"备份 (B)"按钮，备份列表中的数据。

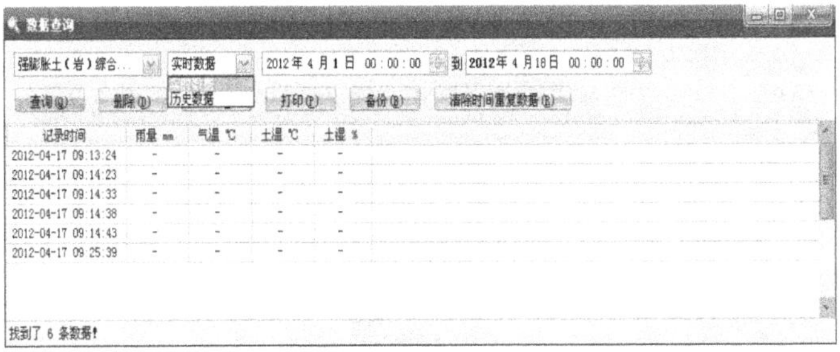

图 20.21 "数据查询"子菜单界面图

20.4.2 远程 PC 客户端

在互联网中，任意一台电脑安装远程 PC 客户端软件，通过无线 GPRS 无线传输，可把现场采集仪里采集到的数据传到电脑的软件平台上进行显示，并可进行查询、统计和导出，软件界面数据显示清晰且人性化。软件平台界面见图 20.22。

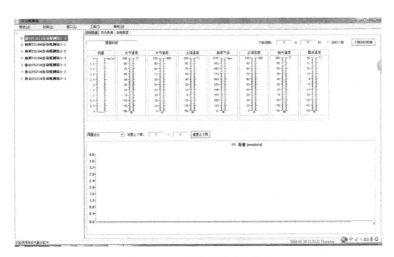

图 20.22 软件平台界面图

20.4.3 Web 网页

自动观测站数据不仅可以在采集仪上和软件平台上显示，而且可以在网页上进行同步显示。在电脑或智能手机浏览器中直接输入相应的地址，就可登陆相应的网页进行实时数据和历史数据的查看。在电脑网页实时查询数据情况见图 20.23；

在智能手机浏览器上查看的数据情况见图 20.24。

WeatherStation

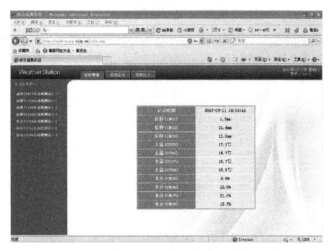

图 20.23　电脑网页显示的现场监测数据界面图

中国联通
17:26
记录时间
2013-07-05 15:53:15
水分(CW01)
16.9%
水分(CW02)
25.3%
水分(CW03)
40.3%
水分(CW04)
91.2%
土温(GT01)
21.7℃
土温(GT02)
19.0℃
土温(GT03)
16.4℃
土温(GT04)
16.0℃
水势(MS01)
3.5KPa
水势(MS02)
0.0KPa
水势(MS03)
0.0KPa
水势(MS04)
0.0KPa
气温(AT01)
31.3℃
雨量(RA01)
0.0mm

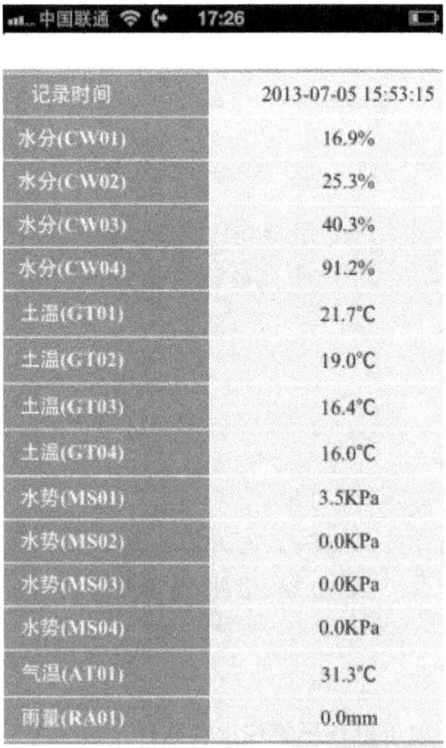

图 20.24　智能手机显示的现场监测数据界面图

第 21 章　渠坡变形特征分析

在工程施工期进行监测工作难度较大，用于渠坡表层监测的观测墩在施工过程中经常被毁坏和遭到施工机械的撞击，导致监测数据中断和监测数据非正常突变。埋设在渠坡体内的各类监测传感器和电缆也经常遭到破坏或电缆被挖断，致使监测数据中断和检查传感器失效。此外，现场自动观测设施多次被盗也不可避免地造成监测数据中断。另外，在强膨胀土体内埋设传感器本身也具有一定难度，比如水势传感器的埋设，由于强膨胀土的强胀缩特性，在强膨胀土收缩时使传感器脱离强膨胀土体，从而导致有些观测数据失真。受众多因素的影响，使部分监测数据序列不完整，对渠坡变形特征分析有一定影响。

由于项目启动时间滞后于工程施工，在本项目开始时，淅川段和鲁山段渠道开挖工作已基本结束，由于开挖引起的渠坡变形信息已无法监测到。而南阳 3 段则已经挖到一级马道以下，开挖引起的渠基强膨胀岩体的回弹信息，也只观测到了二次开挖引起的回弹效应量。尽管如此，现场监测工作仍然获得了大量的有效的监测信息。

用于渠坡变形特征分析的各类监测物理量的数学符号意义如下：

(1) 水平位移监测的坐标系统采用独立坐标系统，设定渠道水流方向为坐标 X 轴，顺时针旋转 90° 为坐标 Y 轴。规定 X 方向位移量向下游位移为 "+"，反之为 "-"。Y 方向位移量向渠道中心线方向位移为 "+"，反之为 "-"。

(2) 垂直位移监测的高程系统采用 1956 黄海高程系统，监测点下沉为正，上升为负。

(3) 钻孔倾斜仪监测位移方向规定如下：A 方向为主滑方向 (近似于坐标 Y 方向)，正值 (A+) 向渠道中心线方向位移为 "+"，反之为 "-"。

(4) 沉降环 (分层沉降仪) 监测点下沉为正，上升为负。

21.1　强膨胀土渠坡变形特征分析 —— 淅川段

对引起渠坡变形的原因量的分析，有助于对渠坡变形特征的分析。变形原因量又称为变形影响因子，其变化规律基本决定了渠坡的变形特征。因此，有必要对其进行分析。

21.1.1　渠坡变形原因量分析

1. 含水率分析

为监测淅川段右岸渠顶以下强膨胀土的含水率变化情况, 在右岸渠坡顶部的 4 个钻孔内分别埋设 4 支水分传感器, 埋设高程分别为 155.01m、154.09m、152.96m 和 150.51m, 测点 CW01、CW02、CW03 和 CW04 对应在地面以下 1.6m、2.5m、3.7m 和 6.1m。根据获取的有效监测数据对淅川段右岸渠顶强膨胀土含水率实测结果分析如下:

从图 21.1 看出, 位于强膨胀土内的 3 个测点 CW01、CW02 和 CW03, 其含水率明显和大气降雨相关, 在每年的雨季, 含水率均有明显的增加, 受降雨入渗过程影响均有一定滞后。此外, 强膨胀土内含水率的变化与土温和气温有明显的正相关变化, 即含水率高的时段, 一般土温和气温也高。而测点 CW04 埋设在中膨胀岩内, 其含水率变化平稳, 与大气降雨和温度无关。

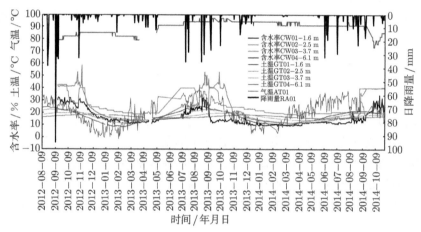

图 21.1　强膨胀土含水率与土温、气温和降雨量过程线图 (详见书后彩图)

2. 典型测点吸力分析

为监测淅川段右岸渠顶以下强膨胀土的吸力变化情况, 在右岸渠坡顶部的 4 个钻孔内分别埋设 4 支水势传感器, 埋设高程分别为 154.7m、154.2m、153.2m 和 150.8m, 测点 MS01、MS02、MS03 和 MS04 对应在地面以下 2.0m、2.5m、3.5m 和 5.9m。

根据获取的有效监测数据, 对淅川段右岸渠顶强膨胀土吸力实测结果分析如下:

(1) 在 2012 年 9 月 ~2014 年 3 月, 吸力在 30.0~85.9kPa 波动较大, 说明强膨胀土和传感器之间接触开始产生间隙, 强膨胀土有频繁的干缩情况存在。

(2) 从图 21.2 看出, 吸力与含水率有明显的负相关关系, 符合水土特征曲线的一般规律。此外,吸力与大气降雨和温度也表现出一定的负相关性。

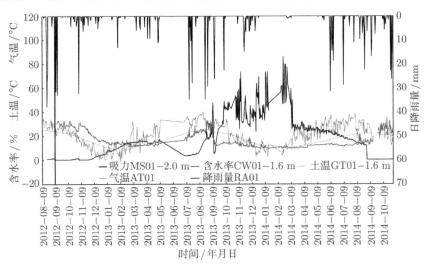

图 21.2 强膨胀土吸力与含水率、土温、气温和降雨量过程线图 (详见书后彩图)

21.1.2 表层土体变形

淅川段共 2 个监测断面,从主要监测断面和一般监测断面的表层监测点的单点位移分析 (不考虑由于施工造成的非正常变形),可以基本判断淅川段强膨胀土渠坡的变形空间分布情况。

(1) 2 个断面 8 个水平位移监测点所代表部位的强膨胀土渠坡的水平位移不明显。仅有位于一般监测断面右岸一级马道的监测点 TP07,向渠道中心线方向的最大位移为 4.93mm(图 21.3)。

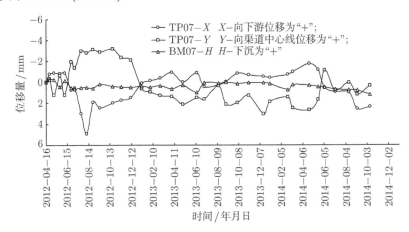

图 21.3 右岸一级马道 TP07 监测点位移过程线图

　　(2) 2 个断面 12 个垂直位移监测点所在部位的强膨胀土渠坡的垂直位移有回弹和沉降不同。在一级马道的 4 个监测点均表现出回弹，最大回弹量为 8.67mm；一级马道以上的监测点表现出下沉和稳定，最大下沉量为 2.48mm。由于观测时间段渠道开挖已基本结束，无论下沉和回弹量，均不大，淅川段监测点垂直位移状态分布见图 21.4。

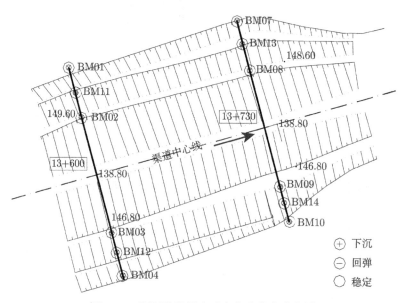

图 21.4　淅川段监测点垂直位移状态分布图

21.1.3　深部土体位移

　　在淅川段主要监测断面共布置 5 孔测斜管，在不同时段测点的渠坡深部位移分布情况见图 21.5。位移分析如下：

　　(1) 左岸渠坡二级马道 IN01 测斜管和抗滑桩体 IN04 测斜管平面位置相距 4m，位移方向相反。IN01 测斜管背向渠道中心线方向位移了 11.58mm，而 IN04 测斜管反映抗滑桩体向渠道中心线方向位移了 3.07mm。比较同一时间段 (2012 年 10 月 ∼2013 年 5 月) 和同一高程的位移观测值 (表 21.1)，渠坡深部位移表现出反向位移特征，且从高程 147m 往上至高程 154.5m，形成明显的剪刀差 (图 21.6)。

　　(2) 右岸渠坡深部位移不大，渠顶 IN03 测斜管和抗滑桩体 IN05 测斜管平面相距 8.8m。两孔位移方向一致，IN03 测斜管最大位移 8.34mm，IN05 测斜管最大位移 1.55mm。比较同一时间段 (2012 年 10 月 ∼2013 年 5 月) 和同一高程的位移观测值 (表 21.2) 发现，高程 150.3m 以上表现出同向位移特征，以下则表现出反方向位移特征，反向最大位移仅为 0.76mm。

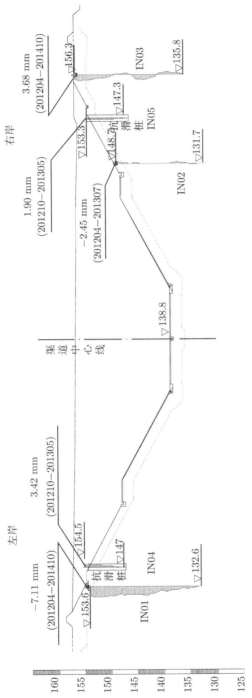

图 21.5 淅川段断面渠坡深部位移分布图

表 21.1　IN01 和 IN04 同一时段、同一高程位移比较一览表

高程/m	IN04 孔深/m	渠坡 IN01/mm	抗滑桩 IN04/mm	差值/mm
154.5	0.5	−1.64	3.07	4.71
154.0	1.0	−1.55	2.58	4.12
153.5	1.5	−1.01	2.59	3.60
153.0	2.0	−0.87	2.50	3.37
152.5	2.5	−0.76	2.71	3.47
152.0	3.0	−0.73	2.49	3.22
151.5	3.5	−0.68	2.18	2.86
151.0	4.0	−0.55	1.97	2.52
150.5	4.5	−0.34	1.62	1.96
150.0	5.0	−0.16	1.52	1.68
149.5	5.5	−0.05	1.26	1.31
149.0	6.0	−0.24	1.09	1.33
148.5	6.5	−0.16	0.63	0.79
148.0	7.0	0.19	−0.29	−0.48
147.5	7.5	0.59	−0.08	−0.67
147.0	8.0	0.00	−0.01	−0.01

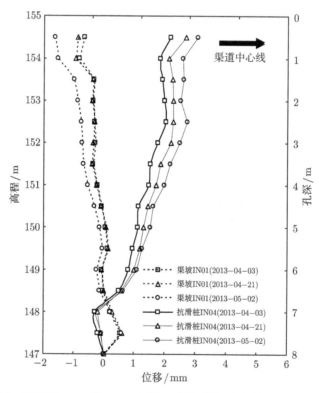

图 21.6　淅川段 IN01 和 IN04 在同一时段、同一高程的位移分布比较图

表 21.2　IN03 和 IN05 同一时段、同一高程位移比较一览表

高程/m	IN03 孔深/m	渠坡 IN03/mm	抗滑桩 IN05/mm	差值/mm
154.3	0.5	2.91	1.16	1.74
153.8	1.0	2.75	1.13	1.62
153.3	1.5	2.59	0.89	1.71
152.8	2.0	2.50	1.04	1.46
152.3	2.5	2.14	1.39	0.75
151.8	3.0	1.89	1.55	0.34
151.3	3.5	1.65	1.38	0.28
150.8	4.0	1.47	1.27	0.20
150.3	4.5	1.13	1.31	−0.17
149.8	5.0	0.98	1.11	−0.13
149.3	5.5	0.74	1.11	−0.37
148.8	6.0	−0.03	0.59	−0.62
148.3	6.5	−0.18	0.58	−0.76
147.8	7.0	−0.08	0.52	−0.60
147.3	7.5	0.00	−0.01	0.01

21.2　强膨胀岩渠基段变形特征分析 —— 南阳 3 段

21.2.1　变形原因量分析

1. 渠坡中膨胀土含水率分析

(1) 滑坡治理前左岸一级马道以下中膨胀土含水率分析：从图 21.7 看出，位于中膨胀土内的 2 个测点 CW02 和 CW03 的含水率变化不大，埋设较深的监测点 CW03 含水率大于表层的 CW02，2 个测点的含水率测值没有反映出和大气降雨、温度等相关的关系。

(2) 滑坡治理后左岸一级马道以下中膨胀土含水率分析：从左岸一级马道含水率不同深度的比较分析发现，位于换填层内的测点 CW01′，其含水率极低，测点 CW03′ 的含水率也很小，测点 CW04′ 的含水率很稳定，含水率测值均未反映出与大气降雨和温度相关联的关系。埋设在换填层和置换的弱膨胀土界面区域的测点 CW02′，其含水率变化规律明显和其他 3 支不同，含水率测值波动较大，与大气降雨和温度有一定正相关关系。

2. 渠基强膨胀岩含水率分析

(1) 渠道开挖前：由于渠道内还有 5～6m 的中膨胀土未挖出，埋在渠基以下含水率测点变化较平稳 (图 21.8)，含水率大小依次为 CW06>CW08>CW09，埋在最深的含水率测值最小，3 个含水率附近的温度测值大小基本一致。此外，含水率变化过程与大气降雨和岩体温度无关。

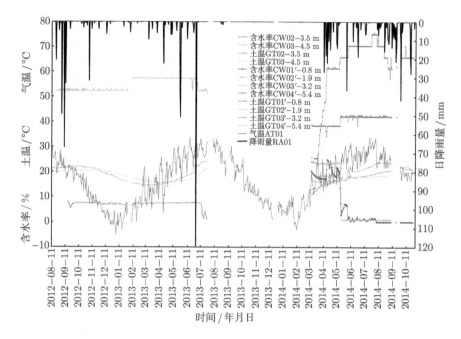

图 21.7　南阳 3 段左岸滑坡治理前后渠坡中膨胀土含水率与土温、气温和降雨量
过程线图(详见书后彩图)

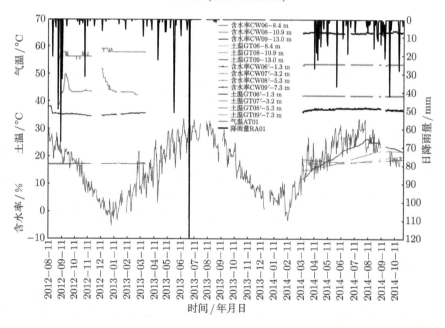

图 21.8　南阳 3 段开挖前后渠基强膨胀岩含水率与土温、气温和降雨量
过程线图(详见书后彩图)

(2) 渠道开挖后：埋在渠基以下测点含水率的变化较平稳 (图 21.8)，含水率大小依次为 CW06′<CW07′<CW08′<CW09′，埋在最深外侧点的含水率测值最大，这同开挖前含水率大小与埋深关系正好相反。主要原因是 2014 年 3 月初始观测时，渠道底板已经封闭，大气降雨入渗已经很少，含水率的测值与大气降雨无关，渠基含水率大小取决于地下水的高低。

3. 渠底换填层吸力分析

实测结果分析如下：

(1) 在观测时间段，换填层内吸力在 73.8~85.2kPa 变化 (图 21.9)。

(2) 由于传感器埋设在换填层内，与吸力对应的含水率测值也比较稳定，含水率在 36.2%~37.9% 变化，没有反映出它们之间的负相关关系。此外，吸力变化与大气降雨和温度变化也无关。

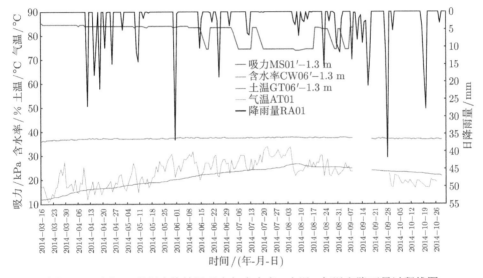

图 21.9 南阳 3 段渠底换填层吸力与含水率、土温、气温和降雨量过程线图

21.2.2 表层土体变形分析与预警

南阳 3 段监测点首次观测时间是 2012 年 9 月，当时该断面已下挖至一级马道下 (已挖深 9m 左右)，高程大约在 138m，距离渠底建基面高程 132m，还有 6m 的待开挖深度。因此，渠道开挖引起的强膨胀土渠坡的变形大部分已经释放，后期观测的渠坡位移主要由渠道二次开挖变形、大气降雨、气温变化以及渠道施工等因素引起。

该断面二次开挖时间于 2013 年 3 月 22 日开始，2013 年 3 月 27 日基本结束，开挖高程为 138~131m。

1. 典型监测点位移分析

主要监测断面在 2013 年 3 月 22 日开挖前,坡顶监测点 TP01-Y 和一级马道监测点 TP02-Y 部位的渠坡位移并不明显,随着渠道二次开挖,触发渠坡位移起跳 (图 21.10),在二次开挖结束后,至 2013 年 6 月 8 日,渠坡顶和一级马道表层膨胀土继续向渠道中心线方向位移了 25.63mm 和 55.46mm;而在开挖期间的位移仅为 8.35mm 和 18.57mm,约占实测总位移量的 1/3,而后期 2/3 的位移量主要是由降雨等因素引起的。

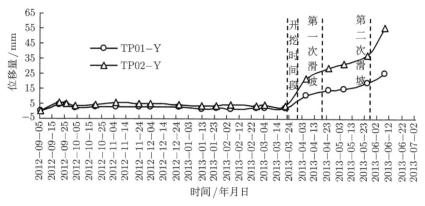

图 21.10　南阳 3 段主要监测断面坡顶和一级马道表层中膨胀土位移过程线图

一般监测断面左岸渠顶和一级马道的位移监测点 TP07-Y 和 TP08-Y,其位移过程 (图 21.11) 与主要监测断面 (图 21.10) 位移特征完全不同,在开挖期间位移不明显,开挖结束后的 9 个月时间里出现位移持续缓慢增大的现象,并在 2013 年 12 月 28 日达到最大值 21.91mm。

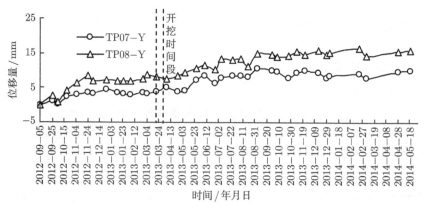

图 21.11　南阳 3 段一般监测断面坡顶和一级马道表层膨胀土位移过程线图

2. 变形空间分布规律

南阳 3 段共 2 个监测断面,从主要监测断面和一般监测断面的表层监测点的单点位移分析,可以基本判断南阳 3 段渠坡的变形空间分布情况。

(1) 主要监测断面两岸渠坡基础存在明显的滑动断层,在渠道二次强开挖期间,4 个水平位移监测点表现出较强的位移特征,我们先后三次发布滑坡预警简报,最后在强降雨过后产生滑坡,由于两岸一级马道监测点位移量远大于各自渠顶监测点的位移,因此两岸不同时间产生的滑坡为典型的开挖引起的牵引式滑坡。

(2) 一般监测断面的 4 个水平位移监测点,在渠道二次强开挖期间,所在部位的中膨胀土渠坡的水平位移不大,而是表现在开挖结束后的 9 个月时间里位移持续缓慢增大的现象。因此,开挖引起一般监测断面左、右岸渠顶和一级马道膨胀土渠坡位移特征更具有代表性。与主要监测断面位移比较,两个断面位移差异的主要原因是两处渠坡坡体的地质条件不一致,主要监测断面坡体在高程 134m 左右存在明显滑带,而一般监测断面坡体相对完整。

(3) 2 个断面 8 个垂直位移监测点,所代表部位的中膨胀土渠坡的垂直位移有回弹和沉降不同。除一般监测断面在一级马道的 2 个监测点表现出微量回弹外,其余部位 6 个监测点全部表现出下沉状态。

21.2.3　深部土体位移

1. 典型测斜管位移分析

1) IN01~IN03 和 IN01′~IN03′ 测斜管 —— 倾斜传感器量测

A. 滑坡前深部位移分析 (2012 年 8 月 ~2013 年 6 月)

IN01~IN03 测斜管位于南阳 3 段,主要监测断面左岸一级马道上的竖向钻孔内,有效孔深为 10.5m,孔底基准测点的高程为 132.0m,比渠底高程 133.5m 低 1.5m,测点 IN01、IN02、IN03 的安装高程分布在 135.4m、138.9m 和 142.4m。

该孔 2012 年 8 月首次观测后,至 2013 年 6 月不同深部的位移分布见图 21.12,不同高程测点的位移过程线见图 21.13。

至 2013 年 6 月 22 日 9 时,IN01、IN02、IN03 最大水平位移分别为 33.8mm、53.6mm 和 105.6mm。由于自动化监测点的空间不连续,虽然位移很大,仅从位移分布图很难识别滑动面的具体位置。从测点时间位移过程线图 21.13 分析,在开挖间隙期,膨胀土渠坡位移不大,大气降雨是主要影响因素。2013 年 3 月 22 日 ~2013 年 3 月 29 日二次大规模开挖期间,该断面渠坡水平位移量不大,但是遇到降雨后导致渠坡滑面稳定性降低,位移显著变大,最终在开挖后的暴雨季发生两次大面积滑坡。

B. 滑坡治理后深部位移分析 (2014 年 3 月 ~2014 年 10 月)

滑坡治理工程完成后,在原位置钻孔埋设测斜管并在管内重新安装了 3 支倾斜仪传感器，增加有效孔深到 15.9m，孔底基准测点的高程为 126.9m，比渠底高程 133.5m 低 6.6m，测点 IN01′、IN02′、IN03′ 的安装高程分布在 132.2m、137.5m 和 142.8m。该孔 2014 年 3 月首次观测后，至 2014 年 10 月不同深部的位移分布见图 21.14，不同高程测点的位移过程线见图 21.15。

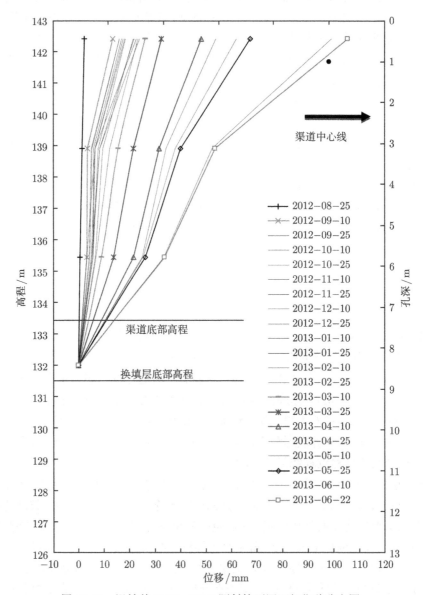

图 21.12　滑坡前 IN01~IN03 测斜管不同深部位移分布图

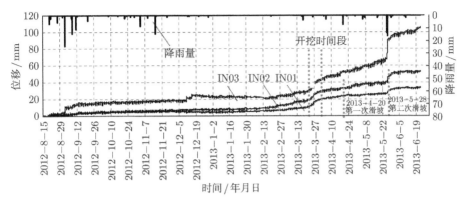

图 21.13 滑坡前 IN01~IN03 测斜管不同高程测点的位移过程线图

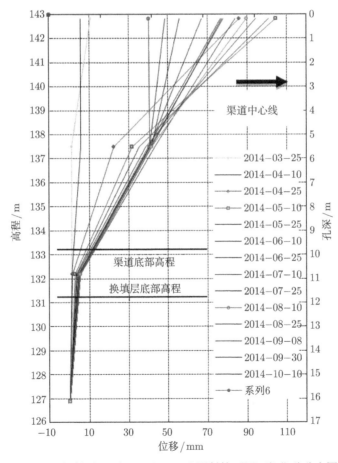

图 21.14 滑坡治理后 IN01′~IN03′ 测斜管不同深部位移分布图

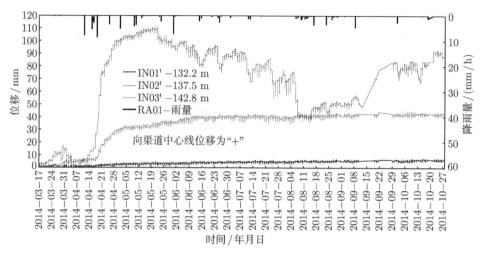

图 21.15　滑坡治理后 IN01′~IN03′ 测斜管不同高程测点的位移过程线图

(1) 至 2014 年 10 月，IN01′、IN02′、IN03′ 累计水平位移分别为 6.6mm、42.8mm 和 87.0mm。结合位移过程线图 21.15 来看，由于 2014 年 4 月 ~2014 年 5 月左岸一级马道排水沟及坡顶截流沟施工，加之降雨影响，位于一级马道下大约 20cm 的测点 IN03′ 位移较大。累计位移从 2014 年 4 月 12 日的 3.8mm，至 2014 年 5 月 19 日累计位移猛增到 109.0mm，每天位移量达到 3mm。之后，该点位移过程线呈现波动减小态势，至 2014 年 4 月 12 日为 39.9mm，这可能是由于雨量减少，滑坡换填土体进一步密实所致，稳定一段时间后，该点又开始向渠道中心线方位移，至 2014 年 9 月 30 日累计位移为 83.9mm。

(2) 位于一级马道坡体以下 5.5m 的测点 IN02′ 位移过程线表现较平稳，最初由于坡体换填土体密实和坡面施工影响，在 2014 年 6 月 13 日累计位移达到 40mm 后，至目前基本稳定在 39~43mm。

(3) 测点 IN01′ 高程与渠基换填层中间高程基本一致，实测仍存在向渠道中心线方向的位移，至目前累计位移量为 5.6mm，处于稳定状态。

2) IN04 和 IN04′ 测斜管

A. 滑坡前深部位移分析 (2012 年 8 月 ~2013 年 6 月)

IN04 测斜管位于南阳 3 段主要监测断面左岸渠顶的竖向钻孔内，有效孔深 19m，孔底基准测点的高程为 128.7m，比渠底高程 133.5m 低 4.8m。该孔 2012 年 8 月首次观测后，至 2013 年 6 月不同深部的位移分布见图 21.16，部分测点的位移过程线见图 21.17。

从图 21.16 看，在高程 134.2m 存在明显的滑动面，二次大规模开挖期间，该滑动面产生明显的位错，累计错开量达到 15.56mm，而坡顶测点的位移量为

22.68mm(图 21.17)，二者差别不大，说明上部不存在滑动面。由于开挖、地质滑动面、加上降雨综合作用，导致该段渠坡分别在 2013 年 4 月 20 日和 2013 年 5 月 28 日发生二次滑坡。

B. 滑坡治理后深部位移分析 (2014 年 1 月 ～2014 年 10 月)

在滑坡治理后的渠坡顶部，在原位置钻孔埋设了测斜管 IN04′，有效孔深到 24.0m，孔底基准测点的高程为 124.5m，比渠底高程 133.5m 低 9.0m。该孔 2014 年 1 月首次观测后，至 2014 年 10 月不同深部的位移分布见图 21.18，不同高程测点的位移过程线见图 21.19。

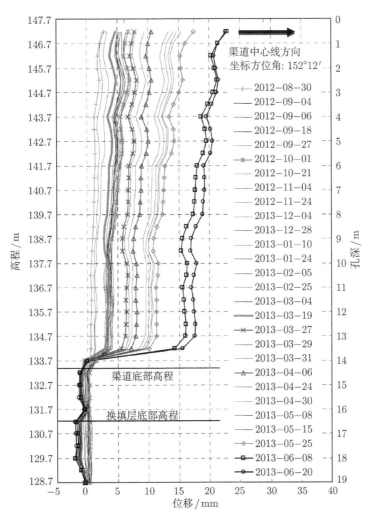

图 21.16 滑坡前 IN04 测斜管不同深部位移分布图

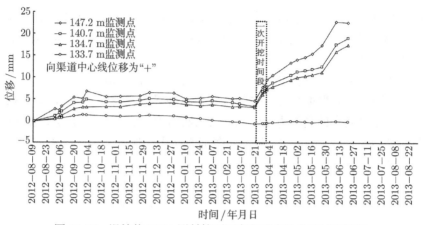

图 21.17 滑坡前 IN04 测斜管不同高程测点的位移过程线图

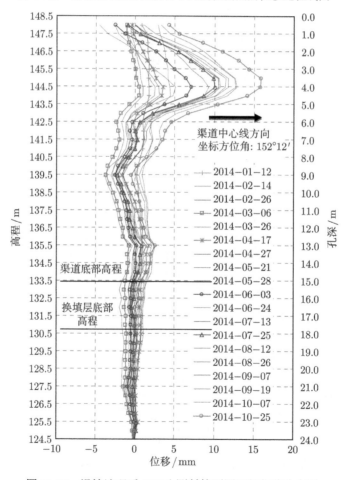

图 21.18 滑坡治理后 IN04′ 测斜管不同深部位移分布图

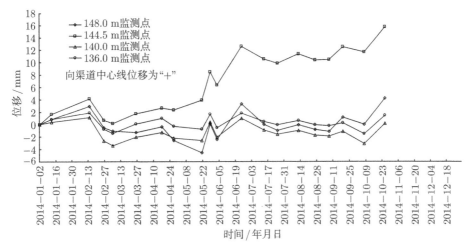

图 21.19 滑坡治理后 IN04′ 测斜管不同高程测点的位移过程线图

至 2014 年 10 月，IN04′ 累计水平位移在 −4.54～15.77mm 波动，结合位移过程线图 21.19 来看，向渠道中心线方向最大位移为 15.77mm，发生在高程 145m 处，该处正好在一级马道上 2m 的渠坡内，现场坡面该部位的混凝土拱护坡已出现拉裂等变形特征，需要密切关注后期监测结果。

分析滑坡治理后 IN04′ 测斜管不同深部位移分布图发现，可能是置换弱膨胀土体后的渠坡的密实过程导致渠坡深部水平位移存在左右摆动位移特征。

3) IN07 和 IN07′ 测斜管

A. 滑坡前深部位移分析 (2012 年 8 月 ～2013 年 6 月)

IN07 测斜管位于南阳 3 段主要监测断面左岸渠坡抗滑桩内，抗滑桩直径为 1.2m，桩顶高程为 142m，桩底高程为 128.2m，预埋在抗滑桩内的测斜管有效孔深为 15.5m，孔底基准测点的高程为 128.6m，满足抗滑桩位移监测的需要。该孔 2012 年 8 月首次观测后，至 2013 年 6 月 20 日观测后，由于滑坡影响以及后期滑坡治理工程，该孔不具备观测条件而停测。测得不同深部的位移分布见图 21.20，不同高程测点的位移过程线见图 21.21。

至 2013 年 6 月实测 IN07 测斜管变化范围为 −1.20～81.89mm。从图 21.20 看出，抗滑桩高程 131.6m 以上存在明显的水平位移，自下而上位移逐步增加，到抗滑桩顶部的水平位移量为 78.05mm。

图 21.21 反映了孔口 142.6m、桩体高程 140.1m、135.6m、133.6m 和 131.6m 处测点随时间变化的位移过程线。在渠道二次开挖后，各测点位移增加较快，桩体承受了较大的水平推力。至 2013 年 6 月，各测点累计水平位移分别为 81.89mm、62.00mm、27.39mm、15.10mm 和 1.69mm。

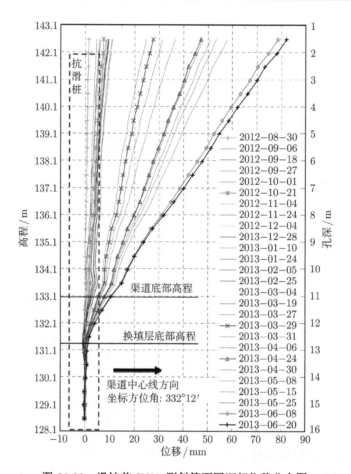

图 21.20　滑坡前 IN07 测斜管不同深部位移分布图

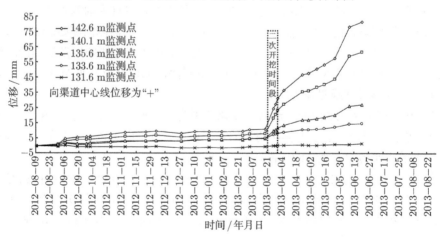

图 21.21　滑坡前 IN07 测斜管不同高程测点的位移过程线图

B. 滑坡治理后深部位移分析 (2014 年 1 月 ～2014 年 10 月)

滑坡治理工程完成后, 抗滑桩内 IN07 具备观测条件后, 于 2014 年 1 月恢复观测, 并重新确定基准值 (孔号重新编号为 IN07′), 至 2014 年 10 月不同深部的位移分布见图 21.22, 不同高程测点的位移过程线见图 21.23。

至 2014 年 10 月, IN07′ 累计水平位移在 −6.34～2.05mm 波动, 背向渠道中心线方向最大位移 6.34mm, 发生在孔口以下 0.5m 处, 桩顶处最大背向渠道中心线方向位移为 5.40mm。从位移过程线图 21.23 看, 目前桩体基本无水平位移, 同滑坡治理前明显位移相比, 由于滑坡治理时桩体周边土体被剥离, 后重新回填弱膨胀土, 受回填土密实等因素影响, 桩体产生了微量反方向位移, 也是正常的。

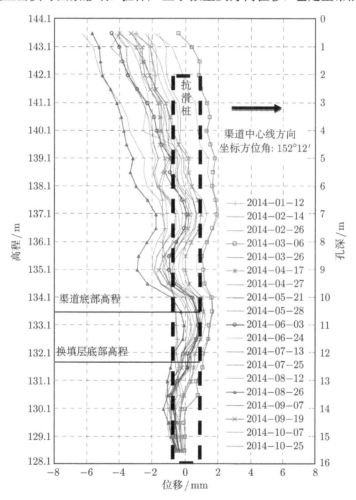

图 21.22 滑坡治理后 IN07′ 测斜管不同深部位移分布图

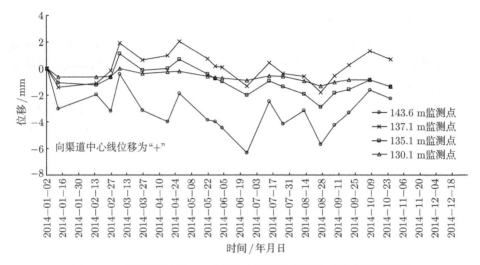

图 21.23　滑坡治理后 IN07′ 测斜管不同高程测点的位移过程线图

4) IN09 测斜管

在右岸滑坡治理工程中，为进一步增加渠坡稳定性，在一级马道以上的渠坡上增加一排抗滑桩，为此，在监测断面的抗滑桩上增加 1 孔测斜管。抗滑桩直径为 1.2m，桩顶高程为 143m，桩底高程为 125m，预埋在抗滑桩内的测斜管有效孔深为 20m，孔底基准测点的高程为 125.9m，满足抗滑桩位移监测的需要。该孔于 2014 年 7 月开始基准值观测，至 2014 年 12 月不同深部的位移分布见图 21.24，不同高程测点的位移过程线见图 21.25。

至 2014 年 12 月，IN09 累计水平位移在 0.28~12.92mm 变化，结合位移过程线图 21.25，向渠道中心线方向最大位移为 12.92mm，发生在孔口以下 0.5m 处，桩顶处最大背向渠道中心线方向位移为 6.78mm，由于渠道底部高程为 133.5m，抗滑桩底部在渠道底板以下测点存在明显的水平位移。截至 2014 年 12 月 24 日，不同高程 145.4m、142.9m、133.4m 和 128.4m 处测点的累计位移分别为 12.92mm、6.78mm、2.41mm 和 1.30mm，最近 3 个月的变化量达到 7.76mm、2.27mm、0.32mm 和 0.26mm，高程 138.9m 以上测点位移有加大趋势 (图 21.25)，这对治理后的渠坡稳定性极为不利，应高度关注该部位的变形情况。

2. 主要监测断面渠坡深部位移分布

1) 滑坡前渠坡深部位移分布 (2012 年 8 月 ～2013 年 8 月)

从左岸 3 孔测斜管位移分布图 21.26 看，在高程 134m 左右存在滑动面，该滑动面的位移是导致滑坡产生的重要原因，诱发因素则是渠道开挖和降雨。右岸 3 孔测斜管的位移特征与左岸相似，在地质结构面 134m 左右也存在明显的位移，说明左右岸滑动面是贯穿整个渠道的。

左、右岸 3 孔测斜管明显向渠道中心线方向位移，一级马道及以下测斜管位移大于渠顶部位的测斜管的位移，在结合渠道表层的位移监测成果看，两岸在不同时间分别产生的两次滑坡均为典型的牵引式滑坡。

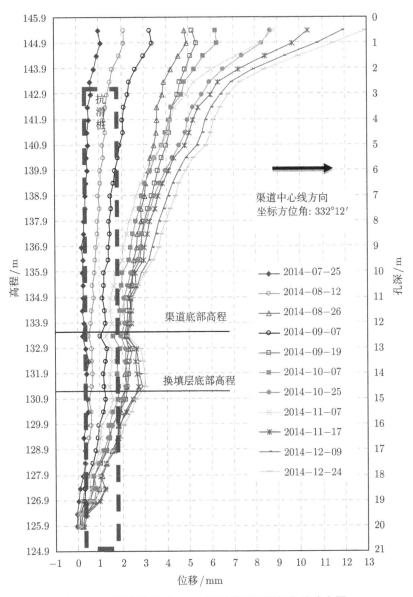

图 21.24 滑坡治理后 IN09 测斜管不同深部位移分布图

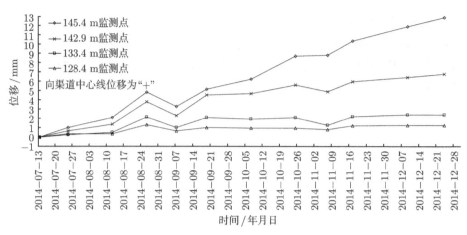

图 21.25　滑坡治理后 IN09 测斜管不同高程测点的位移过程线图

2) 滑坡治理后渠坡深部位移分布 (2014 年 1 月 ～2014 年 10 月)

从左岸 3 孔测斜管位移分布图 21.27 看，在高程为 142.8～144.5m 一带位移较大，该部位在一级马道及以上 2m 区域，抗滑桩内测斜管位移不明显。从图 21.15 滑坡治理后 IN01′～IN03′ 测斜管不同高程测点的位移过程线图看，在高程 137.5m 处的测点在 2014 年 3 月 ～2014 年 6 月之间由于渠坡面绿化、排水沟施工等对位移的影响较大，但是自 2014 年 6 月以来，累计水平位移已经稳定在 40mm 左右，没有增加的趋势。

右岸滑坡治理后，在一级马道以上渠坡增加一排抗滑桩。共布置 4 孔测斜管，从 4 孔测斜管位移分布图看，除一级马道以下抗滑桩内测斜管位移不大外，其余 3 孔均存在明显的向渠道中心线方向的位移，在高程 139～142m 一带位移较大，该部位在一级马道及以下 2m 区域可能存在疑似滑面，对治理后的渠坡的稳定性不利，应加强监测，密切关注后期变化。

21.2.4　渠基回弹规律分析

1. 左侧渠基和渠坡交界处不同高程回弹分析

2012 年 8 月开始左侧渠基和渠坡交界处电磁沉降环观测，直到 2014 年 6 月 3 日观测后渠底封闭止。左侧渠基回弹监测有效测点为 HS01、HS02、HS03 和 HS05，分布在渠道最低开挖面以下 0.6m、1.1m、2.1m 和 5.0m，不同高程处 4 个测点的回弹过程线见图 21.28。回弹分析如下：

(1) 截至 2013 年 3 月 22 日二次开挖前：距首次观测 224 天，各测点均表现为回弹，回弹量分别为 4.11mm、5.06mm、5.70mm 和 5.20mm，日均回弹量为 0.02mm。

(2) 二次开挖期：在 2013 年 3 月 22 日 ～2013 年 3 月 28 日的 6 天时间，渠道挖

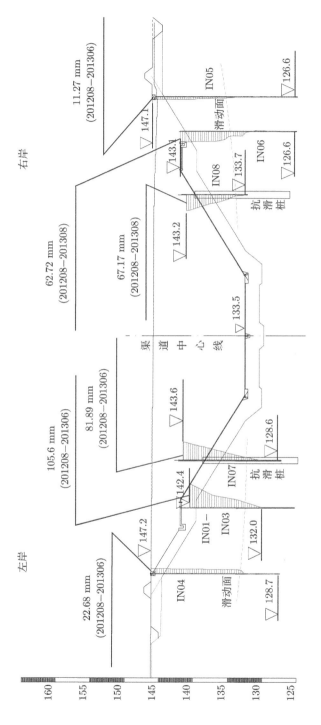

图 21.26 南阳3段主要监测断面滑坡前渠坡深部位移分布图

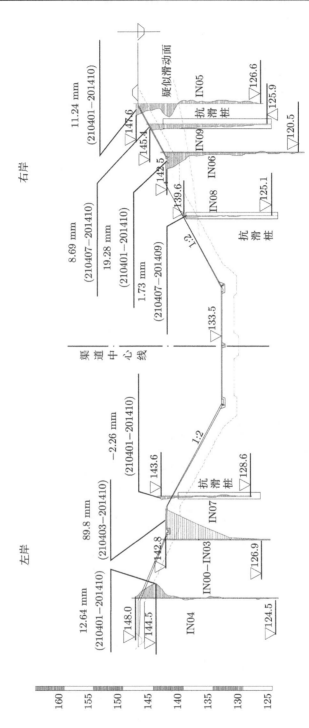

图 21.27　南阳3段主要监测断面滑坡治理后渠坡深部位移分布图

深 6m 多，回弹量分别为 2.09mm、2.19mm、1.12mm 和 1.12mm，日均回弹量为 0.27mm。回弹量不大的主要原因可能是由开挖方式决定的，因为渠道开挖是先从渠道中心线附近开始，两侧渠角处卸荷不大，加之渠坡限制了两侧渠底角的回弹。

（3）二次开挖期后至渠坡和渠底施工期间：2013 年 3 月 28 日～2013 年 12 月 28 日，共计 275 天，各测点回弹量分别为 20.85mm、14.40mm、10.86mm 和 8.58mm，日均回弹量为 0.05mm。期间渠坡分别于 2013 年 4 月 20 日和 2013 年 5 月 28 日发生二次滑坡，滑坡产生的堆积土体也限制了左侧渠底的回弹。随后滑坡治理、2013 年 10 月底～2013 年 11 月中旬渠底换填层碾压施工、2013 年 12 月渠底封闭等施工，造成渠基回弹变形过程的波动，但是未改变渠基回弹变形的基本特征。

（4）渠底封闭后：2013 年 12 月 28 日～2014 年 6 月 3 日，共计 157 天，各测点分别回弹了 11.20mm、13.70mm、10.25mm 和 16.45mm，日均回弹量为 0.08mm。

（5）截至 2014 年 6 月 3 日测孔封闭，实测左侧渠底和渠坡交界处累计最大回弹量为 38.25mm。

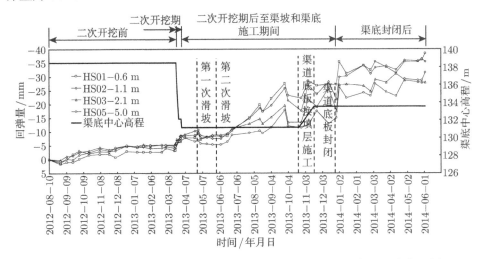

图 21.28　南阳 3 段主要监测断面左侧渠底和渠坡交界处不同高程回弹过程线图

2. 右侧渠基和渠坡交界处不同高程回弹分析

2012 年 8 月开始右侧渠基和渠坡交界处电磁沉降环观测，到 2013 年 8 月 20 日观测后被毁坏。右侧渠基回弹监测点为 HS13、HS14、HS15、HS16 和 HS17，分布在渠道最低开挖面以下 0.3m、0.8m、1.8m、2.8m 和 4.7m，不同高程处 5 个测点的回弹过程线见图 21.29。回弹分析如下：

（1）截至 2013 年 3 月 22 日二次开挖前：距首次观测 224 天，各测点均表现为回弹，回弹量分别为 4.56mm、4.86mm、5.85mm、5.30mm 和 5.55mm，日均回弹量为 0.02mm,与左侧一致。

(2) 二次开挖期:在 2013 年 3 月 22 日 ~2013 年 3 月 28 日,共计 6 天,渠道挖深 6m 多,回弹量分别为 1.94mm、2.32mm、1.65mm、1.45mm 和 0.87mm,日均回弹量为 0.27mm,也同左侧一致。

(3) 二次开挖期后至渠坡和渠底施工期间:2013 年 3 月 28 日 ~2013 年 8 月 20 日,共计 145 天,各测点回弹量分别为 5.30mm、5.55mm、6.70mm、4.60mm 和 5.65mm,日均回弹量为 0.04mm。期间渠坡分别于 2013 年 3 月 30 日和 2013 年 6 月 5 日发生二次滑坡。右侧渠基的回弹规律与左侧基本一致。

(4) 截至 2013 年 8 月 20 日测孔毁坏,实测右侧渠底和渠坡交界处累计最大回弹量为 16.24mm。

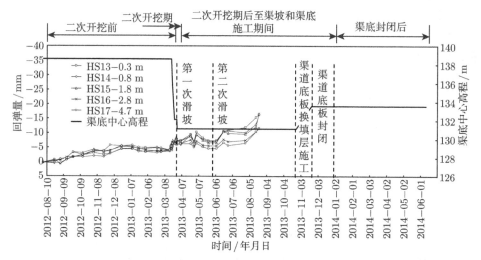

图 21.29　南阳 3 段主要监测断面右侧渠底和渠坡交界处不同高程回弹过程线图

3. 渠道中心线处渠基不同高程回弹分析

2012 年 8 月渠道中心线处渠基电磁沉降环观测开始,直到 2014 年 6 月 3 日观测后渠底封闭止。渠道中心线处回弹监测有效测点为 HS07 和 HS09,分布在渠道最低开挖面以下 0.5m 和 2.3m,不同高程处 2 个测点的回弹过程线见图 21.30。回弹分析如下:

(1) 截至 2013 年 3 月 22 日二次开挖前:测点均表现为回弹,距首次观测 224 天里累计回弹量分别为 14.91mm 和 13.30mm,日均回弹量为 0.06mm,明显较两侧回弹量大。

(2) 二次开挖期间:2013 年 3 月 22 日 ~2013 年 3 月 28 日,共计 6 天,渠道挖深 6m 多,测点 HS07 和 HS09 回弹量分别为 63.08mm 和 64.14mm,日均回弹量较大,为 10.60mm。由于强膨胀岩的超固结性,表现出了超强的快速回弹释放特征。

(3) 二次开挖期后至渠底施工期间:2013 年 3 月 28 日 ~2013 年 12 月 28 日,共计 275 天,测点 HS07 和 HS09 分别回弹了 18.50mm 和 16.95mm,日均回弹量为 0.06mm。期间 2013 年 10 月底 ~2013 年 11 月中旬渠底换填层碾压和 2013 年 12 月渠底封闭等施工对渠基的回弹影响较小,渠基仍然表现一定的回弹变形特征,且回弹曲线波动变化明显小于左、右两侧渠底角。

(4) 渠底封闭后:2013 年 12 月 28 日 ~2014 年 6 月 3 日,共计 157 天。测点 HS07 和 HS09 分别回弹了 5.50mm 和 6.10mm,日均回弹量仅为 0.04mm,结合左侧渠底角的回弹监测结果,说明渠底回弹已趋于稳定。

(5) 截止 2014 年 6 月 3 日测孔封闭,实测中心线渠基累计最大回弹量为 101.99mm。

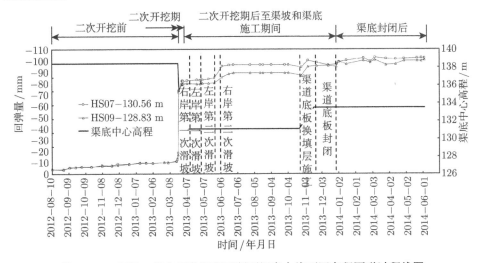

图 21.30 南阳 3 段主要监测断面断面渠底中线不同高程回弹过程线图

4. 渠基回弹分布分析

南阳三段主要监测断面渠基左侧、中心线、右侧不同时间段的回弹分布情况见图 21.31。

(1) 2013 年 3 月 22 日二次开挖前,中心线附近渠基的回弹量是左侧的 1.7 倍,是右侧的 1.8 倍;二次开挖后,2013 年 3 月 28 日实测中心线附近渠基的回弹量是左侧的 11.6 倍,是右侧的 11.3 倍;2013 年 8 月 20 日测得中心线附近渠基的回弹量是左侧的 6.8 倍,是右侧的 6.4 倍,表现出明显下降态势;之后稳定在 3.1~3.7 倍。

(2) 由于左侧测点回弹数据较完整,绘制了南阳三段主要监测断面渠基左侧不同高程测点回弹分布,见图 21.32,表现出越接近开挖面的测点回弹量越大。由于 HS01 测点和 HS05 测点高程差为 4.4m，二次开挖前，两个测点的回弹量基本一致，2013 年 3 月 27 日二次开挖基本结束后，两个测点产生了明显的回弹差异，2014

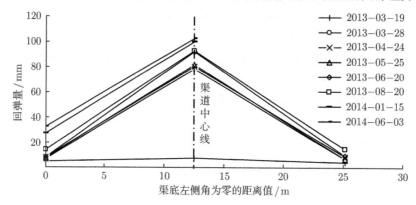

图 21.31   南阳 3 段主要监测断面渠基左侧、中心线、右侧回弹分布图

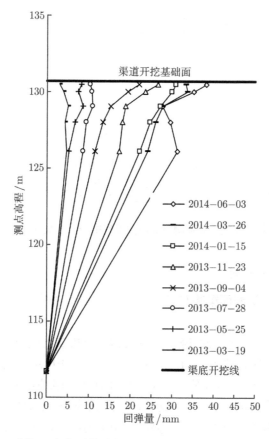

图 21.32   南阳 3 段主要监测断面渠基左侧不同高程测点回弹分布图

年 1 月后，回弹差异基本稳定在 6.2~9.9mm，至 2014 年 6 月 3 日，HS01 测点和 HS05 测点累计回弹量分别为 38.25mm 和 31.34mm，回弹差为 6.9mm。根据相似三角形原理推算，并假设渠基强膨胀岩构造均匀，依据两个测点回弹差估算结果表明，在渠基高程 106.13m 处是二次开挖回弹的零点，比我们预先设计的基准测点高程 111.67m 低了 5.54m。可以认为在渠底板高程 133.5m(渠基换填层底部开挖高程约 131.0m) 以下 21.83m 的基准测点 HS06(高程 111.67m) 也可能存在一定回弹变形。此外，由于二次开挖深度大约在 6m，开挖引起回弹的零点在开挖面以下 25m 左右，是开挖深度的 4 倍左右。

21.3　强膨胀岩渠坡段变形特征分析 —— 鲁山段

21.3.1　变形原因量分析

1. 渠坡强膨胀岩含水率分析

(1) 左岸渠顶部位以下强膨胀岩体含水率：左岸渠顶坡体含水率不同深度的比较分析 (图 21.33)，由于 CW01 监测点的有效数据时间段在非雨季，含水率较低且变化不大。从监测点 CW02、CW03 和 CW04 看，CW02 和 CW03 的含水率差别不大，埋深在 4.2m 的 CW04 的含水率明显低于 CW02 和 CW03，说明大气降雨影响不大，且坡体地下水也低于监测点。另外，含水率和对应温度呈正相关性。

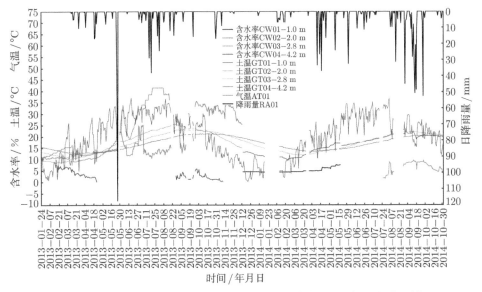

图 21.33　鲁山段左岸渠顶以下强膨胀岩含水率与土温、气温和降雨量
过程线图

(2) 左岸一级马道部位以下强膨胀岩体含水率分析：左岸一级马道部位含水率不同深度的比较分析 (图 21.34)，除 CW05 测点处含水率波动较大外，CW06 和 CW08 测点处含水率变化平稳。实测含水率平均值 CW06>CW05>CW08。此外，含水率升高，对应岩体温度也升高。

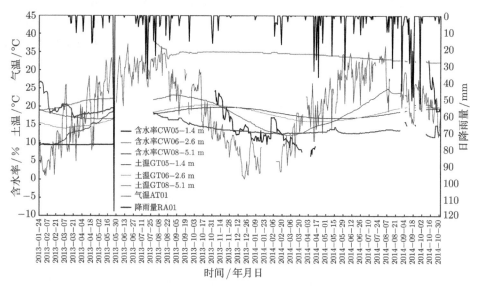

图 21.34   鲁山段左岸一级马道以下强膨胀岩含水率与土温、气温和降雨量过程线图

(3) 渠道中心线部位渠基膨胀岩体含水率分析：从渠基含水率不同深度的比较分析发现 (图 21.35)，在 2013 年 1 月 24 日 ~2013 年 5 月 25 日期间，位于换填层内的 CW09 平均含水率 24.4% 最低；换填层底部区域的平均含水率为 38.4%(CW10)；换填层以下三个测点的平均含水率依次为 18.9%、38.4% 和 57.8%，越深含水率越大，这同地下水有关。含水率和对应温度具有正相关关系，即含水率升高，温度也升高。

2. 渠坡强膨胀岩吸力分析

依据 2013 年 1 月 24 日 ~2013 年 5 月 25 日期间的有效监测数据绘制的强膨胀岩吸力与含水率、土温和降雨量时间序列过程线见图 21.36。实测结果分析如下：

(1) 强膨胀岩吸力在 8.7~13.6kPa 变化，在 2013 年 3 月开始降雨后，强膨胀岩吸力开始缓慢降低。

(2) 从图 21.32 中看出，强膨胀岩吸力与含水率明显呈负相关关系，随着大气降雨，含水率缓慢上升，而岩体吸力缓慢下降，符合典型的水土特征曲线关系。

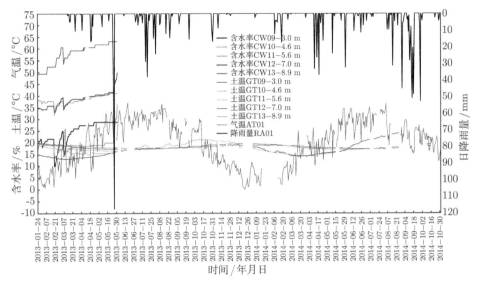

图 21.35　鲁山段渠基强膨胀岩含水率与土温、气温和降雨量过程线图

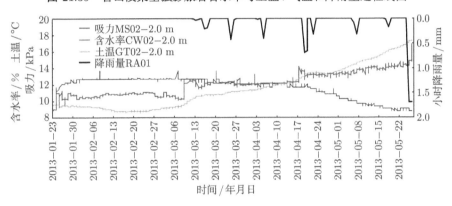

图 21.36　鲁山段渠坡强膨胀岩吸力与含水率、土温和降雨量时间序列过程线图

21.3.2　表层土体变形

鲁山段共 2 个监测断面, 从主要监测断面和一般监测断面的表层监测点的单点位移分析, 可以基本判断鲁山段强膨胀岩渠坡的整体变形情况。

(1) 2 个断面 8 个水平位移监测点所代表部位的强膨胀岩渠坡的水平位移不明显, 在测量误差范围内变动, 说明渠坡整体稳定 (图 21.37)。

(2) 2 个断面 8 个垂直位移监测点所代表部位的强膨胀岩渠坡的垂直位移: 右岸 4 个测点和左岸 BM02 测点均微量下沉, 最大下沉量为 3.61m。其余测点稳定和微量回弹, 实测最大回弹为 1.74mm。由于观测时间段渠道开挖已基本结束, 渠坡下沉额回弹量均不大。

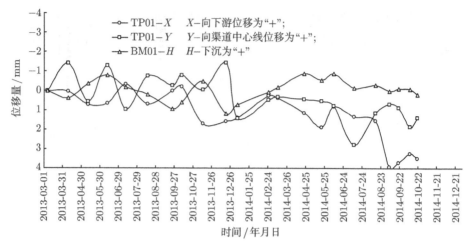

图 21.37　鲁山段 TP01 监测点位移过程线图

21.3.3　深部土体位移

在鲁山段主要断面共布置 4 孔测斜管, 在不同时段测点的渠坡深部位移分布情况见图 21.38。

(1) 左岸渠坡 2 个测斜管平面位置相距约 17m, 从图 21.38 看, 二者不具有整体位移特征, 一级马道上的 IN01~IN03 测斜管向渠道中心线方向位移明显, 具有从下至上位移逐步增大的一般位移特征。而 IN04 测斜管在 126.5m 高程的测点, 向渠道中心线方向位移有缓慢增大的趋势, 应加强监测。

(2) 右岸渠坡 2 个测斜管平面位置相距约 15m, 图 21.38 反映两个测斜管具有整体反向位移特征。IN06 测斜管最大反向位移 7.51mm 在高程 129.8m 处, IN05 测斜管最大反向位移 6.91mm 在高程 130.8m 处。

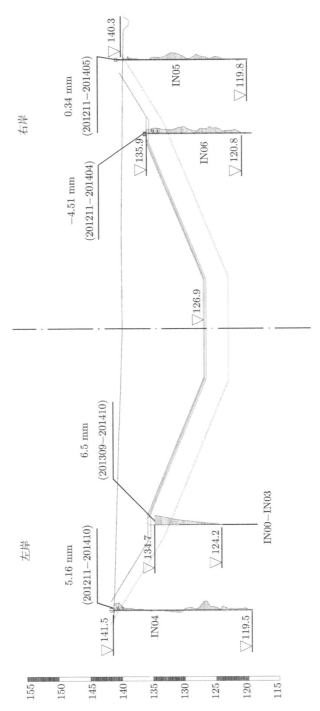

图 21.38 鲁山段主要监测断面渠坡深部位移分布图

第 22 章　渠坡变形影响因子分析及变形模型

22.1　变形影响因子关联分析

为了探索膨胀土渠坡和渠基变形与影响因子之间彼此的关联关系，分清哪些是主要的，哪些是次要的，哪些因子影响大，哪些因子影响小，哪些因子是明显的，哪些因子是潜在的，可以利用灰色系统理论中灰关联分析理论来实现。

灰色系统是指信息不完全的系统。灰色系统在建模时，将随机过程看成一种灰色过程，认为一切随机量都可以看成在一定范围内变化的灰色量。通过对灰色过程的生成处理，揭示了表象复杂、数据离散的客观系统潜藏的内在规律，即使表征系统行为特征的离散时间序列的随机性减弱，而规律性加强，从而找出影响效应量的主要因子，并可以建立连续的微分方程型灰色模型，然后根据灰模型分析，对系统进行预测、决策、评估和控制等。

由于区别白色系统与灰色系统的主要标志是系统各因子之间是否具有确定的关系，显然，任何要研究的变形体系统都是一个灰色系统。膨胀土渠坡和渠基变形体系统是一个典型的灰色系统，这是因为影响膨胀土渠坡和渠基变形的因子很多而且很复杂，如渠坡和渠基的地质条件、气象条件、渠道内水位变化以及渠道结构形式等，还有膨胀土渠坡和渠基自身受含水率变化引起胀缩变形。此外，还有很多我们不知道或不可观测的影响因子存在。

灰关联分析正是适应灰系统因子分析的这种客观需要而提出的。其目的就是要通过一定的方法，寻找系统中各因子之间的主要关系，找出影响效应量的主要因子。其基本思路是，根据序列曲线几何形状的相似程度来判断其联系是否紧密。曲线越接近，相应序列之间关联度就越大；反之就越小。灰色关联分析的研究为建立合理的系统模型奠定了基础。

在关联分析中，衡量两个系统或系统中两个因子间随时间而变化的关联性大小的量度，称为关联度。其定量地描述了系统发展过程中因子之间相对变化的情况。在系统发展过程中，如果两个因子变化的态势基本一致，即同步变化程度较度，则可以认为两者关联度较大；反之，两者关度就小。因此，灰关联分析是对系统发展变化态势的定量比较与描述。

22.1.1 灰关联度分析方法

1. 常规灰关联度计算

设 $X_0 = (x_0(1), x_0(2), \cdots, x_0(n))$ 为渠道边坡变形效应量母序列，且

$X_1 = (x_1(1), x_1(2), \cdots, x_1(n))$

$X_2 = (x_2(1), x_2(2), \cdots, x_2(n))$

$\cdots\cdots$

$X_m = (x_m(1), x_m(2), \cdots, x_m(n))$

为相关因子的 m 个原因量子序列，对于 $\xi \in (0,1)$，给定实数 $\gamma(x_0(k), x_i(k))$，令

$$\gamma(x_0(k), x_i(k)) = \frac{\min\limits_i \min\limits_k |x_0(k) - x_i(k)| + \xi \max\limits_i \max\limits_k |x_0(k) - x_i(k)|}{|x_0(k) - x_i(k)| + \xi \max\limits_i \max\limits_k |x_0(k) - x_i(k)|} \tag{22.1}$$

$$\gamma_{0i} = \gamma(X_0, X_i) = \frac{1}{n} \sum_{k=1}^n \gamma(x_0(k), x_i(k)) \tag{22.2}$$

其中，$\xi \in (0,1)$ 为分辨系数；$\gamma_{0i}(k) = \gamma(x_0(k), x_i(k))$ 为灰关联系数；γ_{0i} 为灰关联度。

2. 扩展灰关联度

根据邓聚龙教授[1]的灰关联分析的基本思想，刘思峰等[2]提出了几类广义灰关联度计算模型。

1) 灰绝对关联度

设序列 $X_0 = (x_0(1), x_0(2), \cdots, x_0(n))$，$D$ 为序列算子，且

$$X_i D = (x_i(1)d, x_i(2)d, \cdots, x_i(n)d) \tag{22.3}$$

其中

$$x_i(k)d = x_i(k) - x_i(1), \quad k = 1, 2, \cdots, n \tag{22.4}$$

称 D 为始点零化算子，$X_i D$ 为 X_i 的始点零化序列，并记为

$$X_i D = X_i^0 = (x_i^0(1), x_i^0(2), \cdots, x_i^0(n)) \tag{22.5}$$

设变形体系效应量序列 X_0 与原因量子序列 X_i 均为等长等时距序列，而

$$X_0^0 = (x_0^0(1), x_0^0(2), \cdots, x_0^0(n)) \tag{22.6}$$

$$X_i^0 = (x_i^0(1), x_i^0(2), \cdots, x_i^0(n)) \tag{22.7}$$

---

[1] 邓聚龙，灰色系统理论的关联空间 [J]. 模糊教学，1985(2): 1-10

[2] 刘思峰等著，灰色系统理论及应用 (第五版)[M]. 北京：科学出版社，2010

分别为 X_0 与 X_i 始点零化序列，则称

$$\varepsilon_{0i} = \frac{1 + |s_0| + |s_i|}{1 + |s_0| + |s_i| + |s_i - s_0|} \tag{22.8}$$

为 X_0 与 X_i 的灰绝对关联度。其中

$$|s_0| = \left| \sum_{k=2}^{n-1} x_0^0(k) + \frac{1}{2} x_0^0(n) \right| \tag{22.9}$$

$$|s_i| = \left| \sum_{k=2}^{n-1} x_i^0(k) + \frac{1}{2} x_i^0(n) \right| \tag{22.10}$$

$$|s_i - s_0| = \left| \sum_{k=2}^{n-1} [x_i^0(k) - x_0^0(k)] + \frac{1}{2} [x_i^0(n) - x_0^0(n)] \right| \tag{22.11}$$

2) 灰相对关联度

设变形行为序列 X_0 与 X_i 长度相同，且初值皆不等于零，X_0' 与 X_i' 分别为 X_0 与 X_i 的初值化序列，则称 X_0' 与 X_i' 的灰绝对关联度为 X_0 与 X_i 的灰相对关联度，记为 r_{0i}。显然，相对关联度表征了序列 X_0 与 X_i 相对于自身初始值 (或始点) 的变化率之间的变化关系，X_0 与 X_i 的变化率越接近，r_{0i} 越大，反之越小。

设序列 X_0 与 X_i，D_1 为序列初值化算子，D_2 为序列始点零化算子，且

$$X_0 D_1 D_2 = (x_0(1)d_1 d_2, x_0(2)d_1 d_2, \cdots, x_0(n)d_1 d_2) = (x_0^{0'}(1), x_0^{0'}(2), \cdots, x_0^{0'}(n)) \tag{22.12}$$

$$X_i D_1 D_2 = (x_i(1)d_1 d_2, x_i(2)d_1 d_2, \cdots, x_i(n)d_1 d_2) = (x_i^{0'}(1), x_i^{0'}(2), \cdots, x_i^{0'}(n)) \tag{22.13}$$

其中，$x_i(k)d_1 = x_i(k)/x_i(1), k = 1, 2, \cdots, n$；$x_i(k)d_2 = x_i(k) - x_i(1), k = 2, 3, \cdots, n$。则称

$$r_{0i} = \frac{1 + |s_0'| + |s_i'|}{1 + |s_0'| + |s_i'| + |s_i' - s_0'|} \tag{22.14}$$

为 X_0 与 X_i 的灰相对关联度。其中

$$|s_0'| = \left| \sum_{k=2}^{n-1} x_0'^0(k) + \frac{1}{2} x_0'^0(n) \right| \tag{22.15}$$

$$|s_i'| = \left| \sum_{k=2}^{n-1} x_i'^0(k) + \frac{1}{2} x_i'^0(n) \right| \tag{22.16}$$

$$|s_i' - s_0'| = \left| \sum_{k=2}^{n-1} [x_i'^0(k) - x_0'^0(k)] + \frac{1}{2} [x_i'^0(n) - x_0'^0(n)] \right| \tag{22.17}$$

3) 灰综合关联度

设变形行为序列 X_0 与 X_i 长度相同, 且初值皆不等于零, ε_{0i} 和 r_{0i} 分别为 X_0 与 X_i 的灰绝对关联度和灰相对关联度, 取其加权平均值为灰综合关联度, 即

$$\rho_{0i} = \theta\varepsilon_{0i} + (1-\theta)r_{0i} \tag{22.18}$$

式中, $\theta \in [0,1]$ 为综合权系数。灰综合关联度既体现了折线 X_0 与 X_i 的相似程度, 又反映了 X_0 与 X_i 相对于始点的变化率的接近程度, 是较为全面地表征序列之间联系是否紧密的一个数量指标。如果偏重绝对关联度, 可取 $\theta > 0.5$; 若更看重相对变化率关系, 则取 $\theta < 0.5$。

由于灰关联分析是在相同的关联度模型下计算出母序列与各子序列的关联度, 然后通过关联度的大小进行排序, 找出与母序列最相关的子序列, 因此, 灰关联分析的核心是注重关联序, 而不是关联度数值的大小。灰关联序就是将若干个子序列相对于同一个母序列的关联度, 按大到小的顺序排列起来的一组序列。它直观地反映了各个子序列相对于同一母序列的关联程度。在变形体系统分析时, 除研究变形效应量与各原因量之间的关系外, 还需研究各原因量之间的关联关系, 即选择最佳因子子集合。此时, 关心的是效应量与各原因量之间、各原因量之间的关联度的大小次序, 而关联度数值的大小还没有明确的实际意义。

3. 灰关联矩阵

1) 效应量相对于原因量的灰关联矩阵

设 $Y_1, Y_2, \cdots, Y_s$ 为渠道变形体系统输出效应量序列; $X_1, X_2, \cdots, X_m$ 为系统输入原因量序列; $\gamma_{ij}(i=1,2,\cdots,s; j=1,2,\cdots,m)$ 为 Y_i 与 X_j 灰关联度, 则称

$$
\begin{aligned}
\Gamma_\gamma = [\gamma_{ij}] &= \begin{bmatrix}
\gamma(Y_1, X_1) & \gamma(Y_1, X_2) & \cdots & \gamma(Y_1, X_m) \\
\gamma(Y_2, X_1) & \gamma(Y_2, X_2) & \cdots & \gamma(Y_2, X_m) \\
\vdots & \vdots & & \vdots \\
\gamma(Y_s, X_1) & \gamma(Y_s, X_2) & \cdots & \gamma(Y_s, X_m)
\end{bmatrix} \\
&= \begin{bmatrix}
\gamma_{11} & \gamma_{12} & \cdots & \gamma_{1m} \\
\gamma_{21} & \gamma_{22} & \cdots & \gamma_{2m} \\
\vdots & \vdots & & \vdots \\
\gamma_{s1} & \gamma_{s2} & \cdots & \gamma_{sm}
\end{bmatrix}
\end{aligned} \tag{22.19}
$$

为灰关联矩阵。矩阵式 (22.19) 中, 第 i 行的元素是效应量序列 $Y_i(i=1,2,\cdots,s)$ 与原因量序列 $X_1, X_2, \cdots, X_m$ 的灰关联度; 第 j 列元素是效应量序列 $Y_1, Y_2, \cdots, Y_s$ 与原因量序列 $X_j(j=1,2,\cdots,m)$ 的灰关联度。

对于扩展灰关联度, 相应有灰绝对关联矩阵

$$\Gamma_\varepsilon = [\varepsilon_{ij}] = \begin{bmatrix} \varepsilon_{11} & \varepsilon_{12} & \cdots & \varepsilon_{1m} \\ \varepsilon_{21} & \varepsilon_{22} & \cdots & \varepsilon_{2m} \\ \vdots & \vdots & & \vdots \\ \varepsilon_{s1} & \varepsilon_{s2} & \cdots & \varepsilon_{sm} \end{bmatrix} \tag{22.20}$$

灰相对关联矩阵为

$$\Gamma_r = [r_{ij}] = \begin{bmatrix} r_{11} & r_{12} & \cdots & r_{1m} \\ r_{21} & r_{22} & \cdots & r_{2m} \\ \vdots & \vdots & & \vdots \\ r_{s1} & r_{s2} & \cdots & r_{sm} \end{bmatrix} \tag{22.21}$$

灰综合关联矩阵为

$$\Gamma_\rho = [\rho_{ij}] = \begin{bmatrix} \rho_{11} & \rho_{12} & \cdots & \rho_{1m} \\ \rho_{21} & \rho_{22} & \cdots & \rho_{2m} \\ \vdots & \vdots & & \vdots \\ \rho_{s1} & \rho_{s2} & \cdots & \rho_{sm} \end{bmatrix} \tag{22.22}$$

2) 原因量灰关联矩阵

在变形体系统分析建模时, 由于选择的变形原因量之间高相关的因子的存在, 将直接影响模型参数求解的稳定性。因此, 需要将高相关的因子子集合组合成一个综合因子参与建模, 或者在高相关的因子子集合中选择一个有代表性的因子参与建模。显然, 根据原因量之间关联度分析可以达到上述目的。

设 $X_1, X_2, \cdots, X_m$ 为系统输入原因量序列; $\gamma_{ij}(i = 1, 2, \cdots, m; j = 1, 2, \cdots, m)$ 为 X_i 与 X_j 灰关联度, 则称

$$\begin{aligned} \Gamma'_\gamma = [\gamma_{ij}] &= \begin{bmatrix} \gamma(X_1, X_1) & \gamma(X_1, X_2) & \cdots & \gamma(X_1, X_m) \\ \gamma(X_2, X_1) & \gamma(X_2, X_2) & \cdots & \gamma(X_2, X_m) \\ \vdots & \vdots & & \vdots \\ \gamma(X_m, X_1) & \gamma(X_m, X_2) & \cdots & \gamma(X_m, X_m) \end{bmatrix} \\ &= \begin{bmatrix} \gamma_{11} & \gamma_{12} & \cdots & \gamma_{1m} \\ \gamma_{21} & \gamma_{22} & \cdots & \gamma_{2m} \\ \vdots & \vdots & & \vdots \\ \gamma_{m1} & \gamma_{m2} & \cdots & \gamma_{mm} \end{bmatrix} \end{aligned} \tag{22.23}$$

为系统输入原因量灰关联矩阵。矩阵式 (22.23) 中，第 i 行的元素是原因量序列 $X_i(i = 1, 2, \cdots, m)$ 与序列 $X_1, X_2, \cdots, X_m$ 的灰关联度；第 j 列元素是原因量序列 $X_1, X_2, \cdots, X_m$ 与 $X_j(j = 1, 2, \cdots, m)$ 的灰关联度。

3) 效应量灰关联矩阵

在变形分析时，有时需要对系统输出效应量序列之间的关联关系进行分析。设 $Y_1, Y_2, \cdots, Y_s$ 为变形体系统输出效应量序列，$\gamma_{ij}(i = 1, 2, \cdots, s; j = 1, 2, \cdots, s)$ 为 Y_i 与 Y_j 灰关联度，则称

$$\Gamma''_\gamma = [\gamma_{ij}] = \begin{bmatrix} \gamma(Y_1, Y_1) & \gamma(Y_1, Y_2) & \cdots & \gamma(Y_1, Y_s) \\ \gamma(Y_2, Y_1) & \gamma(Y_2, Y_2) & \cdots & \gamma(Y_2, Y_s) \\ \vdots & \vdots & & \vdots \\ \gamma(Y_s, Y_1) & \gamma(Y_s, Y_2) & \cdots & \gamma(Y_s, Y_s) \end{bmatrix}$$
$$= \begin{bmatrix} \gamma_{11} & \gamma_{12} & \cdots & \gamma_{1s} \\ \gamma_{21} & \gamma_{22} & \cdots & \gamma_{2s} \\ \vdots & \vdots & & \vdots \\ \gamma_{s1} & \gamma_{s2} & \cdots & \gamma_{ss} \end{bmatrix} \tag{22.24}$$

为系统输出效应量灰关联矩阵。矩阵式 (22.24) 中，第 i 行的元素是原因量序列 $Y_i(i = 1, 2, \cdots, s)$ 与序列 $Y_1, Y_2, \cdots, Y_m$ 的灰关联度；第 j 列元素是原因量序列 $Y_1, Y_2, \cdots, Y_s$ 与 $X_j(j = 1, 2, \cdots, m)$ 的灰关联度。

对于扩展灰关联度，可以得到类似的变形效应量灰绝对关联矩阵、灰相对关联矩阵和灰综合关联矩阵。

22.1.2　渠坡位移及其影响因子关联分析

1. 强膨胀土渠坡

1) 监测点 TP04 与 TP03 位移关联分析

选择具有一定代表性且观测时间序列长的监测点 TP04，主要分析向渠道中心线方向的水平位移与其他因子的关联情况。

监测点 TP04 位于淅川段右岸渠顶，监测点 TP03 在该断面的一级马道，监测点 TP04 比 TP03 高 10m。实测 2 点的水平位移比较见图 22.1。

依据 22.1.2 节方法计算 TP04-Y 与 TP03-Y 位移过程线形态的灰综合关联度为 0.84，两条位移过程线属高度相关，说明该断面的位移具有整体性，但量值很小，在渠道开挖后的正常变形范围之内。

2) 位移与土体含水率等因子关联分析

　　在渠道开挖结束一段时间后，膨胀土渠坡的位移主要由大气降雨入渗引起的湿胀、土体含水率的变化、地下水位的升高、大气蒸发量、温度的变化和时间效应引起的位移。有些影响因子是互相关联的，如大气降雨会引起土体含水率的变化和地下水的升高等。

　　选取淅川段主要监测断面右岸渠顶水平位移 TP04-Y 与原因量含水率、吸力、土温、月气温、月蒸发量和月降雨量进行关联分析，位移与土体含水率等时间过程线见图 22.2。

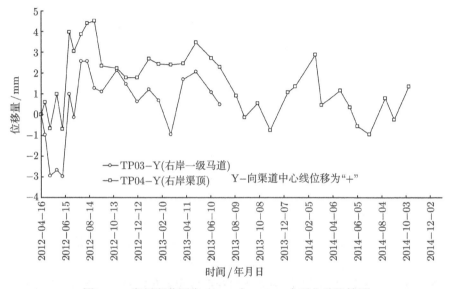

图 22.1　淅川段监测点 TP04 与 TP03 水平位移比较图

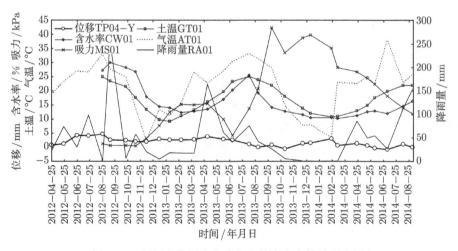

图 22.2　淅川段监测点位移与土体含水率等过程线图

用灰关联度理论计算渠顶水平位移 TP04-Y 和垂直位移 BM04-H 与土体含水率等影响因子之间的灰综合关联度，见表 22.1。

表 22.1 TP04-Y 和 BM04-H 与土体含水率等影响因子之间的灰关联度系数一览表

因素	水平位移 TP04-Y	垂直位移 BM04-H
含水率 CW01	0.666	0.616
月降雨量 RA01	0.582	0.558
月蒸发量 EV01	0.573	0.552
月气温 AT01	0.628	0.590
土温 GT01	0.639	0.598
吸力 MS01	0.522	0.522

由表 22.1 可知，渠顶水平位移 TP04-Y 与土体含水率、土温和气温关联度最大，其次是月降雨量、月蒸发量和吸力，关联序为：含水率 > 土温 > 月气温 > 月降雨 > 月蒸发量 > 吸力；渠顶垂直位移 BM04-H 与土体含水率关联度最大，与土温和气温关联度次之，关联序为：含水率 > 土温 > 月气温 > 月降雨 > 月蒸发量 > 吸力。这说明土体含水率和温度是影响渠坡水平和垂直位移的主要因子，考虑到土体含水率和大气降雨的关联性较强，而且降雨入渗有一定滞后的原因，从而降低了降雨对渠坡位移影响关联度。

3) 土体含水率与吸力等因子间关联分析

用 22.1.2 节方法计算的渠坡土体含水率与月降雨量、月蒸发量、月气温、土温和因子之间的灰综合关联度矩阵见表 22.2。

表 22.2 土体含水率与各影响因子之间的灰关联度矩阵一览表

关联度	含水率 CW01	降雨量 RA01	月蒸发量 EV	月气温 AT01	土温 GT01	吸力 MS01
含水率 W01	1	0.721	0.677	0.879	0.873	0.573
降雨量 A01	0.721	1	0.876	0.790	0.797	0.701
月蒸发量 EV	0.677	0.876	1	0.730	0.723	0.673
月气温 AT01	0.879	0.790	0.730	1	0.909	0.597
土温 GT01	0.873	0.797	0.723	0.909	1	0.624
吸力 MS01	0.573	0.701	0.673	0.597	0.624	1

由表 22.2 知，影响因子之间强膨胀土土温与月气温、含水率与月气温关联度最高，分别为 0.909 和 0.879；其次是月降雨量和月蒸发量关联度为 0.876；再次是含水率与土温关联度为 0.873；降雨量与月气温关联度为 0.790；月蒸发量与月气温关联度为 0.730；土体吸力与月降雨量关联度为 0.701。

2. 中膨胀土渠坡

选择具有一定代表性且观测时间序列长的监测点，主要分析向渠道中心线方向的水平位移和垂直位移及其与其他影响因子的关联情况。

1) 南阳 3 段一般监测断面监测点位移关联分析

一般监测断面左、右岸渠顶和一级马道共有 4 个表层位移监测点，观测时间从 2012 年 9 月～ 2014 年 10 月，共完整观测 42 次，实测 4 点向渠道中心线方向的水平位移比较见图 22.3。

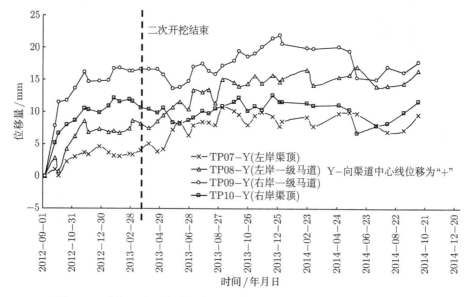

图 22.3　南阳 3 段一般监测断面 4 个表层位移监测点水平位移比较图

依据 22.1.2 节方法计算 4 个表层位移监测点之间的灰关联度矩阵，见表 22.3。左岸渠顶和左岸一级马道监测点关联度最高为 0.802；左岸一级马道和右岸一级马道监测点关联度最高为 0.833；右岸渠顶和右岸一级马道监测点两两关联度最高为 0.854。由于左右两岸地质条件分布相近，由开挖引起的两岸渠坡位移具有整体性，距开挖面近的一级马道监测点均比渠顶监测点的位移量大，它们之间也有较高的关联度。

表 22.3　一般监测断面 4 个表层位移监测点之间的灰关联度矩阵一览表

关联度	TP07-Y (左岸渠顶)	TP08-Y (左岸一级马道)	TP09-Y (右岸一级马道)	TP10-Y (右岸渠顶)
TP07-Y(左岸渠顶)	1	0.802	0.708	0.768
TP08-Y(左岸一级马道)	0.802	1	0.833	0.727
TP09-Y(右岸一级马道)	0.708	0.833	1	0.854
TP10-Y(右岸渠顶)	0.768	0.727	0.854	1

2) 滑坡治理前左岸一级马道不同深度位移与含水率等因子之间的关联分析

选取 2012 年 9 月 ~2013 年 6 月之间连续完整的观测数据的监测点，进行不同深度位移与渠道开挖、含水率等因子之间的关联分析。计算的关联度矩阵见表 22.4，关联分析如下：

(1) 位移 IN01-8.2m：与渠道开挖量关联度最大为 0.736，其次是温度、含水率和降雨。

(2) 位移 IN02-4.7m：与渠道开挖量关联度最大为 0.669，其次是温度、含水率和降雨。

(3) 位移 IN03-1.3m：与渠道开挖量关联度最大为 0.693，其次是温度、含水率和降雨。

(4) 含水率 CW02-3.5m：与气温 AT01 关联度最大为 0.889，其次是土温、开挖量和降雨。

(5) 含水率 CW03-4.5m：与土温 GT03-4.5m 关联度最大为 0.832，其次是气温、开挖量和降雨。

表 22.4　左岸一级马道滑坡治理前不同深度位移与含水率等因子之间的灰关联度矩阵一览表

关联度	含水率 CW02-3.5m	含水率 CW03-4.5m	土温 GT02-3.5m	土温 GT03-4.5m	气温 AT01	开挖量	降雨量 RA01
位移 IN01-8.2m	0.607	0.574	0.622	0.569	0.652	0.736	0.549
位移 IN02-4.7m	0.570	0.547	0.579	0.544	0.598	0.669	0.531
位移 IN03-1.3m	0.590	0.540	0.580	0.546	0.606	0.693	0.522
含水率 W02-3.5m	1.000	0.757	0.845	0.776	0.889	0.709	0.650
含水率 W03-4.5m	0.757	1.000	0.734	0.832	0.682	0.709	0.675

3) 滑坡治理后左岸一级马道不同深度位移与含水率等因子之间的关联分析

南阳 3 段主要监测断面左岸滑坡治理后，重新在左岸一级马道埋设了监测仪器。选取 2014 年 3 月 ~2014 年 9 月之间有连续完整的观测数据的监测点，进行不同深度位移与含水率等因子之间的关联分析。计算的关联度矩阵见表 22.5，关联分析如下：

(1) 位移 IN01′-10.8m：与气温 AT01 和土温 GT02′- 1.9m 关联度最大，由于测点在一级马道下 10.8m 处，也在滑坡处理置换的弱膨胀土以下，与上部含水率关联度不高。

(2) 位移 IN02′-5.5m：与含水率 CW02′- 1.9m 关联度最高为 0.714，其次是温度。

(3) 位移 IN03′-0.2m：与含水率 CW02′- 1.9m 关联度最高为 0.661，其次是温度。

(4) 含水率 CW02′-1.9m：与土温 GT02′- 1.9m 关联度最高为 0.613，其次是气温和降雨量。

(5) 含水率 CW04′-5.4m：与土温 GT04′- 5.4m 关联度最高为 0.720，其次是降雨量和气温。

表 22.5　左岸一级马道滑坡治理后不同深度位移与含水率等因子之间的灰关联度矩阵一览表

关联度	含水率 CW02′-1.9m	含水率 CW04′-5.4m	土温 GT02′-1.9m	土温 GT04′-5.4m	气温 AT01	降雨量 RA01
位移 IN01′-10.8m	0.573	0.656	0.768	0.663	0.768	0.642
位移 IN02′- 5.5m	0.714	0.518	0.557	0.505	0.561	0.518
位移 IN03′- 0.2m	0.661	0.508	0.527	0.503	0.529	0.511
含水率 CW02′- 1.9m	1.000	0.522	0.613	0.509	0.604	0.512
含水率 CW04′- 5.4m	0.522	1.000	0.615	0.720	0.614	0.715

3. 强膨胀岩渠坡

监测点 BM03-H 位于鲁山段主要监测断面右岸一级马道，其观测序列较长，且具有一定代表性，这里主要分析右岸一级马道垂直位移与月降雨量和月气温的关联情况，BM03-H 该点与月气温和月降雨量的过程线图见图 22.4。

依据 22.1.2 节方法计算 BM03-H 垂直位移与月气温的关联度为 0.617，与月降雨量的关联度为 0.530。这说明强膨胀岩一级马道部位的垂直位移主要是由气温变化引起的，其次才是月降雨量。

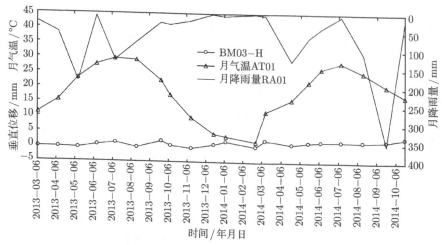

图 22.4　鲁山段监测点垂直位移与月气温和月降雨量过程线图

22.1.3　大气降雨与土体含水率滞后时间和影响深度分析

1. 强膨胀土渠坡

从理论上来讲，大气降雨是影响土体含水率变化的重要因子，但是强膨胀土的入渗过程会有一个滞后期, 所以直接计算它们之间的关联度不是合理的。为寻求大气降雨渗入到强膨胀土一定深度的时间, 或者大气降雨影响的深度, 有必要对大气降雨和含水率之间进行定量分析。

依据关联度理论, 将降雨量序列固定, 依次移动 1 个单位的含水率序列, 然后计算它们之间的关联度, 反复计算, 直至计算的关联度序列出现峰值, 此时峰值对应的时间就是降雨入渗的时间。

选淅川段取 2012 年 8 月 9 日 ~2013 年 4 月 10 日, 期间经历了雨季和低温季节, 具有一定代表性, 而且自动化采集的数据完整, 通过计算绘制了大气降雨与土体含水率滞后天数关联度图 (图 22.5), 结果分析如下:

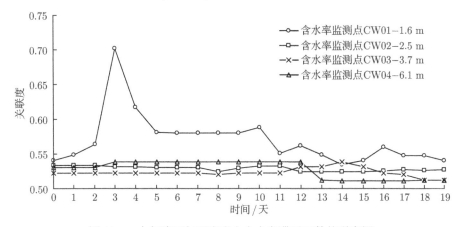

图 22.5　大气降雨与强膨胀土含水率滞后天数关联度图

(1) 地面以下 1.6m 的含水率监测点 CW01, 在滞后 3 天关联度出现了明显的峰值, 也就是说在大气降雨 3 天后才能渗入到 1.6m 深的强膨胀土中。

(2) 地面以下 2.5m 的含水率监测点 CW02, 在滞后的 10~11 天关联度出现了微弱峰值, 也就是说在大气降雨的第 10~11 天才能渗入到 2.5m 深的强膨胀土中, 也说明降雨量影响较弱。

(3) 地面以下 3.7m 的含水率监测点 CW03, 在滞后的 14 天关联度出现了微弱峰值, 也就是说在大气降雨的第 14 天才能渗入到 3.7m 深的强膨胀土中。

(4) 埋深在 6.1m 的含水率监测点 CW04, 其关联度变化为台阶似的变动, 这说明与大气降雨关联不大, 主要是由地下水的变化引起的。

2. 中膨胀土渠坡

选取南阳 3 段 2012 年 9 月 ~2013 年 6 月连续完整的观测数据的监测点, 进行大气降雨和不同深度的含水率关联分析。通过计算绘制了大气降雨与土体含水率滞后天数关联度图 (图 22.6), 结果分析如下:

(1) 地面以下 3.5m 的含水率监测点 CW02，在滞后第 9～10 天关联度出现了明显的峰值，也就是说在大气降雨第 9～10 天后才能渗入到 3.5m 深的中膨胀土中。

(2) 地面以下 4.5m 的含水率监测点 CW03，其关联度曲线无明显峰值，也就是说大气降雨与该测点的含水率无明显的关联关系，降雨量对该处含水率影响较弱。

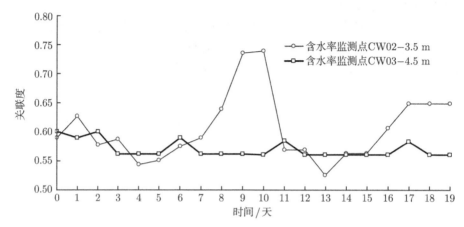

图 22.6　大气降雨与中膨胀土含水率滞后天数关联度图

3. 强膨胀岩渠坡

选取鲁山段左岸一级马道 2013 年 10 月 29 日 ～2014 年 4 月 14 日，期间经历了中雨 5 天，小雨和阵雨 36 天，具有一定代表性，而且自动化采集的数据完整，通过计算绘制了大气降雨与土体含水率滞后天数关联度图 (图 22.7)，结果分析如下：

(1) 地面以下 1.4m 的含水率监测点 CW05，在降雨后的 4～7 天里关联度出现了一个高点，也就是说在大气降雨渗入到 1.4m 深的强膨胀岩中需要 4～7 天时间。

(2) 地面以下 2.6m 的含水率监测点 CW06，在滞后的第 4 天关联度出现了明显的峰值，也就是说在大气降雨后的第 4 天就能渗入到 2.6m 深的强膨胀岩中，比含水率监测点 CW05 入渗时间短。这种现象可能是由于监测点 CW06 埋设高程在 132.8m 左右，而该高程区域在换填层底部与强膨胀岩交界处，大气降雨可以通过该界面减少入渗时间。

(3) 埋深在 5.1m 的含水率监测点 CW08，在降雨后的第 4 天关联度出现了一个低峰值点，之后关联度变化为台阶似的变动，这说明与大气降雨关联不大，主要是由地下水的变化引起的。

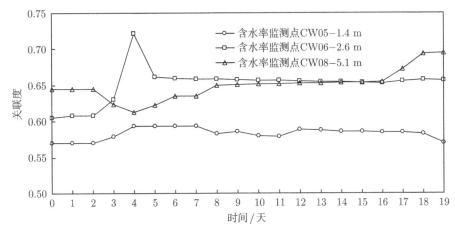

图 22.7 大气降雨与强膨胀岩含水率滞后天数关联度图

4. 大气降雨入渗时间和影响深度比较分析

(1) 大气降雨渗入淅川段右岸渠顶地面以下 1.6m 深的强膨胀土体内需要 3 天时间；2.5m 深的强膨胀土体内需要 10~11 天时间；3.7m 深的强膨胀土体内需要 14 天左右的时间。由于埋深 6.1m 的监测点含水率序列和大气降雨没有出现关联度峰值，说明大气降雨对强膨胀土影响深度小于 6.1m。

(2) 大气降雨渗入南阳 3 段左岸一级马道以下 3.5m 的中膨胀土体内需要 9~10 天时间，由于埋深 4.5m 的监测点含水率序列和大气降雨没有出现明显的关联度峰值，说明大气降雨在中膨胀土地区影响深度小于 4.5m。

(3) 大气降雨渗入鲁山段左岸一级马道以下 1.4m 深的强膨胀岩体内需要 4~7 天时间；2.6m 深的强膨胀土体内需要 4 天时间。由于埋深 5.1m 的监测点含水率序列和大气降雨没有出现关联度峰值，说明大气降雨对强膨胀岩影响深度小于 5.1m。由于埋深 2.6m 的含水率监测点比埋深 1.4m 含水率监测点入渗时间短，这种现象可能是由于 2.6m 监测点埋设高程在换填层底部与强膨胀岩交界处，大气降雨可以通过该界面减少入渗时间。

(4) 在 1.4~1.6m 深度范围，大气降雨渗入强膨胀土的时间比渗入强膨胀岩所需要的时间短 1~3 天。在 3.5~3.7m 深度范围，大气降雨渗入强膨胀土的时间比渗入中膨胀土所需要的时间长 4~5 天。大气降雨对强膨胀土影响深度小于 6.1m，对中膨胀土地区影响深度小于 4.5m。从理论上讲，大气降雨对强膨胀土的影响深度应该小于中膨胀土，差异主要是强膨胀土监测点埋深在 3.7~6.1m 没有含水率监测点。

22.2　渠坡变形和渠基回弹模型

22.2.1　统计模型基本方法

将渠坡和渠基回弹变形体当成一个系统, 按系统论分析方法, 将各目标点上所获取的变值 (如位移、沉陷) 作为系统的输出, 将影响变形体的各种因子作为系统的输入, 将输入称自变量, 输出称因变量。通过对它们均进行长期的观测, 可以用回归分析方法近似地估计出因变量与自变量, 即变形与影响因子之间的函数关系。根据这种函数关系可以解释变形产生的主要原因, 也可以进行预报, 同时给出估计精度。

多元回归函数模型:

$$y = x\beta + \varepsilon \quad 或 \quad y + v = x\hat{\beta} \tag{22.25}$$

其中, y 为因变量, 即变形观测值向量 $y^{\mathrm{T}} = (y_1, y_2, \cdots, y_n)$, n 为观测值个数; ε 为观测值误差向量; x 为 $n(m+1)$ 阶矩阵:

$$X = \begin{bmatrix} 1 & x_{11} & x_{12} & \cdots & x_{1m} \\ 1 & x_{21} & x_{22} & \cdots & x_{2m} \\ \vdots & \vdots & \vdots & & \vdots \\ 1 & x_{n1} & x_{n2} & \cdots & x_{nm} \end{bmatrix} \tag{22.26}$$

表示有 m 个变形影响因子, β 是回归系数向量, $\beta^{\mathrm{T}} = (\beta_0, \beta_1, \cdots, \beta_m)$, 在 $n > m+1$ 时, 按最小二乘原理可组成法方程组并解出回归系数及其精度。

在 22.1 节进行了渠坡和渠基回弹与影响因子的灰关联分析, 为建立变形模型奠定了基础。

22.2.2　强膨胀土渠顶垂直位移模型

依据 22.1.3 节的分析, 我们选取监测点 BM04-H 所代表的淅川段右岸渠顶的垂直位移来建立变形模型, 以定量分析强膨胀土渠坡变形与影响因子间的关系。

1. BM04-H 垂直位移影响因子选择

渠道开挖结束后, 强膨胀土渠道顶部的垂直位移主要由膨胀因子、温度因子和时效因子等影响因子作用。

1) 膨胀因子

强膨胀土在大气降雨 (x_{11}) 和大气蒸发 (x_{12}) 作用下会引起土体含水率 (x_{13}) 的变化, 从而导致强膨胀土渠道顶部在垂直方向胀缩。因此, 可用以下函数表示膨

胀因子

$$y_1 = x_{11}\beta_1 + x_{12}\beta_2 + x_{13}\beta_3 \tag{22.27}$$

式中，x_{11} 可取单位时间的降雨量或降雨量平方或降雨量立方；x_{12} 可取单位时间的蒸发量；x_{13} 可取单位时间的土体平均含水率或含水率平方或含水率立方。

2) 温度因子

由于大气温度 (x_{14}) 变化会引起土体温度变化或者土体温度 (x_{15}) 滞后于气温的变化，会引起含水率的变化，同样会引起强膨胀土渠顶在垂直方向的变形，因此可用以下函数表示温度因子

$$y_2 = x_{14}\beta_4 + x_{15}\beta_5 \tag{22.28}$$

式中，x_{14} 可取单位时间的平均气温或者滞后 n 个单位的平均气温；x_{15} 可取单位时间的土体平均温度或者滞后 n 个单位的土体平均气温。

3) 时效因子

从图 22.8 看，垂直位移监测点 BM04-H 随时间效应 (x_{16}) 存在波动下沉的趋势，因此可用以下函数表示

$$y_3 = x_{16}\beta_6 \tag{22.29}$$

式中，x_{16} 可根据位移趋势分析，取对数函数或指数函数等。

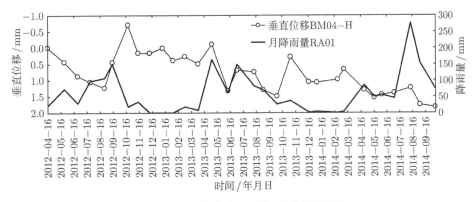

图 22.8 垂直位移与月降雨量过程线图

2. BM04-H 垂直位移模型建立及分析

由上述分析知，BM04-H 垂直位移模型可用下式表达

$$Y = X_1\beta_1 + X_2\beta_2 + X_3\beta_3 + X_4\beta_4 + X_5\beta_5 + X_6\beta_6 + \varepsilon \tag{22.30}$$

式中，ε 为误差项，根据需要还可以设置常数项。

按 22.2.1 节方法建立的 BM04-H 的垂直位移模型如下:

$$Y = -0.013528X_1 - 0.003391X_2 - 0.006331X_3 + 0.053305X_4$$
$$+ 0.031946X_5 + 0.662514X_6 \tag{22.31}$$

复相关系数为 0.950, 标准误差为 0.361, 模型拟合残差均在 ±2 倍标准误差置信区间内, 从而说明变形模型拟合精度良好。

为便于模型因子选择和分析, 绘制了 BM04-H 垂直位移与月降雨量 (图 22.8)、月蒸发量 (图 22.9)、含水率 (图 22.10) 和气温 (图 22.11) 过程线图。依据式 (22.31) 垂直位移模型, 计算模型拟合值和残差序列 (图 22.12), 并计算膨胀因子、温度因子和时效因子分量序列 (图 22.13)。BM04-H 垂直位移分析如下:

(1) 从式 (22.31) 分析, 监测点 BM04-H 所代表的淅川段右岸渠顶的强膨胀土的下沉量与膨胀因子负相关, 与温度因子和时效因子正相关, 变形规律符合实际变形情况。

(2) 监测点 BM04-H 所代表的淅川段右岸渠顶的强膨胀土的下沉量与膨胀因子负相关, 与温度因子和时效因子正相关, 变形规律符合实际变形情况。

(3) 膨胀因子影响范围在 −2.15~−0.15mm, 说明膨胀因子引起的强膨胀土体垂直方向最大上升为 2.15mm;

(4) 温度因子影响在 0.21~2.48mm, 说明温度因子引起的强膨胀土体垂直方向最大下沉量为 2.48mm;

(5) 时效因子呈现缓慢下沉态势, 影响最大为 0.93mm, 最近两年下沉量分别为 0.33mm 和 0.23mm, 表明下沉量趋于稳定。

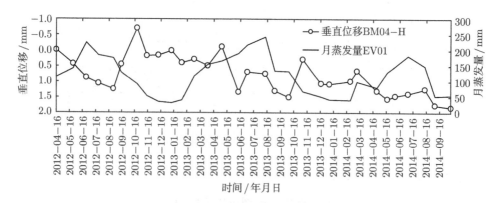

图 22.9　垂直位移与月蒸发量过程线图

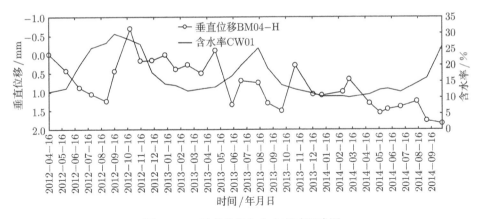

图 22.10 垂直位移与含水率过程线图

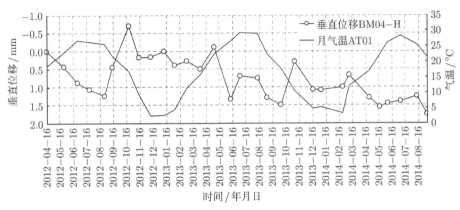

图 22.11 垂直位移与气温过程线图

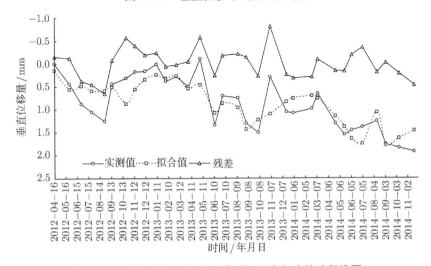

图 22.12 垂直位移实测值、模型拟合值和残差过程线图

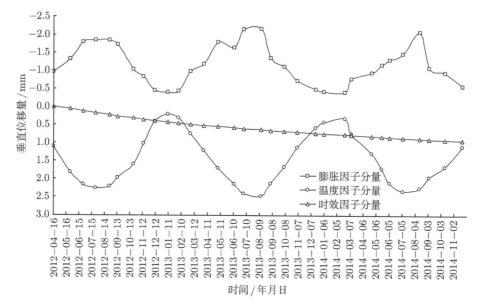

图 22.13　垂直位移影响因子分量过程线图

22.2.3 强膨胀岩渠基回弹模型

依据 22.1.4 节的分析，选取监测点 HS07 代表的南阳 3 段渠基的回弹观测值来建立变形模型，以定量分析强膨胀岩渠基的回弹变形与影响因子间的关系。

1. HS07 回弹影响因子选择

强膨胀岩渠基回弹主要由渠道二次开挖、膨胀因子、温度因子和时效因子等影响因子作用。

1) 开挖因子

强膨胀岩渠基在卸荷开挖 (x_{11}) 后会产生较大回弹，从而导致强膨胀岩渠基在垂直方向抬升。因此，可用以下函数表示开挖因子

$$y_1 = x_{11}\beta_1 \tag{22.32}$$

式中，x_{11} 可取单位时间的开挖高度来表示。

2) 膨胀因子

强膨胀土在大气降雨 (x_{12}) 作用下会引起土体含水率 (x_{13}) 增大，从而也会导致强膨胀土渠道顶部在垂直方向膨胀隆起。因此，可用以下函数表示膨胀因子

$$y_2 = x_{12}\beta_2 + x_{13}\beta_3 \tag{22.33}$$

式中，x_{12} 可取单位时间的降雨量或降雨量平方或降雨量立方；x_{13} 可取单位时间的土体平均含水率或含水率平方或含水率立方。

3) 温度因子

由于大气温度 (x_{14}) 变化会引起土体温度变化或者土体温度 (x_{15}) 滞后于气温的变化，会引起含水率的变化，同样会引起强膨胀土渠顶在垂直方向的变形，因此可用以下函数表示温度因子

$$y_3 = x_{14}\beta_4 + x_{15}\beta_5 \tag{22.34}$$

式中，x_{14} 可取单位时间的平均气温或者滞后 n 个单位的平均气温；x_{15} 可取单位时间的土体平均温度或者滞后 n 个单位的土体平均气温。

4) 时效因子

从图 21.30 分析发现，在开挖结束后，强膨胀岩渠基回弹随时间效应 (x_{16}) 存在一定的回弹量，因此可用以下函数表示

$$y_4 = x_{16}\beta_6 \tag{22.35}$$

式中，x_{16} 可根据回弹趋势分析，取对数函数或指数函数等。

2. HS07 回弹模型建立及分析

由上述分析知，HS07 回弹模型可用下式表达

$$Y = X_1\beta_1 + X_2\beta_2 + X_3\beta_3 + X_4\beta_4 + \varepsilon \tag{22.36}$$

式中，ε 为误差项，根据需要还可以设置常数项，并对入选因子进行必要优化选取进入变形模型。

按 22.2.1 节方法建立的 HS07 回弹模型如下

$$Y = 12.634469X_1 - 0.160252X_2 + 0.245552X_3 + 9.057592X_4 - 23.760554 \tag{22.37}$$

复相关系数为 0.999，标准误差为 3.621，模型拟合残差均在 ± 2 倍标准误差置信区间内，从而说明变形模型拟合精度良好。

依据式 (22.37) 所示的垂直位移模型，计算模型拟合值和残差序列 (图 22.14)，并计算膨胀因子、温度因子和时效因子分量序列 (图 22.15)。HS07 回弹分析如下：

(1) 从式 (22.37) 分析，监测点 HS07 所代表的南阳三段渠基的回弹量与开挖量因子、温度因子和时效因子正相关，与膨胀因子相关性较弱，回弹规律符合实际情况。

(2) 渠道开挖因子影响范围在 $-3.53 \sim 75.39$mm，说明渠道二次开挖引起的最大回弹量达到 75.39mm，约占总回弹量的 74%。

(3) 膨胀因子影响范围在 $-1.96 \sim 0.16$mm，影响较小的原因是渠基在地表以下，二次开挖前上部覆盖较厚，二次开挖后不久，渠道换填层施工和渠底面板封闭后几乎没有雨水入渗。

(4) 温度因子影响在 $-1.82 \sim 5.84$mm，表明温度因子引起的强膨胀岩土垂直方向最大回弹量为 5.84mm，约占总回弹量的 4%。

(5) 时效因子呈现缓慢回弹态势，影响最大为 23.06mm，约占总回弹量的 22%。最近一年回弹量为 5.71mm，特别是渠道底板在 2013 年 12 月封闭后，渠道底板回弹量仅为 2.43mm。

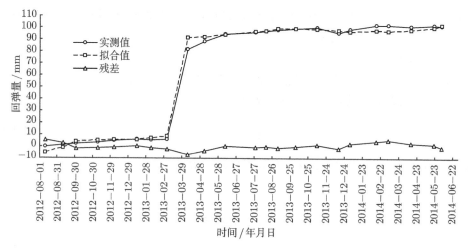

图 22.14　HS07 回弹实测值、模型拟合值和残差过程线图

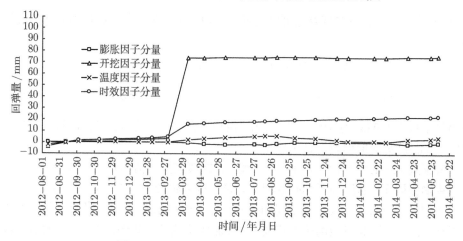

图 22.15　HS07 回弹影响因子分量过程线图

参 考 文 献

[1] 刘特洪. 工程建设中的膨胀土问题. 北京: 中国建筑工业出版社, 1997.

[2] Holtz W G, Gibbs H J. Engineering properties of expansive clays. Transactions of the American Society of Civil Engineers, 1956, 121(1): 641-663.

[3] 孙长龙, 殷宗泽, 王福升, 等. 膨胀土性质研究综述. 水利水电科技进展, 1995, (06): 11-15.

[4] 谭罗荣, 孔令伟. 膨胀土膨胀特性的变化规律研究. 岩土力学, 2004, (10): 1555-1559.

[5] 冯玉勇, 徐卫亚, 王思敬, 等. 南阳膨胀土的工程地质特征和填筑适宜性. 岩土力学, 2005, (10): 1645-1651.

[6] 包承纲. 南水北调中线工程膨胀土渠坡稳定问题及对策. 人民长江, 2003, (05): 4-6.

[7] 包承纲, 刘特洪. 河南南阳膨胀土的强度特性. 长江科学院院报, 1990, 2(02): 1-8.

[8] 谭波. 基于湿度应力场理论的膨胀土边坡稳定分析. 西部交通科技, 2009, (08): 11-14.

[9] 卫军, 谢海洋, 李小对, 等. 膨胀土边坡的稳定性分析. 岩石力学与工程学报, 2004, 23(17): 2865-2869.

[10] 包承纲. 非饱和土的性状及膨胀土边坡稳定问题. 岩土工程学报, 2004, 26(01): 1-15.

[11] 赵长伟, 马睿, 李红炉. 南水北调中线膨胀土试验段滑坡分析与防治. 人民黄河, 2011, (09): 120-121.

[12] 陈尚法, 温世亿, 冷星火, 等. 南水北调中线一期工程膨胀土渠坡处理措施. 人民长江, 2010, 41(16): 65-68.

[13] 冷星火, 陈尚法, 程德虎. 南水北调中线一期工程膨胀土渠坡稳定分析. 人民长江, 2010, 41(16): 59-61.

[14] 蔡耀军, 赵旻, 阳云华. 南阳盆地膨胀土工程特性研究. 南水北调与水利科技, 2008, 6(01): 163-166.

[15] 程展林, 李青云, 郭熙灵, 等. 膨胀土边坡稳定性研究. 长江科学院院报, 2011, 28(10): 102-111.

[16] Chen F H. Foundations on Expansive Soils. New York: Elsevier Science Publishing Company Inc., 1975.

[17] Williarns A A B, Donaldson G W. Building on expansive soils in South Africa. 1980.

[18] Xl H. The identification and classification of expansive soil in China. Proceedings of 6th ICES, 1988.

[19] Fredlund D G, Rahardjo H. An overview of unsaturated soil behaviour. Unsaturated Soils, 1993.

[20] Terzaghi K. Stability of slopes of natural clay. Proceedings of Inter, 1936.

[21] 李青云, 程展林, 龚壁卫, 等. 南水北调中线膨胀土 (岩) 地段渠道破坏机理和处理技术研究. 长江科学院院报, 2009, 26(11): 1-9.

[22] 龚壁卫, 程展林, 郭熙灵, 等. 南水北调中线膨胀土工程问题研究与进展. 长江科学院院报, 2011, 28(10): 134-140.

[23] 刘特洪, 包承纲. 刁南灌区膨胀土滑坡的监测和分析. 土工基础, 1994, (02): 1-7.

[24] 胡波, 龚壁卫, 程展林, 等. 膨胀土裂隙面强度的直剪试验研究. 西北地震学报, 2011, 33(S1): 246-248.

[25] 陈铁林, 邓刚, 陈生水, 等. 裂隙对非饱和土边坡稳定性的影响. 岩土工程学报, 2006, (02): 210-215.

[26] Zhang J R, Cao X. Stabilization of expansive soil by lime and fly ash. Journal of Wuhan University of Technology-Materials Science, 2002, 17(04): 73-77.

[27] 赵中秀. 裂土的裂隙性及其对土体抗剪强度的影响. 路基工程, 1994, (05): 11-16.

[28] 胡卸文, 李群丰, 赵泽三, 等. 裂隙性粘土的力学特性. 岩土工程学报, 1994, 16(04): 81-88.

[29] 胡波, 龚壁卫, 程展林. 南阳膨胀土裂隙面强度试验研究. 岩土力学, 2012, 33(10): 2942-2946.

[30] 胡波, 龚壁卫, 程展林, 等. 膨胀土裂隙面强度的直剪试验研究. 西北地震学报, 2011, 33(S1): 246-248.

[31] 姚海林, 郑少河, 葛修润, 等. 裂隙膨胀土边坡稳定性评价. 岩石力学与工程学报, 2002, (S2): 2331-2335.

[32] Lee F H, Lo K W, Lee S L. Tension crack development in soils. Journal of Geotechnical Engineering, 1988, 14(8): 915-929.

[33] Konrad J M, Ayad R. Desiccation of a sensitve clay: field experiment observations. Canadian Geotechnical Journal, 1997, 34(6): 929-942.

[34] 张家俊, 龚壁卫, 胡波, 等. 干湿循环作用下膨胀土裂隙演化规律试验研究. 岩土力学, 2011, 28(09): 2729-2734.

[35] 王军, 龚壁卫, 张家俊, 等. 膨胀岩裂隙发育的现场观测及描述方法研究. 长江科学院院报, 2010, 27(09): 74-78.

[36] Lu Z H, Chen Z H, Fang X W, et al. Structural damage model of unsaturated expansive soil and its application in multi-field couple analysis on expansive soil slope. Applied Mathematics and Mechanics, 2006, 27(07): 891-900.

[37] 吕海波, 曾召田, 赵艳林, 等. 膨胀土强度干湿循环试验研究. 岩土力学, 2009, (12): 3797-3802.

[38] 李雄威, 孔令伟, 郭爱国, 等. 考虑水化状态影响的膨胀土度特性. 岩土力学, 2008, (12): 3193-3198.

[39] Wu H J, Yuan J P, Wu H W. Theoretical and experimental study of initial cracking mechanism of an expansive soil due to moisture-change. Journal of Central South University, 2012, 191(05): 1437-1446.

[40] 殷宗泽, 袁俊平, 韦杰, 等. 论裂隙对膨胀土边坡稳定的影响. 岩土工程学报, 2012, 12(12): 2155-2161.

[41] Li X W, Wang Y, Yu J W, et al. Unsaturated expansive soil fissure characteristics combined with engineering behaviors. Journal of Central South University, 2012, 19(12): 3564-3571.

[42] 殷宗泽, 徐彬. 反映裂隙影响的膨胀土边坡稳定性分析. 岩土工程学报, 2011, 3(03): 454-459.

[43] 王守伟, 陈艳. 边坡失稳机理及强度指标反演分析. 山西建筑, 2011, 37(13): 80-82.

[44] Xiao H B, Zhang C S, He J, et al. Expansive soil-structure interaction and its sensitive analysis. Journal of Central South University of Technology, 2007, 14(03): 425-430.

[45] 韦杰, 曹雪山, 袁俊平. 降雨/蒸发对膨胀土边坡稳定性影响研究. 工程勘察, 2010, 38(04): 8-13.

[46] 陈善雄, 陈守义. 考虑降雨的非饱和土边坡稳定性分析方法. 岩土力学, 2001, 04(04): 447-450.

[47] 龚壁卫, Ng C W W, 包承纲, 等. 膨胀土渠坡降雨入渗现场试验研究. 长江科学院院报, 2002, 19(S1): 94-97.

[48] Fan Z H, Wang Y H, Xiao H L et al. Analytical method of load-transfer of single pile under expansive soil swelling. Journal of Central South University of Technology, 2007, 14(04): 575-579.

[49] 伍兴全. 安康盆地膨胀土滑坡工程地质特征及滑坡防治措施研究. 中国地质大学硕士学位论文, 2004.

[50] 张永双, 曲永新, 周瑞光. 南水北调中线工程上第三系膨胀性硬粘土的工程地质特性研究. 工程地质学报, 2002, (04): 367, 377.

[51] 冯祖杰, 周旗, 王军, 等. 豫西南中新生代古地理环境变迁. 河南地质, 1997, (04): 270-277.

[52] Dai S B, Song M H, Huang J. Engineering properties of expansive soil. Journal of Wuhan University of Technology-Materials Science, 2005, 20(02): 109, 110

[53] 刘华强, 殷宗泽. 裂缝对膨胀土抗剪强度指标影响的试验研究. 岩土力学, 2010, 31: 727-731.

[54] Chen S X, Yu S, Liu Z G. Numerical simulation of moisture movement in unsaturated expansive soil slope suffering permeation. Journal of China University of Geosciences, 2005, 16(04): 359-362.

[55] 林峰, 黄润秋. 边坡稳定性极限平衡条分法的探讨. 地质灾害与环境保护, 1997, (04): 9-13.

[56] 郑颖人, 赵尚毅, 孔位学, 等. 极限分析有限元法讲座 —— I 岩土工程极限分析有限元法. 岩土力学, 2005, 26(01): 163-168.

[57] Huang X J, Yin W K. Equivalence problem for Bishop surfaces. Science China Mathematics, 2010, 53(03): 687-700.

[58] 方玉树. 边坡稳定性分析若干问题思考 —— 对 "关于边坡稳定性分析中几个问题的讨论" 的讨论. 工程勘察, 2008, 36(12): 64-69.

[59] 郑颖人, 时卫民. 不平衡推力法使用中应注意的问题. 重庆建筑, 2004, (02): 6-8.

[60] Cheng Y M, Lansivaara T, Wei W B. Two-dimensional slope stability analysis by limit equilibrium and strength reduction methods. Computers and Geotechnics, 2007, 34(3): 137-150.

[61] Alejano L R, Ferrero A M, Ramírez-Oyanguren P, et al. Comparison of limit-equilibrium, numerical and physical models of wall slope stability. International Journal of Rock Mechanics and Mining Sciences, 2011, 48(1): 16-26.

[62] 刘祖强, 张正禄, 等. 工程变形监测分析预报的理论与实践. 北京: 中国水利水电出版社, 2008.

[63] 张军, 刘祖强, 等. 滑坡监测分析预报的非线性理论和方法. 北京: 中国水利水电出版社, 2010.

[64] 许健. 新奥法原理在膨胀土质隧道中的应用. 广西大学学报 (自然科学版), 1989, (1): 42-45.

[65] 龚壁卫, 包承纲, 刘艳华, 等. 膨胀土边坡的现场吸力量测. 土木工程学报, 1999, 32(1): 9-13.

[66] 詹良通, 吴宏伟, 包承纲, 等. 降雨入渗条件下非饱和膨胀土边坡原位监测. 岩土力学, 2003, (02): 151-158.

[67] 刘观仕, 孔令伟, 陈善雄, 等. 襄荆高速公路膨胀土堑坡开挖及防护的变形监测与分析. 工程地质学报, 2004, 12(z1): 223-227.

[68] 缪伟, 郑健龙, 杨和平. 基于现场监测的膨胀土边坡滑动破坏特性研究. 中外公路, 2007, (6): 1-3.

[69] 陈兴岗, 杨果林. 南友公路膨胀土路堑边坡的现场监测分析. 铁道建筑, 2007, (1): 71-73.

[70] 孟庆云, 卢庆延. 膨胀土路基施工过程中的变形观测及数值模拟. 山东科技大学学报 (自然科学版), 2008, (1): 47-51.

[71] 刘鸣, 龚壁卫, 刘军, 等. 膨胀土 (岩) 渠坡现场监测技术研究. 长江科学院院报, 2009, 26(11): 62-66.

[72] 李金亭. 膨胀土地区地铁深基坑监测与预测报警系统. 硅谷, 2010, (11): 70, 71.

[73] 张新生. 膨胀土滑坡深部位移监测与分析. 铁道科学与工程学报, 2011, 8(4): 50-54.

[74] 黎鸿, 颜光辉, 崔同建, 等. 基于灰色理论的膨胀土场地基坑支护结构变形预测. 四川建筑, 2012, 32(4): 195-197.

[75] 董忠萍, 别大鹏, 曾斌, 等. 引江济汉工程渠坡膨胀土分级评判量化模型及现场监测设计. 南水北调与水利科技, 2012, 10(2): 19-22.

[76] 何芳婵, 李宗坤. 南水北调南阳段弱膨胀土增湿膨胀与力学特性试验研究. 岩土力学, 2013, 34(S2): 190-194.

[77] 刘祖强, 吕笑, 龚文慈, 等. 膨胀土 (岩) 渠坡自动化综合监测系统研究. 人民长江, 2014, 45(7): 31-35.

[78] 张国强, 邹年, 翁建良, 等. 膨胀土边坡中抗滑桩合力分布规律反演分析. 人民长江, 2014, 45(6): 43-45.

[79] 刘祖强, 蔡习文, 张占彪, 等. 膨胀土 (岩) 渠坡位移监测分析与预警. 人民长江, 2015, 46(8): 74-78.

[80] 刘祖强. 长江三峡新滩滑坡前缘深层蠕变灰色处理. 大坝观测与土工测试, 1990, 14(2): 3-8.

[81] 刘祖强. 试论变形体变形的灰色特征及其性态的灰色评估. 工程勘察, 1992, (4): 49-52.

[82] 刘祖强. 工程变形态势的组合模型分析与预测. 大坝观测与土工测试, 1996, 20(3): 11-14.

[83] 刘祖强, 裴灼炎, 廖勇龙. 三峡永久船闸高边坡深层岩体变形分析与预测. 人民长江, 2002, 33(4): 1-4.

[84] 刘祖强, 马能武, 叶青. 三峡永久船闸高边坡表层岩体变形分析研究. 中国水利水电测绘信息网、长江水利委员会长江勘测规划设计研究院、国家电力公司成都勘测规划设计研究院合编. 纪念水利水电测绘信息网成立 20 周年水利水电测绘科技论文集. 武汉: 湖北辞书出版社, 2003: 144-148.

[85] 刘祖强, 张潇, 施云江. 三峡永久船闸直立坡岩体变形监测与变形分析. 人民长江, 2004, 35(5): 3-5.

[86] 张潇, 刘祖强, 朱振彪. 高层建筑物 (群) 深基坑工程变形监测与信息化施工. 地理空间信息, 2004, 2(3): 34-36.

[87] 刘祖强, 张正禄, 杨奇儒, 等. 三峡工程近坝库岸滑坡变形监测方法试验研究. 工程地球物理学报, 2008, 5(3): 351-355.

[88] 刘祖强, 张正禄, 梅文胜, 等. 乌东德水电站金坪子滑坡监测及若干关键技术. 水电站自动化与大坝观测, 2009, 33(5): 61-64.

[89] 刘祖强, 邓小川, 刘彦杰, 等. 金沙江乌东德水电站金坪子滑坡监测与变形分析. 四川水力发电, 2011, 30(增刊 1): 94-101.

[90] Liu Z Q, Liu Y, Zhang J, et al. Identification and evaluation of active fault in the reservoir head of three gorges project based on grey Statistical Model. 2011 IEEE international conference on grey systems and intelligent services 15th WOSC international congress on cybernetics and systems. Nanjing China, 2011: 510-516.

[91] 张军, 刘祖强, 张正禄, 等. 基于神经网络和模糊评判的滑坡敏感性分析. 测绘科学, 2012, 37(3): 59-62.

[92] 赵哲炎, 刘祖强, 粟玉英. 滑坡体变形空间分布的灰关联模型分析. 人民长江, 2013, 44(23): 60-62.

[93] 许建聪, 尚岳全, 王建林. 松散土质滑坡位移与降雨量的相关性研究. 岩石力学与工程学报, 2006, 25(增 1): 2854-2860.

[94] 邓聚龙. 灰色系统理论的关联空间. 模糊数学, 1985, (2): 1-10.

[95] 邓聚龙. 灰色系统理论的 GM 模型. 模糊数学, 1985, (2): 23-32.

[96] 郭洪. 灰色关联度的分辨系数. 模糊数学, 1985, (2): 55-58.

[97] 邓聚龙. 灰色控制系统. 武汉: 华中工学院出版社, 1985.

[98] 邓聚龙. 灰色预测与决策. 武汉: 华中理工大学出版社, 1985.

[99] 邓聚龙. 灰色系统基本方法. 武汉: 华中理工大学出版社, 1987.

[100] 罗庆成. 灰色关联分析与应用. 南京: 江苏科学技术出版社, 1989.

[101] 邓聚龙. 灰色系统理论教程. 武汉: 华中理工大学出版社, 1990.

[102] 刘祖强, 沈天佑. 长江三峡黄腊石滑坡监测系统辩识斜坡蠕变能力及蠕变趋势灰色分析. 工程勘察, 1991, (2): 57-60.

[103] 刘祖强. 变形趋势的灰色模型及其预测灰色平面. 勘察科学技术, 1991, (6): 48-51.

[104] 刘祖强. 大坝安全监测动态系统灰色模型研究. 勘察科学技术, 1994, (1): 49-54.

[105] 刘祖强. 大坝观测统计模型因子选择的两种新方法. 水利学报, 1992, (2): 67-70.

[106] 刘祖强. 非线性灰色模型在滑坡观测数据处理中的应用. 武测科技, 1990, (3): 22-26.

[107] 刘祖强. 滑坡观测数据灰色处理. 矿山测量, 1992, (1): 22-24.

[108] 刘祖强. 滑坡破坏灰色预测. 水利水电技术, 1991, (2): 38-42.

[109] 刘思峰, 党耀国, 方志耕, 等. 灰色系统理论及其应用 (第五版). 北京: 科学出版社, 2010.

[110] 邓聚龙. 灰预测与灰决策. 武汉: 华中科技大学出版社, 2002.

[111] 邓聚龙. 灰理论基础. 武汉: 华中科技大学出版社, 2002.

[112] 党耀国, 刘思峰, 王正新, 等. 灰色预测与决策模型研究. 北京: 科学出版社, 2009.

[113] 艾斯卡尔·吾休尔, 木尼热·亚森. 灰色关联分析法在大坝安全监测数据处理中的应用. 水资源与水工程学报, 2004, 15(2): 33-35.

[114] 廖野澜, 谢谟文. 监测位移的灰色预报. 岩石力学与工程学报. 1996, 15(3): 269-274.

索　引

彩　　图

图 3.1　现场大剪试验仪器

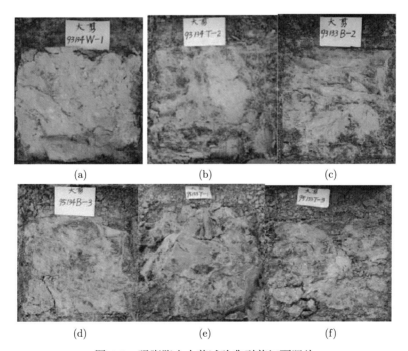

(a)　　　　　　　　　(b)　　　　　　　　　(c)

(d)　　　　　　　　　(e)　　　　　　　　　(f)

图 3.2　强膨胀土大剪试验典型剪切面照片

(a)   (b)   (c)

图 3.3 强膨胀岩大剪试验典型剪切面照片

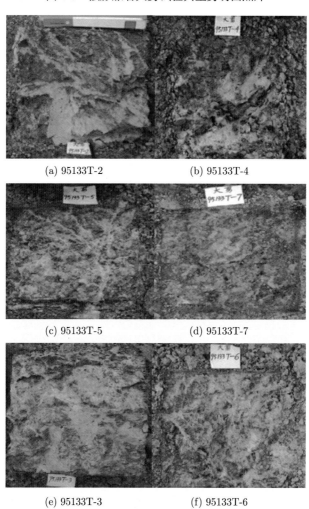

(a) 95133T-2   (b) 95133T-4

(c) 95133T-5   (d) 95133T-7

(e) 95133T-3   (f) 95133T-6

图 3.7 不同垂直荷载 (上 50kPa、中 75kPa、下 100kPa) 下剪切面照片

(a)   (b)   (c)

图 5.1 原生裂隙 (依次为淅川段、南阳 2 段、邯郸段)

图 5.2 卸荷裂隙 (淅川段)

图 5.3 风化裂隙 (依次为淅川段、南阳 1 段、南阳 2 段、南阳 3 段、鲁山段、邯郸段)

图 5.4 构造裂隙 (邯郸段)

(a)   (b)   (c)

图 5.7 强膨胀土裂隙观察面 L3、L10、L13 裂隙细部照 (第 2 天)

(a)   (b)   (c)

图 5.8 强膨胀土裂隙观察面 L3、L10、L13 裂隙细部照 (第 3 天)

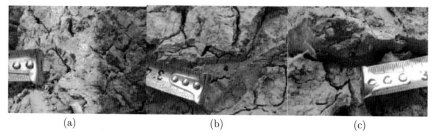

(a)   (b)   (c)

图 5.9 强膨胀土裂隙观察面 L3、L10、L13 裂隙细部照 (第 11 天)

(a)   (b)   (c)

图 5.10   强膨胀土裂隙观察面 L3、L10、L13 裂隙细部照 (第 16 天)

(a)   (b)

图 5.12   强膨胀岩柱面 L2、L9 裂隙细部照 (第 1 天)

(a)   (b)

图 5.13   强膨胀岩柱面 L2、L9 裂隙细部照 (第 4 天)

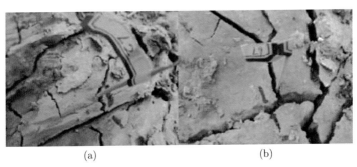

(a)   (b)

图 5.14   强膨胀岩柱面 L2、L9 裂隙细部照 (第 8 天)

图 5.15　南阳 2 段裂隙面大剪试验剪切面照片 (依次为 25kPa、62.5kPa、75kPa)

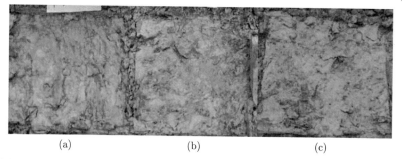

图 5.17　南阳 3 段裂隙面大剪试验剪切面照片 (依次为 0kPa、60kPa、100kPa)

图 6.3　淅川段第四系下更新统洪积层宏观结构特征

图 6.4　南阳 1 段第四系中更新统冲洪积层宏观结构特征

(a)　　　　　　　　　　　(b)

图 6.5　南阳 2 段第四系中更新统冲洪积层宏观结构特征

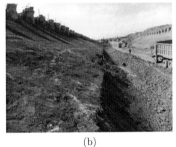

(a)　　　　　　　　　　　(b)

图 6.6　南阳 3 段上第三系黏土岩层宏观结构特征

(a)　　　　　　　　　　　(b)

图 6.7　鲁山段上第三系黏土岩层宏观结构特征

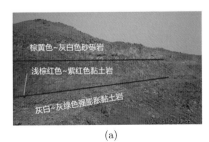

(a)　　　　　　　　　　　(b)

图 6.8　邯郸段上第三系黏土岩层宏观结构特征

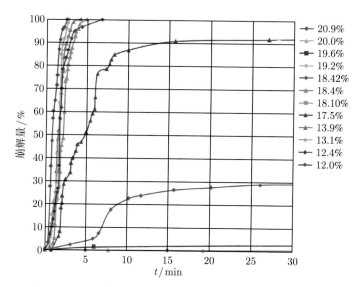

图 7.32 Q₂ 弱膨胀土不同含水率状态下 0.5h 内崩解曲线

图 8.1 TS19+330~TS19+380 右岸滑坡全貌

图 8.3 19+196~19+330 右岸滑坡图

图 8.5　19+196～19+330 右岸左起第三个滑坡

(a)　　　　　　　　　　　　　　　(b)

图 8.7　19+330～19+380 右岸滑坡体地质特征

图 8.8　南阳 TS101+800 段右岸滑坡全貌

图 8.11　南阳 101+800 段右岸滑坡体后缘　　　　图 8.12　右岸滑坡体裂隙中白色条带

图 8.13　106+140~106+180 右岸滑坡后缘

图 8.14　106+140~106+180 右岸滑坡后缘

图 8.18　蜡状光泽充填灰白色黏土裂隙　　图 8.19　微裂隙及垂直裂隙发育层

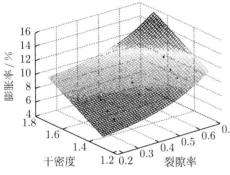 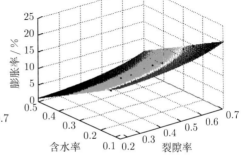

(a) $w_0 = 30\%$, $\sigma = 0$　　　　(b) $\rho_d = 1.5 \mathrm{g/cm^3}$, $\sigma = 0$

图 9.14　非线性膨胀模型典型回归面

| 0 | 0.002858 | 0.005716 | 0.008574 | 0.011432 |
| 0.001429 | 0.004287 | 0.007145 | 0.010003 | 0.012861 |

图 11.6　等效膨胀计算结果

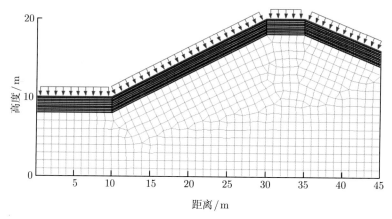

图 12.1　边坡计算模型

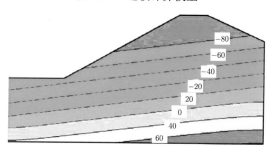

图 12.4　边坡初始孔隙水压力分布

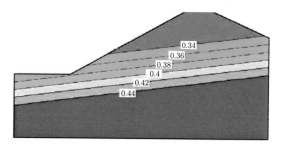

图 12.5　边坡初始体积含水率分布

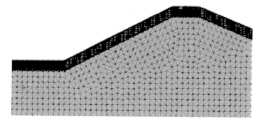

图 12.6　应力-应变场等效计算模型

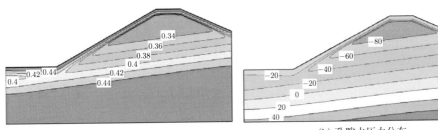

(a) 体积含水率分布   (b) 孔隙水压力分布

图 12.9   降雨 120mm 后边坡渗流场状态

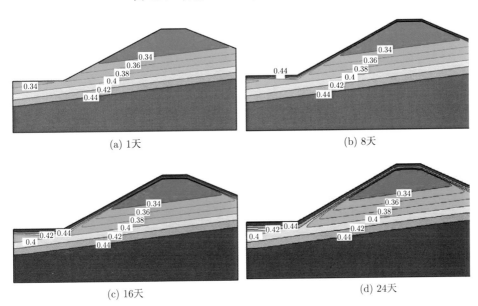

(a) 1天   (b) 8天

(c) 16天   (d) 24天

图 12.13   降雨不同时刻边坡体积含水率分布

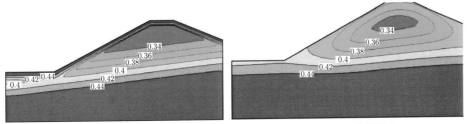

(a) 强膨胀土   (b) 中膨胀土

图 12.15   不同膨胀性土边坡体积含水率分布

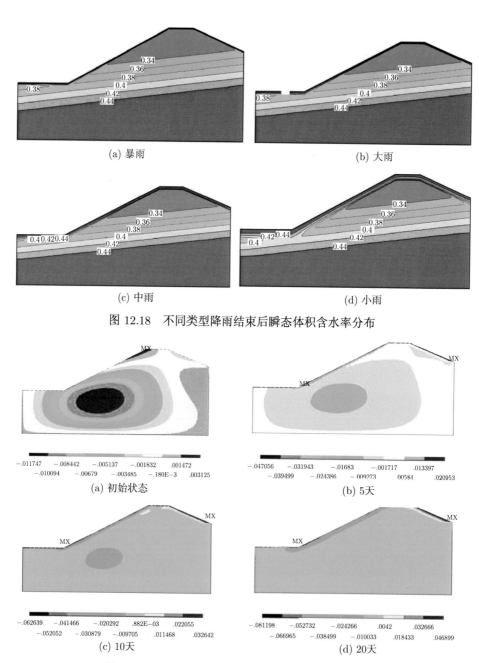

(a) 暴雨　　　　　　　　　　　　　　　(b) 大雨

(c) 中雨　　　　　　　　　　　　　　　(d) 小雨

图 12.18　不同类型降雨结束后瞬态体积含水率分布

(a) 初始状态　　　　　　　　　　　　　(b) 5天

(c) 10天　　　　　　　　　　　　　　(d) 20天

图 12.20　整体强度下降雨不同时刻边坡水平位移图

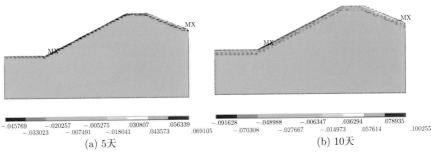

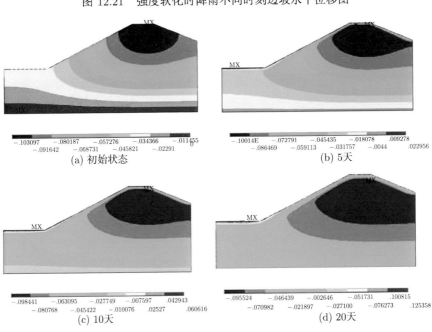

(a) 5天   (b) 10天

图 12.21 强度软化时降雨不同时刻边坡水平位移图

(a) 初始状态   (b) 5天

(c) 10天   (d) 20天

图 12.22 整体强度下降雨不同时刻边坡竖向位移图

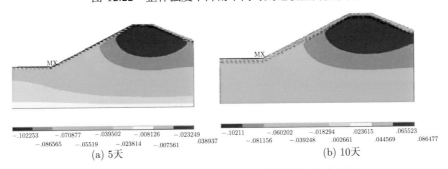

(a) 5天   (b) 10天

图 12.23 强度软化时降雨不同时刻边坡竖向位移图

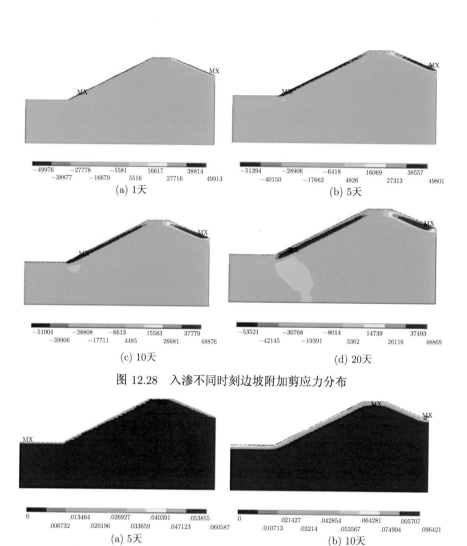

图 12.28　入渗不同时刻边坡附加剪应力分布

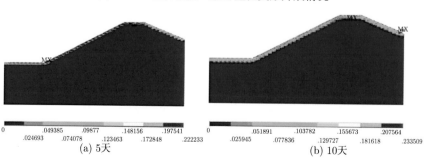

图 12.29　土体强度一致时塑性变形开展情况

图 12.30　土体吸湿强度软化时塑性变形开展情况

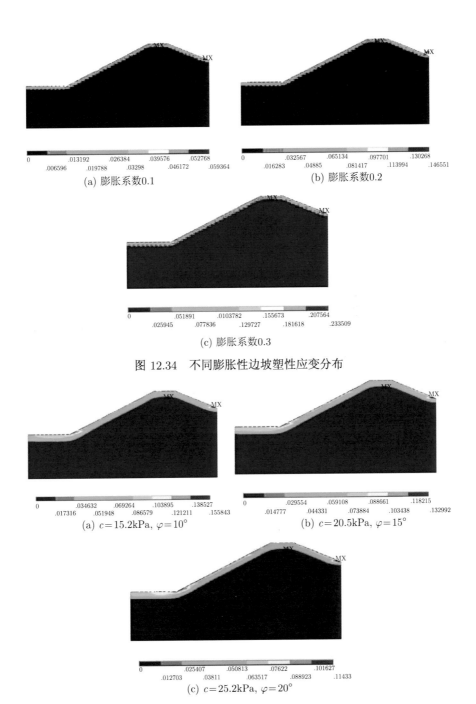

(a) 膨胀系数0.1

(b) 膨胀系数0.2

(c) 膨胀系数0.3

图 12.34　不同膨胀性边坡塑性应变分布

(a) $c=15.2\text{kPa}$, $\varphi=10°$

(b) $c=20.5\text{kPa}$, $\varphi=15°$

(c) $c=25.2\text{kPa}$, $\varphi=20°$

图 12.37　不同强度边坡塑性应变分布

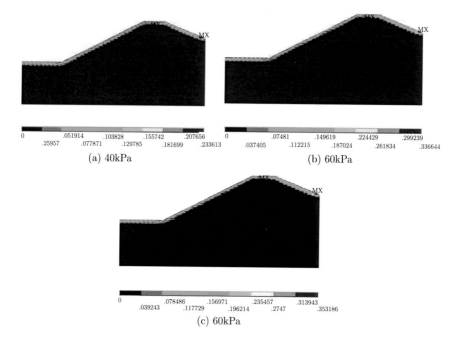

0	.051914	.103828	.155742	.207656
	.25957	.077871	.129785	.181699	.233613

(a) 40kPa

0	.07481	.149619	.224429	.299239
.037405	.112215	.187024	.261834	.336644

(b) 60kPa

0	.078486	.156971	.235457	.313943
.039243	.117729	.196214	.2747	.353186

(c) 60kPa

图 12.40 不同最大初始基质吸力下边坡塑性变形分布

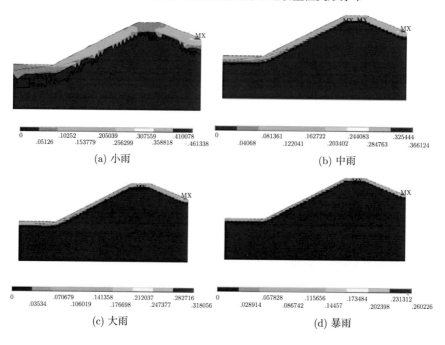

0	.10252	.205039	.307559	.410078
.05126	.153779	.256299	.358818	.461338

(a) 小雨

0	.081361	.162722	.244083	.325444
.04068	.122041	.203402	.284763	.366124

(b) 中雨

0	.070679	.141358	.212037	.282716
.03534	.106019	.176698	.247377	.318056

(c) 大雨

0	.057828	.115656	.173484	.231312
.028914	.086742	.14457	.202398	.260226

(d) 暴雨

图 12.43 不同降雨事件结束后边坡塑性变形分布

(a) 无夹层   (b) 15°   (c) 30°   (d) 45°

图 13.6　三轴试验破坏形态

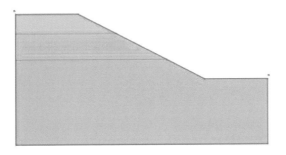

图 13.18　边坡概化图

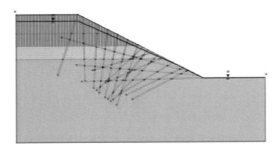

图 13.19　边坡模型

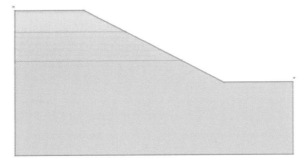

图 13.20　均质边坡模型

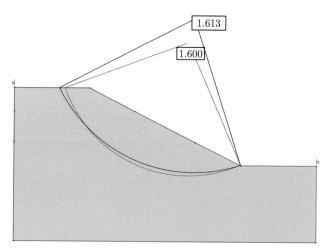

图 13.21　边坡破坏情况

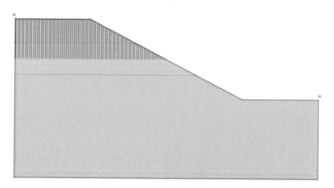

图 13.22　考虑坡顶垂直裂隙模型

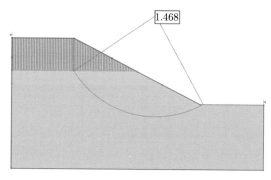

图 13.23　边坡破坏情况

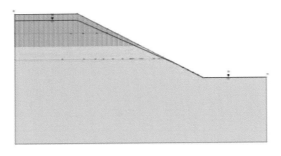

图 13.24　考虑垂直裂隙及地下水边坡模型

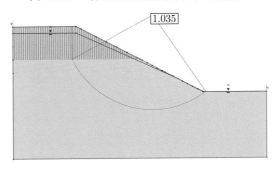

图 13.25　边坡破坏情况

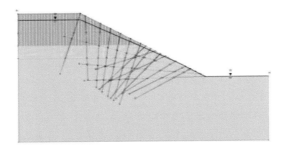

图 13.26　考虑垂直裂隙地下水及结构面边坡模型

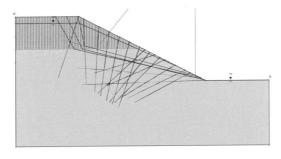

图 13.27　边坡破坏情况

图 14.5　干湿界面及滑动面示意图

图 14.6　滑动面照片

图 14.8　深切裂隙照片

图 14.9　取样位置示意图

(a) JGM1特写

(b) JGM2特写

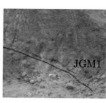

(c) JGM1

(d) JGM2

图 14.10　结构面照片

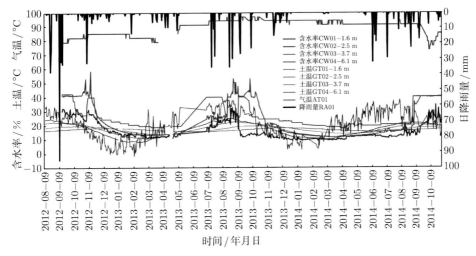

图 21.1 强膨胀土含水率与土温、气温和降雨量过程线图

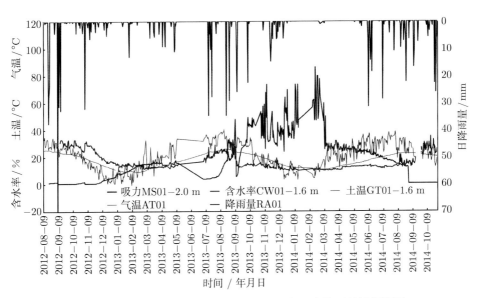

图 21.2 强膨胀土吸力与含水率、土温、气温和降雨量过程线图

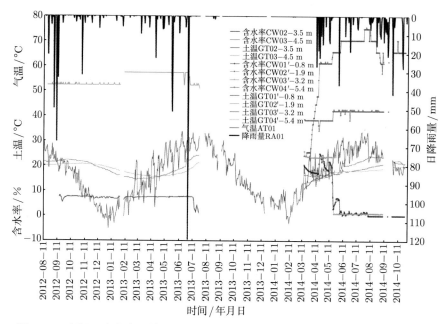

图 21.7　南阳 3 段左岸滑坡治理前后渠坡中膨胀土含水率与土温、气温和降雨量
过程线图

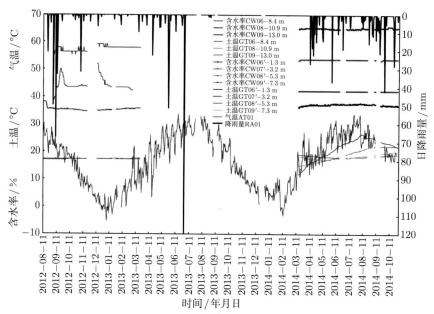

图 21.8　南阳 3 段开挖前后渠基强膨胀岩含水率与土温、气温和降雨量
过程线图